气象信息处理与应用

张治中 谢亚琴 等 编著

科学出版社

北京

内 容 简 介

在全球变暖背景下,极端天气和气候事件频发多发,准确及时高效的气象监测预报预警,可以有效防范和应对极端天气气候风险,事关国计民生和人民生命财产安全。本书系统地介绍了气象信息处理全过程及其在行业中的应用情况,共6章。第1章主要对气象信息处理技术进行概述。第2~5章介绍了气象信息的获取、编译码、传输与处理、可视化技术。第6章紧密结合我国各行各业对气象信息的需求,分别介绍了气象信息在电力系统、交通部门、农林牧渔业、医疗保健领域、旅游及保险行业中的应用情况。

本书可以作为高等院校通信工程、电子信息工程、信息工程、应用气象以及气象与信息交叉学科等专业本科生或相关专业研究生参考用书,也可以作为从事气象信息采集、处理、传输和应用等行业的高级技术人员的学习及应用参考资料。

图书在版编目(CIP)数据

气象信息处理与应用 / 张治中等编著. —北京:科学出版社,2024.2
ISBN 978-7-03-078042-3

Ⅰ. ①气⋯　Ⅱ. ①张⋯　Ⅲ. ①气象-信息处理　Ⅳ. ①P4-39

中国国家版本馆 CIP 数据核字(2024)第 019210 号

责任编辑:叶苏苏　程雷星 / 责任校对:赫璐璐
责任印制:罗　科 / 封面设计:义和文创

科学出版社 出版
北京东黄城根北街16号
邮政编码:100717
http://www.sciencep.com

四川煤田地质制图印务有限责任公司印刷
科学出版社发行　各地新华书店经销

*

2024年2月第 一 版　开本:787×1092　1/16
2024年2月第一次印刷　印张:17 1/4
字数:420 000

定价:189.00元
(如有印装质量问题,我社负责调换)

作者简介

张治中,二级教授,工学博士,博士研究生导师。入选国家"万人计划"科技创新领军人才、科技部"中青年科技创新领军人才",入选国家百千万人才工程并被授予"有突出贡献中青年专家"称号,入选教育部新世纪优秀人才支持计划;获批享受国务院政府特殊津贴,获"庆祝中华人民共和国成立70周年"纪念章。

承担国家863计划重大专项、国家科技重大专项等国家级项目25项,省部级项目35项。研发出国内第一个同时支持2G/3G/LTE/5G核心网、接入网及空口等全部接口的采集技术,开发出手持式仪表、台式仪表和监测系统三大系列共44种产品,相关产品在中国移动通信集团有限公司、中国电信集团有限公司、中国联合网络通信集团有限公司和华为技术有限公司针对国内外同类产品的比选测试中,有11次技术排名第一。

发表学术论文300余篇,出版著作两部,授权国际国内发明专利100余件,获计算机软件著作权28件。参编国家标准和中国移动企业标准12项。2011年,获国家科技进步二等奖。获中国产学研合作创新成果二等奖、省部级一二三等科技奖励合计6项。

现任南京信息工程大学电子与信息工程学院院长。

谢亚琴,工学博士,副教授,硕士研究生导师。博士毕业于东南大学移动通信国家重点实验室,主要从事无线定位、信息处理、卫星导航等方向的研究。在国内外学术期刊上发表学术论文20余篇,其中SCI收录20篇。授权专利4件,包括发明专利2件、实用新型专利2件。主持国家自然科学基金项目1项、省部级项目1项,主持教育部产学研协同育人项目3项,参与国家自然科学基金项目4项。长期在教学一线从事教学工作,积累了丰富的教学经验,作为指导教师指导全国大学生电子设计竞赛通信方向比赛,参与专业建设、专业评估、国家级虚拟仿真实验平台建设和国家一流课程建设等,发表教改论文1篇,被CSSCI收录。

前 言

近年来，超强台风、极大暴雨、低温、高温酷暑、空气污染等极端天气和气候事件频发，给人们带来了巨大的生命和财产损失，全球变化越来越引起人们的广泛关注，预计今后这种极端事件的出现将更加频繁。

如果能够提前对可能出现的极端气候变化或天气现象进行预警，并通过广覆盖、立体化的气象信息预警系统进行发布，及时、准确地传播气象和气候灾害预警信息及防御指南，指引人们提前采取应对措施，则有可能规避气象灾害，减轻或避免气候灾害对人们的生产和生活产生影响。在此大背景下，本书编写组侧重研究了气象信息的处理技术，所介绍内容属于气象与信息的交叉学科，首先介绍了气象信息从获取、编译码、传输与处理到可视化的全过程，在此基础上，又系统阐述了气象信息在各行各业的应用情况。

全书共 6 章。第 1 章概括了气象信息处理技术的概念、发展需求及发展趋势。第 2 章主要介绍了湿度、温度、风速、降水量、雷电等气象信息的获取方法和途径及气体检测方法以使气象信息实时、准确地进行传输，并被用户端理解。第 3 章对气象信息的编码与译码方法进行了简要的介绍，最后给出了气象信息译码的 C 语言编程实现。第 4 章首先介绍了地基、空基、天基以及空天地一体化气象信息传输方法，然后介绍了天气预报、气候预测、多源气象信息融合与同化技术及数字图像处理技术。第 5 章介绍了气象信息的可视化技术，结合地理信息系统、显示分析软件或人机界面交互来实现可视化。第 6 章分别介绍了气象信息在电力系统、交通部门、农林牧渔业、医疗保健领域、旅游行业和保险行业的应用情况。

全书编写分工如下：第 1 章由谢亚琴编写，第 2 章由吴勤勤编写，第 3 章由张治中编写，第 4 章由陶冉和张余编写，第 5 章由张余编写，第 6 章由谢亚琴编写。全书由张治中、谢亚琴统稿。

博士研究生刘利兰、庄玲、朱磊、侯程杰，硕士研究生董玉、曹丽媛、周永东、史大亚、卞雨靖、江超、孙广年、周聚明、李诚谦、赵康、胡正操、周莉莉、郑迪、谷天园对本书的格式、图片以及个别内容进行了调整和修改，李烨博士、赵远东老师提供了第 3 章的部分参考文献，在此一并表示感谢。同时，本书编写过程中，参考了国内外大量文献和著作，在此向这些文献和著作的作者表示衷心的感谢！

本书涉及信息处理技术及气象相关理论及应用，由于信息技术发展迅速，加上作者的知识局限，书中难免会存在不足之处，还请广大读者批评指正。

作 者

2023 年 6 月于南京

目 录

前言
第 1 章 绪论……………………………………………………………………………………1
  1.1 气象信息处理技术的基本概念……………………………………………………1
  1.2 气象信息处理技术的发展需求……………………………………………………2
  1.3 气象信息处理技术的发展趋势……………………………………………………4
      1.3.1 AI 技术…………………………………………………………………………5
      1.3.2 大数据…………………………………………………………………………6
      1.3.3 移动通信技术…………………………………………………………………8
      1.3.4 物联网…………………………………………………………………………9
      1.3.5 云平台………………………………………………………………………10
  本章参考文献……………………………………………………………………………11
第 2 章 气象信息获取………………………………………………………………………13
  2.1 湿度检测传感器及典型应用………………………………………………………13
      2.1.1 干湿球法……………………………………………………………………15
      2.1.2 快速响应湿敏元件…………………………………………………………18
  2.2 气体定性检测和定量检测方法……………………………………………………21
      2.2.1 朗伯-比尔定律………………………………………………………………21
      2.2.2 热释电红外探测法…………………………………………………………22
      2.2.3 光离子气体传感器…………………………………………………………25
  2.3 温度数据获取………………………………………………………………………27
      2.3.1 热释电、微测辐射热计焦平面探测器测温………………………………27
      2.3.2 热电偶与热电堆……………………………………………………………30
  2.4 风速数据获取………………………………………………………………………33
      2.4.1 机械旋转式风速计…………………………………………………………33
      2.4.2 超声波风速计………………………………………………………………39
  2.5 降水量数据获取……………………………………………………………………41
      2.5.1 翻斗式雨量计………………………………………………………………42
      2.5.2 称重式雨量计………………………………………………………………43
      2.5.3 虹吸式雨量计………………………………………………………………44
  2.6 雷电预警……………………………………………………………………………45
      2.6.1 雷电发生的物理过程………………………………………………………45
      2.6.2 雷电的电磁特征……………………………………………………………46

2.6.3　雷电检测预警原理及常见设备 ·· 50
　2.7　激光雷达与气象、大气 ··· 53
　　2.7.1　激光雷达系统组成 ·· 53
　　2.7.2　激光雷达在气象领域的应用 ··· 56
　本章参考文献 ··· 62

第3章　气象信息编码与译码 ··· 64
　3.1　气象信息编码技术 ··· 64
　　3.1.1　气象电码的编码规则 ·· 64
　　3.1.2　地面气象信息编码 ·· 68
　　3.1.3　高空气象信息编码 ·· 74
　3.2　气象信息译码技术 ··· 78
　　3.2.1　气象信息译码原理及流程 ·· 78
　　3.2.2　地面气象信息电码译码 ··· 82
　　3.2.3　高空气象信息电码译码 ··· 87
　3.3　气象信息译码的编程实现 ··· 97
　　3.3.1　地面气象电码的译码的编程实现 ·· 97
　　3.3.2　高空气象电码的译码的编程实现 ··· 101
　本章参考文献 ·· 105

第4章　气象信息传输与处理技术 ··· 106
　4.1　气象信息传输技术 ··· 106
　　4.1.1　地基气象信息传输 ··· 106
　　4.1.2　空基气象传输 ·· 110
　　4.1.3　天基气象传输 ·· 113
　　4.1.4　空天地一体化气象传输 ·· 116
　4.2　数值天气预报技术 ··· 119
　　4.2.1　经典网格点法 ·· 120
　　4.2.2　数值求解方法 ·· 124
　　4.2.3　资料同化方法 ·· 126
　　4.2.4　人工智能技术 ·· 129
　4.3　气候预测技术 ·· 134
　　4.3.1　气候预测技术概述 ··· 134
　　4.3.2　基于数据挖掘技术的气象预测 ·· 135
　4.4　多源气象信息融合与同化技术 ··· 139
　　4.4.1　代数法 ·· 139
　　4.4.2　图像处理 ·· 139
　　4.4.3　小波变换法 ··· 143
　　4.4.4　贝叶斯估计 ··· 145
　　4.4.5　人工神经网络 ·· 146

4.5 气象数字图像处理技术·················149
4.5.1 气象数字图像恢复·················150
4.5.2 气象数字图像增强·················153
本章参考文献·················155

第5章 气象信息可视化·················157
5.1 气象大数据云平台·················157
5.1.1 "天擎"大数据云平台·················157
5.1.2 专有云大数据云平台·················158
5.2 结合地理信息系统的可视化·················161
5.2.1 地理信息系统概述·················161
5.2.2 地理信息绘制·················163
5.2.3 大气数据绘制·················168
5.3 显示分析软件·················171
5.3.1 气象信息综合分析处理软件·················171
5.3.2 Vis5D·················172
5.3.3 AVS/Express·················173
5.3.4 GrADS·················174
5.3.5 三维画图软件·················175
5.3.6 二维画图软件·················177
5.3.7 交互式数据语言·················180
5.3.8 为科学数据处理以及数据可视化设计的高级语言·················181
5.4 人机界面交互·················183
5.4.1 网页·················183
5.4.2 应用软件·················184
5.4.3 虚拟现实·················185
5.4.4 气候信息交互显示与分析平台·················187
5.4.5 全球/区域多尺度通用同化与数值预报系统·················188
本章参考文献·················189

第6章 气象信息的应用·················190
6.1 气象信息在电力系统中的应用·················191
6.1.1 电力系统对气象信息的需求分析·················192
6.1.2 气象信息对电力系统的影响分析·················194
6.1.3 基于电力系统需求定制气象信息·················198
6.1.4 开发建设电力气象灾害监测预警系统·················199
6.2 气象信息在交通部门的应用·················203
6.2.1 交通对气象信息的需求分析·················204
6.2.2 气象因素对交通的影响分析·················205
6.2.3 气象信息在交通网络中的应用·················209

6.2.4 交通部门气象环境实时监测系统 ·· 215
6.3 气象信息在农林牧渔业的应用 ··· 217
　　6.3.1 农林牧渔业对气象信息的需求 ··· 218
　　6.3.2 气象信息对农业的影响分析 ·· 224
　　6.3.3 气象信息对林业的影响分析 ·· 225
　　6.3.4 气象信息对畜牧业的影响分析 ··· 226
　　6.3.5 气象信息对渔业的影响分析 ·· 229
　　6.3.6 气象信息的应用 ·· 232
6.4 气象信息在医疗保健领域的应用 ··· 234
　　6.4.1 医疗保健领域对气象信息的需求分析 ·· 234
　　6.4.2 气候变化对人体健康的影响分析 ·· 237
　　6.4.3 医疗与气象融合研究 ·· 241
6.5 气象信息在旅游行业的应用 ·· 241
　　6.5.1 旅游业对气象信息的需求分析 ··· 242
　　6.5.2 敏感气象要素对旅游业的影响分析 ·· 246
　　6.5.3 互动智能气象服务 ··· 252
　　6.5.4 气象信息的应用 ·· 255
6.6 气象信息在保险行业的应用 ·· 257
　　6.6.1 保险行业对气象信息的需求分析 ·· 257
　　6.6.2 影响保险行业的气象要素分析 ··· 258
　　6.6.3 气象信息的应用 ·· 261
本章参考文献 ·· 264

第 1 章 绪　　论

天气与人们的日常工作和生活息息相关。因此，需要了解天气信息，以对可能发生的暴雨、大风、冰雹、台风等灾害采取预防措施，最大限度地减少灾害对人们生命财产造成的损失，保证生活质量。信息处理技术即计算机处理技术，使用计算机综合分析和处理各种数据信息，在实际应用过程中具有数据信息处理速度快、准确度高等特点。本章从气象信息处理技术的基本概念出发，调查分析了气象信息处理技术的发展需求，最后讨论了该技术的发展趋势。

1.1　气象信息处理技术的基本概念

气象信息处理技术本质上是有关气象信息的技术，它是以提供各种与气象有关的信息服务于人类社会的，包括气象信息的获取、存储、处理、传输、分发以及深加工的分析、计算、预测和预报等。

气象信息处理的基础是气象信息获取，获取气象信息，首先要进行气象信息采集。由于现代计算机技术的快速更迭，气象信息的数据来源越来越广，以至于气象数据信息量也越来越大。因此，在数据信息采集时，数据信息显著分散性增加了数据信息冗余度，这也大大增加了信息处理难度。为降低数据信息后期处理难度，需要先对数据实施预处理，剔除无用或冗余的数据。

气象信息只有在被采集后，进入数据库内成为气象信息体系内的信息，才会认为气象信息获取工作已经完成。对气象信息进行加工的目的是让各种看起来非常杂乱的气象数据信息能够符合数据处理系统的气象信息归类检索要求。其中，最重要的就是气象信息分类，依据不同分类准则对不同的气象信息进行适当的调整，然后将其纳入相应的数据区，这样这些气象信息就能够与检索系统妥善相连，在检索系统进行精确搜索时就能够较为准确地命中个体气象信息。也可采取模糊化搜索的形式来使检索系统获取一系列与之相关的气象数据，借此增加气象数据选择范围。当前气象信息获取及气象信息加工技术与检索技术的连接越来越紧密，而且深层网络数据感知技术的发展也进一步提升了气象信息获取以及气象信息加工的整体技术能力，大幅提升了处理效率，同时增加了气象数据敏感性，保障了气象数据库信息的完备性，也强化了气象信息利用率。气象信息的数据收集也依托电子传感器，在此过程中，数据的真实性受限于传感器精确度，数据广泛性取决于传感器数量。现阶段，电子元件技术比以往有了很大提升，使得数据收集先进化、简单化[1]。

在气象数据信息完成采集、预处理、分析及挖掘后，必须按照标准的格式将得到的气象数据信息进行储存，并且将其储存到既定的文档中，然后借助相关的气象信息处理技术手段对得到的众多复杂数据信息进行综合协调处理，这能够使信息处理结果得到有效保障。气象信息的多元化、多样化以及开发化特征增加了信息储存的难度，而气象信息处理技术可以将数据信息进行有效储存，为农业、航海、防灾提供有力支撑[2]。

气象信息存储并不是简单的信息灌注，其不仅重点关注存储量，而且对于写入和读取速度也有很高的要求。大数据背景下，气象信息流量大，气象信息处理对存储技术的要求自然也更高，而传统的单体硬盘存储能力不能满足大数据下的气象信息处理需求，因此当前气象信息存储技术已经朝分布式存储方向发展。传统的硬盘存储采取多个存储单元结合的方式，将气象信息内容转化为能够存储于其中的数字信号，然后通过读取这些数字信号，将其以原本的气象信息形式进行呈现。分布式存储不仅将单体存储速度较快的优点完美保留，而且不受空间和距离的限制，其用网络来连接各个单体存储设备，这种形式最大限度地保障了存储量和存储效率，可以在大数据背景下避免相应气象数据信息无法进行有效记录的情况[3]。

气象信息传输技术是保障信息进入系统后能够被使用者妥善利用的重要技术。从获取气象信息到气象信息进入处理系统的全过程上来看，相关气象信息传输技术都具有重要意义，尤其是在可用气象信息输出这一部分，如果不能很好地输出有效气象信息，并且让使用者能够了解处理过的气象信息结果，那么整个气象信息处理过程就失去了意义。气象信息传输并不是简单地进行信息转移，从当前实际情况来看，气象信息最终的输出形式和最初进入系统的形式可能存在较大的差异。最终输出的气象信息形式遵循简便明确的原则，要求最终气象信息必须符合使用者对相关信息的使用要求，即气象信息要在形式、内容、体量等多方面符合实用性原则。此外，气象信息传递必须具有较强的提示性，如果仅单纯地输出气象信息，则不能很好地起到提示作用，也会在其他大量气象信息的影响下使用户忽视高价值气象信息。因此，气象信息传输技术需要包含较好的气象信息提示技术，确保气象信息处理的最终价值得以实现。

1.2 气象信息处理技术的发展需求

我国是世界上气象灾害最严重的国家之一，受灾特点包括：灾害种类多、分布地域广、发生频率高、造成损失重。其中，与极端天气气候事件有关的灾害占自然灾害的70%以上，且近年来极端天气气候事件呈现频率增加、强度增大的趋势。未来，受全球变化的影响，中国区域内极端事件的发生频次和强度将更多更强，如暴雨、强风暴潮、大范围干旱等，这将会导致中国的经济损失及影响不断增大。如今，人类活动和经济发展与天气气候关系更加紧密，而气候安全形势日益复杂多变，我国经济安全、生态环境安全等传统与非传统安全都将面临重大威胁和严峻挑战。面对如此情况，我们需要努力从注重灾后救助向注重灾前预防转变，从应对单一灾种向综合减灾转变，从减少灾害损失向减轻灾害风险转变，全面提升全社会抵御自然灾害的综合防范能力。这些都对我国气象防灾减灾能力提出新的更高的要求[4]。

目前，由于城市建筑群密集、柏油路和水泥路面比郊区的土壤、植被具有更大的吸热率和更小的比热容，城市地区升温较快，形成热岛效应。热岛效应会导致对流性天气增多，建筑群使平均风速减小，湿热空气的易堆积增加了雷电灾害发生的概率；城市上空凝结核丰富，降水量增加，同时由于地表硬化，透水性差，径流增大，容易形成城市洪涝；城市群上空粉尘、悬浮颗粒及气溶胶等粒子增加，水汽浓度加大，加重了城市雾害；城市热岛效应强化了高温热害。缓解和应对城市群气象灾害，突出城市群气象服务针对性，需要大力加强雷电监测预警，强化防雷设施安装与检测，着力加强雷击风险评估和雷击灾害评估工作，不断强化暴雨、洪涝、雾霾和高温热害等气象灾害预警预报能力建设，健全气象灾害应急体系和气象灾害联防协防机制，增强防灾减灾能力，降低气象灾害造成的经济社会损失[5]。

气象信息服务民生，是现实需要，是以人为本在气象信息服务上的具体体现。社会经济发展水平不断提高，人们生活水平不断提升，生活节奏逐渐加快，使得人们对精神文化和生活质量的追求日益增加，对气象信息的需求也日益增大。热岛效应、温室效应和大气环境污染等气候环境进一步强化了人们对气象信息的需求。现如今，随着科学技术的不断进步，虽然气象信息的及时性以及准确性有了大幅提升，但当旱灾和洪涝灾害频繁发生时，我们的网络气象预报还是不够及时、准确，从而导致人民群众蒙受极大的损失。这对我国气象预报工作也提出了更为严格的要求。天气预报作为预测学科，受诸多因素影响，不能确保百分之百准确，但是在实际生活中，要竭尽全力将每一次天气预报工作落实到位。为此，我们需要做好数值预报工作，将获取的气象信息及时地在相关平台上发布，加快气象信息的传播速度，让人们可以及时掌握最新的气象信息，从而对生产生活进行合理安排，减少由此造成的损失[6]。

在经济和科技快速发展的情况下，人们对气象信息的需求越来越精细化。目前，大部分人将自己的一天划分成不同的时间段，对天气信息的要求在不同时段也不同。因此以往简单的仅有24小时的温度、风力等气象信息预报服务，无法满足人们当前的实际生活需求。特别是随着互联网技术日益成熟，人们可以随时随地查看天气信息，从而对气象信息的精细化程度提出了更高的要求，气象预报服务部门必须给予高度重视[7]。气象信息的精细化是未来发展的必然趋势，一方面，针对各个地区实际情况，需要对天气信息加以细致划分，并在卫星遥感技术的辅助下实现及时、精准地预报，从而使那些比较偏僻的地区也可以享受天气预报服务；另一方面，气象信息必须更加具有层次性，将其与人们日常生活紧密联系在一起，为人们提供生产生活所需要的相对应的气象信息产品，使人们能够得到个性化、多样化的气象信息预报服务。此外，还需要对核心技术加大研发力度，在大量数据的基础上创建更加精准化的气象信息预报模型。

暴雨、冰雹、大风以及干旱等气象灾害，都会影响农作物的生长，不仅给农户带来损失，也阻碍了农业的稳定发展。气象信息可以为农业发展提供一定的服务，通过气象预测信息，人们会加强对气象灾害的预防，从而减少气象灾害对农作物产生的不良影响。气象信息资源的综合开发和利用还需加强，具体如下方面：使用数学模型和计算机模拟，对农业生产进行综合分析，模拟农作物的生产过程，促使农业气象信息服务更加合理，最终实现农业与生态环境的共同发展；依据当地农作物的种植情况，以提升当地特色农产品产量和质量为目的，为重点作物的物候期提供气象信息预报服务；加强对当地特色农作物动态产量预报的重视，提供专项特色农产品产量和品质预报服务，时刻关注特色农作物生产，便于广大农户做好作物的播种、收获工作，保障产品质量；依据现代农业发展情况，扩大现代商品农业气象信息服务，满足特色农产品等现代化生产需要；使用地理信息系统（geographic information system，GIS）等技术，为林、牧、渔等领域提供气象信息服务，促进其快速发展，使我国农业实现精细化发展[8]。

随着经济、社会、城镇化发展进程的加快，城市规模扩大，与旅游业息息相关的交通、物流、酒店业也得到长足发展，主题公园、商务会展、农业观光等特色旅游也随之兴起，游客的关注度不再单纯集中于经典景区，对旅游业多元化需求显著增加。在目前旅游业多元化发展的背景下，各方面对气象信息服务的需求也进一步加大。众所周知，旅游业涉及的主要生产环节都与气象密切相关。气象条件不仅是旅游风景形成的重要因素，也是旅游活动决策的重要依据。这不仅表现在旅游景区的气象信息服务上，交通、食宿等同气象紧密相关的条件也被证明对旅游业具有较大推进作用。论及潜在的气象灾害及其次生的地质灾害，旅游业对气象信息的需求则更为迫切[9]。

信息技术不断发展，未来的航海技术将以 internet 为媒介，建造海运智能交通系统，利用先进的信息技术、通信技术和网络技术将类似电子海图显示与信息系统（electronic chart display and information system，ECDIS）、全球导航卫星系统（global navigation satellite system，GNSS）、自动雷达标绘仪（automatic radar plotting aids，ARPA）和船舶交通管理（vessel traffic service，VTS）这些不同功能的航海应用系统有机地结合在一起，最终形成一个开放的集查询、控制、管理、决策于一体的综合交通信息系统，从而实现提高交通的安全水平、通航能力和航运效率的目的。合理利用气象条件改变海上航行决策有利于提高船舶的运输效率，降低营运成本；有利于提高航行安全，减少海上货物运输的损失，减少海上的恶劣环境条件给船舶航行所带来的不利影响和损失；有利于提供航行计划和航线选择的建议，帮助预算出航行时间，推算出较为准确的抵港时间[10]。

气象信息处理技术的不断推广虽然为人们生产生活等方面带来了诸多便利，但在气象信息安全方面存在一些漏洞。在当前大数据背景下，气象数据体量激增，初级气象数据较为杂乱，重要气象信息内容提取困难，气象信息存储、气象信息调取、气象信息利用等过程中存在较大的气象信息安全隐患。这些问题一旦被不法分子所利用，将造成严重后果，因此需要有效提升气象信息处理技术安全系数。针对当前气象信息安全堪忧的情况，有效完善当前气象信息安全架构，以完整的安全防御体系来面对安全隐患是极为重要的。

1.3 气象信息处理技术的发展趋势

信息化已经成为国家发展战略，党的二十大擘画了全面建成社会主义现代化强国，以中国式现代化全面推进中华民族伟大复兴的宏伟蓝图，明确了新时代新征程党和国家事业发展的目标任务，特别是重视信息化数字化发展。气象信息处理是气象事业适应信息技术革命的必然选择，是气象现代发展现阶段的重要特征，是落实创新驱动发展战略和国家信息化发展战略的重要举措[11]。

气象信息处理技术在我国气象事业跨越式发展进程中起着重要的支撑作用，是科学数据的重要组成部分，也是不可或缺的信息资源[12]。随着社会的发展，以及社会群体对生产和生活的基本需求，气象信息技术在各个领域发挥着不可替代的作用，如在社会安全、生活需求和科技创新等领域的作用。新时代人民群众对气象服务的精细化、专业化、个性化提出了更高的需求，对气象信息应用的生活性、生产性、生态性提出了更广泛的需求。

随着我国气象数据逐步开放共享，气象大数据的发展受到了社会各界的广泛关注。我国尚处在气象信息处理技术的起步阶段，积极利用人工智能（artificial intelligence，AI）技术、大数据、5G/6G 技术、物联网、云平台等现代信息技术，结合现代预报、预测技术，加快气象信息化建设，提供精细化、精准化、智能化的高水平气象服务，通过不断升级使得气象信息技术全方位服务于各行业，这已成为一种趋势。因此，我国气象信息处理技术的发展趋势值得深入探讨和研究。

1.3.1 AI 技术

1956 年，AI 在达特茅斯会议上被提出，其核心技术的研发成为世界各国关注的焦点。20 世纪七八十年代，受到理论模型、数据样本等限制，AI 核心技术主要集中在专家系统、知识搜索、统计建模、人工神经网络等领域。随着深度学习日益成熟，AI 技术迎来第三次热潮。互联网数据中心（Internet Data Center，IDC）2023 年 6 月的一份调查显示，中国中小企业及中端市场企业均将云解决方案作为其优选渠道；到 2024 年，自动化运维将成为信息技术（information technology，IT）运营的新常态①。AI 技术推动制造业的网络化、数字化和智能化转型，进而推进经济高质量发展。艾媒咨询发布的《2020 中国人工智能产业白皮书》显示，2020 年 AI 行业核心产业市场规模超过 1500 亿元，增长率达到 26.2%，未来 15 年也将持续稳步增长，至 2030 年 AI 核心产业市场规模预计突破 10000 亿元②。AI 技术成为各国争先抢占的制高点，各国纷纷围绕其部署发展战略。我国高度重视 AI 产业发展，将其提升到国家战略层面。

AI 技术是应用十分广泛的科学，它由不同的领域组成，如机器学习和计算机视觉等。它是研究、开发用于模拟、延伸和扩展智能的理论、方法、技术及应用系统的一门新技术科学，是对人的意识、思维进行模拟的信息过程。AI 技术作为计算机科学的一个重要分支，它试图了解智能的根源，并由此产生新的类似于人类认知、学习、反馈等一系列特征的智能体。

在新一代信息技术快速发展的过程中，数据处理及其处理速度得到了大幅度提升，AI 技术快速演进，大数据的价值得以体现。随着智能终端和场景的普及，大数据的智能化获得了快速发展的动力[13]。而 AI 技术的发展由海量数据产生，其为 AI 的成长奠定了基础，推动这一技术逐渐向市场进行拓展。由于 AI 技术是基于建立一系列学习、认知、行动等行为来帮助人类完成复杂的任务而产生的，因而 AI 技术在发展历程中必然会涉及统计学、计算机科学、心理学等诸多领域，因此跨领域是 AI 最为显著的特点。

随着社会和科学技术的不断进步，社会各界对 AI 技术给予了重点关注。AI 技术在人们的日常生活中得到了广泛的应用，在气象信息处理技术中也得到了重视。将 AI 应用

---

① 搜狐网. IDC: 2021 年中国人工智能市场 10 大预测[EB/OL]. （2020-12-30）[2021-03-19]. http://www.199it.com/archives/1181678.html.

② 艾媒咨询. 2020 中国人工智能产业白皮书[EB/OL]. （2021-02-08）[2021-03-19]. https://www.iimedia.cn/c400/76947.html.

于气象信息处理技术可以降低数据差错率，提高数据信息的精准度，达到预测精密、预报精准的要求。AI 技术的优势之一是解决数据融合问题、挖掘数据价值，不同类型气象数据融合应用中存在的问题恰好为 AI 在气象信息处理领域应用留下了空间。通过 AI 技术将微尺度、时空高频的实况信息与具有一定准确率、中大尺度、低频模式的预报信息相结合[14]，进而实现气象信息预报的准确性。这也将是 AI 技术在气象处理领域发展的必然方向。

AI 技术被认为是较为适合气象信息处理技术的有效方法。气象数据具有海量、多源、开放、不同类型、多时空尺度、高质量的特点，这些是 AI 技术在气象领域应用的有利条件，也是先发优势[15]。AI 技术在气象和大气科学领域的应用发展，可能会在图像识别（如极端天气型分类和异常检测）、超分辨率处理（气候模式降尺度）、时间预测和空间预测等方面取得较大进展。相信假以时日，从量变到质变，我国在气象信息处理领域 AI 技术的研究将更坚实地进入国际领先水平行列，为保障国家的应急防灾减灾能力、保障民生提供更有力的支持。

1.3.2　大数据

随着现代科学技术不断发展，大数据技术应用于气象工作，又称为气象大数据技术，其不仅可以对繁杂的气象数据进行汇总和分析，还可以减轻工作人员的工作压力，提高气象监测工作的准确性，更好地为人们的生产生活服务。气象工作对人们的生产生活方式产生了比较重要的影响，提前监测气象信息可以对一些灾害性的天气进行预防，从而减少人民群众的经济损失。然而，气象条件复杂多样，传统的人工分析模式加大了气象预测的难度，无法及时地为人们的生活提供气象信息。鉴于此，气象部门积极探索，利用大数据技术的优势，深入挖掘大数据技术的价值和作用。应用大数据技术进行气象监测，可以为防灾减灾、农业生产及人们的交通出行等服务。大数据技术在气象工作中的应用借助于各种先进的机械设备，形成一个智能化的监测系统和汇报系统，其可以对繁多的数据进行分析。数据种类和数据数量越多，越能全面地反映气象的变化情况，综合分析这些数据信息可以提高气象监测的准确度[16]。

大数据技术运用新的数据处理模式对海量的数据信息进行处理，具有数据规模大、数据流转快速、数据类型多样以及价值密度低四大特征，大数据技术在气象工作中的应用主要是发挥其四大特征的优势和作用。为方便处理海量的信息，提高数据信息处理的效率和质量，气象部门工作人员需要掌握大数据技术的基本内容和概念，熟悉大数据技术的操作流程，使其与气象服务工作融合发展。大数据技术的应用内容主要是通过组合成智能化的预报系统和智慧服务系统，在观测的基础上对数据信息进行记录和保存，并上传到互联网平台上，进行下一步分析和汇总，从而产生多种气象信息。工作人员可以根据这些数据信息结果，完成相应的工作指令，对天气情况进行播报，尽量让人民群众提前做好准备。大数据技术的高效运用需要工作人员对数据进行智能化和专业化的采集和分析。要深入挖掘大数据技术的潜力，并不断将大数据技术与气象服务监测深度融合。

鉴于气象服务的数据信息比较多样，在利用大数据技术进行数据采集的时候会采取直接观测或者通过遥感数据进行观测的方式，这两种方式对大气层所发生的物理反应和化学反应都能够进行感知和预感，可以为工作人员提供多样化的数据信息，防止出现数据信息单一无法全面反映天气的情况发生。除此之外，由于气象条件的变化情况比较多样，气象服务要准确到每时每分就要对气象条件进行实时的监测和预估，这就需要大数据技术有足够迅速的处理能力和庞大的数据容纳系统，而这也正是大数据技术的优势和特点，其不仅可以广泛地采集数据信息，而且可以对采集的数据信息进行快速的处理。由于气象工作与人们的日常生活紧密相关，人们在进行生产实践工作的时候会参考气象条件来决定计划是否执行，因此气象数据也具有较大的实际价值。气象数据又具有高度的融合性，可以与其他的数据信息融合起来产生更大的价值和功用。

气象大数据技术相较于传统大数据技术具有更强的专业性和工作性，由于数据信息多是围绕着气象工作展开的，气象大数据具有大数据技术和气象工作两者的内容和特征。气象大数据的内容主要是应用大数据技术对气象工作中产生和遇到的各种数据信息进行分析和总结，将监测到的数据信息输入平台中，然后大数据技术就开始真正发挥作用和显现价值了。大数据技术可以在短时间内对众多的气象信息进行筛选和分析，有重点地突出内容。大数据技术应用到气象工作的各个方面，与气象工作深入融合，在提高工作准确性的同时也可以减少人力、物力的消耗，并且大数据技术可以将气象信息储存起来，以便查阅和借鉴。气象大数据的特征与传统大数据的特征是相似的，从某种角度上看二者是相通的。气象大数据比较细化，可以准确到每时每分。因此，气象大数据的种类比较丰富，而且内容比较繁多。气象大数据以气象为主，可以与人们的日常生活紧密联系起来，具有实践性、预防性的特点。研究表明，气象大数据的这些特征和特点的价值及功能十分庞大。重视并深入了解大数据技术的作用和价值不仅可以将大数据与气象服务工作紧密联系起来，还能认识到两者的不同和共同之处，整合双方的优势和长处，进一步提高气象服务工作的质量。

通过对气象大数据的应用，气象工作部门在实际的工作过程中工作压力减轻了，工作效率和工作质量提高了。但是，大数据技术与气象服务工作正处于起步阶段，二者融合起来会遇到一定的困难，所以对于气象大数据的实际应用，要做好整合和应对问题的准备。大数据技术与气象服务工作的融合具有广阔的发展前景，并且随着数据信息的种类和数量的不断增加，数据整合的过程也会变得非常复杂，这就使得大数据技术对整个气象服务工作要求极为严格。其中，相关工作人员须严格依据大数据技术为气象服务工作提供的先进计算方法和数据逻辑来完成气象监测工作。时代在不断地发展和进步，对气象工作和数据技术工作也提出了更高的要求，相关人员需要不断改进气象服务工作以及数据服务工作。

大数据技术在气象信息保障中发挥着重要的作用，有利于防灾减灾，便于农业生产开展，以及方便人民的交通出行等。也就是说，大数据在人民群众生产生活实际中发挥着重要的作用和价值。要提高数据分析的准确度，进而更好地保障气象工作的应用[17]。

1. 防灾减灾

生活中的一些重大灾情都是由复杂的气象条件造成的，尤其是在一些特殊的季节，如夏季及冬季容易发生洪涝灾害及冰冻灾害等。气象条件的变化与农业生产有很大的关系，为了降低人民群众的经济损失，保障人民群众的生命安全，需要利用气象大数据提前对未来天气情况进行预防和监测。预测特大灾情，有利于人民群众做好相应的准备工作。对天气情况进行预估，不仅可以为人民群众留出防御的时间，还可以方便有关部门制定出灾情应对的方案，这样可以最大限度地减轻区域内的灾情。气象灾害的危害是十分大的，它不仅可以影响人民群众的生产生活，还会对既有的物质资料造成破坏。大数据技术可以从整体上对全国范围内各地的灾情进行监测和分析，使相关部门制定出相应的计划，方便区域内援助，缩短灾情恢复的时间。因此，受灾的群众可以在短时间内恢复自己的生产生活，即在降低损耗的同时，最大限度地保证社会和谐稳定发展。

2. 农业生产

气象服务与农业生产的联系紧密，农业生产受天气的影响较大。我国是农业大国，做好气象服务工作，可为农业生产提供良好的保障，有助于农业生产正常进行。将大数据技术与气象工作整合起来，可以提高气象服务的准确性，有助于农民做出科学合理的计划并采取措施，提高农业生产的质量，提高庄稼的产出率。因此，做好气象服务工作，为农业生产提供相应的指导和监督，在提高农民生产积极性的同时，也可以保证农产品的品质。

3. 交通出行

气象条件是交通通行中最大的不确定因素之一，几乎所有极端天气的发生都会影响交通出行，造成拥堵，也会导致交通风险等级变高，造成严重的人员伤亡和极大的经济损失。气象大数据可保障对天气精准化监测和精细化预报，实现在天气恶劣的情况下道路的动态应急管理，减少因事故造成的道路拥堵和通行量下降，提高路网运行的效率和效益。

1.3.3 移动通信技术

移动通信技术已进入第六代移动通信系统（6th generation mobile networks，或 6th generation wireless systems）研究阶段，简称 6G，它是 5G 系统的延伸和发展[18]。6G 中的 G 是指 generation，即"代"的意思。从第一代模拟移动通信开始，到第二代的数字移动通信，至今已经经历了五代。目前世界各国的移动通信系统基本上处于 3G 和 4G 时代，移动通信特别是第四代移动通信改变了人们的生产方式和生活方式，使人们逐渐体会到快捷的数字移动通信带给我们的种种变化。

目前，我国气象灾害预警信息传播主要依赖传统的通信方式，传播速度易受到网络容量的限制，且难以满足指定区域内预警信息精准传播以及偏远地区预警信息传播需求。而 5G 移动通信技术、卫星通信技术、大数据、云计算、AI 等新一代通信技术正不断涌现和发展。因此，可以采用将新一代通信技术与预警信息传播应用结合的方式来解决上述问题。5G 技术甚至未来 6G 技术对于气象媒体行业来说是一个全新的发展契机和抓手，它是推动广播、电视、网络媒体和传播技术实现跨越式融合发展的重要引擎，更利于气象资源整合、协同高效、融合传播力提升[19]。

气象工作关系人们的生产生活，及时准确地掌握天气情况，可以使人们提前做好准备，保证社会活动的有序进行。在气象业务中，通信技术发挥着重要作用，为适应发展需求，有必要引入新一代通信技术，促进工作模式的创新。气象移动设备从 3G、4G 向 5G 转变，可以大幅度提升移动通信的带宽，更利于大数据实时通信，使人们收集到全面、准确的气象信息。

在时代发展中，气象条件因受到环境污染的影响，变得更加复杂。因此，将新一代通信技术应用在气象业务中具有重要意义。首先，它可以提升业务水平。有效运用新一代通信技术，可以优化气象业务效果，发挥技术优势，满足发展所需。其次，它可以加快气象工作方式的改革。科技是第一生产力，在气象事业发展中，要积极引入先进技术，促进气象工作方式的创新，保持气象业务的先进性。最后，它可以解决气象业务中遇到的问题。气候条件的变化，使得实际工作中出现了很多传统技术无法解决的新问题，因此要发挥新一代通信技术的作用，消除不利因素影响，保证气象业务顺利开展，为工作质量提供可靠的保障。新一代通信技术的使用，引起了各个行业的重视，将新技术运用在气象业务中是发展的必然趋势，对于提升工作水平和推动行业发展意义重大。

在气象业务中，目前已经引入了多项技术，如信息技术、计算机技术等，这有助于提升工作的效率[20]。随着新一代通信技术的涌现，气象行业也要坚持与时俱进理念，积极引入 5G 通信，发挥新技术的优势，不断提升工作效率和质量，有效适应时代发展需求。

5G 以及未来 6G 通信技术在气象业务中的应用前景展望：使气象业务朝自动化、智能化方向发展。气象业务工作量大，人员工作时往往需要花费较多时间，运用 5G 通信提升设备自动化水平，不仅可以提升工作效率，还能够减少人员工作量，是未来发展的一个重要方向。此外，气象业务还可以朝着远程操控方向发展。远程操控技术的运用突破了时间和空间局限，但实现难度非常大，主要原因是网络延迟太高，很难保持有效性，现有技术无法满足需求。5G 通信技术的诞生，为远程操作提供了有力支持。甚至到未来 6G 技术的使用，让理想时延成为可能且能稳定有效运作。

5G 时代的到来，为气象业务提供了稳定可靠的通信网络支撑，实现了天气实景视频直播的实时回传和共享，大幅度提升了设备调试和巡检效率，对气象业务产生了重要影响。然而，通信技术在气象行业仍有很大开发空间，因此要加强 5G 通信的研究，加强技术运用，创新工作方式，为未来 6G 在气象行业使用奠定更多理论与实际基础，研发出更多气象工作需要的业务系统。实现气象业务和 5G 通信乃至 6G 通信技术的深度融合，创建出稳定、安全的网络系统，推动我国气象事业更好地发展。

1.3.4 物联网

2005 年，国际电信联盟（International Telecommunication Union，ITU）在其互联网报告中提出了"物联网"的概念，将其定义为通过射频识别、红外感应器及全球定位系统等信息传感设备，按约定协议将任何物品与互联网相连接，进行通信和信息交换，以实现对物品的智能化识别、定位、监控及管理的一种网络。2009 年，国际商业机器公司（International Business Machines Corporation，IBM）提出"智慧地球"的概念，建议将物理基础设施和信息基础设施统一成新一代智慧基础设施,并将物联网列为实现智慧基础设施的重点技术之一[21]。《物联网白皮书(2016 年)》指出,全球互联网企业、IT 服务商、通信企业及垂直行业领军企业对物联网的重视程度持续提升,并纷纷自建连接协议或连接平台以实现各自生态圈内不同物联网产业终端的统一接入[22]。《中国互联网发展报告 2021》指出,全球物联网的总连接数于 2019 年已达到 120 亿,并预计在 2025 年达到 246 亿[23]。在我国,物联网连接数于 2019 年已达到 36.3 亿,预计在"十四五"规划期间物联网总体产业规模将保持 14%的年复合增长率。由此可见,物联网是我国重点发展的战略性新兴产业之一,也是全球新一轮经济与科技发展战略制高点。

物联网的概念又可以分为狭义和广义两种:狭义的物联网是指物与物互联的网络,可实现物品的智能化识别、感知、定位和管理;广义的物联网则是信息空间与物理空间的融合,将物理空间中的所有事物数字化、网络化,在物品之间、物品与人之间、人与现实环境之间实现高效的信息交互,并通过新的服务模式使各种信息技术融入社会行为,使信息化在人类社会综合应用中达到更高的境界。

物联网自底向上可分为三层结构:感知层、网络层和应用层。感知层是产生和收集物联网信息的起点,主要利用各种物联网节点(传感器、视频采集装置等)获取、感知和采集物理世界的各类信息,并将最终采集到的数据经过简单处理和筛选后汇集到物联网网关并上传至网络层。网络层则是物联网的中心枢纽,它将从感知层中传输来的数据进一步通过移动网络、互联网、卫星通信等方式实现数据安全和高效的传输。最后在应用层中,应用系统根据不同的服务对象和应用需求为用户提供诸如智能医疗、智能家居、智慧交通、环境监测和工业自动化等服务。

随着物联网技术的快速发展,气象物联网的应用使其能够为相关领域提供更广泛、便捷的专业服务。目前,在发达国家,物联网技术已被应用于气象监测和气象预报中,也有国家将物联网技术用于军事气象领域,为管理和决策提供智能化服务。在国内,物联网技术主要应用在气象数据监测、气象信息发布、气象服务等方面[24]。物联网技术和气象信息处理技术相融合,将是实现气象服务行业创新和技术革新的关键所在,也是构建社会新模式和提高国家科技竞争力的重要举措。随着我国进一步建设数字社会战略的不断推进,气象观测作为我国的基础民生事业,其观测结果的科学性与严谨性直接影响着我国民众的生活质量[25]。并且,物联网技术在人工影响天气业务、工作人员的管理、气象业务管理和作业装备的管理中都发挥着重要作用。因此,通过使用高新设备及技术,增强气象信息处理结果的科学性与合理性,在我国当下社会发展阶段有着积极的影响。以科技为支撑的气象观测体系的建立,能够有效地提高气象观测工作的效率与质量,这对于我国基本民生建设有着重要的意义。

1.3.5 云平台

云计算是 2007 年才被提出的新概念,目标是简化和降低计算能力、存储设备甚至是应用系统等 IT 资源的使用门槛,用户只需连接因特网即可方便地使用上述资源。云计算提供了灵活的计算能力和高效的海量数据分析方法,用户(政府、企业或个人)不需要构建自己专用的数据中心就可以在云平台上高效地运行各种各样的业务系统,并且这种服务是廉价的[26]。

云平台是指基于硬件资源和软件资源的服务,提供计算、网络和存储能力,是通过互联网向其他用户提供基础服务、数据、中间件、数据服务或软件的一种平台。根据分层理论,可将云平台划分为基础设施即服务(infrastructure as a service,IaaS)、平台即服务(platform as a service,PaaS)、软件即服务(software as a service,SaaS)[27]。

IaaS:消费者通过互联网从完善的计算机基础设施获得服务。这类服务称为基础设施即服务。通过软件平台系统将大量的硬件资源进行集中管理,根据用户请求进行按需分配存储空间、计算能力、内存大小、防火墙、操作系统、网络环境等基础设施,以满足用户需求。

PaaS:把应用服务的运行和开发环境作为一种服务提供的商业模式。通过网络进行程序提供的服务称为SaaS,而云计算时代相应的服务器平台或者开发环境作为服务进行提供就成了PaaS。

SaaS:随着互联网技术的发展和应用软件的成熟,在21世纪兴起的一种完全创新的软件应用模式。SaaS提供商为企业搭建信息化所需要的所有网络基础设施及软件、硬件运作平台,并提供所有前期的实施、后期的维护等一系列服务,企业无须购买软硬件、建设机房、招聘IT人员,即可通过互联网使用信息系统。SaaS是一种软件布局模型,其应用专为网络交付而设计,便于用户通过互联网托管、部署及接入。

近年来,随着公众对气象信息需求的不断提高,气象信息化处理技术更快更好地服务气象预测有关部门显得尤为重要[28]。秉持以"面向应用"为出发点,结合当前的互联网技术,将云计算平台与气象信息处理技术相结合,可以实现气象部门所有数据资源的汇聚、管理和服务[29]。云计算平台的出现为解决气象信息处理技术中的问题提供了可行途径,它基于虚拟化方式,将网络上分布的计算、存储软件等资源集中起来为用户提供各种弹性服务,可以为信息化建设起到减少成本、提高资源利用率和拓展应用等作用。

基于云计算的优点和发展趋势,将云计算应用于气象行业,非常符合气象网络系统发展的需求。云计算模型通过虚拟化技术和分布式技术为气象监测系统的构建集中优势资源,提供基础设施和平台[30]。使用公有云平台通过网络即可获取数据存储、分析以及科学计算等服务,无须自建底层硬件基础设施和平台软件,只需按需支付廉价服务费用,这能有效节约成本,提高资金利用率[31]。

本章参考文献

[1] 李琳,周庆. 基于大数据的计算机信息处理技术应用与实践[J]. 无线互联科技,2021,18(23):102-103.

[2] 薛珍妮. 计算机信息处理技术在大数据时代的应用分析[J]. 信息记录材料,2020,21(10):208-209.

[3] 刘阳. 基于大数据下的计算机信息处理技术研究[J]. 软件,2021,42(4):125-127.

[4] 全国气象发展"十三五"规划[N]. 中国气象报,2016-11-30(2).

[5] 崔讲学,方虹,孙学军,等. 中部城市群发展气象服务需求分析和对策研究[C]. 改革开放与湖北气象事业发展论坛优秀论文汇编,2008.

[6] 李波,唐宁琳,李思萍,等. 新时期气象预报服务的需求与发展[J]. 江西农业,2019(10):41.

[7] 黄红辉，林铂岷，王达. 气象预报服务用语以人为本探讨[J]. 气象研究与应用，2010，31（2）：105-106.
[8] 殷庭炜，孔子铭. 农业气象服务需求及发展对策[J]. 乡村科技，2019（7）：42-43.
[9] 尹绍寅，张爱英，刘茜. 北京旅游业多元发展背景下的气象服务需求[C]. 第 31 届中国气象学会年会 S10 第四届气象服务发展论坛——提高水文气象防灾减灾水平，推动气象服务社会化发展，2014.
[10] 祝贵兵. 基于 ECDIS 平台的气象信息处理技术研究[D]. 大连：大连海事大学，2008.
[11] 气象信息化战略研究课题组. 气象信息化发展战略——研究与探索[M]. 北京：气象出版社，2016.
[12] 池天河，王雷，王钦敏，等. 数字省信息共享平台的设计与实现[J]. 地理研究，2003，22（3）：281-288.
[13] 刘丹. 浅析 AI 技术在地面气象观测中的运用[J]. 智能城市，2021（3）：2.
[14] 韩佳芮，张平文，李昊辰，等. 气象领域人工智能的现在与未来——张平文院士及团队骨干访谈录[J]. 气象科技进展，2021，11（3）：3.
[15] 吴灿，戴洋，何晓欢，等. 气象和大气科学领域人工智能科学研究的国际态势分析[J]. 科学咨询，2021（11）：1-5.
[16] 张珉铨. 大数据条件下的气象保障应用分析[J]. 长江信息通信，2022，35（1）：155-157.
[17] 陈益玲，刘朝晖. 大数据环境下珍贵气象档案信息的挖掘与利用[J]. 气象科技进展，2021，11（2）：13-16.
[18] 李泽捷，曹磊. 面向气象灾害预警信息的 5G 网络切片技术研究[J]. 信息通信技术与政策，2022（1）：75-80.
[19] 刘珺，张寅伟. 5G 时代气象媒体融合的发展与服务创新[J]. 气象科技进展，2021，11（6）：61-64，79.
[20] 叶宗明，何航航，钟连峰，等. 5G 通讯在气象业务中的应用场景[J]. 长江信息通信，2021，34（6）：220-222，225.
[21] 林永青. IBM 的"智慧地球"[J]. 金融博览，2016（1）：44-45.
[22] 中国信息通信研究院. 物联网白皮书（2016 年）[EB/OL].（2016-12-01）[2022-06-01]. http://www.cac.gov.cn/files/pdf/baipishu/wulianwang2016.pdf.
[23] 中国网络空间研究院. 中国互联网发展报告 2021[R]. 北京：电子工业出版社，2021.
[24] 韩贝，王伯槐. 基于物联网的气象探测无人机研究[J]. 物联网技术，2021，11（3）：4.
[25] 石力伟. 探析物联网技术下气象观测体系建设[J]. 新农业，2021（2）：1.
[26] 朱近之，岳爽. 智慧的云计算[M]. 北京：电子工业出版社，2011.
[27] 蒋鸿飞. 云计算平台自动化部署子系统的设计与实现[D]. 西安：西安电子科技大学，2020.
[28] 江彩英，郭晓佳，谢丹，等. 基于虚拟化云平台的气象终端集约化管理[J]. 气象科技，2014，42（5）：5.
[29] 荆国栋，邹立尧，赵永明. 信息化下的气象教育云平台建设[J]. 中国科技信息，2021（1）：2.
[30] Lin G，Fu D，Zhu J，et al. Cloud Computing：IT as a Service[J]. IEEE Computer Society March，2000：10-13.
[31] Buyya R，Yeo C S，Venugopal S. Market-Oriented cloud Computing：vision，Hype，and reality for delivering IT Services as Computing Utilities[C]. In 10th IEEE International Conference on High，2010.

第 2 章 气象信息获取

气象信息获取是气象信息处理的基础，而传感器是实现气象信息获取的重要器件。相关传感器的分类取决于需要采集的气象信息类型。气象信息类型通常包括温度、湿度、有毒气体含量、温室气体含量、风向风速、太阳辐照度（各个波段）、气溶胶分布、降水量、雷电等。因此，为使读者了解不同气象数据对人类生活、农业生产、工业生产的影响和意义，本章对气象信息类型及相应的常用传感器进行简要介绍。

2.1 湿度检测传感器及典型应用

与其他物理量相比，对湿度进行精确测量相对困难得多。原因是空气中所含水蒸气的量极少，而且其难以集中在湿敏元件表面，因此不得不根据化学和物理定律转化为测量与湿度相关的二次参数，之后再进行二次转换求得湿度值。这些转化后的二次参数也会受到其他因素的影响，其中大气压强、温度等因素影响极大，使得二次参数不够精准，因而也使得湿度值不够精准。此外，水蒸气会使一些感湿材料的性能发生变化，甚至感湿材料会出现溶解、腐蚀、老化的现象，从而丧失其原有的感湿性能。湿度信息的传递必须靠水汽分子与感湿元件直接接触来完成，感湿元件只能长期暴露在待测环境中而不能密封，很容易被污染而影响其测量的精度和长期的稳定性。因此，与其他物理量的检测相比，无论是敏感元件的性能，还是制造工艺和测量精度等方面，湿度的测量难度均极大。湿度传感器作为湿度测量系统的核心，基于功能材料，即感湿介质。感湿介质在不同的湿度条件下能发生与湿度有关的化学反应或物理效应，其特征参量随湿度改变呈线性变化，具有将湿度这一物理量转换成与湿度相关的其他信号的功能。根据其工作原理，湿敏元件可分为毛发伸缩式、干湿球温度计蒸发式、露点式、电子式，其中电子式包括电阻式、电容式、电解式等。

毛发伸缩式湿度传感元件利用脱脂毛发的线性尺寸随环境湿度的多少而变化的原理测量湿度；其精度较低，很难与电子设备兼容，且灵敏度、动态响应等特性较差。

干湿球温度计蒸发式湿度传感元件利用干球温度计与湿球温度计之间的温度差值计算得出湿度值。与毛发伸缩式湿度计相同，干湿球温度计蒸发式湿度传感元件灵敏度、动态响应等特性较差。

露点式湿度传感元件利用冷却装置对空气进行降温，使其达到饱和，并在光洁冷面上产生结露，通过光线发生折射现象准确测量露点温度，再换算出湿度值。此类设备的精度可以达到较高值，并被用来对其他湿度测量设备的精度进行校核，但其动态响应特性不高，通常不用于对湿度测量有快速需求的领域。

电阻式湿度传感元件因其感湿材料吸湿后电阻率发生变化，通过测量湿敏电阻的阻值得到湿度值，其中基于高分子为湿敏材料的电阻式湿度传感元件得到普遍关注。此类设备具有较高的响应速度和灵敏度，但其易老化、温度系数大、抗污染能力较差。

电容式湿度传感元件因其感湿材料吸湿后介电常数发生线性变化，通过测量湿敏元件的电容值得到湿度值，其中以高分子为湿敏材料的电容式湿度传感元件最具前景。此类设备虽然在灵敏度和响应特性方面稍逊于电阻式湿度传感元件，但其输出的是电容信号，消除了电阻因素带来的热噪声，在稳定性、抗老化、抗污染、温度系数、线性度方面明显优于电阻式湿度传感元件。

空气中含有水蒸气时称为潮湿空气。可以由绝对湿度（ρ）、水汽分压强（P）、露点、相对湿度（Φ）四种参数来表示潮湿空气的特征。

(1) 绝对湿度。

通常将空气中的水汽密度称为绝对湿度，它是指单位体积的空气中所含水汽质量。一般绝对湿度不易测得，习惯上常用水汽分压强来表示，它们之间的关系如式（2-1）所示：

$$P = \frac{\rho}{1.06}\left(1 + \frac{t}{273}\right) \tag{2-1}$$

式中，t 为温度（℃）；ρ 为水汽密度（g/m^3）；P 为水汽分压强。

(2) 水汽分压强。

大气中所含水汽的分压力称为水汽分压强。在某一特定温度下，大气中所含水汽压有一极限值，这时的空气称为饱和空气；这种极限水汽压称为饱和水汽压强（P_t）。

(3) 露点。

含有一定水汽量的空气在一定气压下降低温度，使空气中的水汽达到饱和时的温度称为露点温度。当露点温度与气温相等时，则空气相对湿度就等于 100%。因此也可以用露点温度表示空气中的湿度。

(4) 相对湿度。

在一定温度下空气中实际水汽分压强（P）与该温度下的饱和水汽压强值（P_t）比值的百分数称为相对湿度，如式（2-2）所示：

$$\Phi(\%) = \frac{P}{P_t} \times 100\% \tag{2-2}$$

在工程应用中，空气湿度常用相对湿度来表示，而测量相对湿度一般用干湿球温度计法，干球温度反映空气实际温度，湿球是用湿纱布包裹并有持续水源湿润的温度计球体。湿球温度是在一定的气压和风速下，在空气冷却下蒸发水分带走热量，引起温度下降至一定的数值。在非饱和空气中湿球温度总比干球温度低。

湿度测量是保证湿热试验准确的基础，目前测湿方法很多，但其精度性有一定的欠缺。目前最普遍使用的是干湿球温度计及湿度计，以下对上述两种测湿方法做简要阐述。

2.1.1 干湿球法

1. 干湿球法相对湿度计算方法

1）相对湿度计算方法

干湿球由两只规格完全相同的温度计组成，其中一支感温部位包上纱布，纱布的下端浸入水中，作为湿球温度计，它所测得的温度为空气的湿球温度。另一支不包纱布为干球温度计，测得的温度为空气的干球温度即实际的空气温度。当空气的相对湿度小于100%时，湿球纱布上的水分就会不断蒸发，由于水分蒸发需要吸收热量，从而使湿球温度下降。显然，湿球水分蒸发的速度与周围气体的水分含量有关。气体湿度越低，水分蒸发越快，湿球温度亦越低，反之亦然。由此可见，空气的湿度与干球温度和湿球温度之间具有某种函数关系，干球温度与湿球温度之差取决于当时环境的空气相对湿度，从而可以利用干球温度与湿球温度来求得空气的相对湿度值。干湿球温度计[1]的相对湿度 Φ 的计算公式如式（2-3）所示：

$$\Phi(\%) = \frac{P}{P_\mathrm{t}} \times 100\% \\ = \frac{P_\mathrm{w} - AP_\Omega(t-t_\mathrm{w})}{P_\Omega} \times 100\% \tag{2-3}$$

式中，P_w 为湿球温度 t_w 下的饱和水汽压；P_Ω 为试验空间的大气压；t 为干球温度；t_w 为湿球温度；A 为干湿表系数（℃$^{-1}$），其值由干湿球温度表类型和干湿球温度表球部风速决定。由式（2-3）可知，在空气状态稳定的情况下，相对湿度只受 A 值的影响，A 值的大小取决于流过湿球的空气流速。因此，流过湿球的空气流速是影响相对湿度测量的重要因素。

湿空气的饱和水蒸气压力为温度的单值函数，根据周西华等的分析[2]，在 0~120℃ 时，饱和水蒸气压 P_w 与温度 t 的关系符合纪利公式：

$$P_\mathrm{w} = 98065B \tag{2-4}$$

其中，B 满足：

$$\lg B = 0.0141966 - 3.142305\left(\frac{10^3}{T} - \frac{10^3}{373.16}\right) \\ + 8.2\lg\left(\frac{373.16}{T}\right) - 0.0024804(373.16 - T)$$

式中，T 为热力学温度，$T = t + 273.15$。

2）干湿表系数 A 的确定

干湿表系数 A 在一定的条件下近似不变，一般在简化计算中将其视为固定值，即取 $A=0.667\times10^{-3}$℃$^{-1}$。实际上 A 与温度 t 和风速 v 有关，但已有干湿表系数的研究中仅有与 v 和 t 中单因素相关的数据，而综合考虑 v 和 t 的数据使用范围较小，因此通过实验测量确定适用于更大范围内 A 与 v 和 t 间的关系。试验装置采用密封干燥箱，采用双流法可在箱体外得到具有一定温度和湿度的均匀气体，其通过喷头进入箱体内部，风扇可提供在一定范围内可调的风速；箱内标准相对湿度采用 Michell S8000 冷镜式露点仪测量获得。冷镜式露点仪由于具有较高的精度，可作为标准的湿度传递仪器[3]。试验时，将柱状干湿球湿度计的温度测量头和露点仪探头插入密封箱内，控制干球温度从 20℃开始升温至 80℃，以 10℃为间隔，考虑风速在 1m/s 以下时风速仪测量精度较低，且大多工业通风风速基本在 1～5m/s[4,5]，故对 1～5m/s 风速下的相对湿度进行测量。根据测得的相对湿度和干、湿球温度，利用式（2-3）和式（2-4），即可得到各种环境条件下的值。试验 A 值及其拟合如图 2-1 所示。

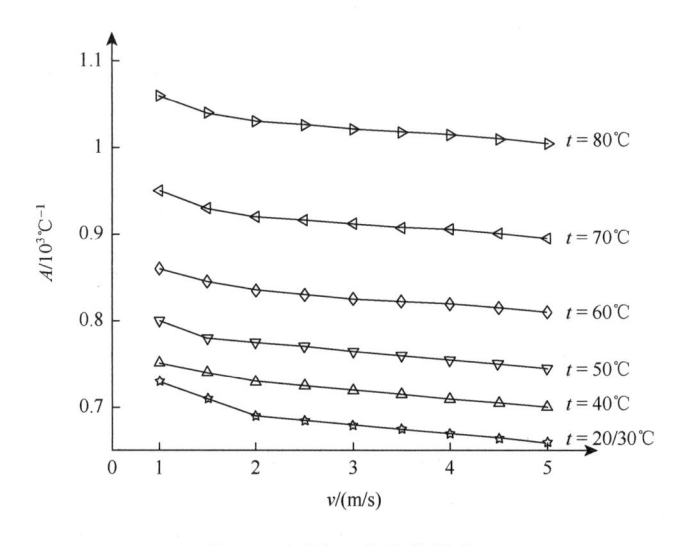

图 2-1 试验 A 值及其拟合

由图 2-1 可以看出，随风速增大，干湿表系数 A 逐渐减小，并在 $v>3$m/s 时逐渐趋于稳定；同一风速下，随温度的升高，A 值逐渐增大，且温度越高，相同温差间 A 值差别越大。采用最小二乘法对试验数据进行非线性回归拟合，得到 A 与 v、t 的函数关系：

$$A = k(t,v) = 0.7227 \times 10^{-3} + \frac{6.747 \times 10^{-5}}{v} + 1.087 \times 10^{-7} \times t^2 - 5.229 \times 10^{-6} \times t \quad (2-5)$$

不同温度下函数关系如图 2-1 中各曲线所示。由图 2-1 可以看出，拟合 A 值公式与试验测量的 A 值拟合度较高，误差＜1.5%，表明该拟合式能表示 1～5m/s、20～80℃内的 A 值。

由于在大气压环境下测量相对湿度时，大气压力变化有限，为简化计算，P_Ω 取常数 1.01×10^5Pa，将式（2-4）、式（2-5）代入式（2-3）中，可得到相对湿度 $\varPhi$(%)的表达式。分别对 t、t_w、v 求导，得到 t、t_w、v 的灵敏系数 k_t、k_{t_w}、k_v 分别为

$$k_t = \frac{\partial \varPhi}{\partial t} = \frac{-\left[\frac{\partial A}{\partial t}P(t-t_w) + AP\right]P_d - \left[P_w - AP(t-t_w)\right]\frac{\partial P_d}{\partial t}}{P_d^2} \quad (2-6)$$

$$k_{t_w} = \frac{\partial \Phi}{\partial t_w} = \frac{\frac{\partial P_w}{\partial t_w} + AP}{P_d} \quad (2\text{-}7)$$

$$k_v = \frac{\partial \Phi}{\partial v} = \frac{AP(t-t_w)}{P_d} \times \frac{\partial A}{\partial v} \quad (2\text{-}8)$$

式中，P_d 为温度为 t_d 时的饱和水汽压。

2. 相对湿度测量精度的影响因素分析

1）温度的影响

根据式（2-6）和式（2-7）计算不同相对湿度下，不同风速对应干球和湿球温度的灵敏系数。

同一湿度下，风速对干球和湿球温度的灵敏系数影响不大；同一温度下，相对湿度越高，干球温度和湿球温度的灵敏系数绝对值越大，可见低温下温度测量误差对相对湿度测量精度的影响更大。

在低温和高湿情况下，干球温度和湿球温度误差易造成较大的相对湿度误差。因此，在低温高湿环境下测量相对湿度时，应选用精度较高的干湿球温度计进行测量，并定期对干湿球温度计进行标定，以提高测量精度。

2）风速的影响

相对湿度越大，风速灵敏系数 k_v 越小，高湿环境下风速对相对湿度的测量精度影响较小。同一相对湿度下，风速较低时 k_v 较大，在空气流速较低时风速的偏差易造成较大的相对湿度测量误差。由于在实际应用中流过传感器的风速不易测量，为提高相对湿度的测量精度，可使风速维持在 3～5m/s 区间内，此时 k_v 在 0.5% 以下，对测量精度影响较小。

3）相对湿度的不确定度

（1）A 类不确定度。

A 类不确定度是指重复观测被测量物体，对测量数据进行统计分析时得到的实验标准偏差。在试验箱内，调节风速与温度，保持露点仪所测得的相对湿度保持在 80.00%，使用干湿球湿度计连续 10 次测量箱内相对湿度，结果如表 2-1 所示。

表 2-1 相对湿度重复测量结果

测量次数	1	2	3	4	5	6	7	8	9	10
相对湿度/%	79.85	79.93	80.06	80.04	81.02	79.89	79.93	80.06	80.03	80.09

根据测量结果，得到 A 类不确定度：

$$u_A = \sqrt{\frac{\sum_{i=1}^{n}(x_i - \bar{x})^2}{n-1}} = 0.13 \quad (2\text{-}9)$$

式中，x_i 为第 i 次的测量值；$\bar{x}$ 为 n 次测量所得测量值的均值；n 为测量样本数。

(2) B 类不确定度。

B 类不确定度是用非统计方法获得的，借用统计方法的形式用类似标准偏差的量来表征[6]。对于分辨率为 0.2℃的温度计，其测量误差限为 $a(t)=0.1$℃，均匀分布，此时包含因子 $k(t)=\sqrt{3}$，则由温度计带来的 B 类不确定度为

$$u_{\text{B-}t}=u_{\text{B-}t_w}=\frac{a(t)}{k(t)}=\frac{0.1}{\sqrt{3}}=0.058 \tag{2-10}$$

对 EE65-VB 皮托管风速仪在 5m/s 时的风速进行评定，由皮托管检定证书得知，相对误差为 1.0%，均匀分布，此时包含因子 $k(v)=\sqrt{3}$，则由风速带来的 B 类不确定度为

$$u_{\text{B-}v}=1.0\%\times 5/k(v)=0.029 \tag{2-11}$$

由于干球温度、湿球温度与风速间属于不相关因素，则三者对相对湿度传播的扩展不确定度[7]为

$$U=ku_{\text{c}}=\sqrt{3}\times\sqrt{u_{\text{A}}^2+\left(\frac{\partial\varPhi}{\partial t}\right)^2\times(u_{\text{B-}t})^2+\left(\frac{\partial\varPhi}{\partial t_w}\right)^2} \\ \times\sqrt{(u_{\text{B-}t_w})^2+\left(\frac{\partial\varPhi}{\partial v}\right)^2\times(u_{\text{B-}v})^2} \tag{2-12}$$

式中，u_{c} 为合成不确定度。

2.1.2 快速响应湿敏元件

1. 快速响应湿敏原件的结构

电阻式湿敏元件[8]感湿的机理基于其电阻随感湿材料中吸收水分子浓度的大小呈指数变化，其具有较高的灵敏度，但因其抗老化和表面污染能力较差，寿命较短，且具有较高的温度敏感性。电容式湿敏元件感湿的机理基于其电容随感湿材料中吸收水分子浓度的大小呈线性变化，虽然与电阻式湿敏元件相比，其灵敏度较低，但由于优异的动态响应特性和稳定性，电容式湿敏元件被认为在湿度测量和控制领域极具应用潜力。

电容式湿敏元件的电极种类通常有叉指状和平行板两种。平行板电极湿敏元件的上电极通常做成栅状或多孔状，以便于环境气体中水分子通过上电极裸露部分，通过扩散的方式进出上下电极之间的感湿介质膜。其中，由于多孔状金属上电极存在开孔尺寸和面积制造工艺控制困难等缺陷，湿敏元件的湿敏特性具有较大的不确定性。不同电极型式湿敏元件的结构和特点如下所述。

叉指结构湿敏元件的结构如图 2-2 所示。湿敏元件由支撑基片、并行的叉指金属电极和其上涂覆的感湿材料组成。其制作工艺相对简单，可与互补金属氧化物半导体（complementary metal oxide semiconductor，CMOS）工艺兼容，通过调整叉指电极间的距离可对电容大小进行调整，也可有效地避免电极击穿。两并行电极不能靠得太近，否则会影响湿敏元件灵敏度、动态响应特性的进一步提高。

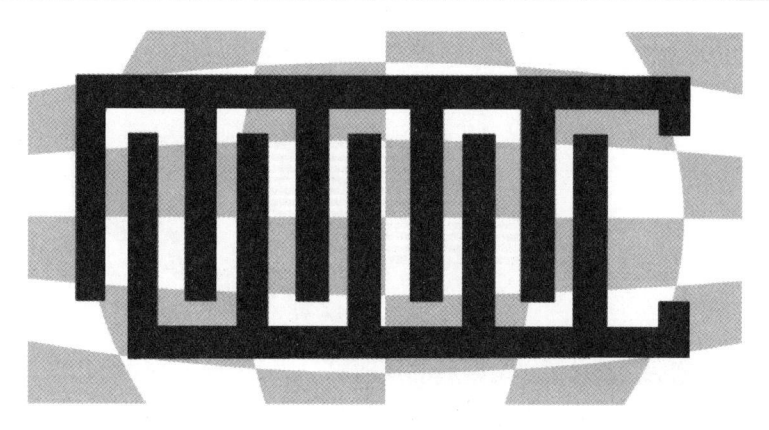

图 2-2　叉指结构湿敏元件的结构

柱状感湿介质湿敏元件的结构如图 2-3 所示。湿敏元件由基片、上下电极及上下电极之间的感湿材料组成，与平行板电容式湿敏元件一样。但其感湿材料由众多独立微小的感湿柱组成，微小感湿柱之间有一定间隙，允许水汽自侧面进出微小感湿柱，增加了水汽通道面积，克服了平行板电容湿度传感元件水汽只能从湿敏元件上部进出感湿膜的缺陷；同等条件下改善了湿敏元件的灵敏度和响应特性，但是其制造工艺复杂；且由于工艺限制，微状感湿柱不可能做得很小，从而限制了湿敏元件在灵敏度和响应特性等方面的突破。

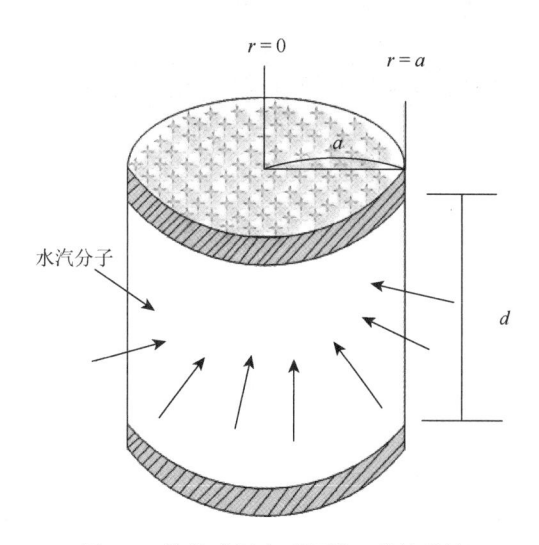

图 2-3　柱状感湿介质湿敏元件的结构

如图 2-4 所示，平行板电容式湿敏元件[9, 10]由基片、下电极、聚酰亚胺（polyimide，PI）感湿膜和栅状上电极组成。其上电极通常为栅状或多孔状，以利于水汽直接接触、进出感湿膜。且平行板夹心型湿敏元件制作工艺相对简单，可兼容工艺，尤其可通过使用绝缘性能良好、超薄的感湿介质膜，将上下电极的距离减至最小，为提高湿敏元件的灵敏度、动态响应特性创造空间。

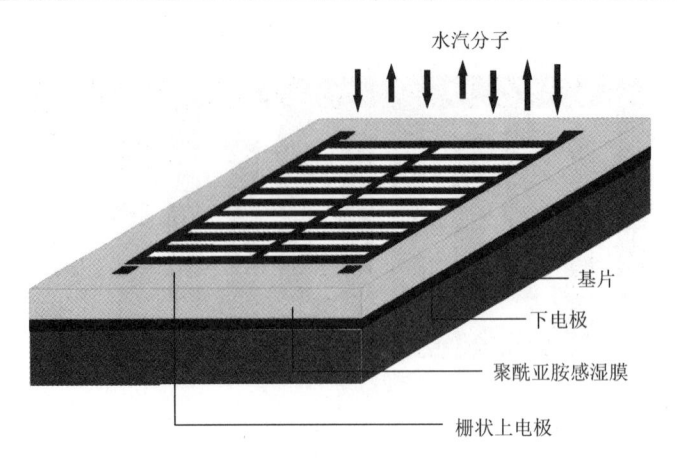

图 2-4　平行板电容式湿敏元件示意图 1

如图 2-5 所示，平行板电容式湿敏元件主要由基片、金属下电极、感湿薄膜、金属上电极组成。其下电极为平板状，上电极为栅状，以便水汽分子能够进出感湿薄膜。感湿薄膜为聚酰亚胺高分子多孔介质，面积 A_s 指直接暴露于含湿空气的部分，面积 B_s 指覆盖于上电极栅条的部分。

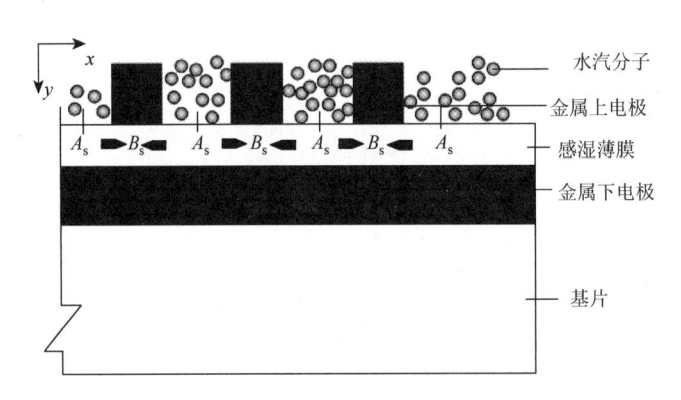

图 2-5　平行板电容式湿敏元件示意图 2

当湿敏元件置于高湿环境中吸湿时，水汽分子通过上电极栅条间隙感湿薄膜裸露的表面沿 y 轴方向进入感湿薄膜，如忽略表面扩散阻力，这个过程可视为瞬时完成。然后水汽分子分别沿 y 轴向感湿薄膜底部扩散，沿 x 轴向上电极覆盖部进行扩散，受扩散阻力和扩散路程的影响，这个过程比较缓慢。当湿敏元件置于低湿环境中脱湿时，水汽分子的扩散过程相反。而形如图 2-5 所示的湿敏元件之所以可以通过输出的电容值揭示环境湿度的大小，是因为多孔介质感湿材料的介电常数随着内部吸附水汽分子浓度的多少发生线性变化，致使湿敏元件的电容输出值发生线性变化。通常，由于水汽分子凝聚和化学反应等现象的发生，脱湿扩散过程比吸湿扩散过程进行得缓慢，不能得到较好的湿容特性曲线线性度，同时，会发生较大的湿滞现象。

通过测量感湿薄膜介电常数变化引起的湿敏元件输出电容变化值，可以得出环境的相对湿度。平行板电容式湿敏元件的电容 C 可以由式（2-13）得出：

$$C = A_\mathrm{u}\frac{\varepsilon_0\varepsilon_\mathrm{s}}{\delta} \tag{2-13}$$

式中，ε_0 为真空介电常数（$8.85\times10^{-12}\mathrm{F/m}$）；$\varepsilon_\mathrm{s}$ 为相对介电常数；A_u 为上电极的面积（m^2）；δ 为上下电极的间距，即薄膜厚度（μm）。

如果忽略感湿薄膜中分子相互作用引起的水分子凝聚、化学吸附和膜分子溶解塑化等现象，水汽分子吸湿和脱湿扩散过程可采用菲克第二扩散定律进行描述[11]。

$$\frac{\partial N(x,y,z,t_\mathrm{a})}{\partial t}=\frac{\partial}{\partial x}\left(D^\mathrm{e}\frac{\partial N(x,y,z,t_\mathrm{a})}{\partial x}\right) \\ +\frac{\partial}{\partial y}\left(D^\mathrm{e}\frac{\partial N(x,y,z,t_\mathrm{a})}{\partial y}\right)+\frac{\partial}{\partial z}\left(D^\mathrm{e}\frac{\partial N(x,y,z,t_\mathrm{a})}{\partial z}\right) \tag{2-14}$$

式中，N 为感湿薄膜中水分子的摩尔浓度（$\mathrm{mol/m}^3$）；t_a 为感湿薄膜中水汽分子扩散时间（s）；D^e 为感湿薄膜中水汽分子有效扩散系数（m^2/s）。对于多孔材料，其值与膜与水汽分子互扩散系数、孔隙率等因素有关。

2. 快速响应湿敏原件的材料

湿敏材料是指材料的某些特征参量，如材料的电阻、介电常数、体积等随环境湿度变化而发生变化的一类材料，其是湿度传感器的重要组成部分。湿敏材料的性能直接影响传感器的灵敏度、响应速度、湿滞效应以及传感器寿命等。因此，选择具有理想感湿性能的湿敏材料是快速响应湿敏元件研究的必要前提之一。

湿敏材料主要有电解质类、高分子化合物、陶瓷基材料、多孔金属氧化物以及半导体等。其中，电解质类材料中的电解质盐易吸水而被稀释，甚至流出，破坏了材料的感湿性能。陶瓷基和多孔金属材料虽具有优异的耐热性能，而且对湿度响应迅速，但其电阻温度系数较高，再现性和互换性较差，且不耐污染。高分子化合物湿敏材料因来源丰富，相对湿度范围宽，湿滞回差小，响应速度快等优异性能而受到了越来越多的关注，是最具发展前途的一类材料[12-14]。

2.2 气体定性检测和定量检测方法

2.2.1 朗伯-比尔定律

朗伯-比尔定律（Lambert-Beer's law）是分光光度法的基本定律，描述物质对某一波长光吸收的强弱与吸光物质的浓度及其液层厚度间的关系。其物理意义是当一束平行单色光垂直通过某一均匀非散射的吸光物质时，其吸光度 A_l 与吸光物质的浓度 c 及吸收层厚度 b 呈正相关，而与透光度 T_l 呈反相关。其数学描述如式（2-15）所示：

$$A_\mathrm{l}=\lg\left(\frac{1}{T_\mathrm{l}}\right)=kbc \tag{2-15}$$

式中，k 为摩尔吸光系数。

当物质受到红外光束照射时，该物质的分子就要吸收一部分光能量并将其转换为分子的振动和转动能量。在吸收过程中，红外辐射只是在与分子振动频率对应的波长处被吸收，而振动频率与分子的结构特性有关。

非对称双原子和多原子分子气体（如甲烷、一氧化碳、氢气、二氧化硫、一氧化氮、二氧化碳）在红外波段均有特征吸收峰，所以具有红外活性的分子可以通过其吸收光谱来辨别，即所谓的指纹区。在 2~14.5μm 的红外吸收光谱范围内，混合物的成分可以很容易地区分。正是在这个波长范围内，物质对红外辐射的吸收是有选择性的。当红外辐射通过被测气体时，其分子吸收光能量，吸收关系遵循朗伯-比尔定律；如果气体吸收谱线在入射光谱范围内，那么光通过气体以后，在相应的谱线处会发生光强的衰减，气体对红外辐射的吸收遵循朗伯-比尔定律，又可描述为式（2-16）：

$$I(\lambda) = I_0(\lambda)\exp[-a(\lambda)LC_m + n(\lambda)] \tag{2-16}$$

式中，$I_0(\lambda)$ 为入射光的强度；$I(\lambda)$ 为透射光的强度；$a(\lambda)$ 为气体的吸收系数；L 为气体的吸收光程；C_m 为被测气体的浓度；$n(\lambda)$ 为干扰系数。这一原理可以应用于不分光红外线分析仪（nondispersive infrared analyzer，NDIR）。分析仪由一个电子或者物理的调制红外光源、一个小型化的气室和一个热释电探测器组成，具体见热释电红外探测法。

2.2.2 热释电红外探测法

要了解基于热释电红外探测法（单节点接触式探测），首先需要了解热释电探测器的原理。

热释电探测器属于非制冷型探测器，与制冷型探测器相比，它的成本更低、制备工艺更简单。热释电效应可以发生于任何具有极性非对称的材料上，在 32 种可能的点群材料中，有 10 种材料是热释电材料[15]。在微观尺度下，热释电效应的发生是因为材料晶体结构中的带电体处于非对称环境中，阳离子相对于晶胞重心发生了位移，从而引发了电偶极矩自发极化。所有沿极化方向的阳离子势能都是非对称的，任何由晶格温度升高引起的激发都会使它在阱中的量子化能级发生变化，且会导致晶格平均平衡位置发生变化[16]。这会改变整个电偶极矩，在宏观上表现为热释电效应的发生。热释电探测器基本原理示意图如图 2-6 所示。

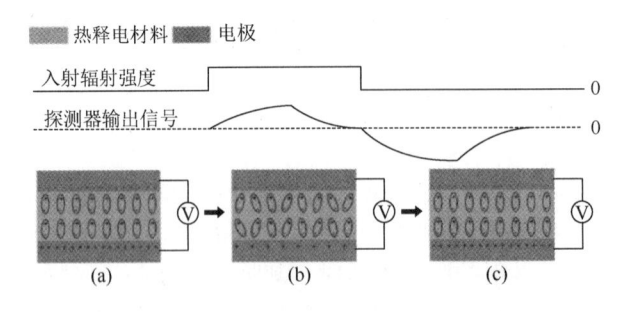

图 2-6 热释电探测器基本原理示意图

如图 2-6 所示，上电极-热释电材料-下电极形成"三明治"结构。在热释电材料的晶胞中，由于正负电荷中心不在晶体结构的中心，从而产生了电偶极矩。在晶胞构成的宏观晶体结构中，固有偶极子的取向原本是毫无规则的，但是通过对热释电材料施加外加强电场使材料发生极化，就使得全部偶极子的取向与电场方向一致。而当电场撤离时，晶格微观缺陷造成的钉扎效应，使得大部分偶极子不会恢复初始取向，依旧保持与外加电场一致，如图 2-6（a）所示。当探测器没有受入射光作用时，热释电材料的温度不会发生变化，自发极化强度不会改变，自发极化电荷与电极表面因静电感应生成的自由电荷处于静电平衡状态；当探测器受入射光作用时，敏感元吸收辐射能量并产生温升 ΔT，自发极化强度减弱，为了达到静电平衡，电极表面的自由电荷量也相应地发生变化；若此时上、下电极间存在闭合回路，则会产生热释电电流 i_p，如图 2-6（b）所示。若随即撤去入射光，敏感元温度将产生温升 $-\Delta T$，热释电材料自发极化强度也会恢复，电极表面的自由电荷与自发极化电荷之间会重新建立新的静电平衡，此时上、下电极间的回路中会有热释电电流 $-i_p$ 流过，如图 2-6（c）所示。热释电电流的大小可用式（2-17）表示[17]：

$$i_p = pA_u \frac{\Delta T}{\mathrm{d}t_p} \tag{2-17}$$

式中，p 为热释电材料的热释电系数；A_u 为敏感元的有效面积；t_p 为时间；ΔT 为温度的变化量。从式（2-17）可以看到，只有在敏感元的温度发生变化时，热释电探测器才会输出热释电电流。因此，热释电探测器只能探测动态变化的辐射，基于热释电探测器气体检测技术示意图如图 2-7 所示。从图中可以看到，其主要包含三个部分，即红外光源、气室以及热释电探测器。

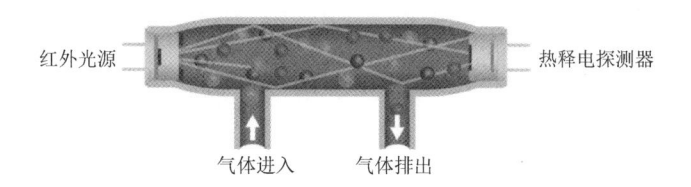

图 2-7　基于热释电探测器气体检测技术示意图

需要说明的是，因为热释电红外探测器只响应动态变化的红外光，因此红外光源需要进行调制，使其呈亮、灭周期变化。通常情况下，红外光源选择宽带光源，卤素灯泡是最常用的，图 2-8 所示为气体检测专用红外光源 IR715 及其带反光碗版本，其相对光谱如图 2-9 所示。图 2-9 中还标记出了 HC、CO_2、CO 以及 NO 的吸收谱线。

(a) IR715　　　　　　(b) IR715-PR

图 2-8　气体检测专用红外光源

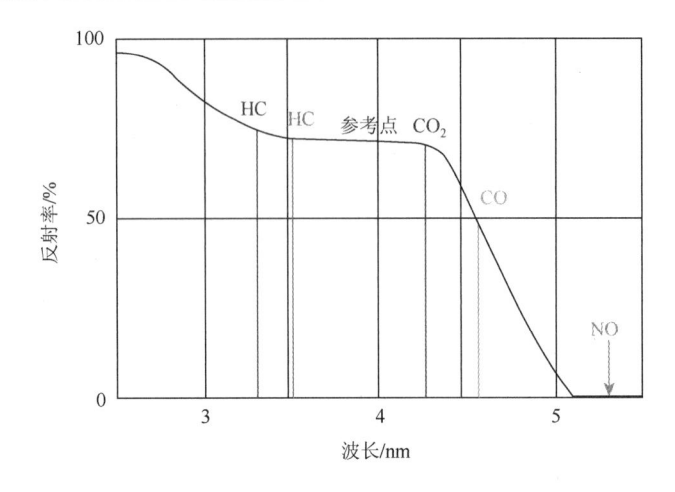

图 2-9　IR715 的相对光谱

如图 2-7 所示，基于热释电探测器的气体检测技术所需的气室是开放的，这有助于大气中被测气体进入气室。为了加快气体检测速度，通常由气泵辅助进、出气。根据式（2-17）可知，气体检测灵敏度是与气室长度有关的。因此，为了增加检测灵敏度，大多数时候并不采用如图 2-7 所示的直线型气室，而是采用螺旋形气室。

通常情况下，热释电探测器前设置有滤光片，该滤光片的透过波长应该对应待检测气体的红外吸收谱线。气体检测专用热释电红外探测器 LFP-3144C，如图 2-10 所示。该探测器支持透过光波长调整，因此可应用于多种气体检测。

1 灵敏元
2 前置放大器
3 屏蔽罩
4 电子脉冲存储器
5 法布里-珀罗滤光片
6 专用集成电路
7 带宽滤光片

图 2-10　气体检测专用热释电红外探测器 LFP-3144C

以检测 CO_2 气体为例，进行气体检测时，需将检测系统置于待检环境中。此时宽带红外光源受驱动电路调制，持续周期性地亮、灭工作，光线通过气室照射到热释电探测器表面。因为待检测气体中 CO_2 的作用，宽带光谱在 4.3m 附近发生强烈吸收。同时，选择透过峰值波长为 4.3m 的窄带滤光片为热释电探测器的滤光片。因为滤光片的作用，只有 4.3m 的红外光能透过并作用于热释电探测器，热释电探测器也会因此产生周期性的热释电信号（类似于正弦信号）。将该热释电信号与标准参考热释电信号进行比对，即可测量出环境中 CO_2 的浓度。在实际应用中，通常采用单光源双探测器的差分检测方式，即将光源发出的红外光进行分光处理分为探测光和参考光，分别进入气室透过气体，然后分别经过两个不同波长的窄带滤光片，更具体的表达式如式（2-18）和式（2-19）所示。

$$I(\lambda_1) = I_0(\lambda_1) \cdot \exp[-a(\lambda_1)C_1L + n(\lambda_1)] \tag{2-18}$$

$$I(\lambda_2) = I_0(\lambda_2) \cdot \exp[-a(\lambda_2)C_2L + n(\lambda_2)] \tag{2-19}$$

式中，λ_1 和 λ_2 分别为所需探测的气体的红外吸收谱线波长和参考波长（两种窄带滤光片的透过峰值波长与 λ_1 和 λ_2 对应）；I_0 为入射光强；a 为待测气体对特定波长红外辐射吸收系数；C 为待定气体的浓度；n 为光路干扰系数。对式（2-18）和式（2-19）做差分处理可得式（2-20）：

$$C_1La(\lambda_1) - C_2La(\lambda_2) = [n(\lambda_1) - n(\lambda_2)] + \ln\frac{I(\lambda_2)I_0(\lambda_1)}{I(\lambda_1)I_0(\lambda_2)} \tag{2-20}$$

由于 λ_1 和 λ_2 之间相差比较小，因此可近似认为参考光和探测光的光路干扰系数相同，也就是 $n(\lambda_1) = n(\lambda_2)$。同时，通过调整光学系统可以使 $I_0(\lambda_1) = I_0(\lambda_2)$。此外，由于在参考波段 CO_2 气体几乎不吸收红外光，因此吸收系数 $a(\lambda_2) \approx 0$，可得到 CO_2 的浓度的计算公式：

$$C_1 = \frac{1}{La(\lambda_1)} \cdot \ln\frac{I(\lambda_2)}{I(\lambda_1)} = \frac{1}{KL} \cdot \ln\frac{U_R}{U_T} \tag{2-21}$$

式中，K 为探测通道 CO_2 吸收系数；U_R 和 U_T 分别为参考通道和探测通道输出的电压。

基于热释电探测器的气体检测系统通常用于易燃气体、易爆气体、有毒气体的接触式检测。

2.2.3 光离子气体传感器

大部分气体都有其特定的电离能，用电子伏特来表示。在电离室中通过真空紫外灯使电离样品气体成为带电离子，在样品气体通过电离室时，所有电离能低于真空紫外灯光子能量的气体均会被紫外灯电离成离子和电子[18,19]，离子和电子通过外加电场的加速，向金属电极板快速移动，在两个电极之间产生可被微电流检测器检测到的电流信号。图 2-11 为光离子化检测器（photo-ionization detector，PID）工作示意图，PID 也称为挥发性有机化合物（volatile organic compound，VOC）检测器。被测气体通过自由扩散或泵吸的方式进入离子化气室，在气室中，被特定能量的紫外光电离出电子和离子，电子和离子在电场作用下定向移动，形成微弱电流，最后通过对这些微弱电流进行放大输出。

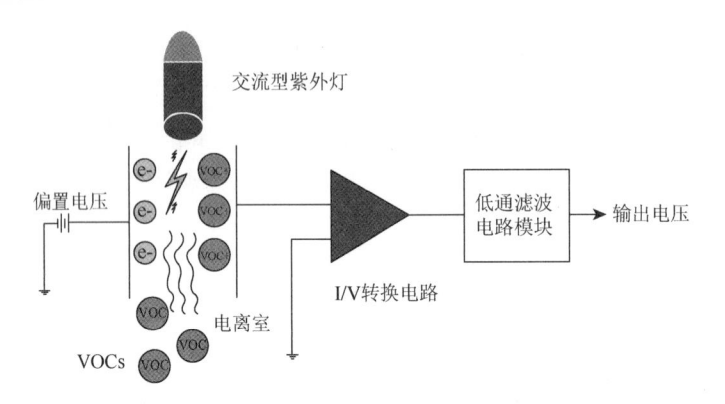

图 2-11 PID 工作示意图

光离子化检测器离子化池中两电极之间的电流 i 可用式（2-22）计算[20-22]：

$$i = \frac{I_V^0 P_V L_s V_C [AB]}{l/\eta_V + K_1/K_2[C]} \quad (2-22)$$

式中，$[AB]$ 为被离子化的氧气的浓度（mol/L）；$[C]$ 为空气的浓度（mol/L）；P_V 为电离室电极有效面积；I_V^0 为光辐射强度（mol/s）；V_C 为常态下空气的摩尔体积；L_s 为洛施密特常量，$2.686773\times10^{-25}\,\mathrm{m}^3$；$l$ 为光程（m）；η_V 和 K_1/K_2 为气体反应速度常数。

由式（2-22）可知，在 P_V、I_V^0、l 等参数确定的情况下，微弱电流信号 i 与被电离气体的浓度 $[AB]$ 呈线性关系。因此，只需要采集并计算得到产生的微弱电流大小，即可算出被测试气体的浓度。商业化 PID 气体传感器如图 2-12 所示。

图 2-12 PID 气体传感器

PID 气体传感器常用于氮氧化物、硫氧化物和挥发性有机化合物的检测。大气的 O_2、CO_2、H_2O、N_2 的电离电位一般大于常见的氮氧化物、硫氧化物和挥发性有机化合物。因此，PID 只对很少的无机气体，如磷化氢、氨气等敏感，但对绝大部分有机气体敏感。合理采用相应能量的光源可以在有效地保证电离待测气体组分的同时，空气组分不会离子化，进而提高空气中待测气体浓度的测量精度。

除上面介绍的基于热释电红外探测器的气体检测技术和光离子探测技术外，常用的气体传感器类型还有半导体气体传感器、催化燃烧式气体传感器和电化学传感器。半导体气体传感器利用气敏材料与气体分子反应，改变气体氧化膜的阻抗特性，从而检测气体浓度，其工艺成熟，但是气敏材料种类有所限制。催化燃烧式气体传感器作为一种可燃气体的检测器，对温度的要求很高，长链有机物以及化合物的不完全燃烧会导致积碳，积碳会影响传感器的检测精度。电化学传感器类似燃料电池，其传感原理简单，但检测范围较小，体积大，制作成本高。

以上介绍的都是接触式气体传感器，即需要将传感器置于待测气体环境中。多光谱相机气体检测技术是一种非接触式气体探测技术；它的原理类似于基于热释电红外探测器的气体检测技术。太阳辐射或环境散射光可看作是宽带光源，光线透过大气被多光谱相机捕捉。若环境中有某些特殊气体气团，那么该气团势必对特殊波段的光线产生吸收，从而使得在对应光谱下气团处图像与背景环境图像产生强烈对比，从而达到检测气体的目的。这种方式是一种遥感探测方式，能够较好地定性探测，但是定量探测精度并不高。

2.3 温度数据获取

温度是重要的气象数据。温度数据的获取方式众多，以热胀冷缩原理制作的酒精、煤油、水银温度计是最传统最常见的温度数据获取方式。本节主要讲解采用电学方式获取温度数据的方法。

2.3.1 热释电、微测辐射热计焦平面探测器测温

热释电、微测辐射热计焦平面探测器实际上就是热像仪的敏感元件，热释电焦平面阵列具有制冷型和非制冷型，微测辐射热计平面阵列通常为非制冷型。热释电探测器的原理 2.2.2 节已阐述过，这里不再赘述，热释电焦平面探测器就是通过集成工艺将大量"单元型热释电"集成为阵列器件。如图 2-13（a）所示，可以将微测辐射热计的每个像素看作一个电阻，该电阻会随温度发生变化。工作时，在该电阻两端施加偏置电压，当环境温度不变化时，该电阻两端的电压恒定；当该电阻受红外辐射作用时，其温度会发生变化，因此其电阻也会相应变化，这会使得该电阻两端的电压发生变化。根据这一变化，可以测量出温度。

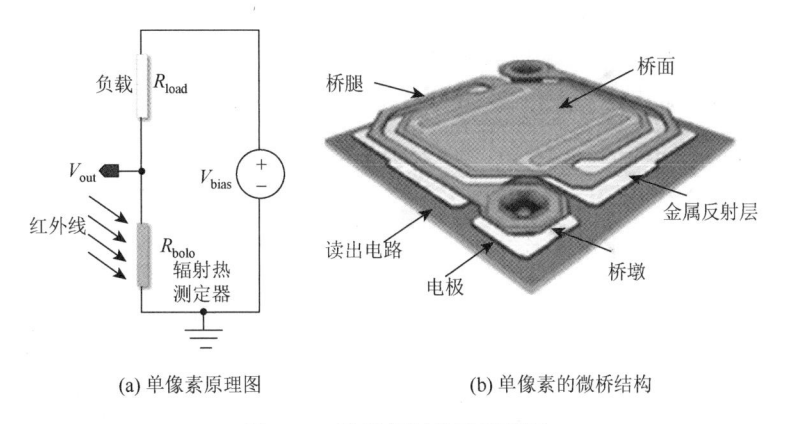

(a) 单像素原理图　　　　(b) 单像素的微桥结构

图 2-13　微测辐射热计原理图

R_{load} 表示负载电阻；V_{out} 表示输出电压信号；R_{bolo} 表示辐射热计的电压；V_{bias} 表示偏置电压

实际应用中，微测辐射热计由大量如图 2-13（a）所示的探测单元组成，每个单元主要包括微桥结构、反射层和读出电路。其中，金属反射层位于微测辐射热计的衬底上，用于反射穿过微桥的红外辐射，使之进行二次吸收。微桥结构中的金属反射镜与桥面之间的空腔高度通常设置为波长的 1/4，形成"1/4 波长"的光学谐振腔。微桥结构包括了桥墩、桥腿和桥面，由桥墩支撑而处于悬空状态，以减小敏感元的热扩散。桥腿上镀有电极，电极连接了桥面上的热敏电阻材料和衬底中的读出电路。微桥的桥面敏感元一般由 SiNx 材料和热敏材料构成，它是探测入射电磁波辐射的重要部分。

了解了微测辐射热计的基本原理后，再来看看热释电、微测辐射热计焦平面阵列是如何实现测温的[23]，这一过程是非常复杂的。下文统称这两种探测器为微热探测器。这两种微热探测器并不能直接测量温度，因为每个接收的红外辐射包括目标自身的辐射和目标对周围环境辐射的反射辐射，这些辐射经过大气的衰减后被探测器接收。另外，大气本身的透射辐射以及仪器内部的辐射都会包含在其中。

图 2-14 中，ε 为物体的发射率；τ 为大气的透射率；并设 t_{obj} 为被测物体的温度，t_{sur} 为环境温度，t_{atm} 为大气温度；$\varepsilon\tau W_{obj}$ 为被测物体的辐射能；$(1-\varepsilon)\tau W_{sur}$ 为周围环境的反射辐射能；$(1-\tau)W_{atm}$ 为大气辐射能。

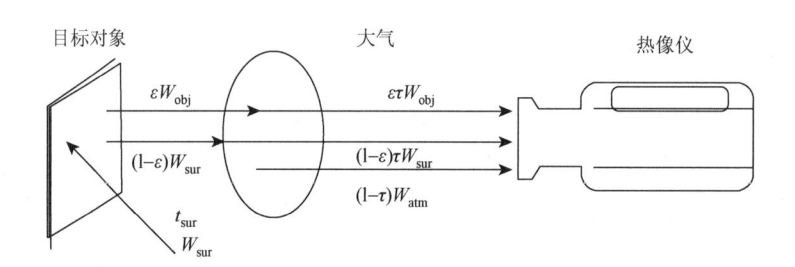

图 2-14　热辐射原理图

热探测器接收到的红外热辐射能量转换为电信号，该电信号经过放大、整形、模数转换后成为数字信号并形成图像。图像中每一个点的灰度值与被测物体上该点发出并到达器件的辐射能量相对应。通过运算，可以从图像上读出被测物体表面上每一个点的辐射温度值。热探测器是靠接收被测物体表面发射的辐射来确定其温度的。

设作用于探测器的辐照度为

$$E_\lambda = A_0 d^{-2}[\tau_{a\lambda}\varepsilon_\lambda L_{b\lambda}(t_{obj}) + \tau_{a\lambda}(1-a_\lambda)L_{b\lambda}(t_{sur}) + \varepsilon_{a\lambda}L_{b\lambda}(t_{atm})] \quad (2-23)$$

式中，t_{obj} 为被测物体的温度；t_{sur} 为环境温度；t_{atm} 为大气温度；ε_λ 为表面发射率；a_λ 为表面吸收率；$\tau_{a\lambda}$ 为大气的光谱透射率；$\varepsilon_{a\lambda}$ 为大气发射率；A_0 为热像仪最小空间张角所对应的目标可视面积；d 为该目标到测量仪器之间的距离；通常在一定条件下，$A_0 d^{-2}$ 为一常数。热探测器通常工作在 3～5μm 和 8～14μm 两个红外大气窗口，通常可认为 ε_λ、a_λ、$\tau_{a\lambda}$ 与 λ 无关，因此可得到探测器的电压为

$$V_s = A_R A_0 d^{-2}\left\{\tau_a\left[\varepsilon\int_{\lambda_1}^{\lambda_2}R_\lambda L_{b\lambda}(t_{obj})d\lambda + (1-a)\int_{\lambda_1}^{\lambda_2}R_\lambda L_{b\lambda}(t_{sur})d\lambda + \varepsilon_a\int_{\lambda_1}^{\lambda_2}R_\lambda L_{b\lambda}(t_{atm})d\lambda\right]\right\} \quad (2-24)$$

式中，A_R 为探测器镜头面积。令

$$K = A_R A_0 d^{-2}, f(t) = \int_{\lambda_1}^{\lambda_2} R_\lambda L_{b\lambda}(t) d\lambda \tag{2-25}$$

则式（2-24）可变形为

$$V_s = K\left\{\tau_{a\lambda}\left[\varepsilon f(t_{obj}) + (1-a)f(t_{sur}) + \varepsilon_a f(t_{atm})\right]\right\} \tag{2-26}$$

根据普朗克辐射定律可知：

$$t_\tau^n = \tau_a\left[\varepsilon t_{obj}^n + (1-a)t_{sur}^n\right] + \varepsilon_a t_{atm}^n \tag{2-27}$$

式中，t_τ^n 为热像仪所测得的目标物辐射温度。

因此，被测表面的真实温度可由式（2-28）计算：

$$t_{obj} = \left\{\frac{1}{\varepsilon}\left[\frac{1}{\tau_a}t_\tau^n - (1-a)t_{sur}^n - \frac{\varepsilon_a}{\tau_a}t_{atm}^n\right]\right\}^{\frac{1}{n}} \tag{2-28}$$

当使用不同波段探测时，n 的取值不同；对于 8～14μm，n 取 4.09；对于 3～5μm，n 取 5.33；对于 2～5μm，n 取 8.68。

当被测表面满足灰体时，即 $\varepsilon = a$，此时对于大气有 $\varepsilon_a = a_a = 1 - \tau_a$，则式（2-26）可变形为

$$V_s = K\left\{\tau_a\left[\varepsilon f(t_{obj}) + (1-\varepsilon)f(t_{sur}) + (1-\tau_a)f(t_{atm})\right]\right\} \tag{2-29}$$

式（2-27）可变形为

$$t_\tau^n = \tau_a\left[\varepsilon t_{obj}^n + (1-\varepsilon)t_{sur}^n + \left(\frac{1}{\tau_a} - 1\right)t_{atm}^n\right] \tag{2-30}$$

式（2-28）可变形为

$$t_{obj} = \left\{\frac{1}{\varepsilon}\left[\frac{1}{\tau_a}t_r^n - (1-a)t_{sur}^n - (\frac{1}{\tau_a} - 1)t_{atm}^n\right]\right\}^{\frac{1}{n}} \tag{2-31}$$

以上公式即计算灰体表面真实温度的计算公式。

当近距离测温时，可认为 $\tau_a = 1$，则式（2-30）和式（2-31）可变形为

$$t_\tau^n = t_{obj}\left\{\varepsilon\left[1 - (t_{sur}/t_{obj})^n\right] + (t_{sur}/t_{obj})^n\right\}^{\frac{1}{n}} \tag{2-32}$$

$$t_{obj} = \left\{\frac{1}{\varepsilon}\left[t_r^n - (1-\varepsilon)t_{sur}^n\right]\right\}^{\frac{1}{n}} \tag{2-33}$$

当被测物体表面温度较高时，t_{sur}/t_{obj} 很小，则式（2-32）和式（2-33）可变形为

$$t_\tau^n = t_{obj}\varepsilon^{\frac{1}{n}} \tag{2-34}$$

$$t_{obj} = \frac{t_r}{\sqrt[n]{\varepsilon}} \tag{2-35}$$

需要说明的是，在实际应用中，无论是热释电焦平面探测器还是微测辐射热计焦平面探测器都需要配备镜头、光学器件、信号处理等部分，形成一个完整的系统才能正常

工作，单一的探测器并不能工作，这一系统就是我们熟知的热像仪。热释电热像仪结构示意图如图 2-15 所示。

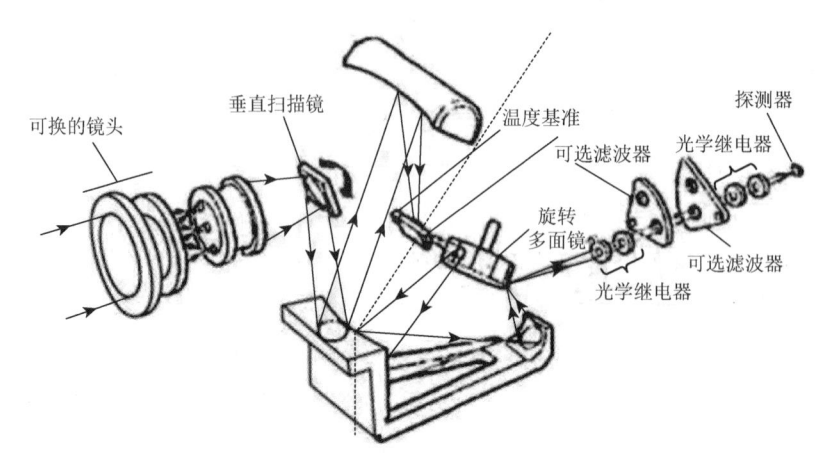

图 2-15　热释电热像仪结构示意图

需要说明的是，由于热释电探测器只能进行动态辐射，因此图 2-15 中包含转动反射镜，它使得静态辐射转换为动态辐射。相比热释电热像仪，微测辐射热计热像仪的结构要简单得多，因为它不需要转动机构。

2.3.2　热电偶与热电堆

热电偶[24]是一种热电型的温度传感器，它将温度信号转换成电势信号，配合以测量信号的仪表或变换器，便可以实现温度的测量和温度信号的转换。热电偶温度计在测温领域应用非常广泛。

热电偶测量温度的基本原理是热电效应。将 A_e 和 B_e 两种不同的导体首尾相连组成闭合回路，如果两连接点温度 (T,T_0) 不同，则在回路中就会产生热电动势 $E_{A_eB_e}(t,t_0)$，形成热电流，这就是热电效应。热电偶就是将 A_e 和 B_e 两种不同的金属材料一端焊接而成。A_e 和 B_e 称为热电极，焊接的一端是接触热场的 T 端，称为工作端或测量端，也称为热端；未焊接的一端（接引线）处在温度 T_0，称为自由端或参考端，也称为冷端。T 与 T_0 的温差越大，热电偶的输出热电动势越大；温差为 0 时，热电偶的输出电动势为 0。因此，可以用测热电动势大小衡量温度的大小。

实际应用中，常根据热电偶的 A_e、B_e 热电极材料不同分成若干分度号，如常用的 K（镍铬-镍硅或镍铝）、E（镍铬-康铜）、T（铜-康铜）等，并且有相应的分度表，即参考端温度为 0℃ 时的测量端温度与热电动势的对应关系表；可以通过测量热电偶输出的热电动势值再查分度表得到相应的温度值。热电偶原理模型及实物如图 2-16 所示。

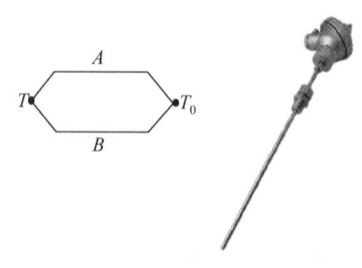

图 2-16　热电偶原理模型及实物

1. 两种导体的接触电动势

两种导体接触时,由于导体内的自由电子密度不同,如果 $N_{A_e} > N_{B_e}$,电子密度大的导体 A_e 中的电子就向电子密度小的导体 B_e 扩散,从而由于导体 A_e 失去了电子而具有正电位。相反,导体 B_e 由于接收到了扩散来的电子而具有负电位。这样在扩散达到动态平衡时 A_e、B_e 之间就形成了一个电位差。这个电位差称为接触电动势。计算公式如下:

$$E_{A_e B_e}(T) = \frac{KT}{e} \ln \frac{N_{A_e}(T)}{N_{B_e}(T)} \tag{2-36}$$

式中,$E_{A_e B_e}(T)$ 为 A_e、B_e 两种材料在温度为 T 时的接触电动势;K 为玻尔兹曼常量;e 为电子电荷;$N_{A_e}(T)$、$N_{B_e}(T)$ 为 A_e、B_e 两种材料在温度 T 时的自由电子密度。同理 A_e、B_e 两种材料在温度为 T_0 时的接触电动势有

$$E_{A_e B_e}(T_0) = \frac{KT_0}{e} \ln \frac{N_{A_e}(T_0)}{N_{B_e}(T_0)} \tag{2-37}$$

回路中的总电动势为

$$E_{A_e B_e}(T) - E_{A_e B_e}(T_0) = \frac{KT}{e} \ln \frac{N_{A_e}(T)}{N_{B_e}(T)} - \frac{KT_0}{e} \ln \frac{N_{A_e}(T_0)}{N_{B_e}(T_0)} \tag{2-38}$$

一般将 $E_{A_e B_e}(T)$ 作为温度为 T 时的热电动势;$E_{A_e B_e}(T_0)$ 作为温度为 T_0 时的冷电动势。

2. 单一导体中的温差电动势

对于单一金属导体,如果两端的温度不同,则两端的自由电子就具有不同的动能。温度高则动能大,动能大的自由电子就会向温度低的一端扩散。失去了电子的这一端就处于正电位,而低温端由于得到电子处于负电位。这样两端就形成了电位差,该电位差称为温差电动势,可通过式(2-39)计算:

$$E_{A_e}(T, T_0) = \frac{K}{e} \int_{T_0}^{T} \frac{1}{N_{A_e}(T)} \mathrm{d}[N_{A_e}(\tau)T] \tag{2-39}$$

对于由 A_e、B_e 两种导体构成的闭合回路,在 A_e、B_e 两种导体上产生温差,温差电动势之和为

$$E_{A_e}(T, T_0) - E_{B_e}(T, T_0) = \frac{K}{e} \left\{ \int_{T_0}^{T} \frac{1}{N_{A_e}(T)} \mathrm{d}[N_{A_e}(\tau)T] - \int_{T_0}^{T} \frac{1}{N_{B_e}(T)} \mathrm{d}[N_{B_e}(\tau)T] \right\} \tag{2-40}$$

综上所述,在整个闭合回路中产生的总电动势 $E_{A_e B_e}(T, T_0)$ 可表示为

$$\begin{aligned} E_{A_e B_e}(T, T_0) &= E_{A_e B_e}(T) - E_{A_e B_e}(T_0) - E_{A_e}(T, T_0) + E_{B_e}(T, T_0) \\ &= \frac{KT}{e} \ln \frac{N_{A_e}(T)}{N_{B_e}(T)} - \frac{KT_0}{e} \ln \frac{N_{A_e}(T_0)}{N_{B_e}(T_0)} \\ &\quad - \frac{K}{e} \left\{ \int_{T_0}^{T} \frac{1}{N_{A_e}(T)} \mathrm{d}[N_{A_e}(\tau)T] - \int_{T_0}^{T} \frac{1}{N_{B_e}(T)} \mathrm{d}[N_{B_e}(\tau)T] \right\} \end{aligned} \tag{2-41}$$

由式（2-41）可知，热电偶总电动势与电子密度 N_{A_e}、N_{B_e} 及两节点温度 T、T_0 有关，电子密度取决于热电偶材料的特性。当热电偶材料一定时，热电偶的总电动势 $E_{A_eB_e}(T,T_0)$ 成为温度 T 和 T_0 的函数差，即

$$E_{A_eB_e}(T,T_0) = f(\phi) - C = \phi(T) \tag{2-42}$$

$$E_{A_eB_e}(T,T_0) = f(T) - f(T_0) \tag{2-43}$$

3. 温度与热电动势的计算

热电偶的温差电动势与两端接头温度之间的关系比较复杂，但是在较小温差范围内可以近似认为温差电动势 $E_{A_eB_e}(T,T_0)$ 与温度差 $T-T_0$ 成正比，即热电势的大小与 T 和 T_0 之差的大小有关，当热电偶的两个热电极材料已知时，测量温度的高低可以由热电偶回路中两端的热电势差计算得出，如式（2-44）所示：

$$E_{A_eB_e}(T,T_0) = E_{A_eB_e}(T) - E_{A_eB_e}(T_0) \tag{2-44}$$

从式（2-44）可看出，当测量端的被测介质温度发生变化时，热电势随之发生变化，只要测出 $E_{A_eB_e}(T,T_0)$ 和知道 $E_{A_eB_e}(T_0)$ 就可得到 $E_{A_eB_e}(T)$，将热电势送入显示仪表进行指示或记录，并查询对应的分度表即可获得温度 T 值；或送入计算机进行处理，也可获得测量端温度 T 值。

前面详细阐述了热电偶测温的原理，热电堆实际上就是热电偶阵列，内部由多个热电偶串联而成，其示意图如图 2-17 所示。

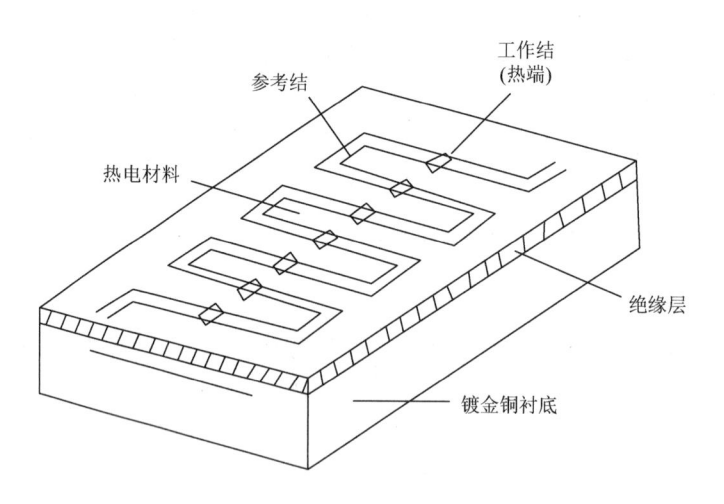

图 2-17 热电堆结构示意图

实际的热电堆多通过微机电系统（micro-electro-mechanical system，MEMS）工艺制备，桥式 μ-TEG 热电堆平面布局示意图和器件扫描电子显微镜（scanning electron microscope，SEM）图如图 2-18 所示。

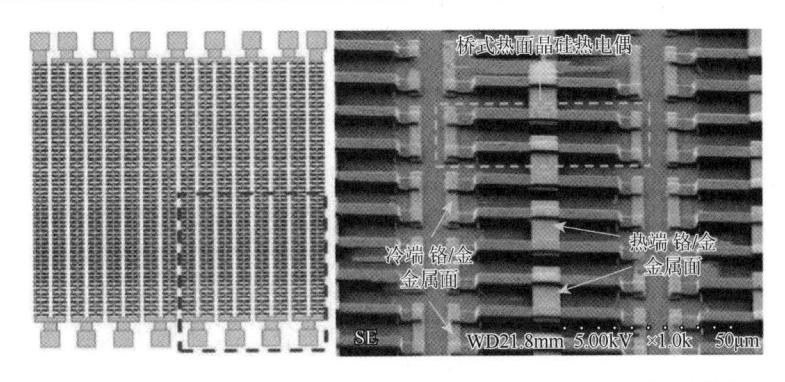

图 2-18 桥式μ-TEG 热电堆平面布局示意图和器件电子扫描显微镜图

2.4 风速数据获取

2.4.1 机械旋转式风速计

以三杯风速计为例介绍机械旋转式风速计。

1) 三杯风速计的原理

三杯风速计主要由三个风杯、旋转主轴、传感器（霍尔元件、光电对管等）组成。三杯风速计的三个风杯可由水平风力驱动，使得风杯组件朝着风杯凹面后退的方向旋转，主轴在风杯组件的带动下和风杯组件一起旋转，这样连接在主轴上的磁棒盘（开孔盘）又跟随主轴一起旋转。

以基于霍尔元件的三杯风速计为例，磁棒盘上分布着 N 个小磁棒，小磁棒旋转至霍尔元件处时，霍尔元件触发，并输出低电平脉冲；当磁棒盘继续旋转时，由于没有磁场作用在霍尔元件上，霍尔集成电路截止，输出高电平。风速计输出的电平变化频率随风速的增大而线性增加。风杯组件每旋转一周，风速信号线就会输出 N 个周期的脉冲信号，经过计数和换算得到实际风速值。

对于基于红外对管的三杯风速计，其原理和霍尔元件的三杯风速计相同。只是将磁棒盘换成开孔盘，开孔盘均匀分布着 N 个小孔，当某个小孔旋转至光电对管处时，发光二极管发出的红外光能够被接收管接收，从而产出一个脉冲（低电平和高电平均有可能，具体看选择的光电对管）。这样，开孔盘旋转 1 周将产生 N 个脉冲。经过脉冲计数和换算即可得到实际风速。当然，将开孔盘换成扇叶盘也是可以的。

2) 三杯风速计的风杯形状

三杯式风速计是一种回转式测风计，三个风杯固定在星形的横臂上，所有风杯的杯口都分布在水平方向上。当空气流过测风计时，空气流的水平直线运动动能就转变成风杯的转动动能。由此可知，风杯转动的线速度只取决于气流的速度，但两者不是等值。从实验中得知，将三杯式风速计的一个风杯放到风洞中而其余的两个风杯留在风洞之外，这样测得的转矩比整个风速计放在风洞中测得的转矩大 2.5 倍左右。这是因为整个风速计放在风洞时，一个凹面向风的风杯所产生的转矩被另外两个凸面向风的风杯所产生的反向转矩抵消掉了很大一部分[25]。

为了使正反转矩抵消得小一些，产生较大的转矩，提升风速计的灵敏度，对风杯的形状和尺寸关系进行合理的选择。从对半球形和圆锥形的风杯进行比较看，当风杯冲角为 45°时，圆锥形风杯的法向阻力系数要比半球形风杯的法向阻力系数小，因为单个风杯所产生的最大转矩不是发生在风直接吹到风杯凹面的时候，而是产生在凹面相对风向大约成 45°角的时候，因此一般采用圆锥形风杯，如图 2-19 所示。

三杯式风速计的平面示意图见图 2-20。

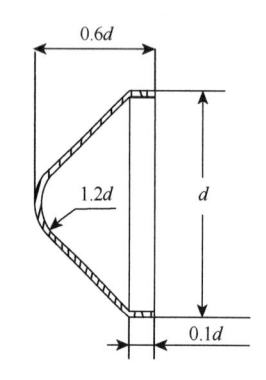

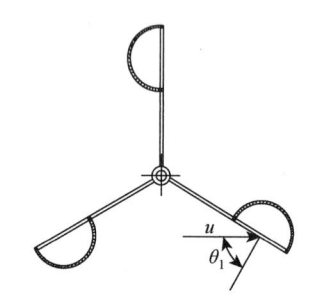

图 2-19　圆锥形风杯结构图　　　　图 2-20　三杯式风速计的平面示意图

风速与转速之间的线性关系可由式（2-45）描述：

$$u = 2\pi Rbn \tag{2-45}$$

式中，u 为实际风速（m/s）；R 为风杯回转半径（m）；b 为风速计常数；n 为风速计的转速（r/s）。

由式（2-45）可得到式（2-46）：

$$R = \frac{u}{2\pi bn} \tag{2-46}$$

令风杯转动一圈的行程为 $S_0 = ut$（单位 m）则有

$$R = \frac{S_0}{2\pi b} \tag{2-47}$$

一般认为 S_0 比较小。可假设 S_0 是常数，且风速计的常数 b 可在 2.2～3.0 选取，因此可根据式（2-46）计算风杯的回转半径 R（风杯的中心至回转中心的距离）。而风杯开口直径 d 可根据 $d/R = 0.7～1.0$ 来确定。

当设计或选定了风杯结构及横臂杆的尺寸和材料后，可使用弯曲应力强度计算方程式验算设计的风杯传感器能否满足最大风速时的强度要求。弯曲应力的方程见式（2-48）：

$$\delta_W = \frac{M_{max}}{W} \tag{2-48}$$

式中，δ_W 为弯曲应力（MPa）；M_{max} 为最大抗弯力矩（N·m）；W 为断面系数（m³）。

式（2-48）中 M_{max} 可通过式（2-49）计算：

$$M_{max} = R\frac{\rho}{2}C_2 A_f u_{max}^2 \left(1 + \frac{1}{\delta}\right)^2 \tag{2-49}$$

式中，ρ 为空气密度（kg/m³）；C_2 为风杯凸面的阻力系数；A_f 为风杯切口面积（m²）；u_{max} 为指标要求的最大风速（m/s）；δ 为风杯系数。

式（2-48）中 W 可通过式（2-50）计算：

$$W = \frac{\pi(d_1^4 - d_2^4)}{32d_1} \tag{2-50}$$

式中，d_1 为风杯横臂杆管材的外直径（m）；d_2 为风杯横臂杆管材的内直径（m）。

上述三方面的计算是相互关联的，不能孤立地进行，应该反复核算。方程式中很多常数的确定一方面根据实践经验；另一方面在初步设计完风杯传感器后，通过风洞试验来修正每个选定的常数值，以达到风杯传感器的性能指标。

3）三杯风速计的静态特性

在稳定的空气流场中风杯传感器受到扭转力矩作用而开始旋转，其风杯传感器从静止状态至均匀地转动的过程是比较复杂的，其中转速与风速呈一定的线性关系，下面对转速与风速的关系进行推导。

假设外界风速 u 恒定不变，第 i 个风杯和空气的相对运动速度为

$$u_n = u - 2\pi nR\cos\theta_i \tag{2-51}$$

式中，θ_i 为气流 u 与风杯平面法线方向的夹角，如图 2-20 所示。单位时间气流对风杯作用的有效质量为 $A_f C_n(\theta_i) \rho u_n u$，其中，$C_n(\theta_i)$ 为风杯平面的法线与风矢量夹角 θ_i 时，其接收到有效作用的空气质量系数。

风杯组件是由三个互成 120°的风杯连接而成的，整个组件瞬间受到的风压 P_u 等于分别处于 θ_i、$\theta_i + 120°$ 和 $\theta_i + 240°$ 的三个风杯所受压力之和，即

$$P_u = A_f \rho u(a_i u - 2\pi R b_i n) \tag{2-52}$$

式中，a_i 为风杯组件的压力系数；b_i 为风杯组件的阻力系数；A_f 为风杯切口面积。

a_i、b_i 可通过式（2-53）和式（2-54）计算：

$$a_i = C_n(\theta_i) + C_n(\theta_i + 120°) + C_n(\theta_i + 240°) \tag{2-53}$$

$$\begin{aligned}b_i &= C_n(\theta_i)\cos\theta_i + C_n(\theta_i + 120°)\cos(\theta_i + 120°) \\ &\quad + C_n(\theta_i + 240°)\cos(\theta_i + 240°)\end{aligned} \tag{2-54}$$

风杯组件旋转时，它所受到的风压随风杯所处的 θ_i 角的不同而不同，但每转过 120°则又恢复到 0°时的状态，如果取 0°~120° 内风压的平均值，则式（2-52）可以简化为

$$P_u = A_f \rho(a_m u^2 - 2\pi R b_m un) \tag{2-55}$$

式中，a_m 为 a_i 在 θ_i 变动 120°范围内所取的平均值；b_m 为 b_i 在 θ_i 变动 120°范围内所取的平均值。在风压的作用下，风杯组件受到的力矩为

$$M = RA_f \rho(a_m u^2 - 2\pi R b_m un) = 2Nu^2 - Dun \tag{2-56}$$

式中，ρ、R、A_f、a_m、b_m 均可取作常数，合并为 N 和 D 两个系数，其中，$2Nu^2$ 项为扭力矩，Dun 为空气阻力矩。

当外界风速恒定时，风杯组件的转速应该为某个固定的数值，此时风杯组件所受到的合力矩为零，即力矩 M 正好与它的机械系统的动摩擦力矩 B_1n 以及静摩擦力矩 B_0 之和相抵消，即

$$B_1 n + B_0 = 2Nu^2 - Dun \tag{2-57}$$

$$n = \frac{2Nu^2 - B_0}{B_1 + Du} \tag{2-58}$$

当摩擦力矩很小时，可以略去 B_0 和 B_1，则式（2-58）可简化为

$$n \approx \frac{2Nu}{D} = \frac{u}{2\pi Rb} \tag{2-59}$$

因此，风杯的转速与风速成正比。此外还可做以下推论：

（1）当风杯处于小风速时，必须考虑两种摩擦力矩的影响。

（2）静摩擦力矩是个常数，动摩擦力矩应与转速成正比，但式（2-57）右边两项分别正比于 u^2 和 un，它们随 u^2 风速的增加显然要快得多。因此，风速越大，摩擦力矩也越大。

转速 n 为零时，通过式（2-57）可以得到：

$$u_{\min} = \sqrt{\frac{B_0}{2N}} \tag{2-60}$$

通过式（2-60）可以看出，在忽略风杯组件的摩擦力矩时，风杯的转速和实际风速呈线性关系。b 是风速计常数，对于不同风杯外形的风杯而言，b 值的大小也是不同的。缩小或增大风杯的直径、风杯的回转半径以及模杆的直径，而不改变风杯的几何外形时，b 的大小没有太大的改变。这样可以得到如下结论：改变风杯的杯口直径对风速计的线性影响不是很大，而改变风杯的回转半径会使风速计在同样风速下测得的风速值增大或减小，改变它的线性关系。

4）三杯风速计的动态特性

（1）启动灵敏度。

由风洞实验确定的实际风速 u 与风杯回转体的线速度 u_c 的关系为

$$u = a + bu_c + cu_c^2 \tag{2-61}$$

式中，a 为启动风速（m/s）；c 为二次系数，通常很小，可忽略不计。风杯传感器开始转动的条件是 $u > a$，它的物理意义是气流的风压作用在风杯回转体上对转轴产生的力矩应该大于或等于风杯传感器结构的静摩擦转矩。

图 2-21 为典型的风杯转速与风速标定曲线，在 $n = 0$ 处，$u = a = u_{\min}$，而且在低风速段出现了非线性，除了受摩擦力矩的影响外，还因为低风速时雷诺数 Re 的减小改变了风杯凸凹面的风压系数。实际使用中，风速的测量下限应取 $1.5 \sim 2.0 u_{\min}$。为了降低风杯的起动风速，应减小风杯转动轴承的摩擦力矩。目前采用的磁悬浮轴承，利用磁场同性相斥的特性，使轴承间形成间隙，消除接触面来减小摩擦力矩，从而使起动风速达到 0.03m/s[27]。

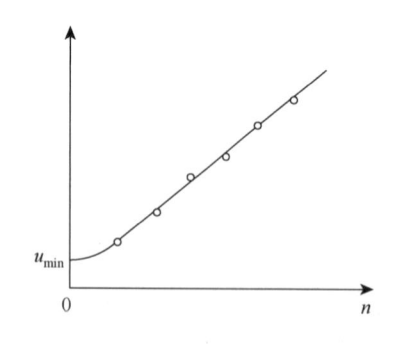

图 2-21 风杯转速与风速标定曲线[26]

(2)时间常数。

时间常数定义：一阶系统的时间常数是指仪器检测并指示一个阶跃函数变化到63.2%高度时所需要的时间，在等3倍时间常数的时段里，仪器将指示这个阶跃函数变化的95%左右，如图2-22所示。

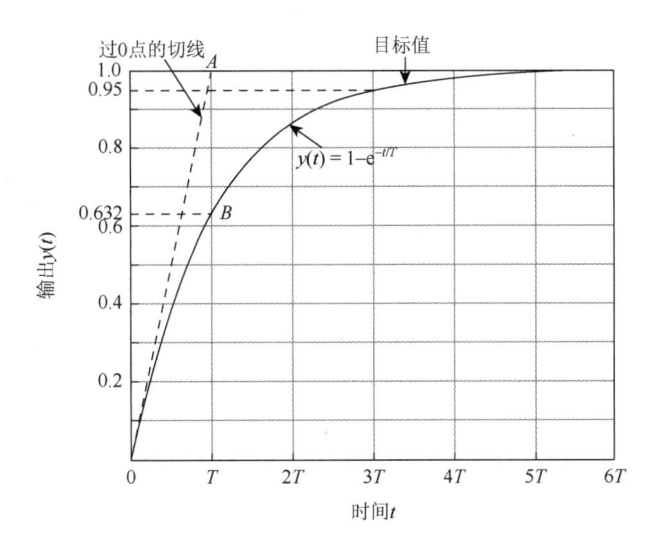

图2-22 一阶系统的单位阶跃响应曲线

三杯式风速计可以认为遵循上述这一规律[28]，而且在这种情况下，它的时间常数是随风速做相反方向变化的，即风速阶跃上升时，风杯跟踪得快，风速阶跃下降时，风杯跟踪得慢。

(3)距离常数。

距离常数是风速传感器的动态特性参数之一[29]。风速传感器的距离常数在数值上等于风杯转速到达阶跃值的63.2%时气流相对风杯所走过的路程，且有

$$L = b\frac{DhZ}{\rho_0} \tag{2-62}$$

式中，b为风速计常数；ρ_0为风杯材料密度（kg/m³）；h为风杯厚度（m）；Z为风杯个数。式(2-62)表明，风杯的距离常数主要取决于风杯的材料密度、厚度和个数。同一类型的风杯风速计这一数值是固定的，要得到小的距离常数应该选用密度小、厚度薄且具有高抗风强度的材料，目前多数选用碳纤维增强型工程塑料[27]，其抗风强度可以达到60~70m/s。当采用相同的材料和结构时，三杯式风速计的转动惯量较小，而且旋转一周转动力矩的大小也比较均匀，所以杯式风速计几乎均采用三杯式的。

(4)动态特性方程。

考虑最简单的情况，风速从u_0跃变到u_1，风杯的转速n却不能在一瞬间从n_0跃变到n_1，而是随时间有一个响应过程，此时风杯的转速为$n(\tau)$，响应过程中风杯风速计的转动方程为

$$2\pi J\frac{\mathrm{d}n(\tau)}{\mathrm{d}\tau}+B_1n(\tau)+B_0=2Nu_1^2-Du_1n(\tau) \tag{2-63}$$

式中，J 为风速计转动体的转动惯量。整理后可得

$$\frac{\mathrm{d}n(\tau)}{\mathrm{d}\tau}=-\frac{B_1+Du_1}{2\pi J}n(\tau)+\frac{2Nu_1^2-B_0}{B_1+Du_1}\cdot\frac{B_1+Du_1}{2\pi J}=\frac{1}{T_\mathrm{f}}[n_1-n(\tau)] \tag{2-64}$$

式（2-64）中 T_f 可通过式（2-65）计算：

$$T_\mathrm{f}=\frac{2\pi J}{B_1+Du_1}\approx\frac{2\pi J}{Du_1}=\frac{L}{u_1} \tag{2-65}$$

式中，T_f 为前面所说的风杯风速计的时间常数。从式（2-65）可以看出风杯风速计的时间常数与它的待测量——风速本身成反比。

下面分析风速计加速和减速两种状态的动态响应。

风杯的动力学方程可以表示为

$$J\frac{\mathrm{d}\omega}{\mathrm{d}t}=M \tag{2-66}$$

式中，ω 为风杯转动角速度；M 为风杯转矩。

加速状态下的转矩方程：

$$M=\frac{1}{2}C_\mathrm{d}\rho u^2 Z\pi r^2 R \tag{2-67}$$

式中，C_d 为风杯加速转矩系数；r 为风杯杯口的半径（m）；Z 为风杯个数。并且，C_d 又可表示为

$$C_\mathrm{d}=C_{\mathrm{d}0}\left[1-\lambda_0^2\left(\frac{\omega R}{u}\right)^2\right] \tag{2-68}$$

式中，$C_{\mathrm{d}0}$ 为静止时的转矩系数；λ_0 为风杯常量，$\lambda_0=u/\omega_\mathrm{a}R$，$\omega$ 为风杯达到稳定状态时的角速度（rad/s）。

风速计仪表指示的风速值为 v，且有

$$v=\lambda_0\omega R \tag{2-69}$$

式中，ωR 为风杯的切线速度（m/s）。整理式（2-67）～式（2-69）可得

$$M=\frac{1}{2}C_{\mathrm{d}0}\rho Z\pi r^2 R(u^2-v^2) \tag{2-70}$$

将式（2-69）、式（2-70）代入式（2-66），可得

$$\frac{\mathrm{d}v}{\mathrm{d}t}=C_\mathrm{A}(u^2-v^2)\ (v<u) \tag{2-71}$$

$$C_\mathrm{A}=\frac{C_{\mathrm{d}0}\lambda_0\rho Z\pi r^2 R^2}{2J} \tag{2-72}$$

减速状态下的转矩方程：

$$M=\frac{1}{2}k_\mathrm{d}\rho\omega^2 Z\pi r^2 R^3 \tag{2-73}$$

式中，k_d 为风杯减速转矩系数，k_d 可表示为

$$k_d = k_{d0}\left[\left(\frac{u}{\omega R}\right)^2 - \lambda_0^2\right] \tag{2-74}$$

式中，k_{d0} 为减速状态下的静态转矩系数。联立式（2-66）、式（2-74）有

$$\frac{dv}{dt} = C_D(u^2 - v^2) \quad (v > u) \tag{2-75}$$

$$C_D = \frac{k_{d0}\lambda_0\rho Z\pi r^2 R^2}{2J} \tag{2-76}$$

从上面的方程式可以看出，加速和减速运动方程的不同之处只是系数 C_A 和 C_D 不同，Hayashi 用实验方法确定其比值为 1.28[30-32]。

2.4.2 超声波风速计

超声波风速计基本上不干扰流体的流场，无压力损失，维修方便，同时对流体的温度、黏度、密度等因素也不敏感，输出线性范围宽，没有零点漂移问题，通用性好，又因无可动部件，无磨损，使用寿命长等优点，已被广泛应用于工业生产、日常生活的每个角落。几款商业化超声波风速计如图 2-23 所示。

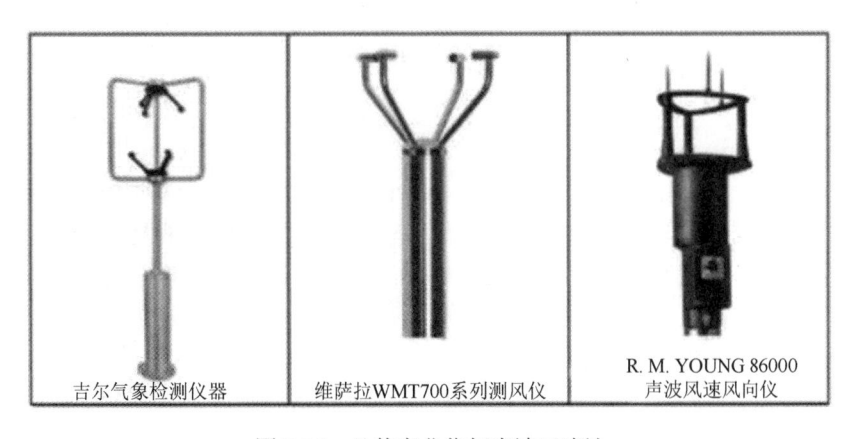

| 吉尔气象检测仪器 | 维萨拉WMT700系列测风仪 | R. M. YOUNG 86000 声波风速风向仪 |

图 2-23 几款商业化超声波风速计

声波是物质震动状态的能量传播形式，频率高于 20kHz 的声波称为超声波。超声波传感器多利用正压电效应产生超声波，利用逆压电效应接收超声波。正压电效应就是当压电材料受到外力作用时产生形变，其内部的电偶极矩变短，压电材料为抵抗这种变化会在材料相对的表面产生等量正负电荷。相对地，逆压电效应就是在压电材料极化方向上施加电场引起压电材料发生形变的现象。超声波传感器内部装有压电材料，在其两端施加电压利用逆压电效应产生超声波，接收端则利用正压电效应将超声波所产生的高频震动转换为电能。超声波的直射性好。此外，超声波频率高、波长短，所以衍射现象并不明显，在一定距离内可实现定向传播。超声波穿透能力强，可在液体、固体等介质中有效传播，其能够无损地穿过数十米厚的固体，金属探伤就是利用这一特性。但随着频

率的增加，超声波的穿透能力会降低，因此在不同场合要选择合适频率。超声波测风传感器主要利用其直射性好，可以传递很强能量并且与流体速度呈线性关系的特点。下面详细介绍超声波测风速的方法。

1. 多普勒法

多普勒效应是指物体辐射的波长因波源与观测者发生相对运动而产生变化的现象，而声音的多普勒效应是指发射端发出声音后与接收端发生相对运动，接收端收到的声音频率与发射端声音频率不一致的现象。

超声波多普勒测风方法是基于多普勒效应的一种测风方法。风场中微粒相对于接收端发生运动，声源发射出的声波被悬浮于风场中的固体颗粒反射，反射声波由接收端接收。由于多普勒效应，接收端和发射端的声波信号频率产生频率差，差值与空气流速成正比，根据频率差的大小求得风速。设发射端频率为 f_A，f_B 为接收端所接收到的信号频率，u 为实际风速，频率差 Δf 与实际风速 u 的数学关系为式（2-77）：

$$\Delta f = f_A - f_B = \frac{2u f_b \sin\theta}{u_c} \quad (2\text{-}77)$$

式中，θ 为声学路径与风向的夹角；u_c 为声速；f_b 为超声波声源原有频率。由于空气中的悬浮颗粒并不稳定，湿度与温度的变化对其影响较大，所以使用这种方法进行风速测量时就要对温度与湿度产生的误差进行补偿，复杂环境中误差较大，因此，该法仅适用于封闭环境中的流体速度测量。

2. 涡街法

流体运动中，在特定流动条件下，流体的部分动能将转化为流体振动，其振动频率与流体流速有确定的数学关系，这一原理称为卡门涡街原理[33]。利用这一原理测量流体速度时，要在风场中安装非线性阻流器，当气流经过阻流器时，由于该器件对气流的阻碍作用，气流在器件两侧交替产生规则的旋涡，形成卡门涡街，且两列漩涡的旋转方向相反。涡街测风法示意图如图 2-24 所示。

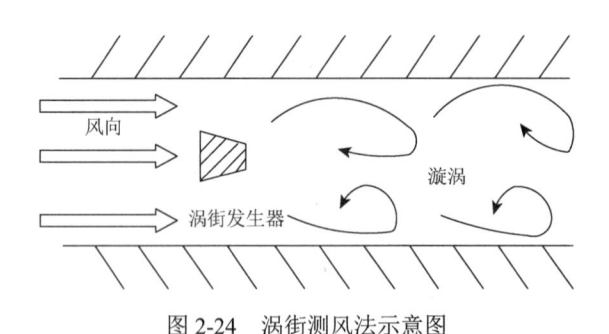

图 2-24 涡街测风法示意图

涡街频率 f 与气体流速 U_m 之间的关系式为

$$f = S_r \frac{U_m}{d_w} \quad (2\text{-}78)$$

式中，S_r 为斯特哈劳尔数；U_m 为平均流速；d_w 为涡街发生体迎流面的最大宽度。所以在测得涡街频率后通过式（2-78）即可算出气体流速。但是通过式（2-78）可看出气流流速还与涡街发生器迎流面的宽度有关，当迎风面发生污染或因温度变化产生形变时，迎风面宽度都会发生改变，从而产生测量误差，而且这种方法无法测出风向的变化。此外，其检测灵敏度并不高，在 3m/s 以下的弱风环境中使用测量误差较大。综合来看，这种测风方法无法在开放环境中使用，仅适用于管道中单一方向的气流流速测量。

3. 相关法

相关法又称为相关函数法，属于非接触式测风方法的一种，该方法利用相关函数来得出延迟点数，用以确定两超声波换能器发出信号与接收到信号的时间差，换能器 A 和 B 的间距为 d，正对放置。相关法测风原理示意图如图 2-25 所示。

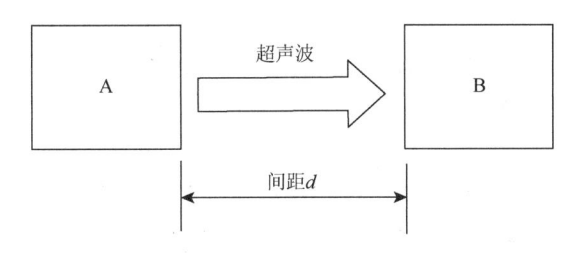

图 2-25 相关法测风原理示意图

换能器 A 发出的超声波信号为 $f_A(t)$，换能器 B 接收的超声波信号为 $f_B(t)$，经过计算，可以得出两信号间的相关函数：

$$R_{A,B}(\tau_w) = \int f_A(t) \cdot f_B(t-\tau) dt \tag{2-79}$$

式中，τ_w 为气流在两传感器间的传播时间。当 $R_{A,B}(\tau)$ 取得最大值时，其所对应的 τ_w 值记为 t_0。t_0 即为超声波在两传感器间的传播时间，两传感器间距已知，即可求得风速。利用相关法测量风速的精度高，从关系式中可以看出 t_0 仅与发出信号和接收到的信号有关，这使得该测量方法不易受环境因素干扰，但超声波信号在传播过程中产生的噪声不存在相关性，这样估计出的延迟点数存在偏差，只有通过多组超声波传感器两两相关才能提高测量精度，这种改进方法使测量系统变得更复杂，也提高了研发与制造成本。

2.5 降水量数据获取

雨量计也称为雨量记录仪、量雨计、测雨计，是常规的气象检测仪器，气象部门通过它来监测计量降雨量和降雨强度。降水量是衡量一个地区降水多少的数据。具体是指从天空降落到地面上的液态和固态（经融化后）降水，没有经过蒸发、渗透和流失而在水平面上积聚的深度。测定降水量的基本仪器是雨量器。如果测的是雪、雹等特殊形式的降水，则一般将其溶化成水再进行测量。降水量测量方式主要有翻斗式雨量计、称重式雨量计和虹吸式雨量计。下面逐一介绍几种降水量测量方法。

2.5.1 翻斗式雨量计

翻斗式雨量计方便携带安装，数据相对精确，因此在农业气象监测中广泛应用。翻斗式雨量计是由感应器及信号记录器组成的遥测雨量仪器，感应器由承雨口、引水漏斗、翻斗、角调节装置、水平调节装置、干簧管等构成；记录器由恒磁钢、排水漏斗、信号输出端子、控制线路板等构成。翻斗式雨量计实物图及结构图如图 2-26 所示。

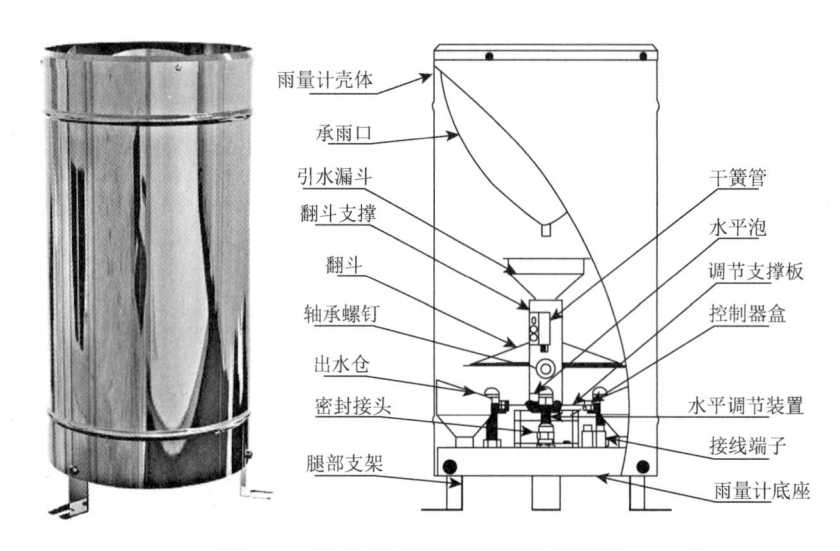

图 2-26 翻斗式雨量计实物图及结构图

翻斗式雨量计工作时，雨水由最上端的承雨口进入承水器，落入引水漏斗，经漏斗口流入翻斗，当积水量达到一定高度（如 0.1mm）时，翻斗失去平衡翻倒；将水倒出，随着降水持续，翻斗将左右翻转，接触开关将翻斗翻转次数变成电信号，送到记录器，在累积计数器和自记钟上读出降水资料，如此往复即可将降水过程测量下来。如图 2-27 所示，可以清楚地看到雨量计的翻斗。

图 2-27 翻斗式雨量计

2.5.2 称重式雨量计

翻斗式雨量计只能测量液态降水。在冬季降水观测中,工作人员只能在特定的时次采用人工测量的办法,将降雪融化后用量杯测量,这就造成数据收集不及时、工作量大的问题。称重式雨量计通过对质量变化的快速响应测量降水量,可在全年使用,不受气候影响。称重式雨量计实现了固态、液态和混合性降水的自动化观测,可以全年实时测量降水并上传数据,能够克服目前气象台站固态降水人工观测造成的时效性差、观测频次低等弊端,有利于提高固态降水观测的准确性和效率,减轻观测人员的工作量。

称重式雨量计是利用电子称重计测量出容器内收集的液态或固态降水的重量,然后换算成降水量。其中,电子称重计主要利用压电传感器制成。称重式雨量计如图 2-28 所示。

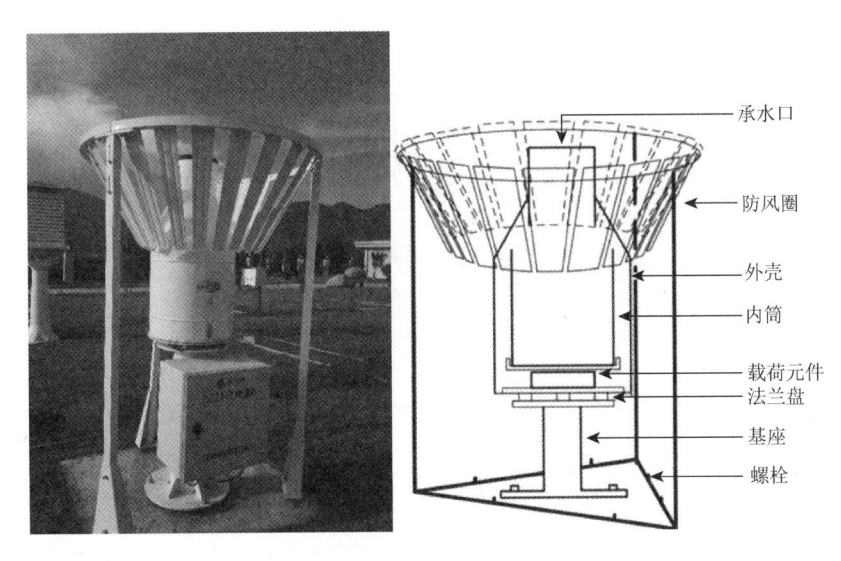

图 2-28 称重式雨量计

称重式雨量计的测量方式虽然相较于传统的测量方式具有一系列优点,但是同样也会存在较小的误差系数,简要概括起来有以下方面的内容。

(1)由冻雨与湿雪所导致的固态降水的观测误差。虽然称重式雨量计能够对冰雹、雪块以及雨水混合降水进行测量,但是这些多种形式的降水也会使其黏附在传感器内壁处,并且经过一段时间才能以降水形式落入储水器内。这使称重式雨量计对固态降水的测量精确度以及固态降水时间的准确计算能力都有限。

(2)风的抽吸作用对称重式雨量计的使用也会产生一定的影响。称重式雨量计需要机械发条以及平衡锤的系统作用,以完成称重记录的任务。但是当出现强劲风力状况时,空气的湍动也会通过在集水器上方与周围的流动,导致称重结构出现摆动。

2.5.3 虹吸式雨量计

虹吸式雨量计是一种根据虹吸原理设计而成的，能够连续记录降水起止时间和各个时刻雨强的测量仪器。由于虹吸式雨量计操作简单，应用方便，尤其是其在测量强度较小的降水方面具有测量精度高、性能稳定等优点，其在各级雨量站，尤其是基层雨量站得到了普遍使用。

虹吸式雨量计由受水口、浮子室（包括浮筒和虹吸管等）、自记钟、铁制圆筒形外壳等几部分组成。受水口的口部呈圆筒形 底部呈圆锥形（漏斗状），中间有一个小圆孔，装在圆筒形外壳的顶部。浮子室和自记钟均装在铁皮外壳内，有一金属管与受水口的漏斗相连，使雨水能直接流入浮子室。浮子室内有一浮子，其上固定一金属直杆，直杆的顶端从浮子室伸出。直杆上连接一支自记笔，用以在自记钟钟筒所卷的自记纸上进行记录。虹吸式雨量计结构示意图如图 2-29 所示。

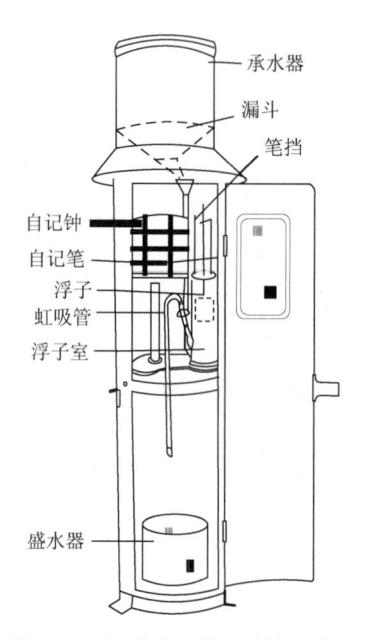

图 2-29 虹吸式雨量计结构示意图

其更具体的工作原理描述如下。

降雨时，雨水从受水口流入浮子室，浮子室中的水位便逐渐升高，浮子跟着上升，与浮子相连的笔杆也随之上升。在自记钟筒的转动下，笔尖就在以雨量和时间为坐标的自记纸上画出连续的降雨量变化曲线。当浮子室中的水位达到一定高度后（一般为10mm），自记笔也同时升到了自记纸刻度的上端。此时水开始通过虹吸管迅速排走，完成一次虹吸过程。此时，浮子下降，笔尖回到起始位置，重新记录雨量。雨水一次次地充满浮子室，虹吸管一次次地把水排走，笔尖一条条地在自记纸上划出线条。根据这些线条，就可以知道任何一段时间的总雨量和降水强度了。

虹吸式雨量计的误差主要表现为动作误差，即在其发生虹吸的十几秒钟内，如果仍有降水，则这段时间内的降水将会被虹吸走，从而造成记录雨量比实际的降雨量要小。此误差受降雨强度影响，降雨强度大误差就大，反之则小。

另外，虹吸式雨量计根据自记钟和自记纸完成时间和雨量的记录，但是需要人工定期更换自记纸，并不能实现雨量数据的自动化采集和传输。目前有很多发明专利针对虹吸式雨量计的上述缺点进行改造，消除了动作误差，实现了雨量数据向电信号的转化，方便了其自动测报的实现。

2.6 雷电预警

雷电是一种剧烈且迅速的自然放电现象，一般发生在雷暴时期大气中的两个不同带电区域之间。其中，发生在带电云团内部和两个带电云团之间的雷电称为云间闪，而发生在带电云团和地面之间的雷电称为云地闪。云间闪和云地闪由于发生的位置不同，存在不同的电磁特性，因此对人们生产生活产生的影响也不同。云间闪发生在云团内部或者云团之间，相对于云地闪的通道更短，能够产生多条放电通道，使得雷电流能够在多条通道间来回运动，从而云间闪的频率高于云地闪，对微电子等设备具有更大的危害。而云地闪发生在云层和地面之间，通道更长频率更低，对微电子等设备危害较小，但是云地闪会对地面上的物体造成直接伤害，因此，云地闪对人们的生命财产的威胁更大。

雷电的危害主要与雷电的特性有关。雷电具有雷电流幅值大、时间短、冲击性强和冲击电压高等特点，使得其具有热性质、机械性质、电磁性质多方面的破坏作用。雷电的热性质破坏作用主要表现在幅值高达几万至几十万安培释放时会产生巨大的热量，当发生地闪时，可能会引起森林火灾以及建筑物损毁等；雷电的机械性质破坏作用表现在被雷击物体发生爆炸、扭曲、撕裂等形变现象，雷电对建筑物和人体均有极大的破坏作用，严重危害人们的生命财产安全；雷电的电磁性质破坏作用表现在强大的变化迅速的电流会感应出强大的冲击电压，对电子设备具有毁灭性的打击。

雷电的特性使得雷电具有多方面的破坏作用，因此，雷电的危害范围非常广，涉及人类生产生活的方方面面，特别是近年来现代通信以及电子产业的迅速发展，使得对雷电的防护需求更加迫切。

2.6.1 雷电发生的物理过程

许多雷电检测预警技术方法的提出都是基于雷电发展的理论模型。深入理解雷电发生的理论模型有助于雷电预警检测技术的研究。雷电是不同符号电荷中心之间的强放电过程。通过高速摄像机和大气电场仪对雷电的长期观测，人们已经确定了雷电放电发生的基本过程。按照雷电放电过程中的不同特征，整个放电过程可分为初始击穿、梯级先导、连接过程、回击、箭式先导和连续电流等。不同的雷电发生时可能包含全部或者部分的放电过程，其中，以负下行云地闪电的放电过程最为典型。下面，以负下行云地闪电的发生过程对雷电发生的基本过程进行讲解。晴天状况下，大气中通常存在着垂直向下的大气电场，而当负下行云地闪电发生时，云团相对于大地带负电荷，大气的电场将发生改变，当云团的负电荷中心与正电荷中心之间的大气电场达到大气的击穿电压时，大气就会被击穿而形成流光，这种现象称为初始击穿。此时云层底部的大气会被电离，形成一道像梯级一样逐渐伸向地面的光柱，这种梯级光柱就是梯级先导，在每一梯级先导的顶端会发出较亮的光。由于大气中的电荷是随机分布的，因此，梯级先导在大气中蜿蜒前行并向下产生许多分支。下行的梯级先导到达距离地面几十米的范围时，先导头部的局部电场会随着地面导电物体的存在而增加，当梯级先导与地面导电物体连接时，将会产生强烈的放电过程，即雷电的回击过程。其中，梯级先导与地面导电物体连接的过程被称为连接过程。通常在第一闪击几十毫秒之后，会形成第二闪击。这时一道明亮的且没有分叉的细线沿着第一闪击的路线向地面传播，这就是直窜先导。直窜先导到达地面附近时，地面产生的流光向上与先导进行连接，产生强烈的放电过程，这就是第二闪击。至此，整个雷电的放电过程完成。

其中，雷电的整个放电过程中，回击具有最鲜明的电磁特征，具有电流峰值大、时间短和强电磁场辐射的特点，使得雷电的回击对人类生命财产安全的危害更大。同时，由于回击过程相对于雷电发生的其他过程具有更鲜明的电磁特征，基于观测回击放电参数的雷电预警检测技术得到了长足的发展。

2.6.2 雷电的电磁特征

雷电的电磁特征是雷电预警检测技术的重要依据，根据探测的雷电的电磁特征的不同，提出了不同的雷电预警检测技术，并对应设计出了不同的雷电检测预警装置。下面对雷电的一些基本电磁特征进行介绍，主要包括雷电流模型、雷电的电磁辐射频谱特征、雷电的光谱特性以及雷电的静电场特性。

1. 雷电流模型

雷电流作为能够有效表征雷电的重要参数之一，使得雷电流参数在国际和各国防雷规范防雷分类中占据突出地位。许多国家均设立了观测雷电流的装置，并且很多研究者都对雷电流进行了研究。统计数据表明，每次观测到的雷电现象的电磁属性都不完全相同，每次雷电发生的雷电流也均不相同，很难用一种统一的数学形式来表示自然发生的所有雷电流。但在长期的实验和对自然雷电观测的基础上，研究者们提出了雷电流的一些常用数学表达模型，主要包括双指数模型、霍德勒模型和脉冲函数模型。

1）双指数模型

1941年Bruce和Golde根据观测的雷电流波形提出了一种雷电的数学模型，根据其数学表达形式称之为双指数模型，经过不断发展，其表达形式如式（2-80）所示：

$$i(t) = I_0 \left(e^{-\alpha_w t} - e^{-\beta_w t} \right) \tag{2-80}$$

式中，I_0为雷电流幅值；α_w和β_w为时间常数（正值），时间常数的具体数由雷电作用的时间决定。

因为双指数模型能够简单方便地反映雷电流的波形随时间的变化情况，所以其得到了普遍的认可，并且沿用至今，许多有关于雷电流研究的文献中还经常引用双指数模型。但是这种模型也有一定的不足，由于双指数模型是根据观测的雷电流波形提出的近似模型，所以双指数模型中的参数 α_w、β_w 和 I_0 并没有明确的物理意义。此外，双指数模型不能准确地反映出雷电荷分布对空间电磁场的影响，双指数波形只是一种根据实际雷电流波形提出的理想波形，而自然雷电的电流波形并不统一，所以双指数波形只能代表特定一类的雷电流波形。即使存在以上缺点，双指数模型仍然能够有效地体现雷电流的变化情况，并能够为雷电研究的进一步计算提供真实的数据，因此双指数模型是应用最广泛的雷电流数学模型。

2）霍德勒模型

霍德勒模型是 Heidler 于 1985 年提出的雷电流数学模型[34]，该模型主要对雷电通道中的场进行了研究，并认为雷电流以一个固定的速度沿着雷电的通道向上传播，使得该模型与双指数模型有本质上的区别，霍德勒模型的雷电流和时间满足式（2-81）：

$$i(t) = \frac{I_0}{\eta} \cdot \frac{\left(\dfrac{t}{\tau_1}\right)^{n_d}}{1+\left(\dfrac{t}{\tau_1}\right)^{n_d}} e^{-\frac{t}{\tau_2}} \tag{2-81}$$

式中，I_0 为峰值电流；η 为峰值电流的修正系数；τ_1 为波头时间常数；τ_2 为波尾时间常数；n_d 为电流陡度因子。

由于霍德勒模型能够很好地反映雷电流的特征参数，并且能够进行仿真计算电流和电磁等，所以该模型被国际电工委员会定为首要推荐的雷电函数式。尽管该模型也有一定的缺点，如忽略了雷电通道的大小、雷电通道是否与地面垂直、海拔以及土壤电阻率等问题，但是由于该模型通过改变模型中的参数，能够客观地表现出雷电的特征，并且与雷电实际发展的规律高度契合，使得该模型成为雷电流研究的优先选择模型。

3）脉冲函数模型

脉冲函数模型将雷电基电流分解为电晕电流和击穿电流。该模型的雷电流表达式如式（2-82）所示：

$$i(0,t) = I_{BD} \frac{\left(1-e^{-\frac{t}{\tau_1}}\right)^2 e^{-\frac{t}{\tau_2}}}{\eta} + I_c \left(e^{-\frac{t}{\alpha_k}} - e^{-\frac{t}{\beta_k}}\right) \tag{2-82}$$

式中，I_{BD}、I_c、τ_1、τ_2、α_k、β_k 为可调参数。此外，η 为击穿电流的峰值修正系数，定义为

$$\eta = \left(\frac{2\tau_2}{\tau_1+2\tau_2}\right)^2 \left(\frac{\tau_1}{\tau_1+2\tau_2}\right)^{\frac{\tau_1}{\tau_2}} \tag{2-83}$$

脉冲函数模型有很多可调参数，通过适当地选择电晕电流和击穿电流，可以有效地对雷电流进行模拟，并且能够得到雷电的电磁场，该模型是一种较为理想的雷电流模型。

但是该模型也存在一定的不足，众多的可调参数与电流峰值、波头时间等特征参数没有直接的联系，并且只有对可调参数进行精确的选取才能得到有效的雷电流。根据研究内容的不同，通常选取不同的雷电流模型作为参考。在进行雷电电磁脉冲模拟时，基于雷电先导放电与长间隙电弧放电之间的类似性，本书采用球隙放电进行雷电模拟。在雷电模拟时，电容式球隙放电电路根据电流特性通常可以等效为电阻器-电感器-电容器振荡电路，产生的模拟雷电流模型如式（2-84）所示：

$$I(t) = U_0 \sqrt{\frac{C}{L_P}} \mathrm{e}^{-\frac{t}{\tau_s}} \sin(2\pi f_s t) \tag{2-84}$$

式中，U_0 为放电球隙的放电电压；C 为储能电容的电容值；L_P 为整个放电回路的分布电感；f_s 和 τ_s 分别为电流的衰减固有频率和衰减时间常数。

模拟雷电流模型与上述三种雷电流模型相比，具有的突出特点在于该模型中的参数具有明确的物理意义。该模型与雷电流具有很好的一致性，并且可以通过更改参数实现对电流波形的控制，十分适用于本书雷电模拟装置产生的模拟雷电。

2. 雷电的电磁辐射频谱特征

雷电放电时产生的电磁辐射频谱范围非常宽，频率从甚低频到超高频均有。雷电的电磁辐射频谱作为雷电的重要特征之一，能够有效地反映雷电幅度以及能量在不同频率下的分布情况，因此可以根据雷电的频谱信息对特定频率下的雷电能量进行计算，从而对工作在不同频段的设施采取对应的防雷措施。

标准雷电波形在分析雷电波频谱特征中具有重要的意义，许多研究者通过对标准雷电波形进行傅里叶变换，得到了雷电的频谱特征。在雷电流双指数模型中，令

$$I(t) = i(t)/I_0 = k\left(\mathrm{e}^{-\alpha t} - \mathrm{e}^{-\beta t}\right) \tag{2-85}$$

式中，$i(t)$ 为双指数模型雷电流的瞬时值。

式（2-85）为单位峰值雷电流方程，对其进行傅里叶变换得

$$\begin{aligned}I(\mathrm{i}w) &= k\int_0^w \left(\mathrm{e}^{-\alpha t} - \mathrm{e}^{-\beta t}\right)\mathrm{e}^{-\mathrm{i}wt}\mathrm{d}t \\ &= k\left[\left(\frac{\alpha}{\alpha^2+w^2} - \frac{\beta}{\beta^2+w^2}\right) + \mathrm{i}\left(\frac{-w}{\alpha^2+w^2} + \frac{w}{\beta^2+w^2}\right)\right]\end{aligned} \tag{2-86}$$

式中，w 为角频率；i 为虚数单位，这里的 i 也可以用 j 取代。

式（2-86）是雷电波频谱的复数形式，取其模即可得到原雷电波函数 $I(t)$ 的振幅频谱：

$$I(w) = k\sqrt{\left(\frac{\alpha}{\alpha^2+w^2} - \frac{\beta}{\beta^2+w^2}\right)^2 + \left(\frac{-w}{\alpha^2+w^2} + \frac{w}{\beta^2+w^2}\right)^2} \tag{2-87}$$

对得到的结果代入各种标准雷电波进行分析可以得到，雷电流的振幅与频率有关，并且随着频率的增加而减小。雷电流的振幅主要集中在低频部分，0～1kHz 的振幅相对较大，且衰减幅度相对较小。进一步通过对雷电波能量的累积频谱分析，可以得到雷电波的能量频谱集中在低频部分，主要集中在几千赫兹到几百千赫兹。因此，在较低频率

范围内对雷电信号进行检测,具有较高的灵敏度,并且在较低的频率范围内实现雷电预警,就能规避掉雷电产生的大部分危害。

3. 雷电的光谱特性

雷电放电过程在短时间内释放的巨大能量可使放电通道的温度达到数万度,使通道处空气电离变成等离子体状态。处于低能级的粒子向高能级跃迁,粒子的跃迁会产生光辐射,粒子跃迁的能级差别使得产生的光谱范围很广。雷电的光谱特征能够有效地反映雷电放电通道内部的物理机制,而雷电的瞬时性和随机性,使得其他探测雷电通道物理信息的手段有所限制,所以雷电光谱的研究引起很多研究者的兴趣。

Herschel 最早在可见光范围内对闪电光谱进行了观测[35],由于观测设备以及技术手段的限制,观测到了一些特征谱线但是未能记录下这些特征谱线。随着技术手段和实验设备的进步,不同的研究者采用不同观测设备在雷电光谱观测方面取得了长足的进步。Schuster 通过一台直视式光谱仪在 500~580nm 内对雷电光谱进行了观测[36],并实现了雷电光谱的首次记录,发现了两条波长为 500.5nm 和 568.0nm 氮原子线。其后,Slipher 利用狭缝光谱仪第一次记录了闪电的光谱图片,辨认出了 383~500nm 波长范围内一些氮和氧的谱线,并且与实验室得到的空气间隙火花放电光谱进行了对比分析[37]。在之后的几十年里,闪电光谱的研究主要是对先前观测到的谱线进行补充,同时对雷电光谱的观测范围也随着技术方法的进步得到了扩大,从可见光区域逐渐延伸到紫外和红外区域,并取得了不错的进展。闪电光谱技术的不断发展,推动了人们对闪电中发生的物理过程的研究,同时这些特征辐射光谱的发现,也为雷电监测定位技术提供了重要的依据,观测闪电的特征谱线成为雷电监测的重要手段之一。

4. 雷电的静电场特性

不同的气候条件下,地面的电场强度具有很大的差别。晴天条件下,地面大气的电场平均值约为 103V/m,而雷雨条件下,地面大气的电场平均值约为 6kV/m。地面大气电场会随着天气因素而发生变化,特别是在雷暴、雪暴等激烈的天气现象发生时,地面大气电场会发生剧烈的变化。根据长期的地面大气电场的观测结果与气象分析,目前,通过监测地面的电场值,能够实现对观测地区上空一定范围内的云层带电状况进行分析,从而实现雷电预警。

通过大气电场仪对地面电场进行监测,由于云团与地面电场仪的距离非常远,云团在地面电场仪处的电场强度如式(2-88)和式(2-89)所示。

$$E = \frac{kQ}{l^2}\sin\theta \qquad (2\text{-}88)$$

$$H = l\sin\theta \qquad (2\text{-}89)$$

由以上两个公式可以得到

$$E = \frac{kQH}{l^3} \qquad (2\text{-}90)$$

式中,E 为电场强度;Q 为云团带电量;θ 为云团相对于电场仪的仰角;l 为云团与地面电场仪的直线距离；H 为云团与地面的垂直高度。

从式（2-90）中可以得到，电场仪检测到的电场强度正比于云团带电量 Q 和云团与地面的垂直高度 H 的乘积，而同云团与地面电场仪的直线距离 l 的三次方成反比。云团带电量越大，产生的电场强度越强，越容易达到大气的击穿电压，从而产生闪电，而云团高度越低，所需击穿的空气距离越短，使得闪电越容易发生。因此，地面电场仪探测到的电场强度能够很好地反映云团带电量以及云团高度，通过监测地面的电场强度能够估计闪电发生的可能性，从而使得大气电场仪能够实现一定区域范围内的雷电预警。

2.6.3 雷电检测预警原理及常见设备

雷电检测技术是指利用闪电回击辐射的声、光、电磁场等特性来对雷电发生时的时间、地点、极性、强度以及能量等参数进行观测。雷电预警技术是指利用雷电检测技术在雷电到来之前做出预警信号。雷电预警一般采用设置阈值的方式进行，通过雷电检测装置获得雷电的信息，根据不同的预警需求设置不同的预警阈值，当达到预警阈值时，发出预警信息。因此，雷电预警与雷电检测密不可分。

在雷电检测技术中，根据雷电的电磁场特性来检测雷电的方法最为广泛，本书也是通过检测雷电的磁场实现雷电预警的。因此，下面介绍电磁场检测雷电的方法。其中，根据探测雷电站点数量的不同，可将雷电的探测装置分为单站式和多站式。

单站式雷电定位是指利用一个探测站探测雷电的放电参数。单站式雷电定位的难点在于对雷电的测距，目前比较常用的方法有振幅频谱比法、天波地波时间差法和电磁分量相位差法。振幅频谱比法通过近距离范围内雷电的电场和磁场的比值随距离变化的规律实现雷电测距；天波地波时间差法通过雷电的甚低频分量根据天波和地波到达探测站的时间差来进行测距；电磁分量相位差法根据雷电极低频分量的相位差与距离的关系来进行雷电测距。上述三种单站式雷电定位方式均适用在频率较低的情况下，并且存在一定的误差，随着传感器技术和电子通信技术的发展，出现了利用光和电等因素的雷电测距传感器。单站式雷电定位的测向是通过正交磁环的定位系统实现的，通过水平正交放置的磁环实现水平方向的测向，通过电场天线对垂直方向进行测向。

多站式雷电定位是指通过多个探测站联合探测雷电的放电参数。多站式雷电定位相对于单站式雷电定位具有更多的监测方位，并且对雷电的监测更加准确。多站式雷电定位由多个监测站组成，并包括数据处理中心和通信系统。多站式雷电定位虽然提高了雷电预警准确度，增大了监测范围，但是多个监测站组网增大了成本，也增加了建设的难度。常见的多站式雷电定位方法有磁方向闪电定位系统、时差闪电定位系统以及时差测向混合闪电定位系统。多站式磁方向闪电定位系统包括两个以及两个以上磁方向定位仪，通过分设在不同位置的多个磁方向定位仪，实时测出雷电放电时产生的电磁信号的时间、方向、强度和回击等多项雷电放电参数，并通过通信系统实时将各个定向探测仪所测数据发至数据处理中心。数据处理中心根据所接收的数据，实时计算出雷电发生的位置，从而实现雷电定位。时差闪电定位系统由三个及三个以上的闪电探测仪组成，根据雷电到达探测仪之间的时间差，两两探测仪之间就能构成一条双曲线，从而三个不同位置的探测仪就能实现雷电定位。时差测向混合闪电定位系统对上面两种方式进行了结合，规避了磁方向定位系统误差大的缺点，同时简化了时差定位系统，并且当探测站增加时，可以引入不同的算法，提高雷电定位的准确度。

依据雷电的声、光、电磁等不同特征，产生了不同的雷电检测方法，出现了不同的雷电检测预警装置。当前国内外主要的雷电检测预警设备有高精度雷电探测仪、气象卫星、多普勒气象雷达、地面电场仪等。其中，高精度雷电探测仪主要利用雷电的电磁特征，气象卫星利用雷电的光特征进行雷电检测，多普勒气象雷达利用雷电辐射的声特征进行雷电监测定位，地面电场仪则采用检测附近电场变化来预测雷电发生趋势。下面对这几种常见的雷电预警检测装置进行介绍。

1. 高精度雷电探测仪

雷电放电会产生电磁辐射脉冲，云间闪和云地闪由于发生的位置不同二者的频率也不同，放电通道的特性使得云间闪的频率高于云地闪。高精度雷电探测仪通过实时接收雷电辐射的电磁脉冲，分析出雷电的放电参数，实现对雷电的监测定位。雷电探测仪的难点在于如何区分雷电脉冲产生的电磁波信号与其他干扰信号。通过高精度雷电探测仪进行组网，可以扩大雷电预警的范围，并且采用多站式定位算法进行计算，能够有效提高雷电预警的准确率。此外，根据多站的高精度雷电探测仪可以得到雷电移动的趋势，并且计算出雷电移动的速度和方向，从而实现有效的雷电预警。

2. 气象卫星

气象卫星搭载了各种气象遥感器，可以接收和测量地球及大气层的可见光、红外和微波辐射。根据闪电的光谱特征，使用星载高分辨率扫描仪可以观测闪电辐射的特征频谱，能够在大范围内探测闪电发生的位置以及时间。在使用光学设备的同时，气象卫星也搭载了雷电探测仪，光学设备与雷电探测仪联合工作，可以有效提高闪电的判别能力，提高雷电预警效率。

气象卫星能够在大范围内对雷电进行监测预警，并且气象卫星的监测方式不受场地环境因素的影响，因而相对于其他雷电监测预警装置，气象卫星能够对一些特殊环境，特别是一些无人区，如沙漠、海洋以及高海拔高纬度地区的雷电发生情况进行监测。气象卫星对雷电进行大范围观测，使获得全球的雷电状况成为可能。分析全球的雷电特征，将其与地区的雷电分布特征结合，促进了雷电研究的发展，在雷电预警以及其他灾害天气预警方面发挥了重要的作用。

3. 多普勒气象雷达

多普勒气象雷达是基于电磁波多普勒效应的装置。多普勒气象雷达在观测云、降水和各种强对流天气发生等方面有重要的应用。同时，研究人员发现雷达的回波特征与闪电活动是相关的，气象雷达可通过探测雷电辐射产生的次声波来观测雷电。然而，目前气象雷达对雷电观测的可靠性还存在一定误差。因此，多普勒气象雷达常作为雷电监测预警的辅助手段，一般将其与其他雷电预警监测装置进行联合分析，这能够对雷暴的监测和其他灾害性天气的预报起到辅助作用。

4. 地面电场仪

地面电场仪是利用导体在电场中产生感应电荷的原理来测量大气电场及其变化的设备。大气上空的云层带电量发生变化时，将影响地面大气的电场，而地面大气电场能够很好地反映高空云层的电场变化。因此，监测地面大气的电场能够推断出雷暴的发展阶段，对可能发生的雷暴活动以及其他灾害天气做出预警，从而可用于小范围的长期雷电预警。

地面电场仪的优点是便于安装，并且能够对雷电进行长期监测。然而，地面电场仪也存在一定的不足，其监测范围有限，只适合用于小范围的雷电预警。为了增大雷电预警的范围，可以采用多台电场仪进行组网，并通过计算机集中对电场仪组网监测的大气电场进行处理分析，这不仅扩大了雷电预警的监测范围，同时也能有效地减小雷电预警的误报率。此外，地面电场仪还可以与其他雷电预警检测装置进行综合组网，从而有效地减少干扰信号带来的影响，提高雷电的预警效率。

1) 利用窄带滤波检测系统的雷电测距原理

雷电测距原理主要是根据统计规律获得雷电发生时产生的能量，再通过雷电能量随距离的衰减规律，得到雷电发生处与检测装置之间的距离，从而实现雷电的距离测量。

窄带系统检测雷电辐射能够测量雷电辐射的能量，但是根据雷电辐射的频谱特征，雷电的频谱在5kHz附近达到峰值后进行衰减。如果设置的接收频率过高，则接收的雷电信号强度会下降，从而影响雷电检测的灵敏度，因此本书选择在较低的频率下对雷电辐射的信号进行测量。

2) 雷电能量的信息获取

雷电发生时产生很大的脉冲电流，脉冲电流激发的电磁场向外辐射。采用天线检测空间中辐射的雷电信号，然后通过窄带滤波检测系统获得雷电的频谱，记为$U_r(k)$，那么雷电的能量W_r可以表示为

$$W_r = \sum_{k=1}^{K}[U_r(k)]^2 \tag{2-91}$$

3) 雷电能量随距离的衰减规律

雷电产生的能量均匀向外辐射，令雷电产生的能量为W_t，那么在距离d处的能量密度W_d可以表示为

$$W_d = \frac{W_t}{4\pi d^2} \tag{2-92}$$

在距离d处的有效接收面积为

$$S = \frac{\lambda^2 D}{4\pi} \tag{2-93}$$

式中，λ为雷电的发射频率；D为方向性系数（由于雷电在自由空间传播，因此D取值为1）。

根据雷电能量随距离的衰减规律可以计算出雷电能量在任意距离处的理论数值，而低频天线感应得到的是雷电能量在特定距离处的实际测量值。由于实际测得的能量与天线的天线系数和检测电路的增益等因素有关，因此，引入标校系数 k_a 使得

$$\begin{aligned} W_r &= k_a \times W_d \times S \\ &= k_a \times \frac{W_t}{4\pi d^2} \times \frac{\lambda^2 D}{4\pi} \\ &= \frac{k_a \lambda^2}{(4\pi d)^2} W_t \end{aligned} \quad (2\text{-}94)$$

式中，d 为雷电与测量装置之间的距离，可用下式计算得到

$$d = \frac{\lambda}{4\pi} \sqrt{\frac{k_a W_t}{W_r}} \quad (2\text{-}95)$$

式中，λ 为装置设定频率，对应的波长为已知量。同时，能够根据雷电能量的统计规律得到雷电的平均发射能量 W_t，接收能量 W_r 能够通过天线感应获得的雷电信号计算得到。

因此，只要得到式（2-95）中的标校系数 k_a，就能获得雷电的距离信息 d，从而实现雷电的测距。而标校系数 k_a 能够通过雷电模拟装置和雷电预警检测装置的联合实验获得。因此，采用上述方法，能够实现雷电的距离测定。

2.7 激光雷达与气象、大气

2.7.1 激光雷达系统组成

激光雷达（LiDAR）系统是一种主动遥感系统，主要由激光器、发射镜头、接收镜头、光电探测器、数据采集模块、信号处理模块、全球定位系统（global positioning system，GPS）及惯性测量系统（inertial surveying system，ISS）组成。激光雷达系统以激光器作为信号源，可向目标物发射激光束，目标物表面的后向散射激光被激光雷达系统中的光电探测器接收后，光电探测器可将接收到的激光信号转化为电信号并传送至系统中的数据采集模块，数据采集模块对电信号数字化采样后输出回波信号。近年来，随着激光器、探测器及数据采集等技术的发展，激光雷达技术也得到了蓬勃的发展。

激光雷达系统可以根据实际需求选择不同类型的激光器。固体激光器的输出峰值功率高，输出波长范围与现有的光学元器件及大气传输特性匹配度高，且效率高、体积小、重量轻、稳定性好，适用于星载、机载激光雷达系统。气体激光器主要以二氧化碳激光器为代表，它可产生红外激光，优点在于发射激光波长长，大气衰减小，适用于测风激光雷达。半导体激光器具有寿命长、体积小、重复频率高等优点，常用于车载激光雷达和机器人自动避障等。除此之外，光纤激光器、量子级联激光器等也可作为激光雷达的光源。不同类型的激光器适用于不同应用场合的激光雷达，根据需要选取合适的激光器，可使得激光雷达系统达到最佳探测效果。激光雷达系统的激光发射方式可分为脉冲型和连续型。脉冲型激光雷达是指雷达系统中的激光器发射的是脉冲光。而连续型激光雷达

是指雷达系统中的激光器发射的是连续光。

相较于传统的雷达系统,激光雷达的优势在于其光源采用的是激光,激光具有单色性优、准直性强等优点。激光雷达发射的激光脉冲与大气中所含的物质发生相互作用,最终接收到的回波信号经过数据预处理、反演等就可以获取其光学特性与微物理性质。

当激光器发射的激光束入射到大气环境中后,激光束与大气中的物质发生相互作用(吸收和散射),此时激光束的能量发生变化,转化为其他能量形式,使得激光束的辐射强度衰减。而由于相互作用产生的后向散射被激光雷达的接收镜头所接收,并通过探测器将所接收的后向散射激光转换为回波信号。激光束在大气中传播的相互作用形式包括以下几种:

(1) 大气中的分子和粒子对光发生散射作用,激光束被散射到各个方向,造成衰减。

(2) 大气环境中存在的水蒸气、臭氧等悬浮颗粒会对光进行吸收作用,导致能量的改变。

(3) 大气湍流作用会使激光束产生一定的波形畸变,光学的折射率会立即发生改变,使激光束的强度和相干性发生变化。

(4) 部分光会发生透射,即沿着原本的方向传播。

当激光器发射的激光束与大气中的分子和粒子产生相互作用时,大气中不同成分作用的机制也会不同。表2-2为激光束与大气的作用机制。

表2-2 激光束与大气的作用机制

物理机制	作用介质	波长关系	后向散射截面	探测目标
瑞利散射	空气分子	$\lambda_1 = \lambda_2$	10^{-27}	大气温度、大气密度
米氏散射	气溶胶、云	$\lambda_1 = \lambda_2$	$10^{-26} \sim 10^{-8}$	气溶胶、云
拉曼散射	空气分子	$\lambda_1 \neq \lambda_2$	10^{-30}	气溶胶、CO_2
多普勒效应	空气分子、气溶胶	$\lambda_1 \neq \lambda_2$	无	风速、风向
共振散射	金属原子或离子	$\lambda_1 = \lambda_2$	$10^{-23} \sim 10^{-14}$	Na、K、Li、Ca等
吸收效用	空气分子、原子	$\lambda_1 = \lambda_2$	$10^{-21} \sim 10^{-14}$	O_3、SO_2、CO_2等

表2-2中,λ_1代表激光束的发射波长;λ_2代表接收到的波长。从表2-2可以看出,经常使用到的弹性散射作用机制,有米氏散射和瑞利散射,还有共振散射和吸收效用;非弹性散射有由于风的作用产生的多普勒效应散射,还有由于空气分子的拉曼转动或振动产生的,令光发生频移的拉曼散射。其中,米氏散射和瑞利散射均为弹性散射,但是瑞利散射的截面变化相对米氏散射要小很多;而由于拉曼散射的强度低,其易受到背景噪声的影响,信噪比低,所以拉曼激光雷达的白天探测是其技术难点;共振散射的分子界面相对瑞利散射要大几个数量级,低层大气的分子碰撞会削弱共振散射,所以常用来探测高层大气。根据这些不同的物理作用机制划分,大气探测激光雷达可分为以下几种:米氏散射激光雷达、差分吸收激光雷达、多普勒激光雷达、共振荧光激光雷达等。

1. 米氏散射

米氏散射激光雷达是基于米氏散射与瑞利散射而研发的激光雷达，它最早应用于大气探测。在低层大气中，米氏散射占主要的作用，所以可以忽略较弱的瑞利散射。米氏散射激光雷达常用来探测气溶胶和云。米氏散射的特点是入射的激光波长与粒子的粒径相近，甚至散射粒子粒径比入射光激光波长更长。米氏散射的散射过程中不会发生光能量的交换，它是一种弹性散射，散射光的波长与入射光的波长是一致的。相对于其他几种物理作用机制，米氏散射的散射截面是最高的，所以米氏散射激光雷达相对于其他作用机制的激光雷达可以获得比较强的回波信号。而米氏散射的截面大小与很多因素息息相关，如粒子的化学组成、尺寸大小和粒子形状等。当散射粒子的尺寸较大时，在散射过程中，粒子将入射的光向各个方向散射的程度并不相同，如果前向散射的光较多那么能接收到的后向散射光就会变少。这些因素使得米氏散射的截面理论变得更为复杂。

2. 瑞利散射

瑞利散射是激光光束与大气环境中分子和粒子相互作用的散射过程，瑞利散射的特点是入射光的波长比散射粒子的粒径大。瑞利散射和米氏散射一样都是弹性散射。相较于米氏散射，瑞利散射的角向分布更为对称，所以向两侧的散射较少，前向和后向散射相同。瑞利散射的截面比米氏散射小几个数量级，其散射截面与波长相关，入射光波长的四次方与散射截面呈反比例关系。所以，通常为了获取更强的激光雷达回波信号，会采用波长较短的紫外光。

3. 拉曼散射

拉曼散射与之前介绍的米氏散射和瑞利散射不同，它是一种非弹性散射，即入射光波长与散射光波长是不一致的，拉曼散射会产生向短波方向或者长波方向的移动。由于拉曼散射的散射截面较小，所以接收到的激光雷达回波信号相较于其他机制的激光雷达较弱。此外，由于拉曼散射波长移动的大小与所探测目标物质的种类息息相关，所以拉曼散射激光雷达常用于探测目标是距离较近或浓度较高的分子，一般常见的有水汽和二氧化碳浓度等气体分子拉曼探测、温度廓线拉曼探测。

4. 多普勒效应

多普勒效应的原理是：有风的天气下，空气分子和气溶胶粒子会相对于激光传输方向运动，此时后向散射光相对于入射光束产生多普勒频移，利用这一原理来探测风速和风向。根据探测体制的不同，多普勒激光雷达分为相干探测技术和直接探测技术。相干探测技术的高灵敏度使其广泛应用于机场、风发电场等领域。然而，大气湍流会对激光相干性造成一定程度的破坏，所以这种技术在探测距离上受到一定的限制。而直接探测技术的探测距离较为宽泛，若探测目标为气溶胶，则可以探测低层风场，若探测目标为大气分子，则可以探测中高层风场。由于大气风场造成的频移和径向风速为

$$v_d = v - v_0 \tag{2-96}$$

$$v_r = \frac{\lambda}{2} \times v_d \tag{2-97}$$

式中，v_d 为径向风速；v_r 为频偏；λ 为发射激光的波长。通过测量四个不同方向的径向风速，即可得到水平风速的方向和大小，假设 V_E、V_W、V_S、V_N 分别代表东、西、南、北方向的径向风速，ϕ 代表发射光束天顶角，则有

$$V_x = \frac{V_E - V_W}{2\sin\phi} \tag{2-98}$$

$$V_y = \frac{V_N - V_S}{2\sin\phi} \tag{2-99}$$

定正北速度方向为 0，顺时针旋转。则水平方向的径向风速大小和方向为

$$V_h = \sqrt{V_x^2 + V_y^2} \tag{2-100}$$

$$\theta = \arctan\left(\frac{V_x}{V_y}\right) + \pi\left\{1 - \mathrm{sign}\left[\left(V_y + |V_y|\right) \times V_x\right]\right\} \quad V_y \neq 0 \tag{2-101}$$

荧光：当激光的波长与大气成分的吸收带重合时，光子被成分所吸收，经过一段时间的延时后重新发射的光。原子在激发态时寿命不长，激发态的原子会很快跃迁到低能态，此时会向外发射荧光光子。尽管荧光波长与入射波长存在相同的可能性，但是我们仍可以在共振荧光的作用下分辨大气成分。共振荧光的过程是：探测目标的原子与入射的光子能量相差时，其相互作用的物理机制是瑞利散射；而当能量相等时，相互作用过程就会变成共振荧光。由于前者的散射截面要比后者小很多，所以在大气探测过程中，可以利用特定的波长使金属原子与粒子的共振荧光增强效果来达到成分的探测。但是，由于荧光的猝灭效应会影响共振荧光的应用，所以共振荧光经常应用于高层大气中原子和成分的探测，这是因为在探测低空大气时，低层大气的分子密度较大，导致频繁的碰撞，进而产生焚光猝灭效应，致使激发态的原子返回基态。

5. 吸收

当原子的基态与激发态间的能量差和入射光的光子能量相等时，原子对入射光子产生吸收的现象称为吸收。所以越多的原子发生吸收效应，激光束的能量会越弱。尽管低层大气中原子密度较大导致频繁的碰撞会产生荧光猝灭效应，但是吸收只看重对能量的吸收，而不关注是否产生荧光。所以，吸收激光雷达常用于低层大气的成分辨认探测。

2.7.2　激光雷达在气象领域的应用

1. 激光雷达风廓线测量

多普勒测风激光雷达采用高重复频率（500Hz）的 532nm Nd：YAG 半导体脉冲激光器，结合中子注入和碘分子锁频等技术实现了高功率、稳频的脉冲激光发射光源，后向散射光信号经过光电转换后得到回波信号。通过碘分子滤波器同时测量大气回波信号中

的气溶胶米氏散射和大气分子瑞利散射信号，以鉴别多普勒频移。针对风廓线、水平风场和扇形风场测量需要，激光雷达采用方位角、俯仰角可连续旋转的高精度扫描转镜，进行全方位体扫。

在距离为 r 的大气中，探测到的参考通道和测量通道的激光回波信号的光子数分别为

$$N_R = k_R \left(\frac{\Delta r}{r^2}\right)(\beta_a + \beta_m)\exp\left\{-2\int dr[a_a(r') + a_m(r')]\right\} \quad (2\text{-}102)$$

$$N_M = k_M \left(\frac{\Delta r}{r^2}\right)(f_a\beta_a + f_m\beta_m)\exp\left\{-2\int dr[a_a(r') + a_m(r')]\right\} \quad (2\text{-}103)$$

式中，Δr 为距离分辨率；β_a、β_m（a_a、a_m）分别为大气气溶胶、分子的体积后向散射（消光）系数；k_R、k_M 分别为依据激光的发射能量、参考通道和测量通道的光学、电子器件的接收效率而确定的参数；f_m、f_a 分别为大气分子、气溶胶的传输因数。

大气分子和气溶胶的运动引起激光脉冲大气后向散射信号频率的改变，这种多普勒频移使测量通道中的激光回波信号通过碘分子滤波器后强度改变，通过计算参考通道和测量通道回波强度比值的变化，可以反演得到多普勒频移，进而反演激光发射方向的径向风速，再通过一组正交方位测量或扫描测量得到水平风场和所需数据产品。车载多普勒测风激光雷达风廓线测量采用五波束方法，东、西、南、北及垂直方向，将激光器频率锁定在碘分子 1109 线高频边的中间位置，在俯仰角为 θ 时对东、南、西、北四个方向进行测量，其风速比为

$$Ri = \frac{N_M}{N_R} = r_0 + \Delta r_v + \Delta r_{h,i} \qquad i = \text{E,S,W,N} \quad (2\text{-}104)$$

式中，N_M、N_R 分别为测量通道、参考通道采集的光子数；r_0 为径向风速为 0 时的风速比；Δr_h、Δr_v 分别为水平风、垂直风在径向的投影引起的风速比。

由此得到水平风在东西方向的分量引起的风速比变化量为

$$\Delta R_{E,W} = \frac{\Delta r_{E,W}}{r_0} = \frac{R_E - R_W}{R_E + R_W} \quad (2\text{-}105)$$

水平风在南北方向的分量引起的风速比变化量为

$$\Delta R_{S,N} = \frac{\Delta r_{S,N}}{r_0} = \frac{R_S - R_N}{R_S + R_N} \quad (2\text{-}106)$$

径向风速可以表示为

$$v_{\text{LOS,EW}} = \Delta r_{E,W}\frac{dv_{\text{LOS}}}{dr} = \Delta R_{E,W}\frac{1}{S_{\text{en}}} \quad (2\text{-}107)$$

式中，S_{en} 为灵敏度，可表示为

$$S_{\text{en}} = \frac{1}{r_0}\frac{dR}{dv_{\text{LOS}}} = k\frac{1}{r_0}\frac{dR}{df} \qquad k = \frac{2}{\lambda} \quad (2\text{-}108)$$

式中，S_{en} 为在视线方向（激光发射方向）的单位风速所引起的激光雷达风速比（大气回

波通过频率检测器件时的透过率）相对于无风时风速比的变化率；v_LOS 为在视线方向上的风速分量；R 为激光雷达风速比；r_0 为视线风速为 0 时激光雷达风速比。当激光波长为 532nm 时，k 为 $3.76\text{MHz}/(\text{m}\cdot\text{s})$。

实测得到灵敏度 S_en 后，水平风速在东西、南北方向的分量分别为

$$v_\text{h,EW} = v_\text{LOS,EW} \frac{1}{\cos\theta} \tag{2-109}$$

$$v_\text{h,SN} = v_\text{LOS,SN} \frac{1}{\cos\theta} \tag{2-110}$$

水平风速 v_h、风向 D_ir 可以通过三角函数的关系求得，分别表示为

$$v_\text{h} = \sqrt{v_\text{h,EW}^2 + v_\text{h,SN}^2} \tag{2-111}$$

$$D_\text{ir} = a\tan(v_\text{h,EW}/v_\text{h,SN}) \tag{2-112}$$

2. 激光雷达反演大气边界层高度

大气边界层（planetary boundary layer，PBL）是存在各种尺度湍流活动，并存在显著变化的低层大气，近地面气溶胶和地表在吸收太阳短波辐射后会影响边界层的演变。边界层的演变过程对污染物的扩散和云凝结核的输送起到了重要作用，同时边界层也是天气预报和模式中需要考虑的重要因素。另外，大气气溶胶多聚集在边界层内，与人类生活息息相关。大气边界层高度（planetary boundary layer height，PBLH）是边界层的重要参数，其范围从数百米到几千米不等，随时间、空间的变化而发生改变。对边界层高度进行连续观测是研究边界层变化的有效途径。因此，获取高时空分辨率的边界层高度观测数据具有重要意义。激光雷达是一种具有时空分辨率高、探测距离远、部署便捷等优势的主动遥感设备，可以对大气进行连续的垂直探测，实时获取大气垂直结构，并能准确反映污染物的分布聚集情况与时空变化。该设备通过望远镜接收大气后向散射信号，以气溶胶作为示踪物间接反映边界层的高度变化，是边界层高度探测的有效手段。利用激光雷达对边界层高度进行反演的方法主要有梯度法、小波协方差变换法、阈值法等，还包括结合气溶胶参数对边界层高度进行反演的方法。

激光雷达具有很高的时间分辨率和空间分辨率，可以 24h 无人值守连续观测，在连续探测边界层高度方面有很大的优势。利用雷达数据进行边界层高度反演前，需要激光雷达回波信号具有较好的信噪比，因此要选择数据质量良好的信号进行边界层高度的反演。同时，云底高度过低也会影响边界层高度的识别。边界层高度通常在 100~3000m 变化，因此对于 3km 以下出现云层回波信号的情况需要考虑云层出现对边界层反演的影响。本书选取的观测时间段内 3km 以下无云层回波信号存在，因此不涉及云层出现对边界层反演影响的讨论。

米氏散射激光雷达方程可以表示为

$$p(z) = C\frac{O(z)}{r^2}\beta(z)\exp\left[-2\int_{z_0}^{z} a(z)\text{d}z'\right] \tag{2-113}$$

式中，$p(z)$为激光雷达接收高度z处的大气后向散射回波信号的功率；C为激光雷达系统常数；$O(z)$为几何因子；$\beta(z)$为高度z处的大气后向散射系数；$a(z)$为高度z处的大气消光系数。通过对$p(z)$去背景和几何因子校正，再通过距离平方校正可以得到激光雷达的距离平方校正回波信号。激光雷达将气溶胶作为示踪物，判断大气回波信号中的信号突变位置，并将其作为边界层高度。小波协方差变换法经过 Haar 函数的处理可以检测出大气回波信号的突变位置。

1）利用小波协方差变换法识别边界层高度

小波协方差变换（wavelet covariance transforms，WCT）法利用 Haar 函数对距离校正信号进行协方差变换，具体可以表示为

$$h\left(\frac{z-b_c}{a}\right) = \begin{cases} +1 & b_c - \frac{a}{2} \leq z \leq b_c \\ -1 & b_c < z \leq b_c + \frac{a}{2} \\ 0 & \text{其他} \end{cases} \quad (2\text{-}114)$$

$$W_f(a, b_c) = \frac{1}{a} \int_{z_b}^{z_t} X_{\text{RCS}}(z) h\left(\frac{z-b_c}{a}\right) dz' \quad (2\text{-}115)$$

式中，h为 Haar 函数；b_c为 Haar 函数的中心位置；a为 Haar 函数的尺度大小；W_f为信号通过协方差变换后得到的新廓线；z_b和z_t分别为处理高度的上限和下限位置。W_f取得最大值的位置为边界层的高度。无散射层时，随着 Haar 函数尺度的不断扩大，边界层高度先降低后升高，最后稳定在正确的位置。有散射层存在时，在 Haar 函数尺度选取较小的情况下，识别到了错误的边界层高度，而后随着 Haar 函数尺度的不断扩大，边界层高度重新回到了正确的位置，但与此同时，过大的尺度会损失掉近地面的信号，造成有效搜索范围减小。因此，小波协方差变换法在应对边界层以上出现气溶胶层且大气气溶胶分布复杂情况下的边界层高度识别时需要考虑增加 Haar 函数尺度大小，最后确定的 Haar 函数尺度大小与边界层以上出现气溶胶层造成的后向散射回波信号的强弱有关。

2）利用二维矩阵方法识别边界层高度

使用小波协方差变换法识别边界层高度时，边界层高度的反演结果易受到多层气溶胶的影响。为了在多层气溶胶出现复杂大气垂直分布的情况下仍能够识别到可靠的边界层高度，本节使用基于二维矩阵的方法来提升边界层高度的识别准确性。该方法的具体计算过程可表示为

$$A_n(m,n) = \begin{bmatrix} -m^{-2n} & \cdots & -m^{-(n+1)} & m^{-n} & m^{-(n+1)} & \cdots & m^{-2n} \\ \vdots & & \vdots & \vdots & \vdots & & \vdots \\ -m^{-(n+1)} & \cdots & -m^{-2} & m^{-1} & m^{-2} & \cdots & m^{-(n+1)} \\ -m^{-n} & \cdots & -m^{-1} & m^{0} & m^{-1} & \cdots & m^{-n} \\ -m^{-(n+1)} & \cdots & -m^{-2} & -m^{-1} & -m^{-2} & \cdots & -m^{-(n+1)} \\ \vdots & & \vdots & \vdots & \vdots & & \vdots \\ -m^{-2n} & \cdots & -m^{-(n+1)} & -m^{-n} & m^{-(n+1)} & \cdots & -m^{-2n} \end{bmatrix}_{(2n+1)\times(2n+1)} \quad n \geq 1$$

$$Q_n(t,z,n) =$$

$$\begin{bmatrix} G_{t-n\Delta t}(z+n\Delta z) & \cdots & G_{t-\Delta t}(z+n\Delta z) & G_t(z+n\Delta z) & G_{t+\Delta t}(z+n\Delta z) & \cdots & G_{t+n\Delta t}(z+n\Delta z) \\ \vdots & & \vdots & \vdots & \vdots & & \vdots \\ G_{t-n\Delta t}(z+\Delta z) & \cdots & G_{t-\Delta t}(z+\Delta z) & G_t(z+\Delta z) & G_{t+\Delta t}(z+\Delta z) & \cdots & G_{t+n\Delta t}(z+\Delta z) \\ G_{t-n\Delta t}(z) & \cdots & G_{t-\Delta t}(z) & G_t(z) & G_{t+\Delta t}(z) & \cdots & G_{t+n\Delta t}(z) \\ G_{t-n\Delta t}(z-\Delta z) & \cdots & G_{t-\Delta t}(z-\Delta z) & G_t(z-\Delta z) & G_{t+\Delta t}(z-\Delta z) & \cdots & G_{t+n\Delta t}(z-\Delta z) \\ \vdots & & \vdots & \vdots & \vdots & & \vdots \\ G_{t-n\Delta t}(z-n\Delta z) & \cdots & G_{t-\Delta t}(z-n\Delta z) & G_t(z-n\Delta z) & G_{t+\Delta t}(z-n\Delta z) & \cdots & G_{t+n\Delta t}(z-n\Delta z) \end{bmatrix}_{(2n+1)\times(2n+1)}$$

$n \geqslant 1$

$$M(z) = \sum [Q_n(t,z) \times A_n] \quad (2\text{-}116)$$

式中，$(2n+1)$ 为二维矩阵的尺度大小；m 为权重大小（$m>1$）；$G_t(z)$ 为距离校正信号在时间为 t、距离为 z 处的梯度大小；Δt 和 Δz 分别为数据采集的时间分辨率和距离分辨率。

确定矩阵的维度大小和矩阵中元素权重后，可以得到二维矩阵 A_n。以 $G_t(z)$ 为中心，向四周扩展，选取 $(2n+1)\times(2n+1)$ 大小的矩阵组成 Q_n。通过式（2-116）计算得到新的廓线 $M(z)$，当 $M(z)$ 达到最小值时的高度位置定义为边界层高度。这种矩阵结合梯度对边界层高度进行反演的方法，称为矩阵优化法（2-D matrix method）。矩阵优化法不仅考虑了垂直方向的距离优化，还考虑了水平尺度的时间优化，通过二维尺度搜索距离校正信号的突变位置，获取边界层高度的识别结果。

3. 气溶胶散射系数反演

气溶胶对地球辐射收支、云的形成、全球气候甚至人类健康均有着深远的影响。气溶胶散射系数，尤其是后向散射系数和消光系数是理解和评估气溶胶的重要参考标准。拉曼和米激光雷达作为一种有效的气溶胶遥感探测手段，通过结合弹性散射与全转动拉曼散射信号，可实现在不需要任何常数假设的前提下反演出气溶胶后向散射系数。

弹性散射和转动拉曼散射对应激光雷达方程分别为

$$P_e(r) = C_e \frac{O(r)}{r^2} [\beta_m(r) + \beta_a(r)] \tau^2(r, \lambda_0) \quad (2\text{-}117)$$

$$P_R(r) = C_R \frac{O(r)}{r^2} \beta_R(r) \tau_1(r, \lambda_0) \tau_2(r, \lambda_b) \quad (2\text{-}118)$$

式中，P 为距离 r 处的回波光功率；C 为激光雷达系统常数；$O(r)$ 为几何因子；β 为后向散射系数；角标 e、R、m 和 a 分别为米氏散射、转动拉曼散射、分子和气溶胶；τ 为大气透过率，由于转动拉曼光波长 λ_b 与激光出射波长 λ_0 非常接近，可近似认为二者透过率相等。此外，由于分子后向散射系数可表示为一个常数与分子数密度的乘积，与之类似，分子转动拉曼后向散射系数也可表示为分子数密度与散射截面的乘积，且散射截面为不受温度影响的常数。因此将以上两式相除，并提出全部常数，化简后得到气溶胶后向散射系数表达式为

$$\beta_a(r) = \left[\frac{1}{C} \frac{P_e(r)}{P_R(r)} - 1 \right] \beta_m(r) \quad (2\text{-}119)$$

式中，常数可选择高空位置气溶胶含量近似为 0 的点来进行标定。

通过高低阶量子数通道的拉曼回波信号线性组合的方式构造伪拉曼信号。

$$P_{\text{pseudo}} = P_{\text{hi}} + \eta P_{\text{lo}} \tag{2-120}$$

式中，η 为与温度无关的常数；P_{hi} 和 P_{lo} 为两条旋转拉曼谱线。当激光雷达工作于雾霾等污染大气环境中时，由于近地面区域聚集大量气溶胶粒子，激光雷达系统固有抑制比难以满足对弹性回波光的滤波需求，过强的弹性光将泄漏进入拉曼通道，导致近地面附近的拉曼信号发生畸变。假设进入两个拉曼通道的米信号强度分别为对应通道拉曼信号强度的 k_1 和 k_2 倍，则实际的伪拉曼信号变为

$$P' = (1+k_1)P_{\text{hi}} + \eta(1+k_2)P_{\text{lo}} \tag{2-121}$$

二者之间相差：

$$P' - P_{\text{pseudo}} = k_1 P_{\text{hi}} + \eta k_2 P_{\text{lo}} \tag{2-122}$$

为了对畸变信号进行修正，定义 $(1+k_1)/(1+k_2) = K$，并构造修正信号：

$$P_{\text{mo}} = KP' = K(1+k_1)P_{\text{hi}} + \eta(1+k_1)P_{\text{lo}} \tag{2-123}$$

修正系数 K 的求解，可通过系统采集拉曼数据与大气温度探空数据得到。考虑弹性信号泄漏的影响，转动拉曼高低阶信号比值可表示为

$$R(T,r) = K \frac{P_{\text{RR}}^{\text{hi}}(T,r)}{P_{\text{RR}}^{\text{lo}}(T,r)} = K X_{N_2}^{H/L}(T) L \tag{2-124}$$

式中，X 为转动拉曼散射强度表达式中所有温度相关项的乘积，可根据物理常数与大气温度探空数据求解；L 为表达式中所有温度无关项的乘积，可根据不受畸变影响的中远端拉曼信号与已求解的 X 值求解。确定这两个参数的值后，即可反解出修正系数 K 的值。根据计算结果，0.5~3.0km 高度区间内，K 值小于 1，即 $k_1 < k_2$，因此有

$$P_{\text{mo}} - P_{\text{pseudo}} = \left[K(1+k_1)-1\right]P_{\text{hi}} + \eta k_1 P_{\text{lo}} < P' - P_{\text{pseudo}} \tag{2-125}$$

构造信号相比实测信号，在数值上更接近于真实信号。因此，将构造信号作为实测信号的修正值理论上能够减小由弹性信号泄漏所造成的误差。

此外，空气污染条件下对流层底部的大气温度往往不同于标准大气模型中随高度线性递减的情况，而是在一定高度范围内保持相对稳定。此时大气温度随高度增大缓慢降低，甚至可能出现逆温层。所以在计算大气分子后向散射系数时，应综合考虑温度因素的影响。结合理想气体状态方程，大气分子数密度可表示为

$$N_{\text{m}}(r) = \frac{N_0 T_0}{T(r)} \exp\left[-\int_0^r \frac{Mg}{RT(r')} dr'\right] \tag{2-126}$$

式中，$N_0 = 2.55 \times 10^{19}\,\text{molecules/cm}^3$，为海平面处大气分子数密度；$T_0$ 为地面温度；T 为大气温度垂直廓线；M 为大气分子量；R 为理想气体常数；g 为重力加速度。大气分子散射满足独立散射条件，可以表示为

$$\beta_{\text{m}}(r) = 3.439 \times 10^{-7} \frac{\pi^2 N_{\text{m}}(r)}{\lambda 4 N_0^2} \tag{2-127}$$

将式（2-126）代入式（2-127），即可求解出气溶胶后向散射系数。

根据经典误差传递理论，误差可表示为

$$\begin{cases} \delta\beta_a(r) = \sqrt{\left(\dfrac{\partial\beta_a(r)}{\partial P_R(r)}\delta P_R(r)\right)^2 + \left(\dfrac{\partial\beta_a(r)}{\partial\beta_m(r)}\delta\beta_m(r)\right)^2} \\ \dfrac{\partial\beta_a(r)}{\partial P_R(r)} = \dfrac{\beta_m(r)P_e(r)}{C}\dfrac{-1}{P_R^2(r)} \\ \dfrac{\partial\beta_a(r)}{\partial\beta_m(r)} = \dfrac{1}{C}\dfrac{P_e(r)}{P_R(r)} - 1 \end{cases} \quad (2\text{-}128)$$

本章参考文献

[1] 郁岚. 热工基础及流体力学[M]. 2 版. 北京：中国电力出版社，2014.

[2] 周西华，梁茵，王小毛，等. 饱和水蒸汽分压力经验公式的比较[J]. 辽宁工程技术大学学报，2007（3）：331-333.

[3] 苏明旭，薛明华，蔡小舒. 锰矿矿浆颗粒粒度的超声测量方法研究[J]. 中国粉体技术，2010，16（4）：1-4.

[4] 时文龙，苏明旭，周健明，等. 基于 DDS 叠加波的双频超声法测量管内煤粉参数[J]. 中国粉体技术，2017，23（2）：24-29，34.

[5] 苏明旭，周健明，汪雪，等. 超声谱法在颗粒两相流测量中的应用进展[J]. 中国粉体技术，2016，22（5）：22-27.

[6] 呼剑. 基于超声衰减谱法的纳米颗粒和水煤浆的粒度表征研究[D]. 上海：上海理工大学，2011.

[7] 姚文学. 超声波衰减谱法在线测量微纳米颗粒粒度分布的研究[D]. 广州：华南理工大学，2016.

[8] Kuban P，Berg J M，Dasgupta P K. Durable microfabricated high-speed humidity sensors[J]. Analytical Chemistry，2004，76（9）：2561-2567.

[9] Tételin A，Pellet C，Laville C，et al. Fast response humidity sensors for a medical microsystem[J]. Sensors & Actuators B Chemical，2003，91（1/3）：211-218.

[10] Kang U，Wise K D. A high-speed capacitive humidity sensor with on-chip thermal reset[J]. IEEE Transactions on Electron Devices，2000，47（4）：702-710.

[11] 周文和. 快速响应湿敏元件特性及其测试方法的研究[D]. 兰州：兰州交通大学，2014.

[12] 卢崇考，周明军. 高分子湿敏材料功能设计[J]. 传感器世界，2001（3）：21-25，29.

[13] 陈翠萍，蒋波，谢光忠，等. 高分子湿度传感器的研制[J]. 仪表技术与传感器，2005（10）：7-8，11.

[14] 刘崇进，沈家瑞，朱荫兰. 高分子湿度传感器的发展概况和发展方向[J]. 仪表技术与传感器，1997（12）：3-6.

[15] 钟维烈. 铁电体物理学[M]. 北京：科学出版社，2001.

[16] Whatmore R W. Pyroelectric device and materials[J]. Reports on Progress in Physics，1986，49（12）：1335-1386.

[17] Byer R L，Roundy C B. Pyroelectric coefficient direct measurement technique and application to a nsec response time detector[C]. Sonics and Ultrasonics，IEEE Transactions on，1972.

[18] 李海. 基于光离子化技术的 VOCs 检测研究[D]. 重庆：重庆邮电大学，2019.

[19] 菅傲群. 光离子化气体传感器的基础研究[D]. 太原：中北大学，2008.

[20] 周琪，张旭，李思鸣，等. 氧化石墨烯覆盖电极的双紫外光离子化传感器[J]. 微纳电子技术，2019，56（6）：461-465，472.

[21] 刘若愚. 一种 VOC 气体检测的光离子化传感器研制[D]. 哈尔滨：哈尔滨工业大学，2020.

[22] 李爽. 基于改进模糊 PID 气体流量控制的传感器动态测试系统研究[D]. 长春：吉林大学，2019.

[23] 杨立. 红外热像仪测温计算与误差分析[J]. 红外技术，1999（4）：20-24.

[24] 石学伟. 热电偶测温原理及线性化处理[J]. 电子世界，2013（12）：87-88.

[25] 李锦文. 风杯风速仪的设计[C]. 全国测风仪器专题讨论会文稿，1986.

[26] 张蔼琛. 现代气象观测[M]. 北京：北京大学出版社，2000.

[27] 李家瑞. 气象传感器教程[M]. 北京：北京气象出版社，1994.
[28] Izumi Y，Barad M L. Wind speeds as measured by cup and sonic anemometers and influenced by tower structure[J]. American Meteorological Society，1970，9（6）：851-856.
[29] Kristensen L，Hansen O F. Distance constant of the Risϕ cup anemometer[J]. Pitney Bowes Management Services Denmark，2003（4）：6-8.
[30] 王金钊. 旋转式风敏元件的动特性[J]. 气象，1984（12）：36-40.
[31] Holley W E，Thresher R W，Lin S R. Wind turbulence inputs for horizontal axis wind turbine[J]. Wind Turbine Dynamics，1974：101-111.
[32] Hyson P. Cup anemometer response to fluctuating wind speeds[J]. Journal of Applied Meteorology，1972，11（5）：843-848.
[33] 谢芳，李长青，张建彬. 超声波旋涡式风速传感器的研究[J]. 煤矿机械，2006（5）：771-773.
[34] Gulyás A，Szedenik N. 3D simulation of the lightning path using a mixed physical-probabilistic model—The open source lightning model[J]. Journal of Electrostatics，2009，67（2-3）：518-523.
[35] Herschel J. On the lightning spectrum[J]. Journal of the Franklin Institute，2015，17（1）：61-62.
[36] Schuster A. On spectra of lightning[J]. Proceedings of the Physical Society，1880，3：46-52.
[37] Slipher V M. The spectrum of lightning[J]. Bull. Lowell obs.，1917，3（79）：4.

第 3 章　气象信息编码与译码

编码与译码最早由英国文化研究之父斯图亚特·霍尔于 1973 年在"电视话语的编码和解码"一文中提出。任何信息在进入大众传播领域之前都需要进行"编码",气象信息也不例外。将气象终端设备采集到的气象信息发送给用户,并被用户理解,离不开气象信息的编码与译码工作。本章对气象信息的编码与译码方法进行了介绍,并给出了气象信息译码的 C 语言编程实现。

3.1　气象信息编码技术

随着时代发展与科技进步,地面气象观测自动化进程不断加快,观测方式不断优化。2013 年 6 月 14 日,《中国气象局关于县级综合气象业务改革发展的意见》(气发〔2013〕54 号),对各类气象站观测项目做出大幅调整,取消云状的观测,天气现象由原 34 种调减为 23 种,数据传送方式由陆地测站地面天气报告电码(GD01Ⅲ)格式变更为数据文件(长 Z)格式,但在 GD01Ⅲ中对天气现象进行编码作为一项气象资料国际交换标准,仍然在长 Z 文件中保留。

因 GD01Ⅲ所对应观测项目已发生重大变化,且自动观测天气现象技术发展迅速,下面对天气现象(ww 和 W_1、W_2)编码规则进行梳理、归纳和总结,并提出熟练编码的要领与建议。

3.1.1　气象电码的编码规则

天气现象编码分为"现在天气现象编码"(简称"ww")和"过去天气现象编码"(简称"W_1、W_2")两类,两类编码所涉及的时间段中有观测时或当前、观测前 1h、过去 1h,W_1 和 W_2 时间段另有过去 3h、过去 6h、过去 12h。

观测时或当前是指本次定时观测前 15min。以 14:00 为例(下同),即 13:46～14:00(前后均含),观测前 1h 是指前 45min,即 13:01～13:45,过去 1h 是"观测时"与"观测前 1h"之和,即 13:01～14:00。

过去 3h 是指 11:01～14:00,过去 6h 是指 08:01～14:00,其中过去 3h 仅适用于基准气候站和基本气象站在 11:00 和 17:00 使用,过去 12h 仅适用于 08:00,指前一天 20:01 至今日 08:00。为尽可能完整反映出整个过去天气时段内出现的各种天气现象,编码中规定了 W_1 和 W_2 编码必须与 ww 相互配合的原则。

同时,为突出反映本次定时观测时限内最重要的天气现象,编码还规定了正常观测后、正点前出现的新的天气现象,当新现象 ww 电码大时,则相关要素均遵循补测改报的原则。

现在天气现象(ww)是指观测时或观测前 1h 内出现的天气现象,应根据其性质、强度、变化、出现时间、地点，选用最合适电码。

现在天气现象（ww）使用 00~99 中的 69 个电码，不用 01~04、08、11~13、17~19、29、36~39、76~79、87~88、91~99 等 31 个电码。其中，00~49 表示观测时测站上无降水，50~90 表示有降水，简要分类如下。

00：表示观测时和观测前 1h 未出现需要编发的各类天气现象。

05~10：表示观测时测站有霾（05，表示电码，下同）、浮尘（06）、扬沙（07）、沙尘暴（09）、轻雾（10），如观测前 1h 有沙尘暴也用 09。

14~16：表示观测时视区有降水，但测站无降水，未到地面（14）、已到地面但距离＞5km（15）、≤5km（16）。

20~28：表示观测时无但观测前 1h 有部分天气现象，毛毛雨（20）、雨（21）、雨夹雪（22）、毛毛雨或雨且观测时有雨凇（24）、阵雨（25）、阵雪或阵雨夹雪（26）、冰雹或霰（27）、雾（28）。

30~35：表示观测时有沙尘暴，其中轻的或中度的用 30~32，过去 1h 减弱（30）、不变（31）、增强（32）；强的用 33~35，过去 1h 减弱（33）、不变（34）、增强（35）。

40~49：表示观测时有雾，近处有雾观测站无雾（40）、散片雾（41），42~49 中，过去 1h 变薄（42、43）、不变（44、45）、增强或开始（46、47）、伴有雾凇（48、49），天空可辨用双数，不可辨用单数。

50~59：表示观测时有毛毛雨，轻（50、51）、中（52、53）、浓（54、55），以上六个电码间歇性用双数，连续性用单数。毛毛雨且伴有雨凇，轻（56），中或浓（57）。毛毛雨伴有雨，轻（58），中或浓（59）。

60~69：表示观测时有雨，轻（60、61）、中（62、63）、浓（64、65），以上六个电码间歇性用双数，连续性用单数。雨且伴有雨凇，轻（66），中或浓（67）。雨夹雪，轻（68），中或浓（69）。

70~75：表示观测时有雪，小雪（70、71）、中雪（72、73）、大雪（74、75），间歇性用双数，连续性用单数。

80~90：表示观测时有阵性降水，阵雨（小 80、中 81、大 82）、阵雨加雪（小 83、中或大 84）、阵雪（小 85、中或大 86）、冰雹（小 89、中或大 90）。

沙尘暴和全部降水类天气现象需根据强度来选择编码，其中沙尘暴、毛毛雨、雪、阵雪以有效能见度区分，沙尘暴分为轻或中（vv：500~999）、强（vv＜500）两档，毛毛雨、雪、阵雪分为轻（vv＞1000）、中（vv：500~999）、强（vv＜500）三档。冰雹以降速区分，分为轻（降速慢、地面几乎无积累）、中（降速中、地面稍见积累）、强（降速快、地面迅速积累）三档。雨、阵雨以降落时现象区分，分为轻（雨点清晰可辨，没有飘浮现象；下到地面石板或屋瓦不四溅，地面泥水浅洼形成很慢，降后至少 2min 始能完全滴湿石板或屋瓦，屋上雨声缓和，屋檐只有滴水）、中（雨落如线，雨滴不易分辨；落硬地或屋瓦上即四溅；水洼泥潭形成很快，屋上有淅淅沙沙的雨声）、大（雨降如倾盆，模糊成片，落到屋瓦和硬地上四溅高达数寸，水潭形成极快，能见度大减，屋上雨声如擂鼓，作哗哗的喧闹声）三档。注意：中等强度的沙尘暴或与轻沙尘暴共用一码，中等强度的降水或与强的共用一码。

如有多种现象同时存在,则以下列原则判断编码:毛毛雨或雨伴有雨凇,以宿主现象即毛毛雨或雨的强度判定;毛毛雨、雨、雪有两种同时存在时,以主要现象的强度判定;毛毛雨、雪与雾同时存在时,一般以实际有效能见度判定毛毛雨、雪的强度,观测员确认明显为雾中零星小雪或轻毛毛雨时,也可以小雪或轻毛毛雨编码。

人工观测方式中,如有效能见度≥1000m,仅个别方向的能见度<1000m时出现的雾才能选用电码40、41。如雾与霾等现象同时存在时,直接以雾的强度选择42~49中的适当电码。自动观测方式中,沙尘暴、毛毛雨、雪、阵雪的强度以自动观测能见度判断,雨和阵雨的强度以观测时段的降水量判断,参考仪器和观测方法委员会标准(小雨≤0.5mm;中雨0.6~2.0mm;大雨>2.0mm)。对于无法自动判断强度的现象,如冰雹、阵性雨夹雪、雨夹雪等均默认为小强度。对于无法自动判别的涉及"天空可辨别"和"天空不可辨"的代码,均默认为天空可辨别。

降水类天气现象以其降落性质分为连续性、间歇性和阵性。

连续性降水一般降水持续时间较长,强度变化较小;间歇性降水一般时降时止或强度时大时小,但变化缓慢,在降水停止或强度变小时,天空和其他要素无显著变化;阵性降水一般降水强度变化很快,骤降骤止,天空时而昏黑时而部分明亮开朗(但也不是每次天空都开朗),气压、气温和风等要素有时也发生显著变化。

人工观测方式中,原来主要依据云状区分,业务改革后取消了云状观测,可由观测员根据降水性质和特点进行判断。自动观测方式中,间歇性现象比连续性现象更常见,故均选择输出间歇性现象代码。

ww编码的优先原则:如果ww可同时选用两个或多个码时,一般选用大码,但电码28优先于40。例如,观测前1h内有雾(28),观测时测站近处有雾(40),此时优先选择28而不选40。

ww编码的合并原则:因某些伴见天气现象常间断出现,故观测时15min内(如13:46~14:00)出现的现象均视作"观测时"。如同时或先后出现两种或多种现象时,能够合并选码的应尽量合并选码,不能合并的按优先原则选码。但毛毛雨夹雨(雪)、雨夹雪(包括阵性)、雨(毛毛雨、雾)并有雨(雾)凇结成等,必须两种现象同时出现,才能合并选码。

W_1和W_2是指过去时段内的天气现象编码,其中过去时段08:00指过去12h,11:00、17:00指过去3h,14:00、20:00指过去6h。

W_1和W_2应与ww编码相互对应,即出现了需要编码ww的天气现象,则相对应的有1~2个过去码,共有0和3~8七个过去码供使用。其中,0表示整个过去时段内无需要编发的天气现象,3表示过去时段有沙尘暴(对应ww:09,30~35),4表示过去时段有雾(对应ww:28,42~49),5表示过去时段有毛毛雨(对应ww:20,24,50~57,58,59),6表示过去时段有雨(对应ww:21,24,58,59,60~67),7表示过去时段有雨夹雪或雪(对应ww:22,23,68,69,70~75),8表示过去时段有阵性降水(对应ww:25~27,80~90)。

需要注意的是:ww电码24、58、59对应两个过去码,即5和6,ww电码中05~08、10、14~16、40、41 10个码不对应过去码。

W_1和W_2与ww的配合原则:W_1和W_2应与ww相互配合,尽可能完整地反映出整个过去时段内出现的主要天气现象，一般应首先剔除 ww 码所对应的过去码，从其他码（除 0 外）中选报，分述如下。

剔除 ww 对应过去码后有两个或以上的过去码可供选择：选择其中最大码编报 W_1，次大码编报 W_2。

剔除 ww 对应过去码后只有 1 个过去码可供选择：需查看 ww 现象是否开始出现在过去 1h 之前，如出现在过去 1h 之前，则重复编报 ww 剔除码，从 ww 剔除码和另外的过去码中选择大码编报 W_1，小码编报 W_2。如果 ww 现象只出现在过去 1h 内，则不再重复编报，以另外的过去码编报为 W_1，并视 W_1 现象的持续时段来编报 W_2，若 W_1 现象持续占满过去 1h 之前的整个时段，则 W_2 重复编 W_1 码，即 $W_1 = W_2$，若 W_1 现象未持续占满，则 W_2 编码 0，即 $W_2 = 0$。需注意 15min 之内的间歇性或阵性降水等现象的固有间断应视作持续存在。

剔除 ww 对应过去码后无任何过去码可供选择：如整个过去时段只有 ww 所编报的一类天气现象时，则会出现这种情况，剔除 ww 对应过去码后无天气现象可编报 W_1、W_2 码，则需查看 ww 现象是否出现在过去 1h 之前和是否持续占满过去 1h 之前的整个过去时段。如 ww 现象出现在过去 1h 之前且持续占满整个过去时段，则 W_1、W_2 均选用 ww 对应过去码，$W_1 = W_2$；如 ww 现象出现在过去 1h 之前但持续占满，则 W_1 选用 ww 所对应过去码，$W_2 = 0$；如 ww 现象仅出现在过去 1h 之内，则 W_1、W_2 编码 0、0。

W_1、W_2 与 ww 的配合、判断流程图如图 3-1 所示。

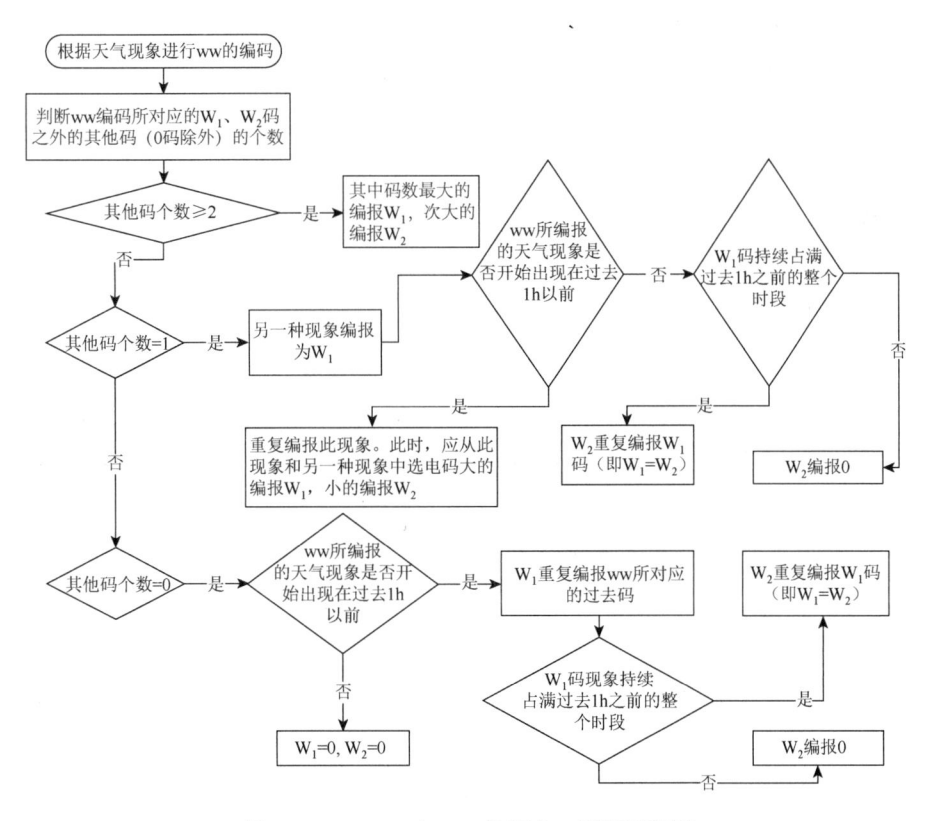

图 3-1　W_1、W_2 与 ww 的配合、判断流程图

3.1.2 地面气象信息编码

1. 地面气象观测要素变量编码

地面气象观测要素[1]变量编码包括编码规则和编码表，编码规则包括地面气象观测要素变量命名规则、观测要素变量值的表述规则和观测要素变量单位；观测要素变量分类编码表以表格形式表述。

1）编码规则

地面气象观测要素变量编码遵守以下规则：

（1）名称定义准确、唯一、明确，并且编码结构层次清楚，可扩展性强。

（2）观测要素名称对应的变量值是将原值乘以 10 的 n 次幂（n 为比例因子，取值大于或等于 0），变为整数，并以 ASCII 字符显示的数字字符串。每个观测要素值单独固定字节长度，高位不足补 "0"。

（3）观测要素变量编码表中明确各观测要素的单位、乘数因子、输出字节长度，个别观测要素给以备注，以便数据使用方能够更好地理解观测数据含义。

2）命名规则

（1）变量名称编码组成。

地面气象观测要素变量名称编码由观测要素、观测码和后缀三部分组成。采用 ASCII 字符中的英文大小写字母、数字和下划线组合表示，区分大小写字母。小写字母表示观测要素变量的特定含义数据。

（2）观测要素编码。

观测要素编码用两个大写字母表示，第一个大写字母表示观测大类，第二个大写字母表示观测子类。本书定义的地面气象观测大类用大写字母 "A" 表示。观测子类按观测大类下的各气象要素进行分类[2]，如地面观测中的气温、地温、液温、湿度等，从大写字母 A 开始依次编码。地面气象观测要素编码见表 3-1。

表 3-1 地面气象观测要素编码

编码	观测要素名称	编码	观测要素名称
AA	气温	AJ	辐射
AB	地温	AK	日照
AC	液温	AL	云
AD	湿度	AM	能见度
AE	风向	AN	天气现象
AF	风速	AP	电线积冰
AG	气压	AQ	路面状况
AH	降水	AR	土壤水分
AI	蒸发	AS	负氧离子

注：变量名开头使用大写字母，不能出现数字，以明显区分变量名与变量值；所有变量名中不出现大小写字母 "O"，避免与数字 "0" 混淆。

(3) 观测码编码。

观测码编码用大写字母和数字表示,用于表示观测要素变量类下相关气象要素名称。观测码大写字母从 A 到 Z 顺序依次编码,在观测要素变量名称较多时,可采用两个大写字母组合。观测码中的整数数字（≥0）代表高度、深度、时间累计、现象编码序号等信息,在表示高度和深度时,单位为 cm;表示时间累计时,单位为 min。现有气象业务中用到的 1.5m 高气温湿度、10m 高的风速风向和地表温度的高度或深度信息以及降水小时累积量的时间间隔,采用固定大写字母表示;其他高度、深度、时间累计等观测码用业务规范规定的数值数字表示。

(4) 后缀编码。

后缀编码用小写字母或"下划线+数字"表示。小写字母用于表示特定含义的观测要素名称,"下划线+数字"用于表示多传感器输出的要素名称。观测变量名中出现小写字母分别代表以下含义:a 代表最大值,b 代表最大值出现时间;c 代表最小值,d 代表最小值出现时间;e 代表极大值,f 代表极大值出现时间;g 代表极小值,h 代表极小值出现时间;i 代表平均值;j 代表人工观测项目（自动观测设备不出现 j 后缀变量）;k 代表变化值。小写字母后缀后可加数字,代表某小时内的统计值（1h 统计时则数字缺省）,其中小写字母后缀跟固定的 70 代表日统计值,80 代表月统计值,90 代表年统计值。

只有一个传感器或是多个传感器融合输出的结果,后缀中不带"下划线+数字"。当存在多个传感器时,须输出多个传感器数据融合处理后的数据（即输出一组同类要素不带"下划线+数字"的要素变量）。如有三支气温传感器,第一支传感器的气温值用 AAA_1 表示,第二支传感器的气温值用 AAA_2 表示,第三支传感器的气温值用 AAA_3 表示,采集器对三支传感器进行数据处理,给出最终的气温结果,该值用 AAA 表示。

2. 地面气象状态要素变量编码

设备状态要素变量编码包括编码规则和编码表,编码规则包括设备状态要素变量名称命名规则、设备状态要素变量值的表述规则和设备状态要素变量值含义等,设备状态要素变量分类编码表以表格形式表述。

1) 编码规则

设备状态要素变量编码遵守以下规则:

(1) 名称定义准确、唯一、明确,并且编码结构层次清楚,可扩展性强。

(2) 设备状态要素名称对应的变量值以状态码表示,1 个字节,可以直观指示设备工作状况。

2) 命名规则

(1) 变量名称编码组成。

设备状态要素变量名称由属性类、属性码和后缀三部分组成。采用 ASCII 字符中的英文大小写字母、数字和下划线组合表示,区分大小写字母。

(2) 属性类编码。

用小写字母按 z~a 倒序表示,以与观测要素变量名名称明显区分。人工观测仪器的状态用 m 表示。避免状态属性类小写字母与观测要素特定义小写字母重叠使用，状态属性类编码见表 3-2。

表 3-2 状态属性类编码

属性类名称	编码
设备自检	z
传感器状态	y
电源状态	x
工作温度状态	w
加热部件状态	v
通风部件状态	u
通信状态	t
窗口污染状态	s
设备工作状态	r

（3）属性码编码。

属性码采用大写字母表示，按照 A～Z 顺序对状态属性类下的各状态名称依次编码。

（4）后缀编码。

后缀用下划线加大写字母的观测要素类或观测要素名表示，对应采集器或传感器的状态；用下划线加大写字母的设备标识符表示多个设备状态。自动观测设备端不使用设备标识符后缀，当终端软件需要将多个设备的数据包融合为一个大数据包时，则使用设备标识符以区分不同设备。

3. 数据帧格式

1）概述

一个完整数据帧包括五部分信息，分别为起始标识、数据包头、数据主体、校验码和结束标识。其中起始标识、数据包头、校验码、结束标识部分数据定长；数据主体部分数据不定长，包含观测要素信息、观测数据质量控制信息和状态要素信息三部分。数据帧传输采用 ASCII 字符（8 bit）；数据帧各信息段由一个或多个字段表示，字段间以英文半角字符","分割。完整数据帧示意图如图 3-2 所示，完整数据帧格式见表 3-3。

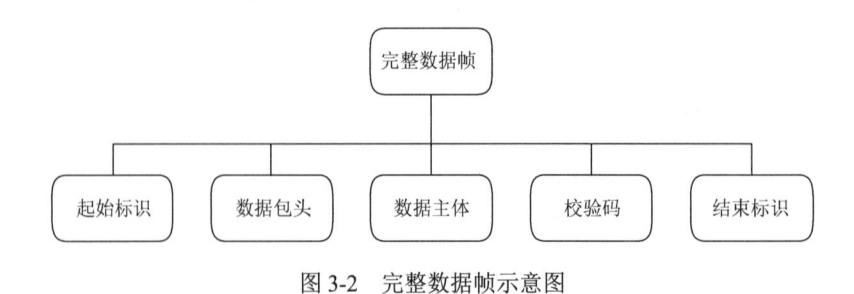

图 3-2 完整数据帧示意图

表 3-3 完整数据帧格式

起始标识（BG）												
数据包头												
版本号	区站号	纬度	经度	观测场海拔	服务类型	设备标识位	设备 ID	观测时间	帧标识	观测要素变量数	设备状态变量数
3 位字符	5 位字符	6 位字符	7 位字符	5 位字符	2 位字符	4 位字符	3 位字符	14 位字符	3 位字符	3 位字符	2 位字符
数据主体												
观测数据和质量控制						状态信息					
观测要素变量名 1	观测要素变量值 1	…	观测要素变量名 m	观测要素变量值 m	质量控制位	状态变量名 1	状态变量值 1	…	状态变量名 m	状态变量值 m
校验码（4 位数字）												
结束标识（ED）												

2）格式说明

（1）起始标识：两个字母，以"BG"表示。

（2）数据包头。

a. 数据长度：包含 12 个字段，每个字段定长。

b. 版本号：3 位字符，表示传输的数据参照的版本号。

c. 区站号：5 位字符，采用现有气象台站区站号不变，有新的气象台站号发布时不断更新。

d. 纬度：6 位字符，按度分秒记录，均为两位，高位不足补"0"，台站纬度未精确到秒时，秒固定记录"00"。

e. 经度：7 位字符，按度分秒记录，均为三位，分秒为两位，高位不足补"0"，台站经度未精确到秒时，秒固定记录"00"。

f. 观测场海拔：5 位字符，保留一位小数，原值扩大 10 倍记录，高位不足补"0"。

g. 服务类型：2 位字符，有新服务类型站时按顺序编排。

h. 设备标识位：4 位字符，传感器或设备类型。以大写字母 Y 开头，表示设备标识，后三位字母为对应传感器或设备英文名称的缩写。

i. 设备 ID：3 位字符，用于区分同一个区站号台站中的同类设备。

j. 观测时间：14 位字符，采用北京时间，年月日时分秒。

k. 帧标识：3 位字符，用于区分数据类型和观测时间间隔，由两部分组成：D, T。D 为一位数字，用于区分数据类型：0 代表实时数据，1 代表定时数据，2~9 预留。T 表示一个两位十进制数值，代表观测时间间隔：00 代表秒，01~59 依次代表 1~59min 间隔，60~83 依次代表 1~24h 间隔，84~99 预留。

实时数据是指设备输出的以瞬时气象值为主的观测数据，瞬时气象值由规定的观测时间间隔内的采样值计算得到。部分设备输出的实时数据也可能包含统计量数据，只有在观测时间与统计时段一致时统计量数据才有意义。通常，实时数据时间间隔为秒或分钟级，一般不会为小时级间隔。定时数据是指设备输出的以统计气象值为主的观测数据，统计气象值是从规定的时间间隔内观测到的瞬时气象值中挑选出的最大、最小、极大、极小值，或累计值。定时数据时间间隔为分钟或小时级，一般不会为秒级。

i. 观测要素变量数：3 位字符，取值 000~999，表示观测要素数量。若设备未探测到观测要素，则不输出。观测要素变量数为实际探测到的要素数。当出现故障未探测到任何观测要素时，该类设备输出观测要素变量数为 0，并在状态信息中输出故障的信息。设备或传感器故障时，对应传感器或设备的全部观测要素缺测，对应变量数值处用"/"字符填充。

j. 设备状态变量数：2 位字符，取值 01~99，表示状态变量数量。设备自检状态变量为必输出项，当设备自检通过时只输出自检状态变量，即状态变量数为 1。当设备某些属性状态不正常时，除输出自检状态变量外，还需输出所有状态不正常的状态变量名。

（3）数据主体。

a. 主体内容。

不定长，包含观测数据、观测数据质量控制和状态信息三部分。

b. 观测数据。

由一系列观测要素数据对组成，数据对中观测要素变量名与变量值一一对应。数据对的个数与观测要素变量数一致。观测要素名按字母先后顺序输出。

c. 观测数据质量控制。

由一系列质量控制码组成，字符数量与观测要素变量数一致，一个字符代表一个数据的质量控制码，与观测数据中的数据对按顺序一一对应。质量控制码定义与《地面气象观测资料质量控制》（QX/T 118—2010）中一致，见表 3-4。

表 3-4　质量控制码表

质控码	含义
0	正确
1	可疑
2	错误
3	订正数据
4	修改数据
5	预留
6	预留
7	预留
8	缺测
9	未做质量控制

注：①若有数据质量控制判断为错误时，在设备终端数据输出时，其值仍给出，相应质量控制标识为"2"，但错误的数据不能参加后续相关计算或统计。②对于瞬时气象值，若因采集器或通信原因引起数据缺测，在设备终端数据输出时直接给出缺测，相应质量控制标识为"8"。③当台站业务软件将设备置为维护停用状态时，自动上传维护日志，同时上传数据时对应要素置为缺测。

d. 状态信息。

由一系列设备状态要素数据对组成,数据对中状态要素变量名与状态值一一对应。设备状态变量名在设备状态编码表中定义说明,第一个状态变量名应为设备自检状态,其他状态变量输出顺序不做明确要求。状态值采用一个数字编码表示,状态值含义见表 3-5。

表 3-5 设备状态码表

状态码	状态描述
0	"正常",设备状态节点检测且判断正常
1	"异常",设备状态节点能工作,但检测值判断超出正常范围
2	"故障",设备状态节点处于故障状态
3	"偏高",设备状态节点检测值高于正常范围
4	"偏低",设备状态节点检测值低于正常范围
5	"停止",设备状态节点处于停止状态
6	"轻微"或"交流",设备污染判断为轻微;或设备供电为交流方式
7	"一般"或"直流",设备污染判断为一般;或设备供电为直流方式
8	"重度"或"未接外部电源",设备污染判断为重度;或设备供电未接外部电源

注:设备所有状态均不输出具体的数值,而是以状态码进行输出,以便更直观地指导维护保障工作;本表只给出设备状态码的简单含义描述,需根据每个状态检测数值制定状态判断依据,输出符合本状态的状态码;如果观测要素是运算量,即没有设备而是通过其他要素计算出来的,不用输出状态要素;上位机软件在质检的时候,通过设备配置文件对设备状态进行质检,配置文件中没有配置该设备的不用对状态进行质检。

(4)校验码。

4 位数字,采用校验和方式,对"BG"开始一直到校验段前,包括分隔符","在内的全部字符以 ASCII 码累加。累加值以 10 进制无符号编码,高位溢出,取低四位。

(5)结束标识:两个字符,以"ED"表示。

4. 通信命令格式

1)概述

通信命令格式包括命令分类方法、格式说明、握手机制、设备监控操作命令和传感器监控操作命令。

2)分类方法

通信命令分为以下两类。

(1)设备和终端软件之间的通信命令。实现对设备各种参数的传递和设置,从设备读取或设置各种数据和参数,以及对设备进行校时。

(2)集成处理器与传感器之间的通信命令。实现对传感器各种参数的传递和设置,从传感器读取或设置各种数据和参数,以及对传感器进行校时。

3)格式说明

通信命令格式说明如下。

(1)每种通信及控制命令,由命令符和相应参数组成,命令符由若干英文字母组成,参数可以没有，或由一个或多个组成，命令符与参数、参数与参数之间用一个半角逗号分隔。

（2）键入控制命令后，应键入回车/换行键，本格式中用"↓"表示。

（3）返回值的结束符均为回车/换行，本格式中返回值用"＜＞↓"给出。

（4）命令非法时，返回出错提示信息"BADCOMMAND↓"。

（5）无特殊说明，本标准中使用 YYYY-MM-DD、HH：MM：SS，表示日期、时间格式。

（6）带有传感器 ID 的命令，只需要此 ID 号的传感器执行相应的操作，且当此种操作命令从上位机终端直接对数字传感器进行控制时，集成处理器对于此种命令的返回值无须进行处理，直接上传给上位机终端软件；无传感器 ID 的操作命令，则所有数字传感器执行相应操作。

4）握手机制

（1）数据传输握手机制。

每台设备自带时钟和存储器，数据传输握手机制同时具备主动发送和被动读取两种方式，默认为被动读取方式。被动读取的方法为：由上位机发送读取数据命令（READDATA），读取存储器中当前时刻最近的数据，如果最近时刻数据与当前时刻时间差超过一帧则返回错误信息。主动发送的方法为：由设备端按照帧标识类型，主动向上位机发送数据。无论采用哪种方式，数据应遵循标准数据格式要求，即"BG,…,ED"格式。

（2）时间校正握手机制。

上位机可定时发送 DATETIME 对设备修改日期和时间，也可分开发送日期（DATE）和时间（TIME）命令，对设备分别进行修改日期和时间操作。设备具有掉电时钟保护功能。上网机通过网络授时服务器校时，业务软件采用上位机时间对设备授时方式。

（3）设备响应命令时间。

上位机发送命令后，设备端应及时响应，并给予返回，响应时间不长于 3s，响应时间超过 3s 则认为是超时错误。

3.1.3　高空气象信息编码

1. 高空气象信息概述

高空气象信息是典型的具有时间属性和空间属性的科学数据。随着信息技术的发展，越来越多的高空气象信息以数字化形式存在，要实现对高空气象信息的有效管理，必须对气象信息进行准确的描述，即编码和命名。因此对高空气象信息进行编码，并利用计算机管理，是对气象信息进行规范管理的有效途径。

高空气象信息主要包括高空探空资料、高空测风资料、飞机高空探测资料、GPS 探空资料、地基 GPS 水汽探测资料、风廓线仪探测资料、闪电定位仪探测资料等，不含单独使用卫星、数值模式、科考等方式获得的高空气象资料。其中，高空探空资料是指通过气球携带高空气象探测仪等常规高空探测方法获得的高空压、温、湿、风等探空资料及其产品；高空测风资料是指通过气球携带高空气象探测仪等常规高空探测方法获得的高空各层风资料及其产品；飞机高空探测资料是指民航或商业飞机高空探测资料；GPS探空资料是指通过GPS探空仪获得的高空温、压、湿数据；地基GPS水汽探测资料是指通过GPS地基水汽遥感探测仪获得的大气整层水汽含量数据；风廓线仪探测资料是通过风廓线仪获得的大气三维风场和温度廓线资料；闪电定位仪探测资料特指通过地面闪电定位仪探测系统获得的有关闪电特征参数资料及其统计产品。

值得注意的是，高空气象信息的气象要素分17层：地面、1000hPa、925hPa、850hPa、700hPa、500hPa、400hPa、300hPa、250hPa、200hPa、150hPa、100hPa、70hPa、50hPa、30hPa、20hPa、10hPa，其中每层气象要素包括：温度、温度露点差、气压、风向风速。

2. 高空气象信息编码概述

高空气象编码是把高空各气象要素特性、天气现象等用数字二进制格式进行编码，包括编码格式、编码规则、编码对照表等。在对气象数据进行编码时，首先对气象要素进行分类。其次确定编码格式，对于不同的编码格式，每部分的编码规则不同。常见的编码格式有世界气象组织（World Meteorological Organization，WMO）基本系统委员会发布的气象数据二进制通用表示格式（binary universal form for the representation of meteorological data，BUFR），以及国际电报电话咨询委员会国际字母5号码（Consultative Committee on International Telephone and Telegraph International Alphabet No.5，CCITT-IA5）和世界气象组织定义的第94号编码格式（The World Meteorological Organization code form FM 94 BUFR，WMO-FM 94）。

3. 气象要素分类及代码表示

气象要素是表征大气和下垫面状态的物理量，要素代码由五位数字组成，表示为xxyyy，其中，xx为要素类型码，yyy为要素码。要素代码从00000到99999，分为相互独立的三部分：引用BUFR规定的要素代码部分（B部），《气象要素分类与编码》（QX/T133—2011）标准扩展规定的要素代码部分（C部），用户自由扩展的要素代码部分（D部）。B部、C部、D部的值域分配见表3-6。

表3-6 要素代码值域分配

xx 值域	yyy 值域		
	000~255	256~799	800~999
00~63	B部	C部	D部
64~89	C部	C部	D部
90~99	D部	D部	D部

根据QX/T133—2011标准可知，气压气象要素的代码为10类；风向风速气象要素的代码为11类；温度气象要素的代码为12类，它包括大气、土壤、水体、下垫面等的温度，具体要素详见QX/T133—2011标准。

4. 高空气象观测数据格式——BUFR 编码[3]

1）编码构成

BUFR 编码数据结构由指示段、标识段、选编段、数据描述段、数据段和结束段组成。

2）编码规则

（1）指示段。

指示段由八个八位组组成，包括 BUFR 数据的起始标志、BUFR 数据长度和 BUFR 版本号。具体编码如下：八位组序号 1~4 按照 CCITT IA5 编码，表示 BUFR 数据的起始标志，其值分别为 B\U\F\R；八位组序号 5~7 表示 BUFR 数据长度，以八位组为单位，为实际取值；八位组序号 8 根据世界气象组织（World Meteorological Organization，WMO）2005 年发布的 BUFR4，表示 BUFR 版本号，其值为 4。

（2）标识段。

标识段由 23 个八位组组成，包括标识段段长、主表号、数据加工中心、更新序列号、选编段指示、数据类型、数据子类型、本地数据子类型、主表版本号、本地表版本号、数据编码时间等信息。具体编码如下：八位组序号 1~3 表示标识段段长，其值为 23；序号 4 表示主表号，其值为 0，表示使用气象学科的主表；序号 5~6 表示数据加工中心，其值为 38，根据 WMO 规定，38 表示数据加工中心为北京；序号 9 表示更新序列号，根据实际取值。需要注意的是，取值为非负整数，其初始编号为 0，随资料每次更新，序列号逐次加 1；序号 10 表示选编段指示，其值为 0 或 1，0 表示本数据格式不包含选编段，1 表示本数据格式包含选编段；序列 11 表示数据类型，其值为 2，表示本数据为高空资料；序列 12 表示数据子类型，其值为 1、2、3、4、5、6，其中 1 表示来自固定陆地测站的单独测风观测资料，2 表示来自船舶测站的单独测风观测资料，3 表示来自移动平台的单独测风观测资料，4 表示来自固定陆地测站的高空气压、温度、湿度、风速和风向观测资料，5 表示来自船舶测站的高空气压、温度、湿度、风速和风向观测资料，6 表示来自移动平台的高空气压、温度、湿度、风速和风向观测资料；序号 13 表示本地数据子类型，其值为 0，表示没有定义本地数据子类型；序号 14 表示主表版本号，其值为 28，表示当前使用的 WMO-FM94 主表的版本号为 28；序号 15 表示本地表版本号，其值为 1，表示本地自定义码表版本号为 1；序号 16~17 表示实际数据编码时间，年；序号 18 表示实际数据编码时间，月；序号 19 表示实际数据编码时间，日；序号 20 表示实际数据编码时间，时；序号 21 表示实际数据编码时间，分；序号 22 表示实际数据编码时间，秒；序号 23 表示自定义，其值为 0。

（3）选编段。

选编段长度不固定，包括选编段段长、保留字段以及数据加工中心或子中心定义的内容。具体编码如下：八位组序号 1~3 表示选编段段长，以八位组为单位实际取值；序号 4 表示保留字段，其值为 0；序号 5 表示数据加工中心或子中心自定义，从第 5 个八位组开始，长度可根据需要进行扩展。

(4) 数据描述段。

数据描述段由九个八位组组成，包括数据描述段段长、保留字段、观测记录数、数据性质和压缩方式以及描述符序列，具体编码如下：八位组序号 1～3 表示数据描述段段长，其值为 9，表示本段段长为 9 个八位组；八位组序号 4 表示保留字段，其值为 0；八位组序号 5～6 表示观测记录数，取值为非负整数，表示本报文包含的观测记录条数；八位组序号 7 表示数据性质和压缩方式，其值分别为 128、192，其中 128 表示本数据采用 BUFR 非压缩方式编码，192 表示本数据采用 BUFR 压缩方式编码；八位组序号 8～9 表示描述符序列，其值为 3、09、192，表示高空气压、温度、湿度、风速和风向探测数据的要素序列，其中 3 表示该描述符为序列描述符，09 表示垂直探测序列，192 表示"垂直探测序列"中定义的第 192 个类目，即"高空气压、温度、湿度、风速和风向探测数据的要素序列"。

(5) 数据段。

数据段长度不固定，具体长度与实际观测相关。数据段包括数据段段长、保留字段，并包含在数据描述段中定义的各个要素对应的编码值。高空气象观测数据的数据段主要包括测站/平台标识，放球时间，测站经纬度，气球施放时的地面观测要素，气压层温度、湿度、风，高度层风、风切变数据，探空气压、温度、湿度，风秒级采样和测风秒级采样九部分内容。气压层温度、湿度、风包括 15 个内容：1 13 000 表示 13 个描述符延迟重复，注意描述符本身表示对下面 13 个描述符（除 0 31 002）进行重复；0 31 002 为编报的气压层数（重复因子）编码，比例因子为 0，基准为 0，数据宽度为 16bit，表示气压层温度、湿度、风以下 13 个描述符重复的次数；2 04 008 表示增加 8bit 位的附加字段，描述符本身表示 2 04 000 之前的描述符（除 0 31 021）需要增加附加字段；0 31 021 表示附加字段的意义（=62），其比例因子为 0，基准值为 0，数据宽度为 6bit；0 04 086 表示相对于放球时间的时间偏移量，单位为 s，比例因子为 0，基准值为–8192，数据宽度为 15bit；0 08 042 表示扩充的垂直探测意义，比例因子为 0，基准值为 0，数据宽度为 18bit；0 07 004 表示气压，单位为 Pa，比例因子–1，基准值为 0，数据宽度为 14bit，其值有 1000hPa、925hPa、850hPa、700hPa、500hPa、400hPa、300hPa、250hPa、200hPa、150hPa、100hPa；0 10 009 表示位势高度，单位为 gpm，比例因子为 0，基准值为–1000，数据宽度为 17bit；而 0 05 015 和 0 06 015 分别表示相对于放球点的纬度偏移量和经度偏移量，其单位为(°)，比例因子为 5，基准值分别为–9000000 和–18000000，数据宽度为 25bit 和 26bit；注意小数点后保留 5 位数字；0 12 101 表示温度/干球温度，单位是 K，比例因子是 2，基准值为 0，数据宽度为 16bit；0 12 103 表示露点温度，单位为 K，比例因子为 2，基准值为 0，数据宽度为 16bit；0 11 001 表示风向，单位为（°），比例因子为 0，基准值为 0，数据宽度为 9bit，表示风速为静风时，风向编码值为 0，风向为北风，风向编码值为 360；0 11 002 表示风速，单位为 m/s，比例因子为 1，基准值为 0，数据宽度为 12bit，注意静风风速为 0；而 2 04 000 表示结束 2 04 008 的作用域，其后要素不再增加附加字段。其余要素的编码及说明详见《高空气象观测数据格式 BUFR 编码》（QX/T 418—2018）。

值得注意的是，数据段每个要素的编码值 = 原始观测×10 比例因子–基准值，要素编码值转换为二进制，并按照数据宽度所定义的比特位数顺序写入数据段，位数不足高位补 0；当某要素缺测时，将该要素数据宽度内每个比特置为 1，即为缺测值；比例因子用于规定要素观测值的数据精度，要求数据精度等于 10 比例因子。例如，比例因子为 2，数据精度等于 10^{-2}，即 0.01；基准值用于保证要素编码值非负，即要求：要素观测值×10 比例因子≥基准值；数据宽度用于规定二进制的要素编码值在数据段所占用的比特位数，编码值位数不足数据宽度时在高位补 0。

(6) 结束段。

结束段由四个八位组组成，各个八位组编码均为字符"7"，见表 3-7。

表 3-7 结束段编码说明

八位组序号	含义	值	备注
1		7	
2	结束段	7	固定取值。按照 CCITT-IA5 编码
3		7	
4		7	

3.2 气象信息译码技术

3.2.1 气象信息译码原理及流程

我国是自然灾害频发的国家，而气象灾害又是自然灾害中损毁程度最严重的，如我国最近几年发生的几次大的寒潮，以及每年夏天发生的破坏性台风等，每次自然灾害都给人民的生产生活带来了极大的不便，甚至对一个地区的生产秩序起到破坏性的作用。因此，国际和国内对天气系统的变化越来越关注，而气象领域对卫星观测资料的依赖度越来越大，天气资料在天气预报系统中占据越来越重要的地位，气象报文信息发挥了比以往更关键的作用，气象台根据气象信息预报寒潮、台风、暴雨等出现的位置和强度，就可以直接为工农业生产和群众生活服务，通过应急准备及人员疏散等将自然灾害带来的损害降到最低。气象信息成为现代社会不可缺少的重要信息。气象信息的作用与气象译码工作是分不开的，通过现代化的手段以及先进的通信工具，气象电码的翻译工作效率大大提高，实时性得到很大增强。

近年来，随着计算机技术的快速发展以及卫星通信技术的研究，气象信息译码系统的发展日益完善，信息译码的发展与计算机技术相关度越来越大，二者相结合为人类的日常生活产生了日益深远的影响。利用计算机进行自动译码，不但可以改善工作条件，提高译码质量，降低误码率，而且译码结果可以储存在计算机中，为气象数据自动化处理提供了条件。

自动译码系统的硬件主要由两部分组成：一部分是通用的计算机；另一部分是插在计算机内总线槽上的译码电路板。译码电路板硬件由信号调理电路、中断产生电路、码形存储电路和译码计算机组成，如图 3-3 所示。

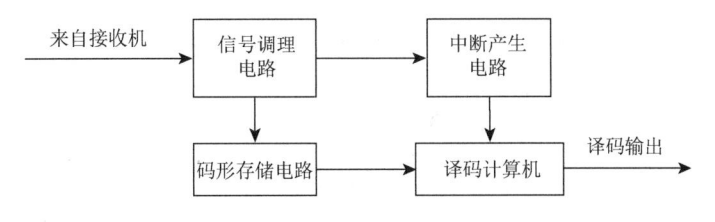

图 3-3 译码电路硬件构成图

译码计算机硬件组成如图 3-4 所示。图中的 EPROM（erasable programmable read only memory）是程序存储器，RAM 是数据存储器，通信通道用于和主计算机交换数据，码形输入电路用于采集并表示波形的二进制码，控制电路用以协调各部分的工作。

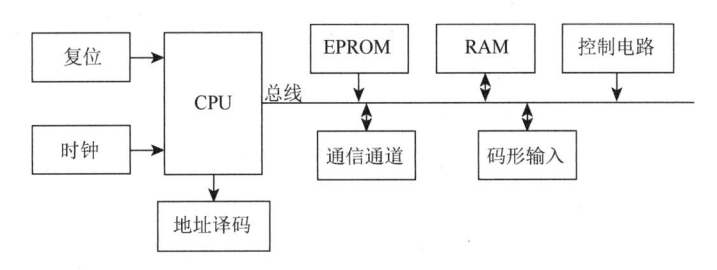

图 3-4 译码计算机硬件组成

气象信息是气象科学家对天气过程进行预测及对大气活动规律进行研究的主要依据，气象信息是气象业务的科研基础。气象信息以规定的译码形式在国际、国内间进行交换。但是，由于各国文字的不一致性、文字占据存储空间容量大，将其以规定的译码形式在国际国内间进行交换。气象地面电码和探空电码就是其中的一种可供交换译码。

各个行业都有各自的国际电码。地面气象观测的天气电码，不但反映天气实况，而且也反映了天气的演变规律。因此，必须从天气学的角度去理解和选用天气报告电码，这是全面、准确反映测站天气实况和保证天气预报工作、减少人为失误的重要环节。电码需要按照一定的规则编写，这样，译码者才能按照那个规则译出电码所代表的通俗易懂的信息。

随着社会、经济的飞速发展和人民生活水平、生活质量的大幅度提高，社会各行各业对气象部门提出了全方位、多时效、针对性强、准确度高的天气预报服务要求。社会需求永远是天气预报发展的动力和压力。为了适应日益增长的社会需要，做好预报服务，预报员需要用到近年来许多新的知识和参考资料，尤其是各个地区的地面和探空气象资料，才能够有效分析当地的天气现象，从而做出比较准确的天气预报。

1. 地面/探空电码译码数据流图

地面/探空电码以文件形式存放，固定为 8.3 格式。地面电报码文件格式是 AAXXmmdd.Thh，探空电报码文件格式是 TTAAmmdd.Thh。其中，AAXX 表示地面报；TTAA 表示探空报；mm 表示月份，用两位数字 01～12 表示；dd 表示日，用两位数字 01～31 表示；hh 表示时次，用两位数字，地面有 00:00、03:00、06:00、09:00、12:00、15:00、

18:00、21:00 共八个时次，探空有 00:00、06:00、12:00、18:00 共四个时次，都用世界时。地面/探空电码译码系统数据流图如图 3-5 所示。

图 3-5 电码译码系统数据流图

2. 地面/探空电码译码程序总流程图

根据电码文件名是 8.3 格式，并且与月日时次形成固定关系，因此可以采用输入年月日时次的数据来组合文件名。地面 1~4 位固定为"AAXX"，探空 1~4 位为"TTAA"，5~6 位为两位数月份，7~8 位为两位数日，9~10 位固定为".T"，11~12 位为两位数时次。

地面/探空电码译码程序流程图如图 3-6 所示，读取文件，找到指定台站的位置，并读取指定台站的电码到一个字符串数组中，然后传递给地面或探空处理程序继续处理，分解出天气各要素，最后显示结果。

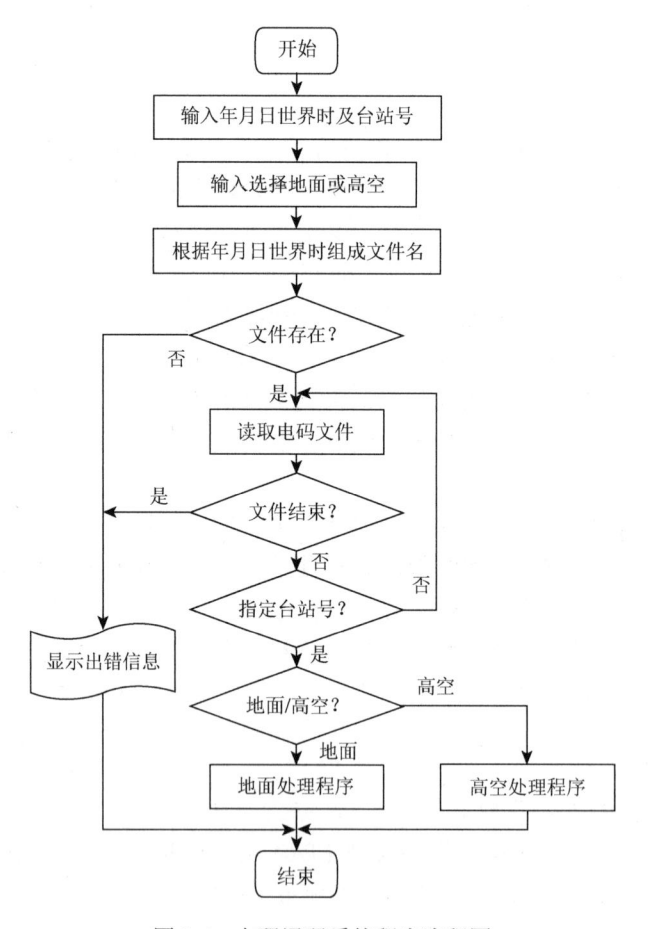

图 3-6 电码译码系统程序流程图

如图 3-7 所示，由用户输入的 P 值判断是对高空资料分析还是对地面资料分析，$P=1$，代表对地面要素的分析；$P=2$，则代表对高空各个气象要素的分析。$P=1$，调用地面气象要素分析函数，分解已读入的这一行字符串，第 0~4 字符是台站号（IIiii）；第 6~10 字符分别对应 iRiX 云底高度和可见度（iRiXhVV）；第 12~16 字符分别对应总云量、风向和风速（Nddff）。令 $K=18$，然后判断 K 是否小于等于字符串总数，若成立，则进行下一步，分析 K 字符代表的内容，K 字符人为规定可以表示气温、露点、本站气压、海平面气压、气压趋势、降水量、天气现象、云状和发报时间。然后分析字符里的数据具体是多少，表示的天气要素是什么状态，并反馈到用户方面。再调整 $K=K+6$，继续重复判断 K 值是否还有内容，一直到字符串里的所有字符信息都已经分析完为止。

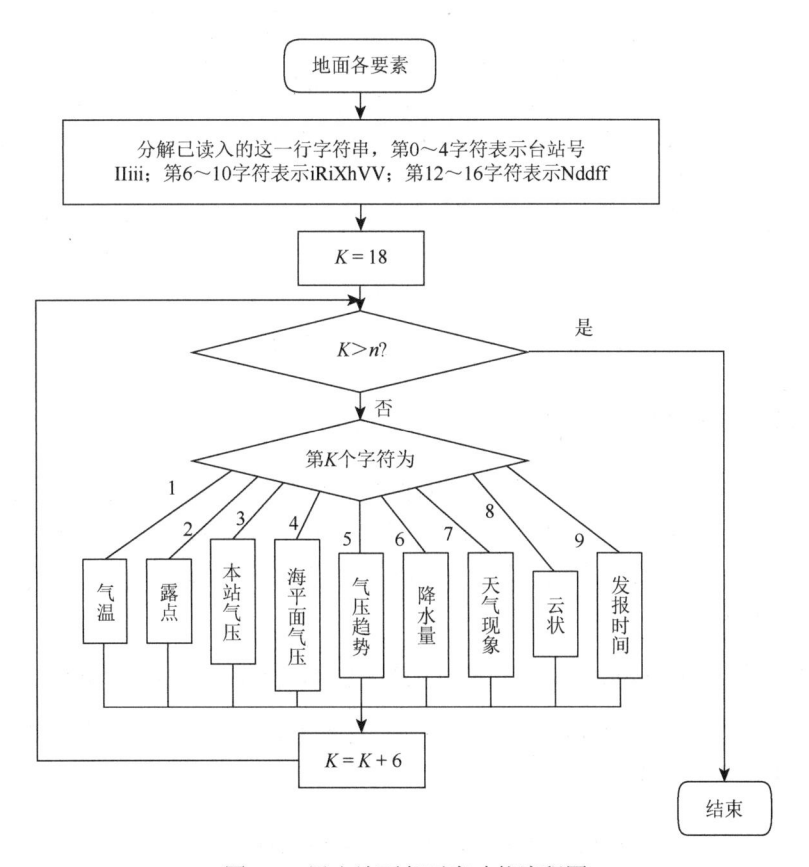

图 3-7　译出地面各要素功能流程图

如图 3-8 所示，当 $P=2$ 时，表示用户需要的是高空各个气象要素，分解已经读入的这一行字符串，0~11 字符不用，12~16 字符代表台站号。令 $K=18$，K 在合理的范围内时，分析第 K 到 $K+1$ 个字符，由它们的数值判断气象要素所属的层数，继而分别译出气压、温度、温度露点差和风向风速。然后调整 $K=K+18$，重复上面的判断过程，一直到 K 的数值大于 n。

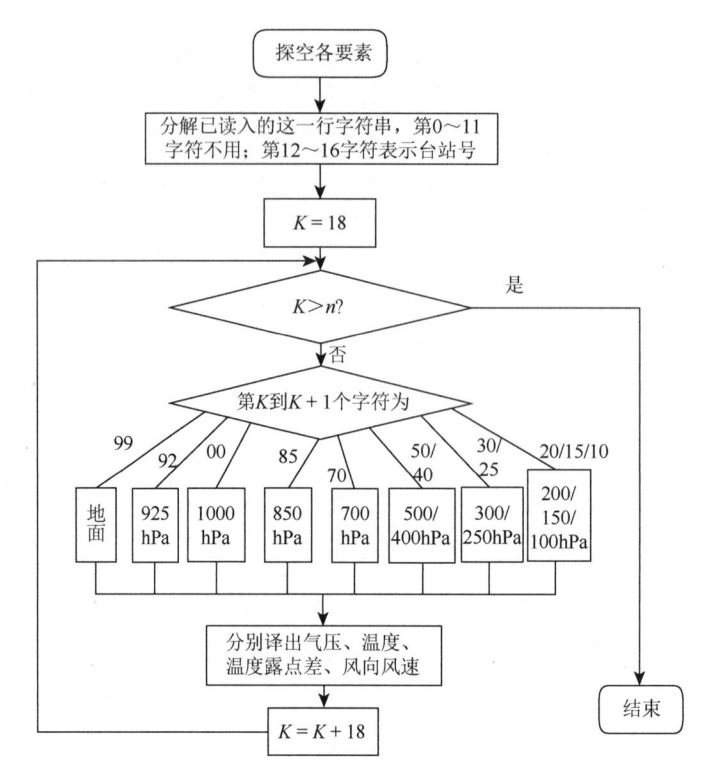

图 3-8　译出探空各要素功能流程图

3.2.2　地面气象信息电码译码

地面气象信息电码译码[4]是气象译码的重要环节之一，可获得地球表面一定范围内的气象状况及其变化的过程，其中包括温度、露点温度、本站气压、海平面气压、气压趋势、气压变化量、降水量、天气现象、云状、能见度、风向飞速、总云量等。下面给出几个地面翻译电码的案例。

1. 案例一：95417 33961 20000 10230 20215 39940 40088 52015 81042

对于案例一中所给出的实际地面气象电码，通过电码译码过程可以得到如表 3-8 所示的地面气象电码译码结果。

表 3-8　案例一电码译码结果（95417 台站）

项目	数值	单位	项目	数值	单位	项目	数值	单位
云底高度	≥2500	m	气温	23.0	℃	现在天气现象	缺测	—
能见度	11	km	露点温度	21.5	℃	过去重要天气现象	缺测	—
总云量	2~3	成	本站气压	994.0	hPa	过去次要天气现象	缺测	—
风向	静风	(°)	海平面气压	1008.8	hPa	低云或中云总量	1	成
风速	静风	m/s	气压变量	上升 1.5	hPa	低云状	无低云	—
			降水量	缺测	mm	中云状	荚状云	—
						高云状	密卷云	—

根据案例一的实际地面气象电码，可以做出如下分析。

（1）电码中第 0~4 个字符对应台站号，因此可以译码得到台站号为 95471。

（2）电码中第 6~10 个字符分别对应云底高度以及能见度。第八个字符为"9"，且第 12 个字符不为"0"，因此云底高度≥2500m。第 9~10 个字符为"61"，表示能见度为 11km。

（3）第 12 个字符对应云总量，第 13~14 个字符对应风向，第 15~16 个字符对应风速。在案例一中，第 12 个字符为"2"，表示云总量为 2~3 成；第 13~14 个字符为"00"，表示风向为静风；第 15~16 个字符为"00"，表示风速为静风。

（4）该案例中，第 18~22 个字符表示气温。而第 19~22 个字符为"0230"，由于编码时将气温扩大至 10 倍，译码时则需要将气温缩小为 1/10，因此得到的气温为 23.0℃。

（5）该案例中，第 24~28 个字符表示露点。而第 25~28 个字符为"0215"，由于编码时将露点扩大至 10 倍，译码时则需要将露点缩小为 1/10，因此得到的露点温度为 21.5℃。

（6）该案例中，第 30~34 个字符表示本站气压。而第 31~34 个字符为"9940"，由于编码时将本站气压扩大至 10 倍，译码时则需要将本站气压缩小 1/10，因此得到的本站气压为 994.0hPa。

（7）该案例中，第 36~40 个字符表示海平面气压。而第 37~40 个字符为"0088"，由于编码将对海平面气压扩大至 10 倍，因此译码时需要将海平面气压缩小 1/10，因此得到的气压为 8.8hPa。而此时需在此基础上加上 1000hPa，因此译码得到的海平面气压为 1008.8hPa。

（8）该案例中，第 42~46 个字符表示气压趋势。第 43 个字符为"2"，表示气压趋势为上升。而第 44~46 个字符为"015"，由于编码时将气压趋势扩大至 10 倍，译码时则需要将气压趋势缩小 1/10，气压为 1.5hPa。因此气压趋势为上升 1.5hPa。

（9）该案例中，第 48~52 个字符表示云状。第 49 个字符为"1"，表示低云或中云总量为 1 成。第 50 个字符为"0"，表示低云状为无低云。第 51 个字符为"4"，表示中云状为荚状云。第 52 个字符为"2"，表示高云状为密卷云。

（10）降水量、过去重要天气现象、过去次要天气现象以及现在天气现象在电码中没有找到对应的码，因此均记为缺测。

2. 案例二：58238 31957 01403 10214 20172 30096 40105 52010 60121 71000 333 05201

对于案例二中所给出的实际地面气象电码，通过电码译码过程可以得到如表 3-9 所示的地面气象电码译码结果。

表 3-9　案例二电码译码结果（58238 台站）

项目	数值	单位	项目	数值	单位	项目	数值	单位
云底高度	无云	m	气温	21.4	℃	现在天气现象	观察前 1h 有轻雾	—
能见度	7	km	露点温度	17.2	℃	过去重要天气现象	无	—
总云量	无云	成	本站气压	1009.6	hPa	过去次要天气现象	无	—
风向	140	(°)	海平面气压	1010.5	hPa	低云或中云总量	缺测	—
风速	3	m/s	气压变量	上升 1.0	hPa	低云状	缺测	—
			降水量	12	mm	中云状	缺测	—
						高云状	缺测	—

根据案例二的实际地面气象电码，可以做出如下分析。

（1）电码中第 0~4 个字符对应台站号，因此可以译码得到台站号为 58238。

（2）电码中第 6~10 个字符分别对应云底高度以及能见度。第八个字符为"9"，且第 12 个字符为"0"，因此云底高度为无云。第 9~10 个字符为"57"，表示能见度为 7km。

（3）第 12 个字符对应云总量，第 13~14 个字符对应风向，第 15~16 个字符对应风速。在案例二中，第 12 个字符为"0"，表示云总量为无云；第 13~14 个字符为"14"，表示风向为东南方向，即为 140°。第 15~16 个字符为"03"，表示风速为 3m/s。

（4）在案例二中，第 18~22 个字符表示气温。而第 19~22 个字符为"0214"，由于编码时对气温扩大至 10 倍，译码时则需要将气温缩小 1/10，因此得到的气温为 21.4℃。

（5）在案例二中，第 24~28 个字符表示露点。而第 25~28 个字符为"0172"，由于编码时对露点扩大至 10 倍，译码时则需要将露点缩小 1/10，因此得到的露点温度为 17.2℃。

（6）在案例二中，第 30~34 个字符表示本站气压。而第 31~34 个字符为"0096"，由于编码时对本站气压扩大至 10 倍，译码时则需要将本站气压缩小 1/10，气压为 9.6hPa，需在此基础上加上 1000hPa，本站气压为 1009.6hPa。

（7）在案例二中，第 36~40 个字符表示海平面气压。而第 37~40 个字符为"0105"，由于编码时对海平面气压扩大至 10 倍，因此译码时需要将海平面气压缩小 1/10，因此得到的气压为 10.5hPa。而此时需在此基础上加上 1000hPa，因此译码得到的海平面气压为 1010.5hPa。

（8）在案例二中，第 42~46 个字符表示气压趋势。第 43 个字符为"2"，表示气压趋势为上升。而第 44~46 个字符为"010"，由于编码时对气压趋势扩大至 10 倍，译码时则需要将气压趋势缩小 1/10，气压为 1.0hPa。因此气压趋势为上升 1.0hPa。

（9）在案例二中，第 48~52 个字符表示降水量。第 49~51 个字符为"012"，表示降水量为 12mm。

（10）在案例二中，第 54~58 个字符表示天气现象。第 55~56 个字符为"10"，表示现在天气现象为观察前 1h 有轻雾。第 57~58 个字符为"00"，表示过去天气现象为无。

（11）低云或中云总量、低云状、高云状在电码"333"前没有找到对应的码，因此均记为缺测。

3. 案例三：78897 32465 70000 10246 20239 40148 52012 85832 333 022/1 10274 2////59006 70240 83816 83650

对于案例三中所给出的实际地面气象电码，通过电码译码过程可以得到如表3-10所示的地面气象电码译码结果。

表3-10 案例三电码译码结果（78897台站）

项目	数值	单位	项目	数值	单位	项目	数值	单位
云底高度	300~600	m	气温	24.6	℃	现在天气现象	缺测	—
能见度	15	km	露点温度	23.9	℃	过去重要天气现象	缺测	—
总云量	9	成	本站气压	缺测	hPa	过去次要天气现象	缺测	—
风向	静风	(°)	海平面气压	1014.8	hPa	低云或中云总量	6	成
风速	静风	m/s	气压变量	上升1.2	hPa	低云状	碎积云	—
			降水量	缺测	mm	中云状	高积云	—
						高云状	密卷云	—

根据案例三的实际地面气象电码，可以做出如下分析。

（1）电码中第0~4个字符对应台站号，因此可以译码得到台站号为78897。

（2）电码中第6~10个字符分别对应云底高度以及能见度。第八个字符为"4"，表示云底高度为300~600m。第9~10个字符为"65"，表示能见度为15km。

（3）第12个字符对应云总量，第13~14个字符对应风向，第15~16个字符对应风速。在案例三中，第12个字符为"7"，表示云总量为9成；第13~14个字符为"00"，表示风向为静风。第15~16个字符为"00"，表示风速为静风。

（4）在案例三中，第18~22个字符表示气温。而第19~22个字符为"0246"，由于编码时对气温扩大至10倍，译码时则需要将气温缩小1/10，因此得到的气温为24.6℃。

（5）在案例三中，第24~28个字符表示露点。而第25~28个字符为"0239"，由于编码时对露点扩大至10倍，译码时则需要将露点缩小1/10，因此得到的露点温度为23.9℃。

（6）在案例三中，第36~40个字符表示海平面气压。而第37~40个字符为"0148"，由于编码时对海平面气压扩大至10倍，因此译码时需要将海平面气压缩小1/10，因此得到的气压为14.8hPa。而此时需在此基础上加上1000 hPa，因此译码得到的海平面气压为1014.8 hPa。

（7）在案例三中，第42~46个字符表示气压趋势。第43个字符为"2"，表示气压趋势为上升。而第44~46个字符为"012"，由于编码时对气压趋势扩大至10倍，译码时则需要将气压趋势缩小 1/10，气压为 1.2hPa。因此气压趋势为上升 1.2hPa。

（8）在案例三中，第 48～52 个字符表示云状。第 49 个字符为 "5"，表示低云或中云总量为 6 成。第 50 个字符为 "8"，表示低云状为碎积云。第 51 个字符为 "3"，表示中云状为高积云。第 52 个字符为 "2"，表示高云状为密卷云。

（9）本站气压、降水量、现在天气现象、过去重要天气现象、过去次要天气现象在电码 "333" 前没有找到对应的码，因此均记为缺测。

4. 案例四：60135 32458 52210 10070 20020 40146 52003 69951 77163 85800 333 83813 83616

对于案例四中所给出的实际地面气象电码，通过电码译码过程可以得到如表 3-11 所示的地面气象电码译码结果。

表 3-11 案例四电码译码结果（60135 台站）

项目	数值	单位	项目	数值	单位	项目	数值	单位
云底高度	300～600	m	气温	7.0	℃	现在天气现象	观察时有连续小雪	—
能见度	8	km	露点温度	2.0	℃	过去重要天气现象	非阵雨性	—
总云量	6	成	本站气压	缺测	hPa	过去次要天气现象	沙尘暴	—
风向	220	(°)	海平面气压	1014.6	hPa	低云或中云总量	6 成	—
风速	10	m/s	气压变量	上升 0.3	hPa	低云状	碎积云	—
			降水量	0.5	mm	中云状	无中云	—
						高云状	无高云	—

根据案例四的实际地面气象电码，可以做出如下分析。

（1）电码中第 0～4 个字符对应台站号，因此可以译码得到台站号为 60135。

（2）电码中第 6～10 个字符分别对应云底高度以及能见度。第八个字符为 "4"，表示云底高度为 300～600m。第 9～10 个字符为 "58"，表示能见度为 8km。

（3）第 12 个字符对应云总量，第 13～14 个字符对应风向，第 15～16 个字符对应风速。在案例四中，第 12 个字符为 "5"，表示云总量为 6 成；第 13～14 个字符为 "22"，表示风向为西南方向，即为 220°。第 15～16 个字符为 "10"，表示风速为 10m/s。

（4）在案例四中，第 18～22 个字符表示气温。而第 19～22 个字符为 "0070"，由于编码时对气温扩大至 10 倍，译码时则需要将气温缩小 1/10，因此得到的气温为 7.0℃。

（5）在案例四中，第 24～28 个字符表示露点。而第 25～28 个字符为 "0020"，由于编码时对露点扩大至 10 倍，译码时则需要将露点缩小 1/10，因此得到的露点温度为 2.0℃。

（6）在案例四中，第 36～40 个字符表示海平面气压。而第 37～40 个字符为 "0146"，由于编码时对海平面气压扩大至 10 倍，因此译码时需要将海平面气压缩小 1/10，因此得到的气压为 14.6hPa。而此时需在此基础上加上 1000 hPa，因此译码得到的海平面气压为 1014.6 hPa。

（7）在案例四中，第 42~46 个字符表示气压趋势。第 43 个字符为"2"，表示气压趋势为上升。而第 44~46 个字符为"003"，由于编码时对气压趋势扩大至 10 倍，译码时则需要将气压趋势缩小 1/10，气压为 0.3hPa。因此气压趋势为上升 0.3hPa。

（8）在案例四中，第 48~52 个字符表示降水量。第 49~51 个字符为"995"，表示降水量为 0.5mm。

（9）在案例四中，第 54~58 个字符表示天气现象。第 55~56 个字符为"71"，表示现在天气现象为观察时有连续小雪。第 57~58 个字符为"63"，表示过去重要天气现象为非阵雨性，过去次要天气现象为沙尘暴。

（10）在案例四中，第 60~64 个字符表示云状。第 61 个字符为"5"，表示低云或中云总量为 6 成。第 62 个字符为"8"，表示低云状为碎积云。第 63 个字符为"0"，表示中云状为无中云。第 64 个字符为"0"，表示高云状为无高云。

（11）本站气压在电码"333"前没有找到对应的码，因此记为缺测。

3.2.3 高空气象信息电码译码

高空气象信息电码译码也是气象译码的重要组成部分，可获得地球表面不同高度范围内的气象状况信息。在不同的气压情况下，依次测出该气压环境下的各种参数，其中包括位势米、气温、温度露点差（露点差）、风向、风速等。

译码规则：在站名电码之后，每 15 个电码为一组，通常以不同的气压高度为依据（共计有 12 组，分别从地面气压、1000hPa 气压高度到 100hPa 气压的高度）。每组电码前两位分别对应不同高度的气压值，第 3~5 位表示位势米，但其电码根据其所在不同的气压值高度有着不同的译码规则。第 6~8 位表示气温，通常为负数且精度为 0.1℃。第 9~10 位表示露点差，℃。第 11~13 位表示风向，(°)。第 14~15 位表示风速，m/s。

不同高度对应的气压值的位势米译码规则如下。

地面气压，如果 $p \leqslant 100$，即位势米在其基础上加 1000，反之 p 即为输出的位势米的值。

（1）1000hPa 气压的高度，如果 $p > 500$，则位势米的值为 500–p，反之位势米为 p。

（2）925hPa 气压的高度，位势米为 p。

（3）850hPa 气压的高度，位势米为 $p + 1000$。

（4）700hPa 气压的高度，如果 $p > 300$，则位势米的值为 $p + 2000$，反之位势米为 $p + 3000$。

（5）500hPa 气压的高度，位势米的值为 $p \times 10$。

（6）400hPa 气压的高度，位势米的值为 $p \times 10$。

（7）300hPa 气压的高度，如果 $p < 500$，则位势米的值为 $(p + 1000) \times 10$，反之位势米为 $p \times 10$。

（8）250hPa 气压的高度，如果 $p<500$，则位势米的值为 $(p+1000)\times 10$，反之位势米为 $p\times 10$。

（9）200hPa 气压的高度，则位势米的值为 $(p+1000)\times 10$。

（10）150hPa 气压的高度，则位势米的值为 $(p+1000)\times 10$。

（11）100hPa 气压的高度，则位势米的值为 $(p+1000)\times 10$。

下面给出几个高空翻译电码的案例。

1. 案例一

南京气象站 TTAA 77231 58238 99012 21432 02501 00112 21430 02502 92786 18641 34002 85505 13023 33006 70120 08034 34006 50582 05331 27020 40754 13332 27525 30967 27345 27022 25096 36757 29025 20247 47956 29031 15432 58556 28024 10678 719//27022＝

对于案例一中所给出的实际高空气象电码，通过电码译码过程可以得到如表 3-12 所示的高空气象电码译码结果。

表 3-12 高空翻译电码（南京）

×月×日×时，区站号 58238

气压	位势米	气温/℃	露点差/℃	风向/(°)	风速/(m/s)
地面	1012	−21.4	32	25	1
1000hPa	112	−21.4	30	25	2
925hPa	786	−18.6	41	340	2
850hPa	1505	−13.0	23	330	6
700hPa	3120	−8.0	34	340	6
500hPa	5820	−5.3	31	270	20
400hPa	7540	−13.3	32	275	25
300hPa	9670	−27.3	45	270	22
250hPa	10960	−36.7	57	290	25
200hPa	12470	−47.9	56	290	31
150hPa	14320	−58.5	56	280	24
100hPa	16780	−71.9	缺测	270	22

根据案例一的实际高空气象电码，可以做出如下分析。

（1）电码中第 12～16 个字符对应台站号，因此可以译码得到台站号为 58238，其代表南京气象站。

（2）第 17～18 位为"99"，表示在地面气压的高度。第 19～21 位为"012"，表示位势米，但 012≤100 根据译码规则加 1000，故为 1012。第 22～24 位为"214"，表示温度，通常为负数且精度为 0.1℃，故为−21.4℃。第 25～26 位为"32"，表示露点差，即 32℃。第 27～29 位为"025"，表示风向，即 25°。第 30～31 位为"01"，表示风速，即 1m/s。

（3）电码中第 32～33 位为"00"，表示在气压 1000hPa 的高度，第 34～36 位为"112"，表示位势米，位势米即为 112。第 37～39 位为"214"，表示温度，通常为负数且精度为 0.1℃，故为-21.4℃。第 40～41 位为"30"，表示露点差，即 30℃。第 42～44 位为"025"，表示风向，即 25°。第 45～46 位为"02"，表示风速，即 2m/s。

（4）电码中第 47～48 位为"92"，表示在气压 925hPa 的高度，第 49～51 位为"786"，表示位势米，位势米即为 786。第 52～54 位为"186"，表示温度，通常为负数且精度为 0.1℃，故为-18.6℃。第 55～56 位为"41"，表示露点差，即 41℃。第 57～59 位为"340"，表示风向，即 340°。第 60～61 位为"02"，表示风速，即 2m/s。

（5）电码中第 62～63 位为"85"，表示在气压 850hPa 的高度，第 64～66 位为"505"，表示位势米，但其译码规则规定，在此数值上加 1000，位势米即 1505。第 67～69 位为"130"，表示温度，通常为负数且精度为 0.1℃，故为-13.0℃。第 70～71 位为"23"，表示露点差，即 23℃。第 72～74 位为"330"，表示为风向，即 330°。第 75～76 位为"06"，表示风速，即 6m/s。

（6）电码中第 77～78 位为"70"，表示在气压 700hPa 的高度，第 79～81 位为"120"，表示位势米，但其译码规则规定，其不满足 $p>300$，故在此数值上加 3000，位势米即 3120。第 82～84 位为"080"，表示温度，通常为负数且精度为 0.1℃，故为-8.0℃。第 85～86 位为"34"，表示露点差，即 34℃。第 87～89 位为"340"，表示风向，即 340°。第 90～91 位为"06"，表示风速，即 6m/s。

（7）电码中第 92～93 位为"50"，表示在气压 500hPa 的高度，第 94～96 位为"582"，表示位势米，但其译码规则规定，故在此数值乘 10，位势米即 5820。第 97～99 位为"053"，表示温度，通常为负数且精度为 0.1℃，故为-5.3℃。第 100～101 位为"31"，表示露点差，即 31℃。第 102～104 位为"270"，表示风向，即 270°。第 105～106 位为"20"，表示风速，即 20m/s。

（8）电码中第 107～108 位为"40"，表示在气压 400hPa 的高度，第 109～111 位为"754"，表示位势米，但其译码规则规定，故在此数值乘 10，位势米即 7540。第 112～114 位为"133"，表示温度，通常为负数且精度为 0.1℃，故为-13.3℃。第 115～116 位为"32"，表示露点差，即 32℃。第 117～119 位为"275"，表示风向，即 275°。第 120～121 位为"25"，表示风速，即 25m/s。

（9）电码中第 122～123 位为"30"，表示在气压 300hPa 的高度，第 124～126 位为"967"，表示位势米，但其译码规则规定，不符合 $p<500$，故在此数值乘 10，位势米即 9670。第 127～129 位为"273"，表示温度，通常为负数且精度为 0.1℃，故为-27.3℃。第 130～131 位为"45"，表示露点差，即 45℃。第 132～134 位为"270"，表示风向，即 270°。第 135～136 位为"22"，表示风速，即 22m/s。

（10）电码中第 137～138 位为"25"，表示在气压 250hPa 的高度，第 139～141 位为"096"，表示位势米，但其译码规则规定，符合 $p<500$，故在此数值加 1000 再乘 10，位势米即 10960。第 142～144 位为"367"，表示温度，通常为负数且精度为 0.1℃，故为-36.7℃。第 145～146 位为"57"，表示露点差，即 57℃。第 147～149 位为"290"，表示风向，即 290°。第 150～151 位为"25"，表示风速，即 25m/s。

（11）电码中第152～153位为"20"，表示在气压200hPa的高度，第154～156位为"247"，表示位势米，但其译码规则规定，在此数值加1000再乘10，位势米即12470。第157～159位为"479"，表示温度，通常为负数且精度为0.1℃，故为–47.9℃。第160～161位为"56"，表示露点差，即56℃。第162～164位为"290"，表示风向，即290°。第165～166位为"31"，表示风速，即31m/s。

（12）电码中第167～168位为"15"，表示在气压150hPa的高度，第169～171位为"432"，表示位势米，但其译码规则规定，在此数值加1000再乘10，位势米即14320。第172～174位为"585"，表示温度，通常为负数且精度为0.1℃，故为–58.5℃。第175～176位为"56"，表示露点差，即56℃。第177～179位为"280"，表示风向，即280°。第180～181位为"24"，表示风速，即24m/s。

（13）电码中第182～183位为"10"，表示在气压100hPa的高度，第184～186位为"678"，表示位势米，但其译码规则规定，在此数值加1000再乘10，位势米即16780。第187～189位为"719"，表示温度，通常为负数且精度为0.1℃，故为–71.9℃。第190～191位为"//"，表示露点差，即缺测。第192～194位为"270"，表示风向，即270°。第195～196位为"22"，表示风速，即22m/s。

2. 案例二

南京气象站 TTAA　28231 58238 99013 20458 07002 00117 20459 07507 92787 17664 10513 85506 14866 12514 70117 05450 25510 50583 04532 26522 40755 15539 26520 30966 30157 28024 25094 39356 28031 20244 48956 29035 15428 59750 29032 10674 707//28522 88999 77217 28535 =

对于案例二中所给出的实际高空气象电码，通过电码译码过程可以得到如表3-13所示的高空气象电码译码结果。

表3-13　高空翻译电码（南京）

×月×日×时，区站号　58238

气压	位势米	气温/℃	露点差/℃	风向/(°)	风速/(m/s)
地面	1013	–20.4	58	70	2
1000hPa	117	–20.4	59	75	7
925hPa	787	–17.6	64	105	13
850hPa	1506	–14.8	66	125	14
700hPa	3117	–5.4	50	255	10
500hPa	5830	–4.5	32	265	22
400hPa	7550	–15.5	39	265	20
300hPa	9660	–30.1	57	280	24
250hPa	10940	–39.3	56	280	31
200hPa	12440	–48.9	56	290	35
150hPa	14280	–59.7	50	290	32
100hPa	16740	–70.7	缺测	285	22

根据案例二的实际高空气象电码，可以做出如下分析。

（1）电码中第 12~16 个字符对应台站号，因此可以译码得到台站号为 58238，其代表南京气象站。

（2）第 17~18 位为"99"，表示在地面气压的高度。第 19~21 位为"013"，表示位势米，但 013≤100 根据译码规则加 1000，故为 1013。第 22~24 位为"204"，表示温度，通常为负数且精度在 0.1℃，故为–20.4℃。第 25~26 位为"58"，表示露点差，即 58℃。第 27~29 位为"070"，表示风向，即 70°。第 30~31 位为"02"，表示风速，即 2m/s。

（3）电码中第 32~33 位为"00"，表示在气压 1000hPa 的高度，第 34~36 位为"117"，表示位势米，位势米即为 117。第 37~39 位为"204"，表示温度，通常为负数且精度为 0.1℃，故为–20.4℃。第 40~41 位为"59"，表示露点差，即 59℃。第 42~44 位为"075"，表示风向，即 75°。第 45~46 位为"07"，表示风速，即 7m/s。

（4）电码中第 47~48 位为"92"，表示在气压 925hPa 的高度，第 49~51 位为"787"，表示位势米，位势米即为 787。第 52~54 位为"176"，表示温度，通常为负数且精度为 0.1℃，故为–17.6℃。第 55~56 位为"64"，表示露点差，即 64℃。第 57~59 位为"105"，表示风向，即 105°。第 60~61 位为"13"，表示风速，即 13m/s。

（5）电码中第 62~63 位为"85"，表示在气压 850hPa 的高度，第 64~66 位为"506"，表示位势米，但其译码规则规定，在此数值上加 1000，位势米即 1506。第 67~69 位为"148"，表示温度，通常为负数且精度为 0.1℃，故为–14.8℃。第 70~71 位为"66"，表示露点差，即 66℃。第 72~74 位为"125"，表示风向，即 125°。第 75~76 位为"14"，表示风速，即 14m/s。

（6）电码中第 77~78 位为"70"，表示在气压 700hPa 的高度，第 79~81 位为"117"，表示位势米，但其译码规则规定，其不满足 $p>300$，故在此数值上加 3000，位势米即 3117。第 82~84 位为"054"，表示温度，通常为负数且精度为 0.1℃，故为–5.4℃。第 85~86 位为"50"，表示露点差，即 50℃。第 87~89 位为"255"，表示风向，即 255°。第 90~91 位为"10"，表示风速，即 10m/s。

（7）电码中第 92~93 位为"50"，表示在气压 500hPa 的高度，第 94~96 位为"583"，表示位势米，但其译码规则规定，故在此数值乘 10，位势米即 5830。第 97~99 位为"045"，表示温度，通常为负数且精度为 0.1℃，故为–4.5℃。第 100~101 位为"32"，表示露点差，即 32℃。第 102~104 位为"265"，表示风向，即 265°。第 105~106 位为"22"，表示风速，即 22m/s。

（8）电码中第 107~108 位为"40"，表示在气压 400hPa 的高度，第 109~111 位为"755"，表示位势米，但其译码规则规定，故在此数值乘 10，位势米即 7550。第 112~114 位为"155"，表示温度，通常为负数且精度为 0.1℃，故为–15.5℃。第 115~116 位为"39"，表示露点差，即 39℃。第 117~119 位为"265"，表示风向，即 265°。第 120~121 位为"20"，表示风速，即 20m/s。

（9）电码中第 122~123 位为"30"，表示在气压 300hPa 的高度，第 124~126 位为"966"，表示位势米，但其译码规则规定，不符合 $p<500$，故在此数值乘 10，位势米即 9660。第 127~129 位为"301"，表示温度，通常为负数且精度为 0.1℃，故为–30.1℃。

第130~131位为"57"，表示露点差，即57℃。第132~134位为"280"，表示风向，即280°。第135~136位为"24"，表示风速，即24m/s。

（10）电码中第137~138位为"25"，表示在气压250hPa的高度，第139~141位为"094"，表示位势米，但其译码规则规定，符合$p<500$，故在此数值加1000再乘10，位势米即10940。第142~144位为"393"，表示温度，通常为负数且精度为0.1℃，故为–39.3℃。第145~146位为"56"，表示露点差，即56℃。第147~149位为"280"，表示风向，即280°。第150~151位为"31"，表示风速，即31m/s。

（11）电码中第152~153位为"20"，表示在气压200hPa的高度，第154~156位为"244"，表示位势米，但其译码规则规定，在此数值加1000再乘10，位势米即12440。第157~159位为"489"，表示温度，通常为负数且精度为0.1℃，故为–48.9℃。第160~161位为"56"，表示露点差，即56℃。第162~164位为"290"，表示风向，即290°。第165~166位为"35"，表示风速，即35m/s。

（12）电码中第167~168位为"15"，表示在气压150hPa的高度，第169~171位为"428"，表示位势米，但其译码规则规定，在此数值加1000再乘10，位势米即14280。第172~174位为"597"，表示温度，通常为负数且精度为0.1℃，故为–59.7℃。第175~176位为"50"，表示露点差，即50℃。第177~179位为"290"，表示风向，即290°。第180~181位为"32"，表示风速，即32m/s。

（13）电码中第182~183位为"10"，表示在气压100hPa的高度，第184~186位为"674"，表示位势米，但其译码规则规定，在此数值加1000再乘10，位势米即16740。第187~189位为"707"，表示温度，通常为负数且精度为0.1℃，故为–70.7℃。第190~191位为"//"，表示露点差，即缺测。第192~194位为"285"，表示风向，即285°。第195~196位为"22"，表示风速，即22m/s。

3. 案例三

北京气象站 TTAA　02231 54511 99008 21450 00000 00105 21456 00000 92779 19057 03505 85502 16467 10509 70117 03660 10513 50576 14358 08008 40744 19129 26516 30951 34135 25523 25076 44937 25526 20222 52546 27047 15406 57556 28544 10658 649//30030 88213 52739 26541 77186 27049 =

对于案例三中所给出的北京气象站的实际高空气象电码，通过电码译码过程可以得到如表3-14所示的高空气象电码译码结果。

表3-14　高空气象电码译码结果（北京）

×月×日×时，区站号　54511

气压	位势米	气温/℃	露点差/℃	风向/(°)	风速/(m/s)
地面	1008	–21.4	50	缺测	缺测
1000hPa	105	–21.4	56	缺测	缺测
925hPa	779	–19.0	57	35	5
850hPa	1502	–16.4	67	105	9

续表

气压	位势米	气温/℃	露点差/℃	风向/(°)	风速/(m/s)
700hPa	3117	−3.6	60	105	13
500hPa	5760	−14.3	58	80	8
400hPa	7440	−19.1	29	265	16
300hPa	9510	−34.1	35	255	23
250hPa	10760	−44.9	37	255	26
200hPa	12220	−52.5	46	270	47
150hPa	14060	−57.5	56	285	44
100hPa	16580	−64.9	缺测	300	30

根据案例三的实际高空气象电码，可以做出如下分析。

（1）电码中第12～16个字符对应台站号，因此可以译码得到台站号为54511，其代表北京气象站。

（2）第17～18位为"99"，表示在地面气压的高度。第19～21位为"008"，表示位势米，但012≤100根据译码规则加1000，故为1008。第22～24位为"214"，表示温度，通常为负数且精度为0.1℃，故为−21.4℃。第25～26位为"50"，表示露点差，即50℃。第27～29位为"000"，表示风向，即缺测。第30～31位为"00"，表示风速，即缺测。

（3）电码中第32～33位为"00"，表示在气压1000hPa的高度，第34～36位为"105"，表示位势米，位势米即为105。第37～39位为"214"，表示温度，通常为负数且精度为0.1℃，故为−21.4℃。第40～41位为"56"，表示为露点差，即56℃。第42～44位为"000"，表示风向，即缺测。第45～46位为"00"，表示风速，即缺测。

（4）电码中第47～48位为"92"，表示在气压925hPa的高度，第49～51位为"779"，表示位势米，位势米即为779。第52～54位为"190"，表示温度，通常为负数且精度为0.1℃，故为−19.0℃。第55～56位为"57"，表示露点差，即57℃。第57～59位为"035"，表示风向，即35°。第60～61位为"05"，表示风速，即5m/s。

（5）电码中第62～63位为"85"，表示在气压850hPa的高度，第64～66位为"502"，表示位势米，但其译码规则规定，在此数值上加1000，位势米即1502。第67～69位为"164"，表示温度，通常为负数且精度为0.1℃，故为−16.4℃。第70～71位为"67"，表示露点差，即67℃。第72～74位为"105"，表示风向，即105°。第75～76位为"09"，表示风速，即9m/s。

（6）电码中第77～78位为"70"，表示在气压700hPa的高度，第79～81位为"117"，表示位势米，但其译码规则规定，其不满足 $p>300$，故在此数值上加3000，位势米即3117。第82～84位为"036"，表示温度，通常为负数且精度为0.1℃，故为−3.6℃。第85～86位为"60"，表示露点差，即60℃。第87～89位为"105"，表示风向，即105°。第90～91位为"13"，表示风速，即13m/s。

（7）电码中第92～93位为"50"，表示在气压500hPa的高度，第94～96位为"576"，表示位势米，但其译码规则规定，故在此数值乘10，位势米即5760。第97～99位为"143"，表示温度，通常为负数且精度为0.1℃，故为−14.3℃。第100～101位为"58"，表示露点差,即 58℃。第 102~104 位为"080",表示风向,即 80°。第 105~106 位为"08",表示风速,即 8m/s。

(8)电码中第 107~108 位为"40",表示在气压 400hPa 的高度,第 109~111 位为"744",表示位势米,但其译码规则规定,故在此数值乘 10,位势米即 7440。第 112~114 位为"191",表示温度,通常为负数且精度为 0.1℃,故为-19.1℃。第 115~116 位为"29",表示露点差,即 29℃。第 117~119 位为"265",表示风向,即 265°。第 120~121 位为"16",表示风速,即 16m/s。

(9)电码中第 122~123 位为"30",表示在气压 300hPa 的高度,第 124~126 位为"951",表示位势米,但其译码规则规定,不符合 $p<500$,故在此数值乘 10,位势米即 9510。第 127~129 位为"341",表示温度,通常为负数且精度为 0.1℃,故为-34.1℃。第 130~131 位为"35",表示露点差,即 35℃。第 132~134 位为"255",表示风向,即 255°。第 135~136 位为"23",表示风速,即 23m/s。

(10)电码中第 137~138 位为"25",表示在气压 250hPa 的高度,第 139~141 位为"076",表示位势米,但其译码规则规定,符合 $p<500$,故在此数值加 1000 再乘 10,位势米即 10760。第 142~144 位为"449",表示温度,通常为负数且精度为 0.1℃,故为-44.9℃。第 145~146 位为"37",表示露点差,即 37℃。第 147~149 位为"255",表示风向,即 255°。第 150~151 位为"26",表示风速,即 26m/s。

(11)电码中第 152~153 位为"20",表示在气压 200hPa 的高度,第 154~156 位为"222",表示位势米,但其译码规则规定,在此数值加 1000 再乘 10,位势米即 12220。第 157~159 位为"525",表示温度,通常为负数且精度为 0.1℃,故为-52.5℃。第 160~161 位为"46",表示露点差,即 46℃。第 162~164 位为"270",表示风向,即 270°。第 165~166 位为"47",表示风速,即 47m/s。

(12)电码中第 167~168 位为"15",表示在气压 150hPa 的高度,第 169~171 位为"406",表示位势米,但其译码规则规定,在此数值加 1000 再乘 10,位势米即 14060。第 172~174 位为"575",表示温度,通常为负数且精度为 0.1℃,故为-57.5℃。第 175~176 位为"56",表示露点差,即 56℃。第 177~179 位为"285",表示风向,即 285°。第 180~181 位为"44",表示风速,即 44m/s。

(13)电码中第 182~183 位为"10",表示在气压 100hPa 的高度,第 184~186 位为"658",表示位势米,但其译码规则规定,在此数值加 1000 再乘 10,位势米即 16580。第 187~189 位为"649",表示温度,通常为负数且精度为 0.1℃,故为-64.9℃。第 190~191 位为"//",表示露点差,即缺测。第 192~194 位为"300",表示风向,即 300°。第 195~196 位为"30",表示风速,即 30m/s。

4. 案例四

上海气象站 TTAA　23231 58362 99006 23215 07002 00061 22216 07004 92738 20410 14005 85470 18630 13002 70115 10223 22008 50584 05170 21005 40756 13524 24009 30968 29928 29020 25096 38128 26526 20245 52130 26528 15425 645//30027 10668 729//34014 88999 77999 =

对于案例四中所给出的上海气象站的实际高空气象电码，通过电码译码过程可以得到如表 3-15 所示的高空气象电码译码结果。

表 3-15 高空气象电码译码结果（上海）

×月×日×时，区站号___58362___

气压	位势米	气温/℃	露点差/℃	风向/(°)	风速/(m/s)
地面	1006	−23.2	15	70	2
1000hPa	61	−22.2	16	70	4
925hPa	738	−20.4	10	140	5
850hPa	470	−18.6	30	130	2
700hPa	3115	−10.2	23	220	8
500hPa	5840	−5.1	70	210	5
400hPa	7560	−13.5	24	240	9
300hPa	9680	−29.9	28	290	20
250hPa	10960	−38.1	28	265	26
200hPa	12450	−52.1	30	265	28
150hPa	14250	−64.5	缺测	300	27
100hPa	16680	−72.9	缺测	340	14

根据案例四的实际高空气象电码，可以做出如下分析。

（1）电码中第 12~16 个字符对应台站号，因此可以译码得到台站号为 58362，其代表上海气象站。

（2）第 17~18 位为"99"，表示在地面气压的高度。第 19~21 位为"006"，表示位势米，但 006≤100，根据译码规则加 1000，故为 1006。第 22~24 位为"232"，表示温度，通常为负数且精度为 0.1℃，故为−23.2℃。第 25~26 位为"15"，表示露点差，即 15℃。第 27~29 位为"070"，表示风向，即 70°。第 30~31 位为"02"，表示风速，即 2m/s。

（3）电码中第 32~33 位为"00"，表示在气压 1000hPa 的高度，第 34~36 位为"061"，表示位势米，位势米即为 61。第 37~39 位为"222"，表示温度，通常为负数且精度为 0.1℃，故为−22.2℃。第 40~41 位为"16"，表示露点差，即 16℃。第 42~44 位为"070"，表示风向，即 70°。第 45~46 位为"04"，表示风速，即 4m/s。

（4）电码中第 47~48 位为"92"，表示在气压 925hPa 的高度，第 49~51 位为"738"，表示位势米，位势米即为 738。第 52~54 位为"204"，表示温度，通常为负数且精度为 0.1℃，故为−20.4℃。第 55~56 位为"10"，表示露点差，即 10℃。第 57~59 位为"140"，表示风向，即 140°。第 60~61 位为"05"，表示风速，即 5m/s。

（5）电码中第 62~63 位为"85"，表示在气压 850hPa 的高度，第 64~66 位为"470"，表示位势米，但其译码规则规定，在此数值上加 1000，位势米即 1470。第 67~69 位为"186"，表示温度，通常为负数且精度为 0.1℃，故为−18.6℃。第 70~71 位为"30"，表示露点差，即 30℃。第 72~74 位为"130"，表示风向，即 130°。第 75~76 位为"02"，表示风速，即 2m/s。

（6）电码中第 77~78 位为"70"，表示在气压 700hPa 的高度，第 79~81 位为"115"，表示位势米，但其译码规则规定,其不满足 $p>300$，故在此数值上加 3000，位势米即 3115。第 82~84 位为"102"，表示温度，通常为负数且精度为 0.1℃，故为–10.2℃。第 85~86 位为"23"，表示露点差，即 23℃。第 87~89 位为"220"，表示风向，即 220°。第 90~91 位为"08"，表示风速，即 8m/s。

（7）电码中第 92~93 位为"50"，表示在气压 500hPa 的高度，第 94~96 位为"584"，表示位势米，但其译码规则规定，故在此数值乘 10，位势米即 5840。第 97~99 位为"051"，表示温度，通常为负数且精度为 0.1℃，故为–5.1℃。第 100~101 位为"70"，表示露点差，即 70℃。第 102~104 位为"210"，表示风向，即 210°。第 105~106 位为"05"，表示风速，即 5m/s。

（8）电码中第 107~108 位为"40"，表示在气压 400hPa 的高度，第 109~111 位为"756"，表示位势米，但其译码规则规定，故在此数值乘 10，位势米即 7560。第 112~114 位为"135"，表示温度，通常为负数且精度为 0.1℃，故为–13.5℃。第 115~116 位为"24"，表示露点差，即 24℃。第 117~119 位为"240"，表示风向，即 240°。第 120~121 位为"09"，表示风速，即 9m/s。

（9）电码中第 122~123 位为"30"，表示在气压 300hPa 的高度，第 124~126 位为"968"，表示位势米，但其译码规则规定，不符合 $p<500$，故在此数值乘 10，位势米即 9680。第 127~129 位为"299"，表示温度，通常为负数且精度为 0.1℃，故为–29.9℃。第 130~131 位为"28"，表示露点差，即 28℃。第 132~134 位为"290"，表示风向，即 290°。第 135~136 位为"20"，表示风速，即 20m/s。

（10）电码中第 137~138 位为"25"，表示在气压 250hPa 的高度，第 139~141 位为"096"，表示位势米，但其译码规则规定，符合 $p<500$，故在此数值加 1000 再乘 10，位势米即 10960。第 142~144 位为"381"，表示温度，通常为负数且精度为 0.1℃，故为–38.1℃。第 145~146 位为"28"，表示露点差，即 28℃。第 147~149 位为"265"，表示风向，即 265°。第 150~151 位为"26"，表示风速，即 26m/s。

（11）电码中第 152~153 位为"20"，表示在气压 200hPa 的高度，第 154~156 位为"245"，表示位势米，但其译码规则规定，在此数值加 1000 再乘 10，位势米即 12450。第 157~159 位为"521"，表示温度，通常为负数且精度为 0.1℃，故为–52.1℃。第 160~161 位为"30"，表示露点差，即 30℃。第 162~164 位为"265"，表示风向，即 265°。第 165~166 位为"28"，表示风速，即 28m/s。

（12）电码中第 167~168 位为"15"，表示在气压 150hPa 的高度，第 169~171 位为"425"，表示位势米，但其译码规则规定，在此数值加 1000 再乘 10，位势米即 14250。第 172~174 位为"645"，表示温度，通常为负数且精度为 0.1℃，故为–64.5℃。第 175~176 位为"//"，表示露点差，即缺测。第 177~179 位为"300"，表示风向，即 300°。第 180~181 位为"27"，表示风速，即 27m/s。

（13）电码中第 182~183 位为"10"，表示在气压 100hPa 的高度，第 184~186 位为"668"，表示位势米，但其译码规则规定，在此数值加 1000 再乘 10，位势米即 16680。

第 187~189 位为"729",表示温度,通常为负数且精度为 0.1℃,故为-72.9℃。第 190~191 位为"//",表示露点差,即缺测。第 192~194 位为"340",表示风向,即 340°。第 195~196 位为"14",表示风速,即 14m/s。

3.3 气象信息译码的编程实现

前面 3.2 节详细描述了气象信息译码的过程,本节根据前述思路来详细介绍气象信息译码的编程实现。气象信息译码的编程分为地面气象电码的译码编程和高空气象电码的译码编程两类。本节采用 C 语言编程来实现气象信息译码的编程功能,详细的程序见 3.3.1 节和 3.3.2 节。

气象信息译码的编程思路是:由用户输入要译码的年、月、日、世界时次和台站号(注:有可能的话用地名),并选择地面或高空。再由译码系统进行译码,生产出气象各要素,并在屏幕上显示出译码信息。

3.3.1 地面气象电码的译码的编程实现

建立模型,模拟人工翻译电码。根据程序运行时的相关提示,输入相应的信息并将最后的输出结果填入指定的表格。利用一组台站的电码资料,即可以输出每个电码的翻译结果。本节所需实现的译码编程来自三个台站的地面气象电码资料,分别是南京气象站、北京气象站和上海气象站。

1. 编程实现概述

首先需要创建地面电报码文件。它以 AAXXmmdd.Thh 的文件形式存放。其中,AAXX 表示地面报;mm 代表月份,数字范围为 01~12;dd 代表日,数字范围为 01~31;hh 表示时次,地面气象信息有 00:00、03:00、06:00、09:00、12:00、15:00、18:00、21:00 共八个时次。

假设三个站台获取的都是 2022 年 7 月 1 号第三个时次的地面气象信息,并按照上述的存储方式将气象电台获取的原始电码信息存入 AAXX0701.T03 的文件中。

程序的编写流程如图 3-6 和图 3-7 所示。如果不按照提示输入相关信息,或者原始气象信息资料不存在,就无法正确输出相关的气象译码信息,如图 3-9 和图 3-10 所示。

```
请输入年、月、日
2022 7 1
请选择:1-地面;2-高空
1
请输入地面世界时,供选择:0、3、6、9、12、15、18、21
3
请输入台站号,南京为58238,北京为54511,上海为58362
58228
你指定的58228—台站未找到,请检查!!!
```

图 3-9 台站号输入错误

```
请输入年、月、日
2022 7 2
请选择：1-地面；2-高空
1
请输入地面世界时，供选择：0、3、6、9、12、15、18、21
3
请输入台站号，南京为58238，北京为54511，上海为58362
58238
你指定的..\气象译码\地面资料\AAXX0702.T03—文件不存在，请检查！！！
```

图 3-10　无对应日期的相关文件

2. 编程实现结果

气象信息译码的编程实现大大方便了人们对气象信息的获取，同时也极大限度地减少了人们手工译码的时间，提高了获取天气信息的效率。现将南京气象台、北京气象台以及上海气象台接收到的原始气象信息电码以及相应电码的编程译码结果显示如下。

（1）南京气象站（58238 11450 80403 10180 20168 30092 40101 52010 60011 76060 8477/333 05352 70035）译码结果见表 3-16 和图 3-11。

表 3-16　南京气象站地面气象信息的译码结果

项目	数值	单位	项目	数值	单位	项目	数值	单位
云底高度	<600	m	气温	18	℃	现在天气现象	间歇小雨，6h 内出现有非阵性雨和少云	—
能见度	—	km	露点温度	—	℃	过去重要天气现象	—	—
总云量	10	成	本站气压	—	hPa	过去次要天气现象	—	—
风向	40	(°)	海平面气压	—	hPa	低云总云量	5	成
风速	3	m/s	气压变量	—	hPa	低云状	碎雨云	—
			降水量	—	mm	中云状	积层云	—
						高云状	—	—

```
请输入年、月、日
2022 7 1
请选择：1-地面；2-高空
1
请输入地面世界时，供选择：0、3、6、9、12、15、18、21
3
请输入台站号，南京为58238，北京为54511，上海为58362
58238
==========读出的地面电码==========
58238 11450 80403 10180 20168 30092 40101 52010 60011 76060 8477/333 05352 70035
==========地面译码结果==========
区站号：58238
云高300--<600米，能见度为：，总云量：10成，风向：40度，风速：3米/秒
气温：18.0℃，露点温度：，本站气压：，海平面气压：
过去三小时气压变化：，降水量：
现在天气现象为：间歇小雨，六小时内出现有非阵性雨和少云
低云总云量：5成，低云状：碎雨云，中云状：积层云
```

图 3-11　南京气象站地面气象信息的译码结果

（2）北京气象站（54511 11715 80000 11010 21022 30255 40297 52001 69981 71070 885//333 05402 31043 70009 92501）译码结果见表3-17和图3-12。

表3-17　北京气象站地面气象信息的译码结果

项目	数值	单位	项目	数值	单位	项目	数值	单位
云底高度	<2000	m	气温	-1	℃	现在天气现象	轻雾，6h内出现有固体降水和少云	—
能见度	—	km	露点温度	—	℃	过去重要天气现象	—	—
总云量	10	成	本站气压	—	hPa	过去次要天气现象	—	—
风向	静风	(°)	海平面气压	—	hPa	低云总云量	10	成
风速	—	m/s	气压变量	—	hPa	低云状	层积云	—
			降水量	—	mm	中云状	—	—
						高云状	—	—

```
请输入年、月、日
2022 7 1
请选择：1-地面；2-高空
1
请输入地面世界时，供选择：0、3、6、9、12、15、18、21
3
请输入台站号，南京为58238，北京为54511，上海为58362
54511
==============读出的地面电码==============
54511 11715 80000 11010 21022 30255 40297 52001 69981 71070 885// 333 05402 31043 70009 92501
==============地面译码结果==============
区站号：54511
云高1500--<2000米，能见度为：，总云量：10成，静风
气温：-1.0℃，露点温度：，本站气压：，海平面气压：
过去三小时气压变化：，降水量：
现在天气现象为：轻雾，六小时内出现有固体降水和少云
低云总云量：10成，低云状：层积云
```

图3-12　北京气象站地面气象信息的译码结果

（3）上海气象站（58362 32965 03601 10175 20043 40189 52019 333//00501）译码结果见表3-18和图3-13。

表3-18　上海气象站地面气象信息的译码结果

项目	数值	单位	项目	数值	单位	项目	数值	单位
云底高度	无	m	气温	17.5	℃	现在天气现象	—	—
能见度	—	km	露点	—	℃	过去重要天气现象	—	—
总云量	无	成	本站气压	—	hPa	过去次要天气现象	—	—
风向	360	(°)	海平面气压	—	hPa	低云或中云总量	—	成
风速	1	m/s	气压变量	—	hPa	低云状	—	—
			降水量	—	mm	中云状	—	—
						高云状	—	—

```
请输入年、月、日
2022 7 1
请选择：1-地面；2-高空
1
请输入地面世界时，供选择：0、3、6、9、12、15、18、21
3
请输入台站号，南京为58238，北京为54511，上海为58362
58362
==============读出的地面电码==============
58362 32965 03601 10175 20043 40189 52019 333// 00501
==============地面译码结果==============
区站号：58362
无云高，能见度为：，总云量：无云，风向：360度，风速：1米/秒
气温：17.5℃，露点温度：，海平面气压：
过去三小时气压变化：
```

图 3-13　上海气象站地面气象信息的译码结果

3. 编程实现代码

以下提供了简洁版地面气象信息译码程序的部分 C 语言代码，如果要完成气象信息的译码操作，还需要读者调用相应的译码函数 void dmdisp（char *ch）来实现。在此程序中仅需读者在控制台输入对应气象站获得的原始电码信息，便可以得到气象信息的译码结果。

```c
#include <stdio.h>
#include <stdlib.h>
void dmdisp(char *ch)
{ puts(ch);} //此处请调用地面信息译码程序
int str2int(char *ch,int k,int n)//字符串转换成整数值函数
  {
   int i,m=0;//循环变量i,中间变量m,用于存放结果整数值
   for(i=0;i<n;i++)
   {
        if(ch[k + i]<'0' || ch[k + i]>'9')break;//字符串中含非数字,中途跳出
        m=m*10 + ch[k + i]-'0';// 字符串转换成整数值
   }
if(i==n)return m;else return -1;//返回结果值
}
void main(void)
{
 char ch[250];
 system("Color F0");//屏幕变成白底黑字模式
 printf("请输入地面电码");
 gets(ch);//从键盘读入地面电报码
 dmdisp(ch);//进入地面译码程序
}
```

3.3.2 高空气象电码的译码的编程实现

建立模型，模拟人工翻译高空气象电码。根据程序运行时的相关提示，输入相应的信息并将最后的输出结果填入指定的表格。利用一组台站的高空气象电码资料，即可以输出每个高空气象电码的翻译结果。本节所需实现的译码编程是南京、北京、上海三个台站的高空气象电码资料。

1. 编程实现概述

首先需要创建高空气象电报码文件。它以 TTAAmmdd.Thh 的文件形式存放。其中，TTAA 表示探空报；mm 代表月份，数字范围为 01～12；dd 代表日，数字范围为 01～31；hh 表示时次，高空气象信息有 00:00、06:00、12:00、18:00 共四个时次。

假设三个站台获取的都是 2022 年 7 月 1 号 06:00 时次的高空气象信息，并按照上述的存储方式将气象电台获取的原始电码信息存入到了 TTAA0701.T06 的文件中，程序的编写流程如图 3-6 和图 3-7 所示。如果不按照提示输入相关信息，或者原始气象信息的资料不存在，就无法正确输出相关的气象译码信息，如图 3-14 和图 3-15 所示。

```
请输入年、月、日
2022 7 1
请选择：1-地面；2-高空
2
请输入世界时，供选择：0、6、12、18
3
请输入台站号，南京为58238，北京为54511，上海为58362
58228
你指定的58228--台站未找到，请检查！！！
```

图 3-14　台站号输入错误

```
请输入年、月、日
2022 7 1
请选择：1-地面；2-高空
2
请输入世界时，供选择：0、6、12、18
3
请输入台站号，南京为58238，北京为54511，上海为58362
58238
你指定的..\气象译码\高空资料TTAA0701.T06--文件不存在，请检查！！！
```

图 3-15　无对应日期的相关文件

2. 编程实现结果

现将南京气象台、北京气象台以及上海气象台接收到的原始气象信息电码以及相应电码的编程译码结果显示如下。

（1）南京气象站（TTAA　28231 58238 99013 20458 07002 00117 20459 07507 92787 17664 10513 85506 14866 12514 70117 05450 25510 50583 04532 26522 40755 15539 26520 30966 30157 28024 25094 39356 28031 20244 48956 29035 15428 59750 29032 10674 707//28522 88999 77217 28535）译码结果见表 3-19 和图 3-16。

表 3-19 南京气象站高空气象信息的译码结果

2022 年 7 月 1 日 06 时，区站号　58238

气压	位势米	气温/℃	露点差/℃	风向/(°)	风速/(m/s)
地面	1013	—	—	70	2
1000hPa	117	—	—	75	7
925hPa	787	—	—	105	13
850hPa	—	—	—	125	14
700hPa	—	—	—	255	10
500hPa	—	—	—	265	22
400hPa	—	—	—	265	20
300hPa	—	—	—	280	24
250hPa	—	—	—	280	—
200hPa	—	—	—	290	35
150hPa	—	—	—	290	32
100hPa	—	—	—	—	—

```
请输入年、月、日
2022 7 1
请选择：1-地面；2-高空
2
请输入高空世界时，供选择：0、6、12、18
请输入台站号，南京为58238，北京为54511，上海为58362
58238
==================读出的探空电码==================
TTAA 28231 58238 99013 20458 07002 00117 20459 07507 92787 17664 10513 85506 14866 12514 70117 05 50 25510 50583 04532 26522 40755 15539 26520 30966 30157 28024 25094 39356 280 1 20244 48956 29035 15428 59750 29032 10674 707// 28522 88999 77217 28535
==================探空译码结果==================
区站号：58238
地面气压：1013位势米，温度：，露点差：，风向：70度，风速：2米/秒
1000hPa气压：117位势米，温度：，露点差：，风向：75度，风速：7米/秒
925hPa气压：787位势米，温度：，露点差：，风向：105度，风速：13米/秒
850hPa气压：，温度：，露点差：，风向：125度，风速：14米/秒
700hPa气压：，露点差：，风向：255度，风速：10米/秒
500hPa气压：，温度：，露点差：，风向：265度，风速：22米/秒
400hPa气压：，温度：，露点差：，风向：265度，风速：20米/秒
300hPa气压：，温度：，露点差：，风向：280度，风速：24米/秒
250hPa气压：，温度：，露点差：，风向：280度
200hPa气压：，温度：，露点差：，风向：290度，风速：35米/秒
150hPa气压：，温度：，露点差：，风向：290度，风速：32米/秒
```

图 3-16 南京气象站高空气象信息的译码结果

（2）北京气象站（TTAA 02231 54511 99008 21450 00000 00105 21456 00000 92779 19057 03505 85502 16467 10509 70117 03660 10513 50576 14358 08008 40744 19129 26516 30951 34135 25523 25076 44937 25526 20222 52546 27047 15406 57556 28544 10658 649//30030 88213 52739 26541 77186 27049）译码结果见表 3-20 和图 3-17。

表 3-20 北京气象站高空气象信息的译码结果

2022 年 7 月 1 日 06 时，区站号 54511

气压	位势米	气温/℃	露点差/℃	风向/(°)	风速/(m/s)
地面	1008	—	—	0	0
1000hPa	105	—	—	0	0
925hPa	779	—	—	35	5
850hPa	—	—	—	105	9
700hPa	—	—	—	105	13
500hPa	—	—	—	80	8
400hPa	—	—	—	265	16
300hPa	—	—	—	255	23
250hPa	—	—	—	255	—
200hPa	—	—	—	270	47
150hPa	—	—	—	285	44
100hPa	—	—	—	300	30

```
请输入年、月、日
2022 7 1
请选择：1-地面；2-高空
2
请输入高空世界时，供选择：0、6、12、18
6
请输入台站号，南京为58238，北京为54511，上海为58362
54511
==================读出的探空电码==================
TTAA 02231 54511 99008 21450 00000 00105 21456 00000 92779 19057 03505 85502 16467 10509 70117 03660 10513 50576
14358 08008 40744 19129 26516 30951 34135 25523 25076 44937 25526 20222 52546 27047 15406 57556 28544 10658 649//
30030 88213 52739 26541 7718627049
==================探空译码结果==================
区站号：54511
地面气压：1008位势米，温度：，露点差：，风向：0度，风速：0米/秒
1000hPa气压：105位势米，温度：，露点差：，风向：0度，风速：0米/秒
925hPa气压：779位势米，温度：，露点差：，风向：35度，风速：5米/秒
850hPa气压：，温度：，露点差：，风向：105度，风速：9米/秒
700hPa气压：，温度：，露点差：，风向：105度，风速：13米/秒
500hPa气压：，温度：，露点差：，风向：80度，风速：8米/秒
400hPa气压：，温度：，露点差：，风向：265度，风速：16米/秒
300hPa气压：，温度：，露点差：，风向：255度，风速：23米/秒
250hPa气压：，温度：，露点差：，风向：255度
200hPa气压：，温度：，露点差：，风向：270度，风速：47米/秒
150hPa气压：，温度：，露点差：，风向：285度，风速：44米/秒
100hPa气压：，温度：，风向：300度，风速：30米/秒
```

图 3-17 北京气象站高空气象信息的译码结果

（3）上海气象站（TTAA 23231 58362 99006 23215 07002 00061 22216 07004 92738 20410 14005 85470 18630 13002 70115 10223 22008 50584 05170 21005 40756 13524 24009 30968 29928 29020 25096 38128 26526 20245 52130 26528 15425 645// 30027 10668 729//34014 88999 77999）译码结果见表 3-21 和图 3-18。

表 3-21　上海气象站高空气象信息的译码结果

2022 年 7 月 1 日 06 时，区站号　58362

气压	位势米	气温/℃	露点差/℃	风向/(°)	风速/(m/s)
地面	1006	—	—	70	2
1000hPa	61	—	—	70	4
925hPa	738	—	—	140	5
850hPa	—	—	—	130	2
700hPa	—	—	—	220	8
500hPa	—	—	—	210	5
400hPa	—	—	—	240	9
300hPa	—	—	—	290	20
250hPa	—	—	—	265	—
200hPa	—	—	—	265	28
150hPa	—	—	—	300	27
100hPa	—	—	—	340	14

```
请输入年、月、日
2022 7 1
请选择：1-地面；2-高空
2
请输入高空世界时，供选择：0、6、12、18
6
请输入台站号，南京为58238，北京为54511，上海为58362
58362
========================读出的探空电码========================
TTAA 23231 58362 99006 23215 07002 00061 22216 07004 92738 20410 14005 85470 18630 13002 70115 10223 22008
50584 05170 21005 40756 13524 24009 30968 29928 29020 25096 38128 26526 20245 52130 26528 15425 645// 30027
10668 729// 34014 88999 77999
========================探空译码结果========================
区站号：58362
地面气压：1006位势米，温度：，露点差：，风向：70度，风速：2米/秒
1000hPa气压：61位势米，温度：，露点差：，风向：70度，风速：4米/秒
925hPa气压：738位势米，温度：，露点差：，风向：140度，风速：5米/秒
850hPa气压：，温度：，露点差：，风向：130度，风速：2米/秒
700hPa气压：，温度：，露点差：，风向：220度，风速：8米/秒
500hPa气压：，温度：，露点差：，风向：210度，风速：5米/秒
400hPa气压：，温度：，露点差：，风向：240度，风速：9米/秒
300hPa气压：，温度：，露点差：，风向：290度，风速：20米/秒
250hPa气压：，温度：，露点差：，风向：265度
200hPa气压：，温度：，露点差：，风向：265度，风速：28米/秒
150hPa气压：，温度：，风向：300度，风速：27米/秒
100hPa气压：，温度：，风向：340度，风速：14米/秒
```

图 3-18　上海气象站高空气象信息的译码结果

3. 编程实现代码

　　以下提供了简洁版高空气象信息译码程序的部分 C 语言代码，如果要完成气象信息

的解码操作，还需要读者调用相应的译码函数 void updisp（char *ch）来实现。在此程序中读者仅需在控制台输入对应气象站获得的原始电码信息，便可以得到气象信息的译码结果。

高空译码程序：

```c
#include <stdio.h>
#include <stdlib.h>
void updisp(char *ch)
{ puts(ch);} //此处请调入高空信息译码程序
int str2int(char *ch,int k,int n)//字符串转换成整数值函数
{
  int i,m=0;//循环变量i,中间变量m,用于存放结果整数值
for(i=0;i<n;i++)
  {
      if(ch[k + i]<'0' || ch[k + i]>'9')break;//字符串中含非数字,中途跳出
      m=m*10 + ch[k + i]-'0';// 字符串转换成整数值
  }
  if(i==n)return m;else return -1;//返回结果值
}

void main(void)
{
    char ch[250];
    system("Color F0");//屏幕变成白底黑字模式
    printf("请输入高空电码");
    gets(ch);//从键盘读入高空电报码
    updisp(ch);//进入高空译码程序
 }
```

本章参考文献

[1] 中国气象局. 地面气象观测规范[M]. 北京：气象出版社，2003.
[2] 全国气象基本信息标准化技术委员会. 气象要素分类与编码：QX/T 133-2011[S]. 北京：气象出版社，2011.
[3] 全国气象基本信息标准化技术委员会. 高空气象观测数据格式 BUFR 编码：QX/T 418-2018[S/OL]. [2018-08-01].http://www.cmastd.cn/standardView.jspx?id=2880.
[4] 中国气象局监测网络司. 地面气象电码手册[M]. 北京：气象出版社，1999.

第 4 章　气象信息传输与处理技术

气象观测资料以及预报产品是气象预报、气候预测业务及科学研究的基础。随着我国经济的迅速发展，气候变化、气象灾害等因素对我国社会、经济发展产生的影响越来越大，人们对气象服务的要求也越来越高，因此气象服务的发展面临着非常严峻的形势和挑战。在进行气象预报和气象预测的基础上，对气象信息传输进行有效的保障是实现气象服务的首要依据和重要保证。它的特征是高网络组织分散度、高信息和数据的集中度、高质量和高效率。

气象信息处理技术作为气象信息系统的重要组成部分，通过采集气象要素来探究气象数据的变化规律，为气象领域科技与业务发展提供基础气象信息资源服务。气象数据处理与管理系统由信息收集、加工处理、存储管理和共享服务等功能模块构成，与其他功能平台关系密切，具体为：气象观测系统是原始观、探测资料的信息来源；气象通信网络系统是资料收集和产品分发的渠道；预报预测系统是资料服务的对象。同时，各系统产生的业务服务产品又成为信息收集的一个重要部分。可见，气象信息处理工作贯穿于整个气象业务流程。

随着科技的不断发展与进步，我国的气象预报工作与时俱进，已经进入全新的模式，云观测、地面气象观测、计算机数据综合处理等都在其列。气象预测也更加精准，为我国人民的生产和生活提供了极大的便利。本章将重点介绍气象数据传输网络架构，包括地基气象传输、空基气象传输、天基气象传输以及空天地一体化气象传输等。同时，对气象信息处理技术进行介绍。

4.1　气象信息传输技术

4.1.1　地基气象信息传输

随着我国气象现代化的不断推进，各种精细化、个性化的气象服务产品不断涌现。气象探测种类和频率也日益增加。气象信息的收集，除了包含各类站的各类气象资料外，还包括卫星广播系统资料、国家气象信息中心和省气象台的广播资料[1]，以及中央气象台气象资料、风云二号 D 卫星云图、风云二号 E 卫星云图等[2]，而不同气象信息的传输流程和方式也不尽相同。目前的气象信息传输系统不仅缺少数据结构、数据规模、数据存储、时效要求和质量控制等服务需求，还缺乏统一的数据组织、业务组织和数据处理标准，采用多套设备组成的传输系统已无法满足现代气象业务的需求[3]。

又因为气象业务对数据有着天然的依赖性和敏感性，所以气象部门对气象数据的质量始终保持高度关注。数据质量问题涵盖了数据采集、加工处理、解析入库等数据存储环境建设的各个环节[4]。气象传输数据质量评估可以帮助用户了解整体数据存储环境的数据质量水平,为后续数据存储环境的改善和进一步优化提供理论依据,是提高数据服务质量的基础和必要前提。

1. 有线气象信息传输

基于地面有线综合遥测站的气象数据采集传输是气象探测的重要组成部分。

地面有线综合遥测站是一个完整的自动监测系统,可连续测量风向、风速、温度、湿度、气压、雨量等气象要素值,自动计算、存储各气象要素的平均值、极值、累加值等,通过相应接口与计算机联机传送采集的气象数据。地面有线综合遥测系统在天气预报服务过程中发挥着重要作用。

随着当前地面气象多种要素传感器技术的发展成熟,地面气象观测朝着自动化、一体化的方向迈进。地面有线综合遥测站能有效增加地面观测资料的时间密度,提高监测、预警、预报能力,并提高资料采集的自动化水平[5]。

全天候地面气象信息自动采集系统是由多个不同种类以及不同信息传输方式的单个设备组成的新型观测自动化设备。而将多个单体设备集成工作不仅需要解决传感器在通信协议、接口方式、工作模式上的差异问题,还需解决安全性等一系列设计难题,这样系统才能将所有传感器集成到一套系统设备。该类采集系统设计合理,易于维护,观测点的前端使用原理简单的串口光纤形式,不会对原始数据进行改变,室内部分将传感器的串口数据接入预处理机。因此,有效的数据采集器的设计成为全天候地面气象信息自动采集系统的重点。考虑到已将六个要素的传感器变化为统一的数字光信号输出,因此新型数据采集器将不再承担数据的计算任务,只承担数据的发送与接收任务。本书中数据采集器基本结构框图如图 4-1 所示[6]。

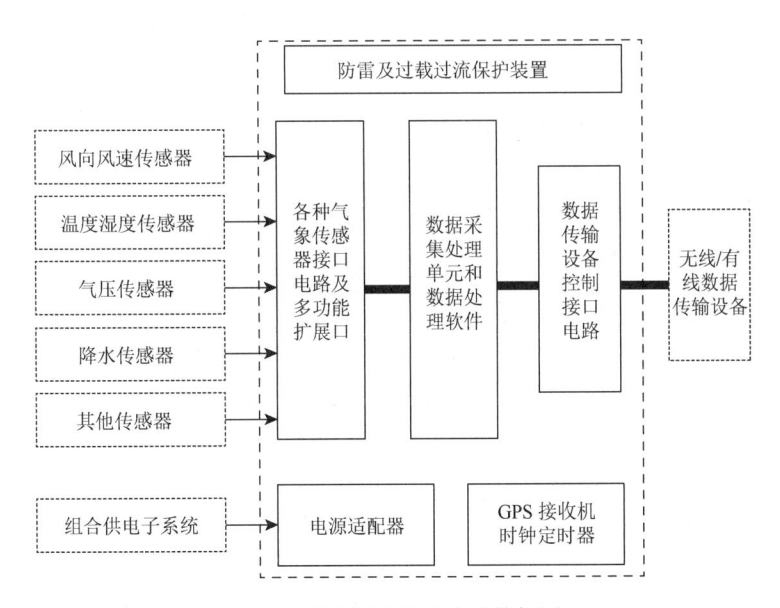

图 4-1 数据采集器基本结构框图

光纤模块在数据输入时，将传感器输入的信号，如风向风速、温度湿度、气压、降水等，转换成双晶体管逻辑门（transistor-transistor logic，TTL）电信号，传给处理器的主控模块；光纤模块在数据输出时，通过光纤向数据下游传输所需的 TTL 信号，载波为光信号。根据协议设计，主控模块能够主动识别数据的输入和输出，保证了各种传感器数据的输入接口的互换性，也保证了整合后的数据输出接口的互换性。传感器还留有 TTL 信号接口，方便安装手持终端和计算机数据调试端。在预处理机或上位机工作不正常的情况下，传感器有临时存储功能，可以保证在一定时间内不丢失所收集的资料。GPS 时钟计时器和电源适配器也是采集器设计成功的重要因素，保证了系统的可靠性。

2. 6G 微基站气象传输

在气象观测领域，气象基站用于对地面气象进行观测，通过长期积累和统计，将气象信息加工成气候资料，为农业、林业、工业、交通、军事、水文、医疗卫生和环境保护等部门进行规划、设计和研究，提供重要的数据[7]。现有的气象基站，气象信息信号的发射距离多数在 0~1000m。仅仅采用通用无线分组业务（general packet radio service，GPRS），覆盖范围虽广，如果气象基站位于野外环境中，会存在信号弱和传输效率低的问题，影响气象数据的及时上传和更新，对气象预报造成影响。

本节介绍一种新型气象微基站，它的工作流程是气象观测单元对各种气象指标进行观测，将气象指标的物理信号转换为电信号，传送给微处理器，微处理器分析处理电信号，将气象指标的相关数据存储，并通过通信单元发送给上级管理平台。与通信单元连接的天线装置的信号增益单元用来放大信号。信号增益单元中的第一辐射棒与第二辐射棒交错连接，设定第一辐射棒与第二辐射棒的长度均为发射频率下的半个波长，所有天线辐射单元的阻抗等于全部并联在一起，每个单元的电压与电流都是相同的，由于结构上每 1/2 个波长交替一次，因此每个单元的相位相同，从而使得电流辐射进行了同相叠加，获得了较高的增益，使信号得到放大[8]；平衡环使得天线装置中某些信号增益单元在相位偏离一定角度的情况下能够增加带宽。本节介绍的气象微基站通过设置高增益的天线，使气象微基站在野外环境下增强信号并增大覆盖范围，气象信号得到了即时的传输与反馈，从而对气象的变化进行及时的预报预警。

在气象站支撑杆端有气象观测单元，包括风速仪、风向仪、气压传感器和温湿度传感器等[9]。风速仪用于测定微基站所在观测点的风速，风向仪用于测定微基站所在观测点的风向，气压传感器用于测定微基站所在观测点的大气压强，温湿度传感器用于测定微基站所在观测点的温度和湿度。上述装置将各自的气象指标信息转换为电信号传送给微处理器，微处理器分析处理电信号，将气象指标的相关数据存储，并通过通信单元发送给上级管理平台。气象站底座上设置有雨量计。雨量计用于测量微基站所在观测点的降水量，并将降水量数据转换为物理信号传送给微处理器。

3. 无线传感器气象传输

近年来，基于分布式的传感网络系统的数据采集精简技术，将无线传感网络应用于气象之中，进行实时的、不间断的气象信息监测与控制，以及采集和处理。同时将多个系统的传感器进行数据收集，达到数据的进一步系统化，使得无线传感器网络更好地应用于气象领域。

无线传感器网络由纤毛式微机电系统（micro-electro-mechanical system，MEMS）、片上系统（system on chip，SOC）、无线传感器网络系统（wireless sensor network system，WSNS）组成，其以低成本高效能的方式，带来信息感知技术的变革，使气象系统更加完善[10]。无线自组织网络由几十到上百个静止的或具有移动性的传感器系统，以多跳自组织的方式方法构成，其可以协作地感知预测、对各种信息进行优先化处理。无线传感器网络与无线自组织网络虽然有很多相似之处，但它们也是有区别的。无线传感器的节点分布较为紧密，环境影响及其他等外界因素，使节点较容易出现一些不必要的故障。无线自组织网络的能量管理能力较为高效，其存储能力与信息统计能力也更有优势。无线传感器网络的首要设计目标就是高性能、低功耗、高效率、高寿命。这种传感器网络利用了传感技术、计算机技术和无线网络覆盖技术，可以有选择性地感知信息、监测技术程度、观察和收集在各种环境下所感知的对象的信息，通过对各种信息性能的分析，从而获得感知对象中有关气象的准确信息。因此，无线传感器网络在气象方面的应用是极佳的。

无线传感器技术在气象上的检测与应用独具特点，它可以同时测量风速、风向、温度、湿度、气压和雨量六个重要气象参数，提高气象数据采集效率。无线传感器功耗低、安装较为简单方便、结构较为紧凑精密，采用防紫外线技术、防腐蚀材料，系统的防护能力增强，维护周期延长，对气象监测的精确性和可靠性有所提高。

无线传感器在同一空间分辨单元内时，可以利用它们之间的联系，从不同的干扰杂信号中检测并跟踪到信息的具体目标。无线传感器应用于气象的优点就是无论白天还是黑夜其都能准确地探测远距离的目标，并且不受浓雾、多云和雨雪的阻挡，使气象观测具有全天性和全面性的特点，并且无线传感系统有一定的穿透能力。因此，它广泛应用于气象部门。随着社会经济发展无线传感技术在气象预报、资源探测、环境监测、天体研究、大气物理等研究层面上也均有广泛应用[11]。

无线传感网络计算系统使服务共享平台更加开放化、具体化、优先化。无线传感网络对信息资源的监控有着极其重要的作用，当下数值天气预报的飞速发展，使得无线传感的控制界面更为丰富，气象预报产品的预定更为快速，这对其可视化内容特点、客户管理系统设置、网络中用户注册与管理层面的发展都有一定的积极意义。无线传感网络的方式，可以使气象网络用户通过多方面的建设，更加随时随地观测气象。用户可以更加安全、简单方便地访问网络上的气象资源、信息存储状态、数据整理资源和程序设计资源，还可以享受网络工序提供的各种各样的贴心服务。

无线传感器对于气象网络的开发及一些数值的统计，气象预报在设置层面与工作细节管理方面相互结合使气象技术发展更加快速、更加完善。无线传感技术可以选取人们所关心的预报地点、预报时间及物理预报过程的参数化研究方案等，从而实现按需预报的服务。无线传感网络在气象上的应用有着非常深远的影响。在无线传感网络环境下，气象规律不断改进与完善，实现了网络环境下快速预报、高准确模式的使用，无线传感网络通过浏览共享服务的权限，实现了网络数值系统预报模式，使控制的项目和科研成果得到有效共享，使无线传感网络技术进一步有效地应用于气象领域。

4.1.2 空基气象传输

气象信息是我国经济发展和农业发展离不开的重要信息。在各种自然灾害中，气象灾害占比超过70%，因此，需要获得更全面、更准确的气象数据，以强化与气象观测有关的灾害预警体系。传统的气象观测一般由高空观测、地面观测组成。其中，高空观测主要是通过相关检测仪器，如气象卫星、气象飞行器、气象火箭等来探测大气中的各种高度的气象状态；地面观测以地面气象观测站为基础，利用温度计、雨量计、风廓线雷达、微波辐射计等观察设备，对观测资料进行无间断的逐日采集[12]。高空观测与地面观测相比，二者在观测范围、精度、时效性、连续性等多种观测参数上存在着一定的差别。

近几年，民用无人机技术越来越成熟，并在各个领域得到了广泛应用。随着无人驾驶、智能控制、传感技术、气象观测技术的不断革新，国内低空域的逐渐开放，无人机平台被广泛应用于气象领域进行气象观测。例如，台风观测时，通过测量温度、湿度、压力、风速等参数直接推算台风运行轨迹和强度的变化[13]。目前，台风参数测量手段包括微波遥感技术、测风廓线雷达技术、探测设备在台风高空周边投放、自动气象站和移动观测车测量技术等。但是，以上方法存在着一些缺陷：卫星和雷达探测无法得到台风内部温度、气压、风力、湿度等参数，设备周边投放不能得到连续变化的台风参数，自动气象站和观测车主要是用来陆地探测。

世界各国都在积极探索无人机在气象探测中的应用，以应对台风测量技术的不足。例如中国翼龙–10无人机，搭载探测仪后，其在高空投放后测得的大气关键参数，通过无线链路实时下传至地面数据指挥控制中心，实现了对台风等关键气象的实时监控。无人机台风探测平台采用无人机飞控技术，辅助人为干预，并与卫星测量云图相结合，沿台风转动的切线方向，逐步进入台风中心，对风暴中的温度、气压、风力、湿度等参数进行连续采集，并随时切换高度，对不同高度上的台风参数进行连续测量。无人机采集到的台风相关数据通过卫星转发至控制中心，然后经通用网络传送至气象中心，应用于计算机模型制造，以便实时地解译出台风运行模型。其中，位于机头、机翼等位置的感应器可以进行台风主要参数测量，并对传感器捕获的相关参数进行实时的计算。

无人机具有体积小、重量轻、使用灵活、精度高、成本低等优点，搭载合适的气象观测设备后，可针对空间天气系统开展小尺度精细化气象观测，弥补卫星观测、高空观测、地面观测等传统气象观测手段通常只适用于监测较大范围时间和空间的不足[13]，为开展低空气象探测技术研究、大城市精细化气象预报、应急救灾、大气污染研究、城市规划论证、交通旅游服务以及气象科普宣传等应用提供了有效技术支撑。当前已有的气象观测无人机研究主要集中于固定翼、长航时、远距离的无人机平台，这类无人机在沙漠、高山、海洋、冰川等偏远和危险地区适用性好，特别适用于台风、洪涝、地震等突发性自然灾害的特殊环境中。然而，固定翼无人机也存在起降条件要求高，操纵专业性强，垂直观测难度大等不利因素。多旋翼无人飞行器技术的迅速发展，为无人飞行器气象观测开辟了一条新的路径[14,15]。通过搭载各种气象载荷，在大城市开展小尺度精细化垂直气象观测及其时空演变研究，利用多旋翼无人机起降灵活、操控简单、悬停自如、费用低廉等特点，建立城市冠层气象观测系统。

气象探测无人机系统包括飞机、航空电子系统、数据链系统、地面测控站、气象载荷设备、地面发射装置，如图 4-2 所示。

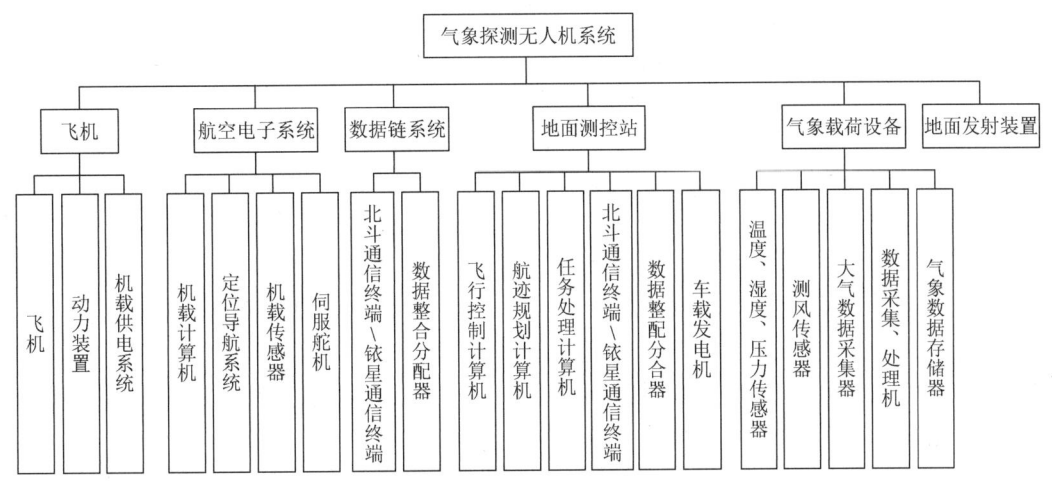

图 4-2 气象探测无人机系统组成

其中，气象载荷分设备由温度、湿度、气压、风向、风速等传感器，以及数据采集与处理系统组成。

如图 4-3 所示，针对气象参数的测量，可利用基于 Windows 系统的 PC104 数据采集模块控制相关气象设备，并通过进程间消息传递气象参数给远程通信模块，由北斗卫星或铱星传回到地面站设备。该气象设备通过 PC104 在空中实时完成气象参数解算，且由于 PC104 能单独控制气象传感器，测量取样的周期大大缩小，采样样本量极大增加。当前正在对北斗卫星的传输频率进行改进，以增加测量的样本数，满足现今需要。地面站串口专门有读写线程，提高数据通信处理能力，以减少数据包丢失现象。

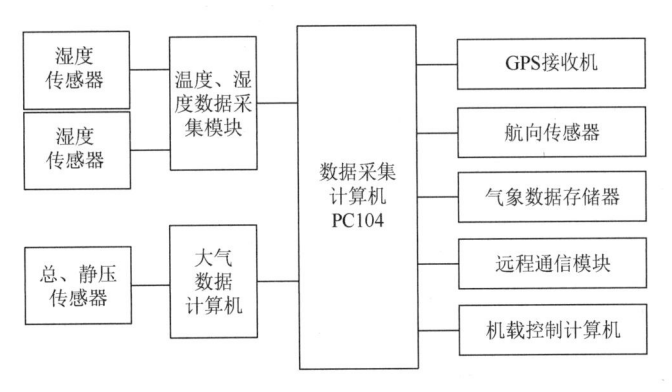

图 4-3 气象载荷组成

基于多旋翼无人机的多要素气象观测系统主要包括无人机平台、气象观测载荷、地空通信模块、地面站系统等部分。

如图 4-4 所示，气象观测载荷由具备温度、相对湿度、风速风向、气压、颗粒物浓度等气象要素数据的采集和解析功能的各种气象探测传感器和数据采集模块组成。地面控制指令和无人机飞行状态参数及气象探测数据主要由地空通信模块负责，通过 2.4GHz 无线信道上传。地面站系统主要有遥控设备、观测数据显示软件[16]。

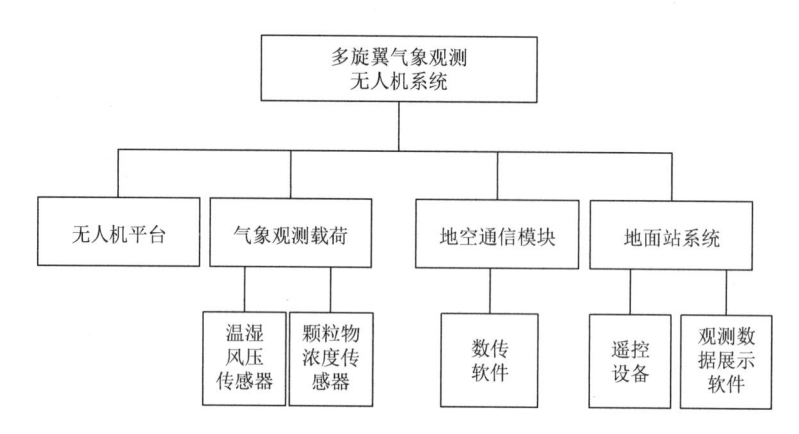

图 4-4 基于多旋翼无人机的多要素气象观测系统

无人机上用来完成气象观测任务使用的各种设备，包括气象数据采集和传输，是整个气象观测无人机的核心组成部分，其主要由不同功能的传感器和数据采集模块构成，其工作原理如图4-5所示。数据采集模块采集到气象传感器数据后，通过飞控数据传输接口使用2.4GHz频段无线信道回传到地面遥控器中，经过初步处理后再通过信号到达角（angle of arrival，AOA）技术，将数据字节传输到地面站进行解析处理、校正纠偏并封装成指定格式的字符串，通过超文本传输协议提交到数据服务器，最终通过观测数据展示平台实时显示。

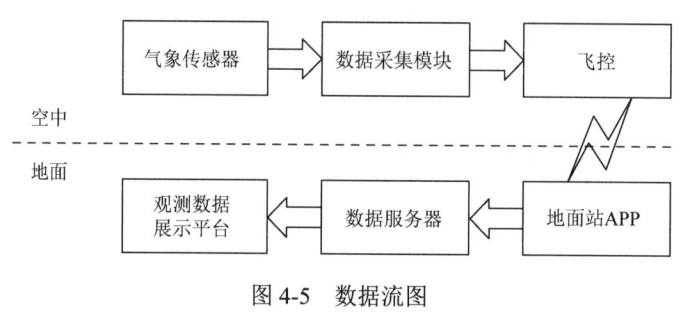

图 4-5 数据流图
APP 指应用程序（application）

数据采集模块在读取、解析、回传探测数据的基础上，能够探测并采集其他设备及传感器的实时电压，是整个气象探测系统的关键模块[17]。该模块包括：数据处理芯片、数据回传界面、数据读取界面、电源界面、电压探测模块。由于读取和分析气象传感器数据的采集需要进行大量的计算，所以在数据处理芯片中，必须使用计算能力较强的意法半导体公司生产的低功耗嵌入式微控制器,如 STM32 F103RCT6,这种处理器使用当前最流行的 ARMCortex-M3 核心,在内部四个 16 位计时器中,最多可以形成 16 路独立脉冲宽度调制(pulse width modulation,PWM)波,两个 12 位精度 A/D 转换器,整合了各种通信接口,充分满足该设计的基本需求。数据回传接口采用此处理器自带的 USART 异步串口进行开发,利用 AE-485 界面和 AE-232 接口,每隔 6s 分别利用 AE-485 接口和 AE-232 接口来获取和分析 WS800 及 11-E 的传感器数据。LM385 操作晶片可以实时读取电芯电压,可以实时地读出电芯电压。该处理器操作系统为 C/OS-III,可同时分别处理气象感应和颗粒浓度仪的数据,整个数据传输模块流程见图 4-6。

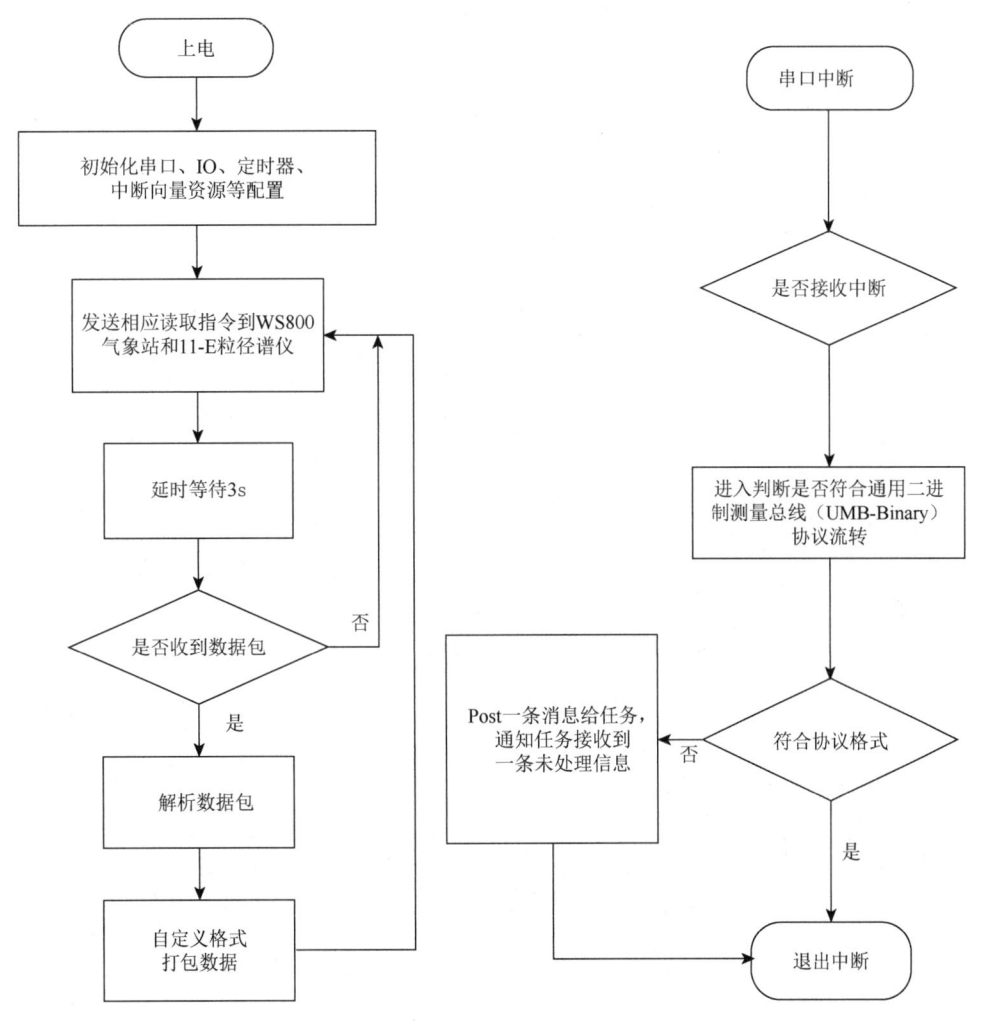

图 4-6 数据传输模块流程

IO 指输入/输出(input/output)

4.1.3 天基气象传输

近年来,卫星技术的快速发展和应用为天基气象业务拓展了全新领域。小卫星星座与大卫星系统结合，可以构成能力更强大的多要素、高时空分辨率、满足多样需求的气象卫星观测体系[18]。

小卫星具有研发周期短、成本低、发射方式灵活等优点，而通过多颗星组成星座阵则可以提高时空探测密度，提高关键气象信息的获取效率[19]。以下列举几类气象卫星发展状况和应用。

中国台湾和美国相关组织合作，于 2006 年 4 月 15 日实行星座、气象、电离层及气候观测系统（the Constellation Observing System for Meteorology, Ionosphere and Climate, COSMIC）计划，发射六颗小卫星，构成 GPS 掩星探测系统，每颗卫星直径 1m，重 62kg，通过接收 GPS 导航卫星相关信息获得掩星事件，并对大气垂直温湿廓线进行估算。

早在 20 世纪 60 年代末期，周恩来总理就明确提出"搞我们自己的气象卫星"，并在次年亲自批准下达研制任务。我国研制了两种气象卫星：极轨和静止轨道卫星，可以实现大气遥感信息的完整获取，对不同时空标准的天气系统、气候和全球变化进行实时准确监测。半个多世纪以来，"两代四型"气象卫星被研制并成功发射，高低轨组网气象卫星观测系统应运而生，该系统可以实现长期、稳定、连续地运行[20]。我国风云系列气象卫星发射历程见图 4-7。

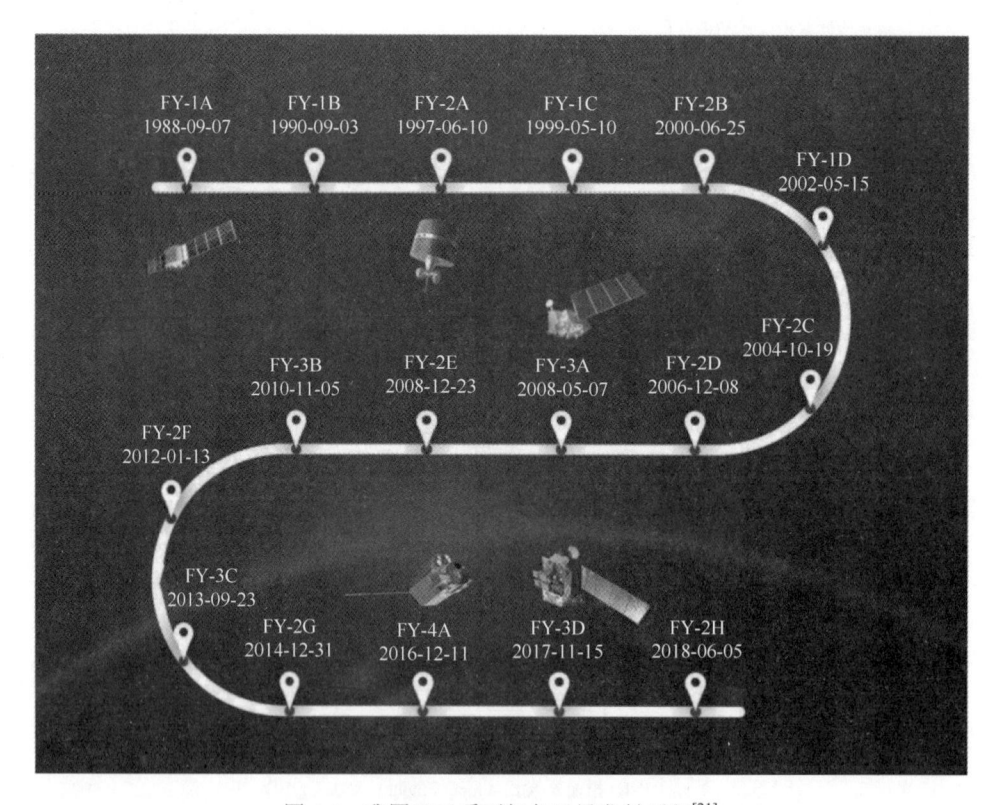

图 4-7 我国风云系列气象卫星发射历程[21]

20 世纪 80 年代末期，我国研制出了第一代极轨气象卫星——风云一号，风云一号卫星也是我国自主研制的第一颗传输型遥感卫星，使我国首次实现了气象、海洋和空间环境的综合探测应用,真正实现了"一星多用"。风云二号卫星是我国自行研制的第一代地球同步轨道气象卫星,自旋静止卫星五通道观测、高精度图像质量的卫星设计、星地一体化图像配准与定位等关键技术由此实现突破。

我国第二代风云气象卫星分为风云三号、风云四号两个系列,相较于风云一号、风云二号,性能大幅提升,并开始了定量化应用。风云三号实现了从紫外、可见光、红外到微波探测的多载荷集成,可实现全球、全天候、多光谱、三维、定量综合对地观测,探测能力达到国际先进水平。国际气象卫星协调组织(Coordination Group for Meteorological Satellites,CGMS)已将风云三号卫星纳入新一代世界极轨气象卫星网发展规划。此外,风云三号卫星的观测资料向全球免费开放共享,因此在国际上有非常广泛的用户,被用于生态监测和全球气候变化研究等。风云四号是目前全球所有静止轨道气象卫星中综合对地观测能力最强的气象卫星,是国际首次由一颗星实现"高精度二维扫描成像+红外高光谱三维探测+超窄带闪电探测",率先实现了静止轨道红外高光谱大气垂直探测,达到世界领先水平;首次实现了我国天基高帧频高灵敏闪电探测。与风云二号相比,风云四号观测的时间分辨率提高了 1 倍,空间分辨率提高了 6 倍,大气温度和湿度观测能力提高了上千倍,整星观测数据量提高了 160 倍,观测产品数量提高了 3 倍。风云四号 A 星于 2017 年 9 月 25 日正式交付用户投入使用。如图 4-8 所示,交付日当晚,微信启动页面的画面出现了首次变化,地球从原来的非洲大陆动态变为东半球的画面,正对着的中国轮廓清晰可见。

图 4-8 风云四号发射后微信启动页面的变化

新一代风云卫星体系将进一步满足数值天气预报、天气气候分析、生态环境监测等领域高精度、高稳定度的定量应用需求。预计到 2025 年前,我国还将研制发射七颗第二代风云气象卫星,实现全球首次晨昏轨道气象综合探测和静止轨道微波大气探测,建成由四颗低轨和五颗高轨组成的全球最完备的气象卫星观测系统。为了推动气象事业高质量发展,实现天基气象体系智能化,到 2035 年前,我国将建设第三代风云气象卫星系统,低轨包括三颗极轨卫星(上午、下午和晨昏)、三颗低倾角轨道卫星和空间辐射基准卫星,高轨包含多颗光学星和微波星,全面实现风云气象卫星观测能力和应用水平国际领先,提升气象现代化水平,服务生产发展,保障国家安全。

4.1.4 空天地一体化气象传输

1. 空天地气象传输网络结构概述

空天地一体化通信网络是由不同轨道上多种类型的卫星系统、邻近空间的各类飞行器（如无人机）以及陆、海、空基的应用终端和地面终端系统互联互通构成的智能化通信网络[22]。该网络通过互联互通和信息交换，融合陆基、海基和空基等多种信息采集方式，实现安全、可靠、持续、实时地获取、处理和传输多源信息，并具有一定的自主管理和网络重构能力。基于空天地一体化的大气综合监测平台，是通过搭建地面分布式大气监测网与高空立体遥感监测的激光雷达网，同时结合监测气象因子风雷达，卫星同步大尺寸宏观监测数据，完成对气象全方位的立体实时跟踪监测，以及数据传输[23]。

空天地一体化通信网络的复杂性不仅表现为网元节点的异构性、多元性和动态性，还表现为承载任务的多样性、数据的实时性和控制的自主性，同时还表现在出现故障和灾难情况下的自恢复和抗毁性上。以高空探测无人机为例，其具有低成本、高机动性、便于操控等特点，可作为气象海洋等自然环境探测和遥感的载体，探测无人机合成孔径雷达（synthetic aperture radar，SAR）的使用，对于深远海海洋资料探测、大气云微物理、大气波导、大气电场等军事敏感要素具有重要的战略意义。

2. 北斗气象传输系统设计与实现

我国自主研制的导航定位卫星系统在具备定位、授时功能的同时，兼备短信通信的功能，对于常规观测气象水文数据量小，实时性强的特点，有独特的传输优势。基于北斗系统建设了集数据采集、传输、应用于一体的气象水文数据卫星传输应用系统[24]。

1）系统总体结构

导航定位卫星通信终端分为指挥型用户机和普通型用户机。指挥型用户机可管理所属普通型用户机，监听下属用户机数据和指令。普通型用户机则与数据采集设备接口，完成数据的远程传输。系统主要由气象数据采集、传输系统以及数据综合应用系统组成。系统结构示意图如图 4-9 所示。

2）气象数据采集系统

气象水文数据采集系统采集各场区自动气象站、浅层风测量塔等设备的气象水文数据。数据采集设备将采集的数据通过数据接口设备，传输给与其相连的普通型用户机并发往卫星；用户机从卫星接收远程指挥机发来的配置信息，并转发给终端采集设备进行参数修改[25]。气象室通过指挥机从卫星收集各终端采集设备的数据，并通过指挥机—卫星—用户机链路对所辖传输设备进行远程监控与维护，通过相应软件对接收到的各种气象站数据进行处理和录入。

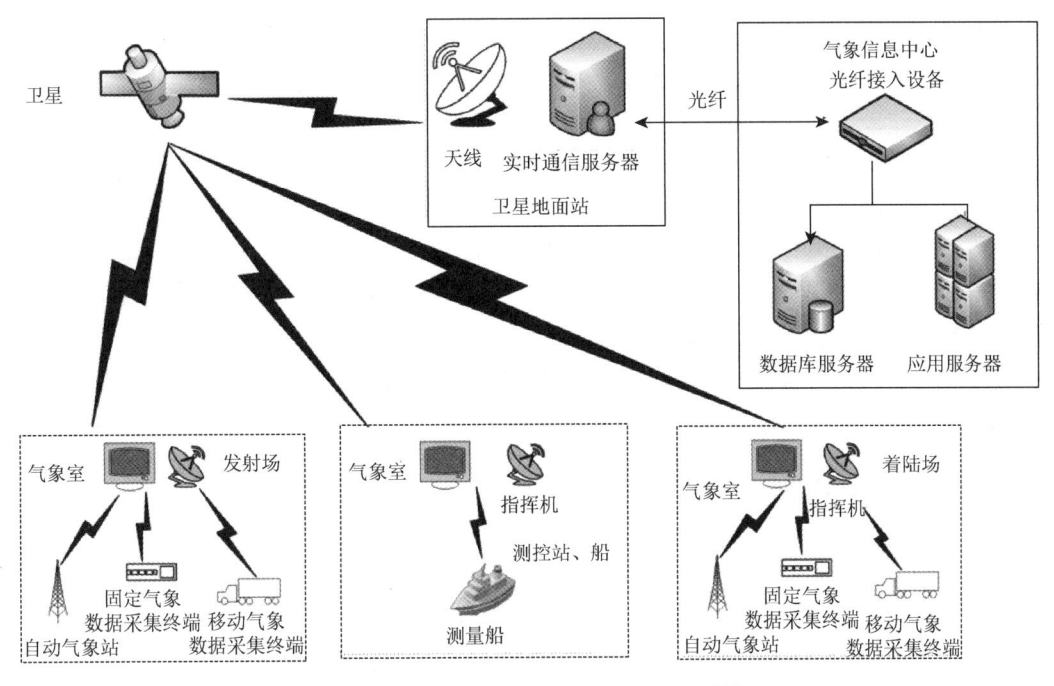

图 4-9　北斗气象传输系统结构示意图[26]

3）数据传输系统

数据传输系统将采集到的数据转发到气象室和信息中心。卫星接收到终端发来的数据后将其发送给卫星地面站。地面站在进行分拣处理后将数据通过卫星发送到气象室的指挥机，同时将所有数据通过光纤链路发送到信息中心。同时，地面站通过逆向流程将信息中心发出的远程终端配置指令通过卫星发送到相应用户机并传输数据至采集终端，进行数据采集频率等参数的修改[25, 26]。

4）数据综合应用系统

数据综合应用系统主要完成气象水文数据处理、存储、查询分析、交互显示、基于地理信息系统管理等功能。气象水文数据库分为设备库和数据库。设备库包括设备参数描述、传感器参数、应用参数和传输数据格式；而数据库的个数、种类由设备种类属性数据库决定，按照设备库中的传输数据格式存储数据。数据综合应用系统可同时进行实时数据显示和历史数据查询，与卫星云图等气象信息进行交互显示，为预报员和指挥员提供多种可视化数据产品，是气象数据与预报保障人员的接口。

3. 气象无人机传输链路设计与实现

链路主要是指在中间没有任何节点的条件下，连接两个通信节点的物理线路。无人机数据链路主要负责实现连接地面站与无人机之间的通信系统，从而使无人机系统中的监测平台以及传感器平台之间的数据可以在处理后传向地面以及卫星系统[27]。目前，国内外针对无人机数据链的应用与研发还处于发展阶段，但已经取得了很好的成果。无人机在农林业、抢险救灾、地质测绘、自然灾害等领域均有广泛的应用。

本节所提出的无人机数据链路在原本物理线路的基础上，还需要通过通信协议对所传输的信息进行控制。传输通道、消息标准以及通信协议是无人机数据链路系统中的三个基本组成元素[28]。

1）传输通道

传输通道的基本组成包括数据处理系统、接收和发送天线以及数据链终端设备等。发射功率、通信频段等均是该部分的主要性能指标。为满足适合实际应用环境下的数据链传输要求，可以通过选取适合的编解码及加密算法、功率等完成[29]。数据处理系统在通常情况下，可以在协处理器中进行数据处理，同时可以通过标准数据接口完成与主处理器间的通信，以实现多处理系统中的格式化处理。之后则是完成接口与不同数据链之间的转换，使无人机数据达到共享、一致的效果。数据处理终端主要是进行数据的处理，由加解密设备、网络控制器和调制解调器构成。图4-10为无人机数据链系统简化框图。

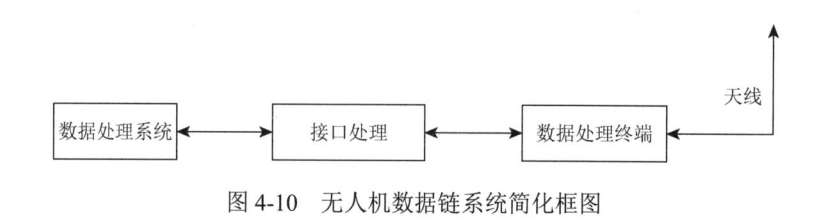

图4-10　无人机数据链系统简化框图

2）消息标准

对无人机链路中传输的数据信息的数据内容、类型、结构等方面的规定被称为消息标准。在无人机数据链系统中，制定标准的数据传输格式，有利于处理器解析、生成等。

3）通信协议

该部分主要是实现各系统之间的数据交换。在无人机数据链系统通信过程中，对数据信息传输条件、控制方式、流程等方面的规定被称为通信协议，其主要由频率协议、网络协议、操作规程等构成。

（1）无人机数据链系统性能指标。

无人机数据链系统的两个基本方面是传输的可靠性和有效性。在整个无人机数据链系统的设计过程中，需要确定的指标如下[30]。

a. 误码率。利用统计平均值对数据链系统的工作状况进行测量，其误码率是无人机数据链可靠性最基础的指标。一般情况下，传输速度不同。因此，根据实际情况，对应的误码率也会有差异。

b. 通信频段及频点。需要使用跳频扩频技术而不是常规的固定频点，因为各种相同频段之间会出现信号干扰的现象。在实际的设计过程中，不同的通信需要根据不同的实际情况来选择。

c. 传输速率。对这一指标起决定作用的是无人机系统所采用的传输设备，该指标的主要作用在于对传输数据通信链路能力的反应。

d. 作用距离。无线数据传输系统的传输距离决定了该指标范围。

e. 传输延迟。该指标主要是由传播、处理、等待延迟三方面组成。主要是指在两端之间进行数据传输所经历的时间。通常情况下，根据信息类型的不同，无人机传输延迟可大体分为秒级和毫秒级两种。

（2）无人机数据链的结构。

飞行模式的差异使得无人机数据链路的数量可以分为多数据链和单数据链两种，而根据地面站与飞机的数据传输方向可以分为下行链路数据传输和上行链路数据传输[31]。

单数据链路通过无线数传电台完成飞行控制器以及下位机的数据信息交换。因此，单一数据链结构的主要特征是在地面站与飞机之间只有一条双向数据链。下位机在这个单一的数据链系统中的任务包括处理接收机载设备参数和飞机状态等信息，以及打包上传地面站控制参数和数据处理等，这些都是下位机必须具备的条件。

如图 4-11 所示，相较于单数据链路结构，多数据链路更复杂，具有一条连接地面站与飞机之间的无线链路。该链路的主要作用是负责地面站控制的上行传输以及飞机状态的下行传输。由于工作频段不同，该无线局域网链路与无线数传电台之间不会产生干扰的现象。

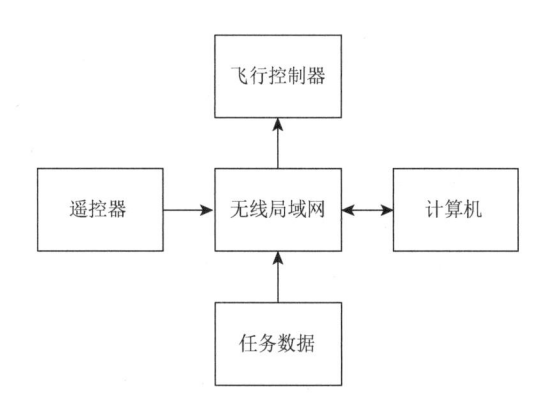

图 4-11 多数据链路机载系统框图

相比于多数据链路，单数据链路有着整体结构简单、系统资源开销低、集成度高等优点。在系统中采用单数据链路结构，能够很大限度地降低机载控制系统的重量、复杂度以及功耗。在相同的方案情况下，单数据链路结构在提高无人机的续航能力方面效果十分明显。而多数据链路结构则有着便于模块化设计、传输效率高等优点。目前为止，无人机数据链路系统中多数据链路结构是应用最为广泛的一种。而对应多数据链路结构的优点，其相应的缺点为涉及多处理器接口通信问题、成本高、开销大和无法远距离通信等。

4.2 数值天气预报技术

天气变幻莫测，是最常见的自然现象。那么，天气可以被描述，甚至被预测吗？天气预报与我们的生活如影随形，出门或者出差前，我们都会下意识地看一下天气预报；农业、交通、金融、电力等行业都离不开精准的天气预报。突发或极端天气事件对生态系统、基础设施和人类安全存在巨大的风险隐患，精准的天气预报能够挽救生命、辅助应急管理，在灾害天气事件中减轻影响、避免经济损失，还能在能源、农业、交通和娱乐行业创造持续的经济收益。因此，精准的天气预报就显得尤为重要，其中数值是生成精准天气预报的最重要、最科学、最有效的手段。

数值天气预报（numerical weather prediction）属于探寻大气运行机理的科学，并且是所有物理科学研究领域中的佼佼者，同时也是与计算机科学、概率论及数理统计科学、控制科学、化学等多学科融合的极其复杂的科学与工程问题。同时，作为一个数值计算问题，全球数值天气预报与人脑模拟和宇宙早期演化模拟计算水平相当，并且其每天都在世界各地主要的数值预报业务中心的超级计算机上运行。天气预报的潜在收益远远超过在用于生产天气预报的相关基础科学研究、超算设备、卫星和其他观测手段等领域的投资。

数值天气预报是指根据大气实际情况，在一定的初值和边值条件下，利用大型计算机作数值计算，求解描写天气演变过程的流体力学和热力学的方程组，预测未来一定时段的大气运动状态和天气现象的方法。简单而言数值天气预报就是用数学方法构建方程，将气象数据和边界参数导入方程求解，从而预测大气变化和状态。其业务流程大致为：气象数据收集和预处理、数值天气预报流程、综合数值天气预报、天气学、统计学等输出预报结果。数值天气预报是典型的计算密集型应用（computationally intensive applications），与经典的以天气学方法作天气预报不同，它是一种定量和客观的预报，正因如此，数值天气预报首先要求建立一个较好地反映预报时段的（短期的、中期的）数值预报模式和误差较小、计算稳定并相对运算较快的计算方法。其次，由于数值天气预报要利用各种手段（常规观测、雷达观测、船舶观测、卫星观测等）获取气象资料，因此，必须恰当地作气象资料的调整、处理和客观分析。最后，由于数值天气预报的计算数据非常之多，很难用手工或小型计算机去完成，因此，开展数值天气预报必须依托具有极强计算能力的超级计算机。

国家超级计算长沙中心为中部某省气象局提供了数值天气预报计算的平台支持，以提高天气预报、气候预测的及时性、准确性、可靠性和精细化，更早地对灾害性天气进行预警，更好地分析灾害天气情况的规律和更有效地形成防御灾害天气的对策。业务化运营后，该气象局数值预报能力大幅提升，天气研究和预报模式最高水平分辨率从20km提升为4km，覆盖包括该省在内的10°×10°区域；升级的暴雨数值预报模式水平分辨率从37km提升为15km；该气象局内部原有计算平台无法清晰模拟出中小尺度系统和强对流发展演变情况，而提高模式分辨率又难以满足时效性要求，依托超级计算平台解决了该省数值模式业务运算能力不足的问题，为省级数值模式预报业务发展创造了良好的运算环境，并进一步提高了天气预报预警服务质量和水平。

4.2.1 经典网格点法

差分网格的设计在数值求解大气方程组时很重要。大多数气象数值模式都采用单一均匀的网格来进行计算。由于需要分析尺度较小的天气系统及其物理过程，加密网格的计算量会大幅增加。然而，这往往会受到计算条件的限制。为了分析多尺度问题，多重网格设计成为气象数值模式设计中的一个关键问题。而自适应网格能自动适应非定常问题的特征，网格能响应不同时间步数值解的不断变化而重新分布，数值解物理意义大的地方加密网格，物理意义小的地方疏散网格，而总格点数不变。

1. 多重网格法

多重网格法是一种用于求解方程组的方法，可用于插值、解微分方程等。从数学角度讲多重网格法实际上是一种多分辨率的算法，由于直接在高分辨率（用于求解的间隔小）上进行求解时对于低频部分收敛较慢（与间隔的平方成反比），先在低分辨率（间隔较大）上进行求解，因为此时间隔小，数据量小，进行松弛时的时空耗费小，收敛快，而且一个很重要的优点是在低分辨率上对初值的敏感度显然要低于对高分辨率的初值的敏感度要求。

多重网格法可以直接在低分辨率上以一个随意的初值进行计算，然后进行插值，提高其分辨率，再在更高分辨率上进行计算；也可以先在高分辨率以随意初值进行计算，得到一个结果，再将其限制（插值）到低分辨率去，再在低分辨率上进行解算，最终从低分辨率经插值计算达到高分辨率。

多重网格算法可分为预平滑、粗网格校正和后平滑三步，算法流程如下。

1）预平滑

选定一个初值，先采用一般方法，如权雅克比方法（Weighted Jacobi），求出一个近似解 u_1。

2）粗网格校正

(1) 计算剩余量：

$$r_1 = f_1 - A_1 u_1 \tag{4-1}$$

式中，A 为大气方程组的系数矩阵。

(2) 限制剩余量 $r_{l-1} = R_{l,l-1} r_l$，式中的 R 为限制算子，它实质上是一个插值算子。

(3) 在粗网格上，求下列问题精确解：

$$A_{l-1} \times e_{l-1} = r_{l-1} \tag{4-2}$$

式中，A_{l-1} 为在粗网格上离散后得到的矩阵（如果是有限元方法，就是刚度矩阵）；e 为粗网格上的中间变量。如果在这个粗网格上精确解不好求，继续放粗，递归调用整个过程。

(4) 将 e_{l-1} 延拓到粗网格上，以求解 e_l：

$$e_l = P_{l-1,l} e_{l-1} \tag{4-3}$$

式中，P 为延拓算子，其实它是一个插值算子。

(5) 计算粗网格上的近似解，仍然用 u_1 表示：

$$u_1 = u_1 + e_1 \tag{4-4}$$

3）后平滑

以算得的 u_1 为初值，一般采用权雅克比方法进行迭代多次，求解近似解[32]。

2. 自适应网格法

自适应网格技术是指在数值计算过程中，根据解的变化和需要，计算网格能自动进行调整，以提高数值计算效率和精度的技术。自适应网格技术首先从航空航天领域发展起来，20世纪80年代在计算流体力学领域已有较广泛的应用。Dietachmayer 和 Droegemeier 于1992年第一次将这一技术应用到气象学领域，实际上我国学者刘卓在1991年曾对这一技术在气象学上应用有过专门的研究。自适应网格技术分为两类：一类是网格点数固定，通过移动网格在解的大梯度区自动加密网格；另一类是网格点数可以变化，此法多用于有限元方法中。第一类方法由 Brackbill 和 Saltzman 所提出，其要点是根据各网格间解的梯度值取一个权函数 w，并使得 $w \times \Delta x =$ 常数。这样，某网格间上解的梯度值越大，权函数就越大，相应的 Δx 就越小。为达到这一目的，先将其转化为一个变分问题，通过求解其欧拉方程来得到新网格点位置。

自适应网格技术起步晚，目前只是初步引入气象模式中，其在应用中的加密效果有必要深入研究。自适应网格与均匀网格在数值模拟中的比较如下。

（1）自适应网格模式在模拟降水过程的强度、落区上都明显优于均匀网格模式。

（2）在各预报量的模拟精度上，自适应网格模式比均匀网格模式有所改善。

（3）自适应网格模式模拟的中尺度特征更明显，这使得用自适应网格模拟中尺度系统极具应用意义。自适应网格模式对涡度场模拟精度的改善十分显著，模拟的散度场高低空辐合、辐散与垂直速度配置较好，对风场环流中心强度、位置的模拟优于均匀网格，对急流的预报比均匀网格更接近实况。也就是说，自适应网格模式能较好地模拟中尺度系统。

（4）自适应网格模式的研究区域可以有一个以上的网格加密区，互不影响加密效果。

自适应网格的构造如下。

自适应网格细化算法采用规则四边形网格（图4-12），自适应网格的细化因子为2，细化网格采用局部矩形细化网格，主要有以下三方面的优势[33]。

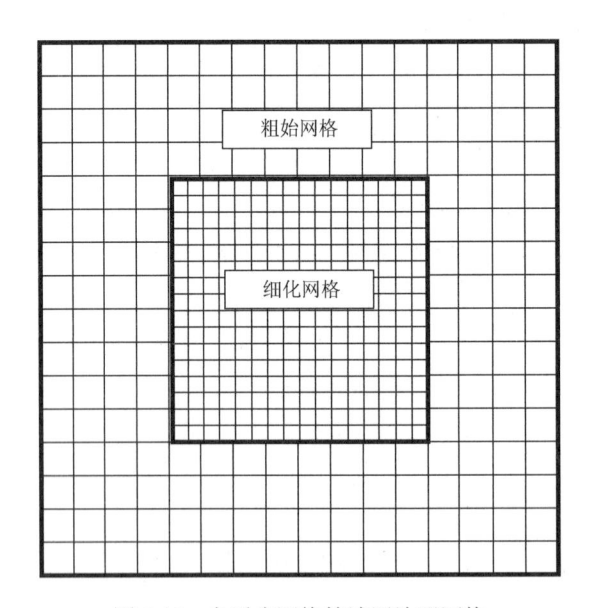

图 4-12　自适应网格算法四边形网格

(1) 规则四边形网格上,容易结合有限差分法和有限体积法求解网格点的空间导数,易于编程计算。

(2) 生成的细化网格呈块状分布,确保了细化网格和基网格的交界面位于基网格数值比较平滑的区域上,因此通过基网格上的数值解插值得到的细化网格边界上数值解的计算误差降到最低。

(3) 自适应网格细化算法采用规则四边形网格的计算速度,要比采用非构造网格的计算速度快。

首先需要将整个求解区域按照空间步长划分为有限数量的等边长矩形区域,将划分的网格定义为基网格。基网格用 G_0 表示,G_0 的下标 0 表示尺度。基网格 G_0 是由有限个矩形网格单元 $G_{0,j}$ 组成的,可以表示为

$$G_0 = \bigcup G_{0,j} \tag{4-5}$$

式中,j 为矩形网格单元在整个基网格上的位置。

在矩形网格单元 $G_{0,j}$ 中,矩形网格单元的空间步长都是相等的,可以表示为

$$h_x = h_y = h_0 \tag{4-6}$$

式中,h_x 为 x 方向的空间步长;h_y 为 y 方向的空间步长;h_0 为基网格上的空间步长。

使用数值方法(如有限差分法、有限体积法)得到基网格 G_0 上的数值解,接下来对基网格上数值解进行误差估计。如果某区域的误差估计值比较大,说明该区域中的数值解之间梯度变化比较大,反之,则说明该区域的数值解比较平滑。为了保证整个计算区域能得到平滑的数值解,设定截断误差阈值对误差估计值进行过滤,将小于阈值的数值解对应的网格点滤掉,大于等于阈值的网格点对应的网格点保留。在大于等于阈值的网格点周围插入细化网格点,这样,在基网格上就形成了一系列矩形细化区域。矩形的细化区域被嵌套在基网格上,所以在整个计算区域中就生成了一套,既有粗网格又含细化网格的自适应网格。这里把生成的细化网格区域定义为 G_1,G_1 表示 1 尺度上自适应网格。因为在整个基网格上可能生成多个细化区域,则 G_1 可以表示为

$$G_1 = \bigcup G_{1,j} \tag{4-7}$$

式中,j 为矩形网格单元在 G_1 上的位置。

生成 1 尺度上细化网格 G_1 后,它对应的空间步长将变小。这里引入空间细化因子,以后空间细化因子均取 2,细化网格 G_1 对应的空间步长就变为了原来的 1/2,也就是说,在整个 1 尺度上,细化网格的空间步长都是基网格对应空间步长的 1/2,可以表示为

$$h_{1,x} = h_{1,y} = h_0 / 2 \tag{4-8}$$

如果 1 尺度细化网格 G_1 上的数值解的误差估计值存在大于等于阈值的区域,则需要继续对该区域进行细化,这样就生成了 2 尺度上更加细化网格 G_2,G_2 就变成 G_1 的组成部分,以此类推,直至整个求解区域上的数值解满足截断误差的要求为止,形成一套最终尺度为 l,且层层嵌套的自适应网格 G_l,可以表示为

$$G_l = \bigcup G_{l,j} \tag{4-9}$$

这样就构造完成了自适应网格 G:

$$G = \bigcup G_l \tag{4-10}$$

4.2.2 数值求解方法

数值天气预报中所用的方程大多是非线性的，迄今还没有一种解析求解方法，常用的是数值求解方法，其中最常用的是差分法和谱方法[34]。

1. 差分法

差分法，即用差商代替微商的方法。考虑任意函数 $f(x,y,t)$，其偏微商 $\dfrac{\partial f}{\partial x}$ 可以用几种不同的形式来近似表示，如

$$\frac{\partial f}{\partial x} \approx \frac{\Delta x f}{2\Delta x}, \quad \frac{\partial f}{\partial x} \approx \frac{\delta x f}{\Delta x} \tag{4-11}$$

其中，$\Delta x f = f(x+\Delta x, y, t) - f(x-\Delta x, y, t)$；$\delta x f = f(x+\Delta x, y, t) - f(x, y, t)$；$\Delta x$ 为网格距，至于对自变量 y 和 t 的偏微商，只要用 y 或 t 代替上面两式中的 x，用 Δy 或 Δt 代替 Δx，便可得到类似的表示式；通常称 $\Delta x f / 2\Delta x$ 为中央差；$\delta x f / \Delta x$ 为向前差。

L.F.理查孙最早将这种方法应用于天气预报。他用中央差代替空间微商，用向前差代替时间微商，认为通过逐步计算就可以做出预报。如对于平流方程：

$$\frac{\partial f}{\partial t} + c_x \frac{\partial F}{\partial x} = 0 \tag{4-12}$$

其相应的差分方程为

$$\frac{F_{m,n+1} - F_{m,n}}{\Delta t} = -c_x \frac{F_{m+1,n} - F_{m-1,n}}{2\Delta x} \tag{4-13}$$

式中，c_x 为波速；F 为函数；x 为空间自变量；t 为时间自变量；m 为代表空间的下标；n 为代表时间的下标。依此式则由前一时刻的值，可以求得后一时刻的值。这称为显式差分格式。实践表明，问题并不这样简单。如果用一个单波解代入 $F(x,t)$，就不难发现，差分方程的解将随时间无限增长而与真解毫无相似之处。这种现象被称为"线性不稳定"。若时间也取中央差，则保持数值解的计算稳定性的充分条件是

$$\Delta t \leqslant \frac{\Delta x}{c_x} \tag{4-14}$$

这称为"线性稳定性判据"。经检验，这个条件对复杂得多的方程也是需要的。在数值预报中，通常网格距取 200km 左右。对过滤模式，$c_x < 50\,\text{m/s}$，Δt 允许超过 1h。如用原始方程模式，$c_x \approx 300\,\text{m/s}$，$\Delta t$ 只能是几分钟。

为了使计算稳定，又提出了隐式差分格式。它同上面所述的显式差分格式不同。如平流方程的隐式差分格式为

$$\frac{F_{m,n+1} - F_{m,n}}{\Delta t} = -\frac{c_x}{2} \left(\frac{F_{m+1,n+1} - F_{m-1,n+1}}{2\Delta x} + \frac{F_{m+1,n} - F_{m-1,n}}{2\Delta x} \right) \tag{4-15}$$

这种差分格式虽具有计算稳定的优点，但工作量较大。为了克服这个缺点，1961 年曾庆存首先提出了半隐式差分格式，它兼有显式格式和隐式格式的优点，可以取较长的

时间步长从而节约大量的计算时间。不过，对于非线性方程，即使线性稳定性判据得到满足，计算也不一定是稳定的。

2. 谱方法

在解决某个动力系统问题的时候，作为一种有效的数值计算方式，谱方法经常被用到。在适用的情形下，谱方法的误差特性，与所谓的"指数收敛"一样，是最快的。

通常情况下，谱方法与一般的二阶差分算法相较而言，会准确得多。谱方法的难点在于计算负担十分沉重，但是近年来快速傅里叶变换算法等计算方法优化技术日益精进，该方法的计算负担日渐减小。与有限差分方法相比较，前者使用比较大的网格间距就能得到很准确的计算结果，后者必须使相邻计算网格点的距离很小时才能保证精度要求，如此而来前者需要计算的网格点数目就比较少，尤其是当模拟计算的维度不断增加的时候，网格点数目与网格间距的倒数呈指数级增大关系，因此通常而言谱方法在三维度以及更高维度的问题中计算效率比有限差分法要高。

假设简单的基本多元函数和傅里叶级数。如果 $G(x,y)$ 是两个实变量的已知复值函数，并且 G 是 x 和 y 中的周期函数，即 $G(x,y) = g(x+2\pi,y) = g(x,y+2\pi)$，那么找到函数 $f(x,y)$，以便

$$\left(\frac{\partial^2}{\partial x^2} + \frac{\partial^2}{\partial y^2}\right) f(x,y) = g(x,y) \qquad \forall x, y \tag{4-16}$$

式中，左边的表达式分别表示 x 和 y 中 f 的第二偏导数。这是泊松方程，可以被物理地解释为某种热传导问题。

如果在傅里叶级数中写出 f 和 g：

$$f = \sum a_{j,k} e^{i(jx+ky)} \tag{4-17}$$

$$g = \sum b_{j,k} e^{i(jx+ky)} \tag{4-18}$$

并将其代入微分方程中，得到以下方程：

$$\sum -a_{j,k}(j^2+k^2) e^{i(jx+ky)} g = \sum b_{j,k} e^{i(jx+ky)} \tag{4-19}$$

我们已经将偏微分与无穷和进行了交换，如果假设它具有连续的二阶导数，则这是合法的。通过傅里叶展开的唯一性定理，将傅里叶系数逐项等值，给出：

$$a_{j,k} = -\frac{b_{j,k}}{j^2+k^2} \tag{4-20}$$

这是傅里叶系数 $a_{j,k}$ 的显式公式。在周期边界条件下，泊松方程只有当 $b_{0,0}=0$ 时才有解。因此，可以自由选择 $a_{0,0}$，这将等于分辨率的平均值。这对应于选择积分常数。

为了把它变成一个算法，只有有限多个频率被求解。综合上述，谱方法大致分为如下几步：

（1）计算函数 g 的傅里叶变换形式 $b_{j,k}$。
（2）通过式（4-20）和傅里叶变换 $b_{j,k}$ 计算傅里叶变换 $a_{j,k}$。
（3）通过对 $a_{j,k}$ 做傅里叶逆变换求解 f。

谱变换是谱方法计算中的一个重要组成部分。谱变换分为正谱变换和逆谱变换两类。

谱变换具有计算精度高、稳定性好、程序简单有效的突出特点。一般情况下，为确保谱变换的计算精度，在实现谱变换程序时采用 64 位计算。对一些计算精度要求不是很高的用户来说，使用 64 位计算代价太高。但是，如果使用 32 位计算，由于谱变换在程序实现中采用了大量的迭代计算，最后得到的计算结果中含有很大的计算误差，甚至得到完全错误的结果。

4.2.3 资料同化方法

资料同化是把不同来源的数据通过一系列的处理、调整，最终能够综合运用的一个过程。在数值天气预报中，资料同化最初被认为是分析处理随空间和时间分布的观测资料，为数值预报提供初始场的一个过程。

资料同化可简单地理解为两层基本含义：一是合理利用不同精度的非常规资料，使其与常规观测资料融合为有机的整体，为数值预报提供更好的初始场；二是综合利用不同时次的观测资料，将这些资料中所包含的时间演变信息转化为要素场的空间分布状况。

现代资料同化方法建立在控制理论或估计理论基础上，其中最有代表性的是变分法、滤波法和最优插值法等。

1. 变分法

变分法是 17 世纪末发展起来的一门数学分支，它属于处理函数的数学领域，与处理数的普通微积分形成对比。它最终寻求的是极值函数：它使得泛函数取得极大或极小值。变分法起源于一些具体的物理学问题，最终由数学家研究解决。

微分学中，曾经约定自变量的微分等于自变量的改变量。对于可微函数 $u = f(x,y,z)$，当 x 取固定值时，它是以 y、z 为自变量的函数。于是这时有

$$\begin{aligned}\Delta u &= f(x, y + \Delta y, z + \Delta z) - f(x, y, z) \\ &= f_y \mathrm{d}y + f_z \mathrm{d}z + \varepsilon_1 \\ &= \mathrm{d}u + \varepsilon_1\end{aligned} \quad (4\text{-}21)$$

式中，ε_1 为比 $\rho = \sqrt{\Delta y^2 + \Delta z^2}$ 更高阶的无穷小量。

对于泛函数，起自变量作用的是未知函数，与微分学中函数微分对应的概念为泛函的变分，函数自变量的微分对应着其未知函数的变分。下面先来介绍未知函数的变分。

设 $y \in C[x_0, x_1]$，对于任一函数 $Y \in C[x_0, x_1]$，称函数 $\eta = Y - y$ 为函数 y 的变分。记为

$$\delta y = Y - y \quad (4\text{-}22)$$

若 y、$Y \in C^1[x_0, x_1]$，则 $\delta y' = Y' - y'$，于是

$$\delta y' = (\delta y)' \quad (4\text{-}23)$$

同理，对 $y^{(n)} \in C^n[x_0, x_1]$，有

$$\delta y^{(n)} = (\delta y)^{(n)} \quad (4\text{-}24)$$

这表明，函数导数的变分等于函数变分的导数。

应当注意，函数的变分仍是一个函数，记为 $\delta y = \eta(x)$。它是由函数之间的变化引起的，当 $Y(x)$ 取不同函数时，$\eta(x)$ 也不相同。而函数改变量 $\Delta y = y(x+\Delta x) - y(x)$ 是由自变量的改变量产生的，两者是完全不同的概念。

变分方法被用于根据分析场来估计数值天气预报的非系统性误差，从而对预报做出订正，最终使找出的误差订正场映射到预报空间后和已有的预报拟合最好[35]。

2. 滤波法

滤波算法又称为顺序数据同化算法，包括预测和更新两个过程。预测过程根据 t 时刻状态值初始化模型，不断向前积分直到有新的观测值输入，预测 $t+1$ 时刻模型的状态值；更新过程则是对当前 $t+1$ 时刻的观测值和模型状态预测值进行加权，得到当前时刻状态最优估计值。根据当前 $t+1$ 时刻的状态值对模型重新初始化，重复上述预测和更新两个步骤，直到完成所有观测数据时刻的状态预测和更新[36]。

近年来国际上应用最为广泛的滤波法是基流分割方法，它的原理是通过数字滤波器将信号分解为高频和低频，对应地将径流过程划分为地表径流和基流。目前应用广泛的滤波法有：Lyne-Hollick 滤波法（F1）、Chapman-Maxwell 滤波法（F2）、Boughton-Chapman 滤波法（F3）和 Eckhardt 滤波法（F4）。

F1 方法是由 Lyne 和 Hollick 于 1979 年首次提出的，1990 年时 Natahan 和 McMahon 对算法进行了改进，其基流分割方程为

$$q_{f(i)} = \alpha q_{f(i-1)} + \frac{1+\alpha}{2}(q_{(i)} - q_{(i-1)}) \tag{4-25}$$

$$q_{b(i)} = q_{(i)} - q_{f(i)} \tag{4-26}$$

式中，$q_{(i)}$ 为第 i 时刻的径流量（m³/s）；$q_{f(i)}$ 为第 i 时刻的地表径流量（m³/s）；$q_{b(i)}$ 为第 i 时刻的基流量（m³/s）；α 为滤波系数。Natahan[37]对澳大利亚 186 个流域的研究结果表明，α 取 0.925 时分割的基流效果较好。

F2 方法是由 Chapman 和 Maxwell 于 1996 年提出的，基流分割方程为

$$q_{b(i)} = \frac{k}{2-k} q_{b(i-1)} + \frac{1-k}{2-k} q_{(i)} \tag{4-27}$$

式中，k 为退水系数，一般情况下，k 取值为 0.95。

F3 方法是由 Boughton[38]于 1993 年提出的，Chapman 和 Maxwell[39]在 1996 年对其进行了改进，基流分割方程为

$$q_{b(i)} = \frac{k}{1+C} q_{b(i-1)} + \frac{C}{1+C} q_{(i)} \tag{4-28}$$

式中，C 为参数，一般情况下，C 取值为 0.15。

F4 方法是 2005 年由 Eckhardt[40]提出的，基流分割方程为

$$q_{b(i)} = \frac{\alpha(1-B_{\max})q_{b(i-1)} + (1-\alpha)B_{\max}q_{(i)}}{1-\alpha B_{\max}} \tag{4-29}$$

式中，α 为滤波系数；B_{max} 为河流最大的基流系数，Eckhardt 推荐在以孔隙含水层为主的常流河，B_{max} 取值为 0.80；在以孔隙含水层为主的季节性河流，B_{max} 取值为 0.50；在以弱透水层为主的常流河，B_{max} 取值为 0.25。该方法是前几种方法的一种改进，可应用于任何时间步长的水文序列。Eckhardt 在美国 65 个流域应用该方法与其他方法进行比较，研究表明该方法估算的基流量可能最为合理。

3. 最优插值法

目前的气象资料主要通过有限且不均匀分布的气象观测站的定点观测获取。由于气象观测站点的分布有限、能覆盖的区域范围有限，因此大范围区域气象资料的空间分布主要通过插值方法获得[41]。

Gandin[42] 通过引入统计方法，提出基于统计估计理论的最优插值法。最优插值法是利用最小方差估计把带有误差的观测资料有机地融合到预报模式所得到的背景场，从而得到对模式初值的最优估计。在最优插值中，每一个空间网格点上的分析值是由网格点的初估值加上订正值所确定的，其订正值由一定范围内 N 个格点上已知的观测值与模式初估值的偏差加权得到，一般分析公式为

$$x^a = x^b + W[y_o - H(x^b)] \qquad (4-30)$$

式中，x^a 为格点分析值；x^b 为格点初估值；y_o 为观测向量；H 为观测算子，它将格点上的模式初估值通过空间插值和物理变换到观测空间，便于与观测向量相比较。在初估场和观测场都无偏和无相关、初估误差与观测误差无关的假设下，可得到最优权重矩阵 W 的表达式为

$$W = BH^T(R + HBH^T)^{-1} \qquad (4-31)$$

式中，B 为初估误差协方差矩阵；R 为观测误差协方差矩阵。由于初估误差协方差矩阵计算量很大，通常是在不考虑平衡算子的前提下，对初估误差协方差矩阵 B 进行矩阵分解，即 $B = D^{\frac{1}{2}} \rho D^{\frac{1}{2}}$，其中，$D$ 为初估场方差组成的对角线矩阵；ρ 为初估场相关矩阵，对观测误差协方差矩阵 R 采用同样的处理方法。通过对初估误差协方差矩阵和观测误差协方差矩阵的估计，就能计算出权重函数 W，从而得到格点分析值。

与逐步订正法相比，尽管最优插值也是用测站上的观测增量插值到格点上得到分析值，但是其权重函数是通过使分析方差最小化来决定的。因此，最优插值法的最大改进就是在选取权重时不仅考虑了各种观测误差的自相关关系，还考虑了不同观测间的相关关系，这样权重函数包含了不同观测间误差的相互影响，不再仅仅是距离的单变量关系，避免了权重选取的任意性。最优插值法同样对风速进行标量融合，对风向利用径向风和纬向风分别融合得到。最优插值法的关键在于如何求权重矩阵。如果可以合理估计背景误差协方差矩阵，最优插值法就可以很简单地实施。总的来说，由于其计算量少，融合的"性价比"高，业务上也经常采用最优插值法。

4.2.4 人工智能技术

当前，人工智能迎来第三次发展浪潮并在众多领域的大数据分析中取得巨大成功，这为人工智能技术与数值天气预报结合提供了契机。已有大量研究尝试将人工智能技术用于数值天气预报的初值生成、预报和产品应用过程中，这涉及观测资料预处理、资料同化、模式积分、模式后处理以及高性能计算，通过误差估计、参数估计和局部代理等手段使预报结果得到改进且计算速度大幅提升。人工智能技术展示出良好的应用前景，一些神经网络模型也表现出纯数据驱动预报的可能性，在短时强对流天气、降水以及气候预测中已有较为理想的应用实例。

目前，人工智能在天气预报领域的应用包括观测数据质量控制、数值模式资料同化、数值模式参数化、模式后处理、天气系统识别、灾害性天气（强对流、雾霾等）监测和临近预报、预报公文自动制作等方面。最有代表性的有机器学习和深度学习。

1. 机器学习

机器学习是一门多学科交叉专业，涵盖概率论知识、统计学知识、近似理论知识和复杂算法知识，以计算机作为工具并致力于真实实时地模拟人类学习方式，并将现有内容进行知识结构划分来有效提高学习效率。机器学习是一门人工智能的科学，该领域的主要研究对象是人工智能，特别是如何在经验学习中改善具体算法的性能；机器学习是对能通过经验自动改进的计算机算法的研究；机器学习是用数据或以往的经验，以此优化计算机程序的性能标准[43]。

机器学习作为一种大数据统计方法，近年来广泛应用于数值天气预报模式结果的偏差订正方面。例如，利用人工神经网络试验校正定量降水预报，利用支持向量机回归模型做中期强降水集成预报，借助支持向量机回归模型进行强对流天气预报，使用逻辑回归、随机森林做定量降水预报，基于自适应增强学习算法对焚风进行邻近预报以及XGBoost算法等。XGBoost算法是梯度增强机器学习算法的扩展和优化版本，可以减少模型的过拟合。过拟合是机器学习模型在训练数据过程中过度解读数据，导致训练好的模型不能很好适用其他独立样本数据。另外，XGBoost算法与其他算法相比还有一个优势，即在调整模型超参数上花费的时间更少。对比随机森林、梯度增强、XGBoost方法在雷达强度回波图像拼接识别中纬度中尺度对流系统的能力，发现XGBoost算法的优势更加明显。XGBoost算法因优良的学习效果以及高效的训练速度获得广泛的关注和应用。但是，XGBoost算法在模式预报集成和偏差订正方面尚未有太多尝试。

1）强化学习

强化学习作为机器学习的一种重要方法，是生物学、心理学、数学、工程、计算科学等多学科交叉融合的产物，主要用于解决决策问题[44]。

强化学习可以用图 4-13 来描述，其中智能体（agent）是强化学习的学习主体，环境（environment）是要解决的某一具体问题抽象出的模型，状态（state）、动作（action）和奖励（reward）是智能体与环境进行交互时的关键要素。具体来说，强化学习的目的是使智能体在没有示范的情况下，针对某一具体问题得到一个最优策略，学会感受在环境中所处的状态并做出正确决策，使得在该策略下得到的奖励值最大。为了达到这个目的，智能体不断地在环境中以试错的方式进行学习，即智能体通过感知到的环境状态，做出一个动作以改变目前的状态，并通过对此次决策造成的结果做出判断，得到对此次决策的评价（奖励值）。而智能体总是希望能够得到更高的累计评价分数，因此，如果评价为积极的，则智能体以后在类似状态下会倾向于选择这种决策；相反，如果评价为负面的，则智能体在以后会尽量避免类似情况重演。这种试错-反馈机制指导智能体逐渐学会做出正确的决策。

图 4-13 强化学习的描述

区别于其他机器学习方法，强化学习的特点在于：
（1）训练过程中没有利用训练数据的标签，只有反馈的奖励信号。
（2）反馈的奖励信号是延迟的，只有状态被动作改变之后才能得到奖励信号。
（3）学习过程的每一步与时间序列关系紧密，每一次动作带来的改变成为下一次的输入，所以所产生的训练数据有前后依赖关系。

下面介绍马尔可夫决策过程。马尔可夫决策过程（Markov decision process，MDP）是在系统状态具有马尔可夫性质的环境中模拟智能体采取策略与获得回报的过程。其中，马尔可夫性是指当前要做的决策完全取决于当前状态，而与之前的状态无关。

在强化学习中，当环境完全可观时，强化学习问题可以通过马尔可夫决策过程进行建模。MDP 被定义为一个五元组 $\langle S, A, P, R, \gamma \rangle$，其中，

（1）状态空间 S：S 为智能体在环境中所有状态的集合，状态 $s \in S$；

（2）动作空间 A：A 为智能体所有可以选择的动作的集合，动作 $a \in A$；

（3）状态转移函数 P：P 即智能体在 t 时刻处于状态 s，此时选择了动作 a，则下一时刻 $t+1$ 的状态到达 s' 的概率。其表达式为

$$P_{ss'}^{a} = P[S_{t+1} = s' | S_t = s, A_t = a] \tag{4-32}$$

（4）奖赏函数 R：R 即智能体在 t 时刻时处于状态 s，此时选择了动作 a，则它得到的立即回报。其表达式为

$$R_s^a = E[R_{t+1} | S_t = s, A_t = a] \tag{4-33}$$

（5）γ：折扣因子，表明了远期奖励的重要程度，$\gamma \in [0,1]$。

当强化学习用来解决序列决策问题时，它的目的是学习到一个最优策略 π，使得在状态 s 下选择最优动作 a，获得最大累计奖赏。

2）Q-learning 算法

Q-learning 算法是 Watkins 和 Dayan[45]提出的基于值函数的估计法，是强化学习最重要的突破之一。Q-learning 的主要思想是通过建立表 Q-table 来进行决策，在每次决策时，判断智能体所处状态 s，选取该行中最大的 Q 值所对应的动作 a 来执行。

因此，Q-learning 算法的主要任务是计算 Q-table 中的每个 Q 值，具体算法流程如图 4-14 所示。对照图 4-14，具体步骤描述如下。

（1）构造 q 行（q = 状态数）、c 列（c = 动作数）的表 Q-table，初始化 Q-table 中每一个 Q 值为 0。

（2）判断当前所处状态 s，基于当前 Q-table，在 s 所在行选取 Q 值最大的动作 a。如果有多个动作的 Q 值相等，则在其中随机选取一个动作。

（3）执行动作 a，到达下一状态 s' 并得到奖励 r。

（4）采用时间差分方法来更新 $Q(s,a)$：

$$Q(s,a) \leftarrow Q(s,a) + \alpha \left[r + \gamma \max_{a'} Q(s',a') - Q(s,a) \right] \quad (4\text{-}34)$$

式中，α 为学习率；γ 为折扣因子；$r + \gamma \max_{a'} Q(s',a')$ 为 $Q(s,a)$ 的学习目标。

（5）判断 Q-table 中参数是否收敛，若收敛，则输出 Q-table；否则，循环执行步骤（2）。

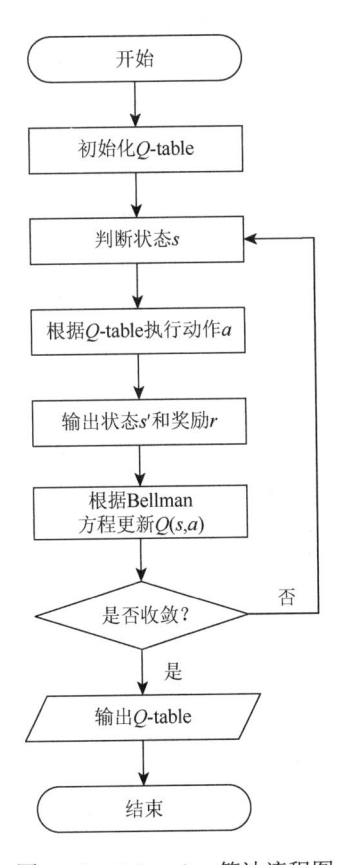

图 4-14　Q-learning 算法流程图

2. 深度学习

深度学习是机器学习领域中一个新的研究方向，它被引入机器学习使其更接近于最初的目标——人工智能。深度学习是学习样本数据的内在规律和表示层次，这些学习过程中获得的信息对诸如文字、图像和声音等数据的解释有很大的帮助。它的最终目标是让机器能够像人一样具有分析学习能力，能够识别文字、图像和声音等数据。深度学习是一个复杂的机器学习算法，在语音和图像识别方面取得的效果，远远超过先前相关技术。

1）深度神经网络

深度学习的主要目标是建立模拟人脑的感知系统，自动从训练数据中组合低层次特征以描述更丰富的高层次特征，实现特征更丰富的抽象表示。

深度学习通过深度人工神经网络来实现，由输入层、多个隐藏层和输出层所构成，如图 4-15 所示。图中，每个圆圈代表一个神经元节点，带有不同的偏差值；每条连接线表示神经元之间的连接，带有不同的权重；每层节点可以使用不同的激活函数；通过对输入 $[X_1, X_2, \cdots, X_n]$ 的非线性变换，得到输出 $[Y_1, Y_2, \cdots, Y_m]$。

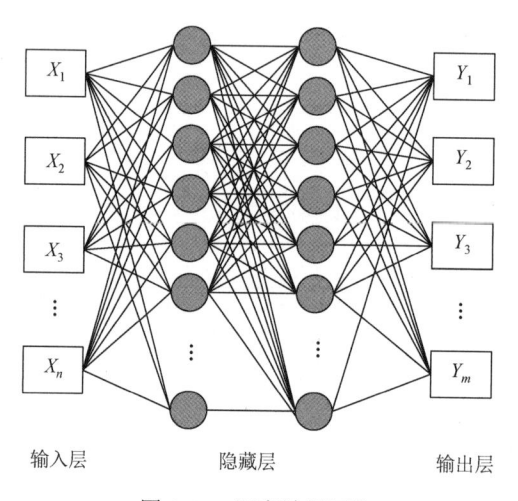

图 4-15 深度神经网络

训练深度神经网络的目的是使用一组真实的输入输出值，求解网络模型中每条连线上的权重参数和节点的偏差参数，使得网络能够完成给定的分类任务。通常使用反向传播算法来完成这个训练过程。

2）深度强化学习算法

在强化学习中，状态空间和动作空间通常是有限且离散的。然而，在现实情况中，经常会碰到比较复杂的任务，具有无限的状态空间和动作空间，如具有高维特征的图像和声音。此时，传统的强化学习方法很难训练出一个完美的状态-动作映射模型。

深度强化学习将深度学习和强化学习相结合，框架如图 4-16 所示，其基本思想是利用深度神经网络拟合状态-动作映射模型，利用深度学习的感知能力描述环境状态，利用强化学习的决策能力选择动作，解决具有高维度状态空间输入的复杂任务。

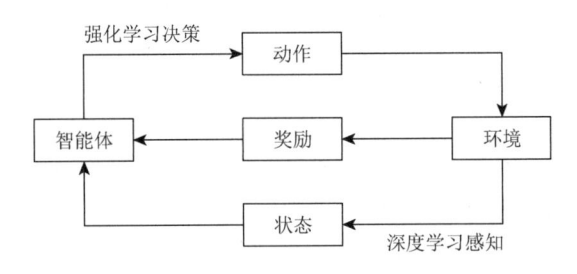

图 4-16 深度强化学习框架

深度 Q 学习（deep Q-learning，DQL）算法是一种经典的深度强化学习算法，它将深度学习中的卷积神经网络（convolutional neural network，CNN）与强化学习中的 Q-learning 相结合，主要用于图像作为输入的决策问题。深度 Q 网络（deep Q-network，DQN）模型如图 4-17 所示，将原始的图片数据作为状态输入，通过 CNN 的前向传播计算后，得到动作集合中每个动作所对应的 Q 值，选取执行其中最大 Q 值所对应的动作。

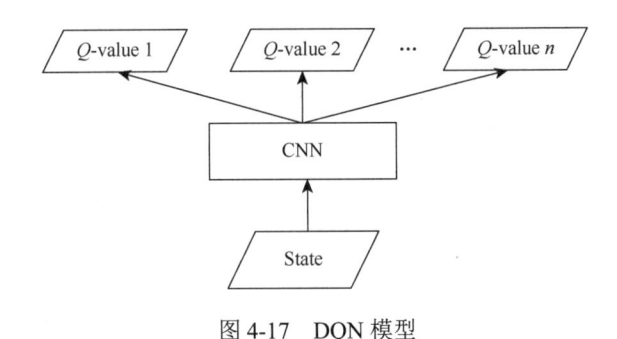

图 4-17 DQN 模型

训练 DQN 的过程实际上是用强化学习的方法训练深度网络的过程。训练深度神经网络的过程中需要定义一个损失函数，不断指导神经网络中参数的调整方向，在 DQN 的训练中，损失函数定义为一个均方差的期望：

$$L(\theta) = E\left[(r + \gamma \max_{a'} Q(s',a';\theta) - Q(s,a;\theta))^2\right] \quad (4-35)$$

式中，θ 为神经网络的参数；$(r + \gamma \max_{a'} Q(s',a';\theta) - Q(s,a;\theta))$ 为当前 Q 值与目标 Q 值之间的差异。然后，用梯度下降法进行迭代运算，更新网络参数 θ，更新公式为

$$\theta = \theta - \alpha \nabla_\theta L(\theta) \quad (4-36)$$

式中，α 为学习率。

相比传统机器学习方法，深度学习在海量数据处理、图像识别与处理、非线性时空预测方面具有较明显优势。目前，欧洲中期天气预报中心已经将深度学习用于卫星观测资料的同化分析。而在气象卫星资料应用方面，人工智能同样具有巨大前景，如用于卫星观测图像修复、基于卫星观测的天气系统识别、时空降尺度、数据同化等。

中央气象台在定量降水融合预报、强对流天气分类潜势预报、台风智能检索、预报公文自动制作等方面采用了人工智能技术，取得了鼓舞人心的效果。例如，中央气象台

和清华大学联合开发出一种基于深度神经网络的雷达回波外推方法，该方法比运用传统方法进行回波预报的准确率提高约40%。

然而，人工智能技术在数值天气预报中的应用与发展仍面临一些挑战，主要包括深度学习的弱解释性、不确定性分析以及两者的耦合等，除了应对这些挑战，未来两者的深度结合还需要在理论指导下的人工智能模型设计、高时空分辨率人工智能预报模型设计以及使用更多新型人工智能技术等方面深入探索。

4.3 气候预测技术

4.3.1 气候预测技术概述

气象通常指在特定地点，一定时间内的大气物理状态或发生的物理现象，如风速、气温、气压、降水量等。当前，人们生活中日常接触到的天气预报只是将一周左右的天气状况从温度、紫外线强度、湿度、能见度等空气质量方面进行预报，而气象预测则对未来的天气变化情况有着更高的精度需求，主要是从观测数据中挖掘出一定的统计规律，依据此规律推测未来天气的变化情况。气象预测最初的研究目的就是为人们的日常生活提供指导，随着相关技术的发展，目前气象预测已经成为人们生产和生活中不可或缺的一项信息服务[46]。

动力与统计相结合的气候预测技术是目前预测业务的重要手段。我国是世界上开展气候预测业务和科研较早的国家之一，短期气候预测业务经历了从经验预测、统计预测到动力与统计相结合的三个发展阶段。气候模式预测正成为气候预测能力持续提高的重要手段，而利用现代气候动力学理论，以动力气候模式预测为基础，进行动力与统计相结合的预测技术和以降尺度技术为特点的动力模式解释应用将是现代气候预测业务今后一段时期的主要预测方法。

完善延伸期到月气候预测业务。开展基于气候预测模式的延伸期预测和统计与动力相结合的月气候预测。发展延伸期到月集合概率预测技术；开展延伸期到月尺度内强降水、强变温（高温、强冷空气）等重要天气的过程预测，重点开展降水和温度等要素异常（或极端性）发生时段（某候）的预测和持续性干旱，降水事件的转型期预测；开展多模式解释应用集成业务，降低气候预测不确定性。

开展对延伸期到月气候预测有重要影响的大气主要异常模态的预测，在延伸期到月尺度上建立热带、副热带和中高纬主要影响模态的滚动预测。

加强季节到年度气候预测业务。以汛期和年度气候预测为重点，以气候数值模式为基础，大力发展季节气候预测技术和方法，结合动力气候模式预测进行多因子综合动力与统计方法，建立适用于中国和东亚气候特点的季节尺度气候预测客观业务系统；探索建立季内极端天气气候事件预测，重点开展降水和温度等要素异常（或极端性）发生时段的预测；开展逐月滚动的季节气候预测业务；发展模式解释应用技术，建立多模式解释应用集成业务；针对台风、暴雨、沙尘暴、低温、高温、干旱以及关键农事季节的灾害等开展年度气象灾害展望和年景预评估业务。

改进对东亚气候有重要影响的海洋和大气关键物理过程的预测。完善厄尔尼诺-南方涛动（El Niño-Southern Oscillation，ENSO）动力模式预测方法，发展针对其他关键海区海气系统的预测业务，稳步提高预报时效和预报技巧；增强东亚季风爆发、推进、结束以及华南前汛期、梅雨、华北雨季等关键气候过程的预测。

探索开展年际-年代际气候预测。发展年际-年代际温度、降水的动力和统计相结合的气候业务预测方法，开发相应的多模式集合预测技术和降尺度解释应用技术。

改进气候预测检验业务。加强气候预测业务产品的检验，突出气候异常预测产品的检验，实现同国际预测检验方法的接轨，同时考虑历史检验评估的延续性，建立客观、标准和规范的气候预测检验评估。发展针对延伸期预测，冷空气、降水等过程预测产品的检验方法并实现动态检验业务化；跟踪分析总结预测不确定性影响因素，比较不同气候预测模式产品的误差，分析不同海洋、大气因子和气候特征下的误差产生原因，不断改进气候预测模式和气候预测技术方法[47]。

4.3.2 基于数据挖掘技术的气象预测

应用数据挖掘技术对气象数据进行建模预测时，通常以气象的历史数据作为模型的输入。根据模型输入变量的不同可以将模型分为单变量回归预测模型和多变量回归预测模型。两者的主要区别就是模型的输入数据特征维度不同。单变量回归预测模型一般是指单纯地使用目标变量的过去时刻数据作为模型输入，根据历史数据的周期性趋势对未来变化进行预测。多变量回归预测模型不仅利用目标变量过去时刻数据作为模型输入，还考虑了多变量之间的关系对目标变量的影响，将具有相关性的其他变量的历史数据作为模型输入来预测目标变量。在处理时间序列数据时，两种不同的预测模型均有着良好的效果。单变量回归预测模型结构简单，适用于数据特征维度较低的情况。而研究样本数据的特征维度较大时，为了充分利用数据包含的信息，通常使用多变量回归预测模型。针对不同的数据类型，不同模型的预测效果会有所不同，因此预测模型的选择十分重要。

下面以多变量回归预测模型即时空数据模型，采用海洋气象时间序列数据、外部变量和空间数据作为模型的输入对目标气象变量进行预测。在建立模型之前，首先对气象数据进行平稳化检验，如果数据非平稳则对数据进行平稳化处理。然后采用最小二乘法预估模型未知参数并使用赤池信息量准则选择模型最佳延迟阶数，最后完成模型的预测，并以 R^2 作为拟合评价指标分析最终的预测结果。整体的预测流程如图 4-18 所示。

时间序列分析的主要目的是利用预测变量的历史状态来预测未来的趋势，这就必须要保证预测变量的平稳性。平稳性又分为强平稳和弱平稳。强平稳是指样本数据的任意有限维分布与"时间"无关，即对于任意的时间常数 τ，其 p 维随机变量的联合概率密度函数满足：

$$F_{t_1,t_2,\cdots,t_m}(x_1,x_2,\cdots,x_p) = F_{t_1+\tau,t_2+\tau,\cdots,t_p+\tau}(x_1,x_2,\cdots,x_p) \tag{4-37}$$

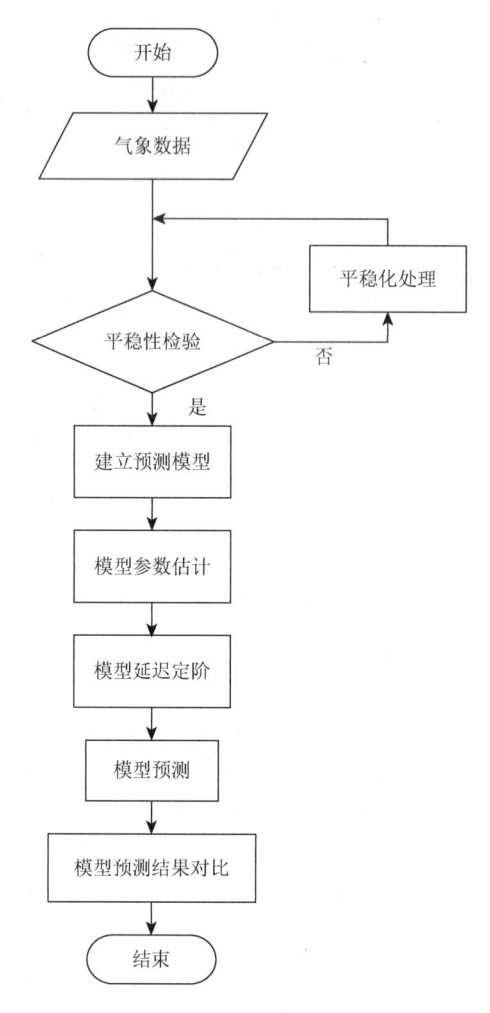

图 4-18 气象预测流程示意图

则时间序列是强平稳的。强平稳的要求过于严苛，几乎不会应用于实际应用中。在时间序列分析中，一般所说的平稳性是指弱平稳。弱平稳对时间序列的要求没有强平稳那么严格，只需要保证样本的均值和方差不随时间而变化。弱平稳过程的条件是：①样本时间序列的均值为常数。②样本时间序列存在二阶矩。③对于所有时间 t 和时滞 k，自协方差相同。

时间序列分析时，首要步骤是对样本时间序列进行平稳性检验，检验的方法通常可分为两种：一种是通过观察样本时间序列的分布特征，如果样本的时序图能够围绕某一水平线上下呈周期性的波动，那么序列可以简单地认定为是平稳时间序列。另外可以观察样本时间序列的自相关函数（autocorrelation function，ACF）和偏自相关函数（partial autocorrelation function，PACF）图，如果 ACF 或者 PACF 在某一阶之后迅速趋于 0，可认为该时间序列平稳。另一种是通过严格的统计检验方法对样本时间序列进行平稳性检验，如单位根检验。

单位根检验是由 Dickey Fuller 于 1979 年提出的，是检验序列中是否存在单位根的方法。以一阶自回归模型（autoregressive model，AR）AR（1）为例，设一阶自回归模型为 $x_t = \varphi_1 x_{t-1} + \varepsilon_t$，该序列的特征方程为 $\lambda - \varphi_1 = 0$。根据特征根的大小可以对序列平稳性进行判断，判断依据如表 4-1 所示。另外，采用该方法对一阶自回归模型检验时，称为 DF 检验（Dickey-Fuller test）。

表 4-1 时间序列平稳性判断表

特征根大小	与单位圆关系	平稳性
$|\varphi_1|<1$	在单位圆内	平稳
$|\varphi_1|=1$	在单位圆上	非平稳
$|\varphi_1|>1$	在单位圆外	非平稳

设 AR（1）为 $x_t = \varphi_1 x_{t-1} + \varepsilon_t$。假设检验为：

原假设 H_0：序列 x_t 为非平稳性序列。备择假设 H_1：序列 x_t 为平稳性序列。

检验统计量为 t 统计量：

$$t(\varphi_1) = \frac{\hat{\varphi}_1 - \varphi_1}{s(\varphi_1)} \tag{4-38}$$

式中，$\hat{\varphi}_1$ 为 φ_1 的最小二乘估计，表示如下：

$$s(\hat{\varphi}_1) = \sqrt{\frac{s^2_T}{\sum_{t=1}^{T} x_{t-1}^2}}, \quad s^2_T = \frac{\sum_{t=1}^{T}(x_t - \hat{\varphi}_1 x_{t-1})}{T-1} \tag{4-39}$$

记 $\tau = \dfrac{|\hat{\varphi}_1| - 1}{S(\hat{\varphi}_1)}$，即为 DF 统计量。记显著性水平为 α，记 τ_φ 为 DF 检验的 α 分界点，则当 $\tau > \tau_\alpha$ 时，接受原假设，认为序列为非平稳时间序列；当 $\tau \leq \tau_\alpha$ 时，拒绝原假设，认为序列为平稳时间序列。

对于非平稳化数据，可以采用差分法对其进行平稳化处理。差分法是一种经典的数值运算方法，差分的结果反映了离散量之间的一种隐含关系。该方法一般通过泰勒级数展开等方法，将连续的定解区域划分为有限个差分网络，用划分得到的差分节点来代替求解域。设自变量为 t，因变量为 y，如果 t 增加到 $t+1$，那么有 $\mathrm{D}y(t) = y(t+1) - y(t)$，$\mathrm{D}y(t)$ 称为 $y(t)$ 在 t 点处的一阶差分。以一阶差分为例，构造差分的方法一般有三种，如下。

一阶向前差分：

$$\frac{\Delta f(t)}{\Delta t} = \frac{f(t+h) - f(t)}{h} \tag{4-40}$$

一阶向后差分：

$$\frac{\Delta f(t)}{\Delta t} = \frac{f(t) - f(t-h)}{h} \tag{4-41}$$

一阶中心差分：

$$\frac{\Delta f(t)}{\Delta t} = \frac{f\left(t+\dfrac{h}{2}\right) - f\left(t-\dfrac{h}{2}\right)}{h} \tag{4-42}$$

差分减轻了数据之间的不规律波动，使其函数曲线更趋于平稳。

建立时空数据模型的过程具体如下：以时间变量（过去时刻气象数据）、外部变量（相关性最高的不同气象要素）和空间变量（邻近站点气象要素）作为模型输入，以未来时刻气象数据作为模型输出，建立海洋气象预测模型，如表4-2所示。

表4-2　海洋气象预测模型变量表

变量	说明
时间变量	过去时刻气象数据
外部变量	相关性最高的不同气象要素
空间变量	邻近站点气象要素
输出	未来时刻气象数据

设模型的输入为 $x_n \in R^P$，x_n 包含时间变量 t、外部变量 w 和空间变量 s，n 为样本量，P 为输入特征维数；模型的输出为 y_n。建立时空数据模型为

$$y_n = \alpha^T x_n + \alpha_0 \tag{4-43}$$

式中，α 和 α_0 为模型的未知参数，可以采用最小二乘法对 α 和 α_0 进行估计：

$$(\alpha_0, \alpha^T)^T = (X^T X)^{-1} X^T y \tag{4-44}$$

式中，$X = [1, x]$ 为第一列元素全为1的列向量和 x 构成的矩阵，x 为输入数据构成的矩阵；y 为输出数据构成的向量。在完成模型参数估计后，使用式（4-43）来计算各海洋气象要素的拟合值 $\hat{y}$。

在考虑时间相关性的基础上，考虑各种气象要素之间的相关关系以及空间相关性，提出了基于时空数据模型的多变量回归预测模型。从时间和空间两个角度分析，建立相应的时空数据模型来揭示数据内部的统计规律，对未来气象进行预测。具体过程如下。

（1）以完整的时间变量（过去时刻气象数据）、外部变量（相关性最高的不同气象要素）和空间变量（邻近站点气象要素）数据作为模型预测因子，以未来时刻气象数据作为模型输出，建立时空数据模型。然后针对训练集数据使用最小二乘法估计模型参数。

（2）在确定时空数据模型参数之后，将测试集代入式（4-43）中得到气象预测结果。

（3）对预测结果进行可视化并选用 R^2 对模型的拟合效果进行评价。设样本数据量为 n，目标变量 i 时刻的实测值为 y_i，目标变量 i 时刻的预测值为 $\hat{y}_i$，那么 R^2 的表达式为

$$R^2 = 1 - \frac{\sum_{i=1}^{n}(y_i - \overline{y}_i)^2}{\sum_{i=1}^{n}(y_i - \overline{y})^2} \tag{4-45}$$

式中，$\overline{y}$ 为样本数据实测值的平均值；决定系数 R^2 的取值范围为 $0 \leq R^2 \leq 1$。$\overline{y}_i$ 与 y_i 相差越小，得到的 R^2 就越小，表明模型的预测效果越好[48]。

4.4 多源气象信息融合与同化技术

多源气象信息融合与同化技术是对多源不确定信息进行综合处理及利用的理论和方法，其通过对多个来源的信息进行多级别、多方面、多层次的处理，产生合理的或是新的有意义的信息。多源信息融合的基本原理是充分利用多个信息资源，通过对各种信源及其观测信息的合理支配与使用，依据某种优化准则将各种信源在空间和时间上的互补与冗余信息组合起来，产生对观测环境的一致性解释和描述。

多源信息同化融合技术包括多源信息的同化和融合。信息同化是将各种不同来源、不同时空、不同观测手段获得的数据和资料与数学模型有机结合，通过一系列处理建立数据与模型相互协调的优化关系，从而提高物理过程模拟或预报精度的方法；信息融合是将来自多种信息源的多个观测信息，在一定准则下进行自动分析、综合，获得单个或单类信息无法获得的有价值的综合信息，达到比使用单源信息精度更高和推断更加明确的目的。

4.4.1 代数法

代数是研究数、数量、关系、结构与代数方程（组）的通用解法及其性质的数学分支。初等代数一般在中学时涉及，代数的基本思想：研究我们对数字作加法或乘法时会发生什么，以及了解变量的概念和如何建立多项式并找出它们的根。代数的研究对象不仅是数字，而且是各种抽象化的结构。其中我们只关心各种关系及其性质，而对"数本身是什么"这样的问题并不关心。常见的代数结构类型有群、环、域、模、线性空间等。

代数是数学的一个分支。传统的代数用有字符（变量）的表达式进行算术运算，字符代表未知数或未定数。如果不包括除法（用整数除除外），则每一个表达式都是一个含有理系数的多项式，如 $\frac{1}{2}xy + \frac{1}{4}z - 3x + \frac{2}{3}$。一个代数方程式通过使多项式等于零来表示对变量所加的条件。如果只有一个变量，那么满足这一方程式的将是一定数量的实数或复数——它的根。一个代数数是某一方程式的根。代数数的理论——伽罗瓦理论是数学中最令人满意的分支之一。提出这个理论的伽罗瓦在21岁时死于决斗中。他证明了不可能有解五次方程的代数公式。用他的方法也证明了用直尺和圆规不能解决某些著名的几何问题（立方加倍，三等分一个角）。多于一个变量的代数方程理论属于代数几何学，抽象代数学处理广义的数学结构，它们与算术运算有类似之处，如布尔代数（Boolean algebra）、群（groups）、矩阵（matrices）、四元数（quaternions）、向量（vectors）。特别重要的是结合律和交换律。代数方法使问题的求解简化为符号表达式的操作，已渗入数学的各分支。

4.4.2 图像处理

图像识别成为人们在遥感、军事、工农业生产、天气预报、医疗技术、通信等行业取得消息的一个主要来源。气象方面，云层的分布、形态、高低、厚薄标志着大气运动变化状况。云的辐射特性因类型不同而不同，加上它的分布情况，极大地影响着天气预报、气候监测、全球气候变化等。人们根据气象卫星传回的云图资料对云展开研究：分析大面积云系分布情况、天气的变化规律以及更加具体地分析中尺度云系之间的内在联系。

人们对一幅卫星云图进行图像分析的第一步是图像预处理，这也是最重要的一步。图像预处理效果的优劣对其识别及之后所要进行的分析工作会带来直接的影响。由于在卫星图像的认识过程中总存在雾与背景的影响，卫星图像就会受到云雾和下垫面等其他噪声的干扰。要提高图像识别效果的精度和鲁棒性，事先应对其进行预处理。去除图像中除云类以外有粘连及模糊不清的多余的信息，是完全必要的。因此，可以说整个图像分析过程的基础是气象图像预处理[49]。

1. 图像预处理

图像预处理技术就是在对图像进行正式处理前所做的一系列操作，因为图像在传输过程和存储过程中难免会受到某种程度的破坏和形形色色的噪声污染，从而采集到的图片失去了原有的本质或者偏离了人们的要求，而此时就需要执行一系列的预处理来去除图像中受到的不良影响。概括来说，图像预处理技术主要分为两方面：图像复原和图像增强。图像增强操作在图像预处理过程中占有举足轻重的位置，是图像处理过程中必不可少的步骤，它与图像复原的区别在于图像复原是把恢复图像原有的本质作为首要目的，而图像增强是以突出人们需要的特征并且弱化不需要的特征为原理的。图像增强的方法很多，有灰度变换、直方图修正、图像平滑降噪、伪彩色处理等。灰度变换是图像增强技术中的一种简单的点运算处理技术，而直方图修正则是基于灰度变换而来的，能够更好地显示和处理图像，然而上述两种方法只能够处理一些要求不高的图像，去噪功能很弱。图像平滑降噪是图像增强的主要手段，是以对图像进行平滑和去噪为目的的最常用的预处理方法，在现代社会图像预处理研究中有着举足轻重的作用。因此，本节着重从空间滤波和频域滤波两个方面来研究岩石铸体薄片图像的降噪方法[50]。

随着各种数字仪器和数码产品的普及，图像和视频已成为人类活动中最常用的信息媒介，它们含有大量的可获取信息，是人们获取外界原始信息的主要手段。然而，在获取、传输和存储图像的过程中，通常会受到各种外界因素的干扰和影响而导致图像降质，同时在图像预处理阶段所采用的算法效果是否合适，都直接关系之后所进行的图像操作的效果，如图像滤波、图像分割、边缘检测和角点检测等，所以为获取到较高质量的数字图像，非常有必要对图像进行降噪操作，在尽可能保持完整的原始信息（即主成分）基础上，去除图像信号中那些没有实际价值的无效信息。因此，降噪操作一直以来都是图像分析和计算机视觉研究中的重点。图像去噪的最终目的无非就是改善给定的图像，解决实际图像中由于噪声的影响而导致的图像质量下降的问题。图像去噪技术可以显著地提高原有图像的质量，从而使原始图像中目标信息更加清晰，并且能够更好地体现出原来图像所携带的有用信息，如今，人们一直在广泛研究图像去噪算法。现今尚在使用中的去噪算法里，有些去噪算法在低维信号图像中能够取得良好的降噪效果，但是却不十分适用于高维信号的图像处理：要么去噪效果乐观但丢失了部分图像边缘的重要信息，要么致力于研究待检测的图像边缘信息,而过分地保留了图像的细节。怎样在抑制噪声和细节保留上找到绝佳的平衡点,已经成为近年来研究的热点。

2. 频域滤波

在分析图像信号的频率特点时,直流分量代表图像的平均灰度,大面积的背景和变化平缓的部分则成为图像的低频分量,而图像中的边缘细节、像素临界处变化剧烈跳跃的部分以及颗粒和噪声都代表图像的高频分量。因此,通常可以通过频域的高通滤波使图像中边缘或线条变得清晰起来,同时使图像得到锐化,凭借频域低通滤波可以达到消除图像中高频分量和噪声的目的,而为了让图像得以平滑去噪,同时也有可能滤去某些边界处对应的频率分量,使图像边界变得模糊。

本节主要从频域的角度进行分析。主要使用傅里叶变换,将空间域的图像转换到频域内,在频域内进行数字图像处理。这部分内容极其重要,频域内的处理可以解决空间域内无法完成的图像增强。本节先从数学角度来分析图像的频域性质,再分别展示用相应的频域处理办法对图像进行操作。

在前一小节已经对一些基本的图像预处理进行了介绍。如使用低通均值滤波可以将图像模糊,也有一点降噪的作用。这些操作都是在空间域内所进行的滤波处理,这个操作主要是凭借卷积操作来完成的。首先,从连续的一维卷积入手,如下:

$$f(t) \times h(t) = \int_{-\infty}^{+\infty} f(\tau)h(t-\tau)\mathrm{d}\tau \tag{4-46}$$

将式(4-46)进行傅里叶变换后可以得到

$$\zeta[f(t) \times h(t)] = \int_{-\infty}^{+\infty} \left[H(u)\mathrm{e}^{-k2\pi ut} \right] f(\tau)\mathrm{d}\tau = H(u)F(u) \tag{4-47}$$

根据式(4-47),可以推导出一个重要结论,即函数 $f(t)$ 与 $h(t)$ 卷积的傅里叶变换后所得到的结果是函数 $f(t)$ 与 $h(t)$ 进行傅里叶变换后的 $H(u)$ 与 $F(u)$ 乘积,简单来说,有如下傅里叶变换关系:

$$f(t) \times h(t) \xrightarrow{\mathrm{DFT}} H(u)F(u) \tag{4-48}$$

$$f(t) \times h(t) \xleftarrow{\mathrm{IDFT}} H(u)F(u) \tag{4-49}$$

再将其扩展到二维情况,假设尺寸为 $M \times N$ 的图像,如下关系是成立的:

$$f(x,y) \times h(x,y) \xrightarrow{\mathrm{DFT}} H(u,v)F(u,v) \tag{4-50}$$

$$f(x,y) \times h(x,y) \xleftarrow{\mathrm{IDFT}} H(u,v)F(u,v) \tag{4-51}$$

其实到这,基本的原理就明白了。我们所看到的图像,均为空间域内的表现形式,我们无法辨识出频域内的图像。要进行频域内的滤波器处理,首先就需要进行傅里叶变换,然后直接进行滤波处理,最后用反傅里叶变换倒回到空间域内。到此,已经可以开始空间域内的滤波处理了。

下面,总结一下频域滤波的步骤。

(1)将图像在频域内平移,然后求原图像 $f(x,y)$ 的离散傅里叶变换(discrete Fourier transform,DFT),得该图像的傅里叶谱 $F(u,v)$。

$$F(u,v) = \zeta\left[(-1)^{x+y} f_p(x,y)\right] \qquad (4\text{-}52)$$

（2）与频域滤波器做乘积：

$$G(u,v) = H(u,v)F(u,v) \qquad (4\text{-}53)$$

（3）求取 $G(u,v)$ 的离散傅里叶变换的逆变换（inverse DFT，IDFT），再将图像做频域内的水平移动（移动回去），其结果可能存在寄生的虚数，此时忽略即可。

$$g_p(x,y) = \{\text{Re}(\text{IDFT}(G(u,v)))\}(-1)^{x+y} \qquad (4\text{-}54)$$

（4）这里使用 ifft2 函数进行 IDFT，得到的图像尺寸为 $P \times Q$。切取左上角的 $M \times N$ 的图像，就能得到结果了。

3. 图像分割

图像分割是将图像中人们感兴趣的、使具有特殊意义的目标区域和背景分开来的一系列操作，这些区域相互之间不相交，且每个区域都应满足特定区域的一致性条件。这里的区域指的是像素的连通集。现将连通路径与连通集定义如下。

定义 4.1（连通路径）：在一个像素集合中，一条在相邻像素间可以通过的路径，即为连通路径。

定义 4.2（连通集）：像素集合中，任取两个像素都能够找到一条由该集合内部元素组成的连通路径，将这样的像素集称为连通集。

连通性一般分为四连通和八连通两种：如果只查看旁边相邻像素确定是否连通，即为四连通。如果再把连通域扩展到旁侧相邻的对角相邻，就得到八连通。通常八连通的结果更接近人的直观感觉。如果记一幅图像中的像素集合为 F，同时均匀性或区域同质性的判别准则记作 P，则分割图像的定义为：

定义 4.3（分割图像的通用定义）：将一幅图像中全部像素 F 划分成若干个子集 $\{S_1, S_2, \cdots, S_n\}$，且每个子集都构成单个空间的连通区域，且需要满足以下准则：

$$\bigcup_{j=1}^{n} S_j = F \qquad (4\text{-}55)$$

$$S_i \cap S_j = \varnothing, i \neq j \qquad (4\text{-}56)$$

$$P(S_j) = \text{TRUE}, \forall j \qquad (4\text{-}57)$$

$$P(S_i \cup S_j) = \text{FALSE}, i \neq j \qquad (4\text{-}58)$$

式中，$\varnothing$ 为空集；$P(\bullet)$ 为 F 集合的逻辑谓词。这样的划分 $\{S_1, S_2, \cdots, S_n\}$ 称为图像分割的通用模型。

图像分割一般要根据待解决的问题将图像细分为感兴趣的一些对象的集合，距今为止分割方法的种类已数以千计。针对各种图像分割方法的特点，一般可凭借分割对象、分割策略以及分割方法的统计特征等来进行具体分类。

依据图像分割方法的统计特性将图像分割方法划分为基于图像局部特征的方法和基于模型的方法。其中，基于图像局部特征的图像分割方法是凭借图像局部区域中感兴趣区域的特征来实现图像分割的，先找到点、线、边（分界线），再确定划分区域。

4.4.3 小波变换法

小波分析属于信号时频分析的一种,在小波分析出现之前,傅里叶变换是信号处理领域应用最广泛、效果最好的一种分析手段。傅里叶变换是时域到频域互相转化的工具,从物理意义上讲,傅里叶变换的实质是把这个波形分解成不同频率的正弦波的叠加。正是傅里叶变换的这种重要的物理意义,决定了傅里叶变换在信号分析和信号处理中的独特地位。傅里叶变换用在两个方向上都无限伸展的正弦曲线波作为正交基函数,把周期函数展成傅里叶级数,把非周期函数展成傅里叶积分,利用傅里叶变换对函数作频谱分析,反映整个信号的时间频谱特性,较好地揭示了平稳信号的特征。

小波变换(wavelet transform,WT)是一种新的变换分析方法,它继承和发展了短时傅里叶变换局部化的思想,同时又克服了窗口大小不随频率变化等缺点,能够提供一个随频率改变的"时间-频率"窗口,是进行信号时频分析和处理的理想工具。它的主要特点是通过变换能够充分突出问题某些方面的特征,能对时间(空间)频率进行局部化分析,通过伸缩平移运算对信号(函数)逐步进行多尺度细化,最终达到高频处时间细分、低频处频率细分,能自动适应时频信号分析的要求,从而可聚焦到信号的任意细节,解决了傅里叶变换的困难问题,成为继傅里叶变换以来在科学方法上的重大突破。

小波分析法是一种窗口大小即窗口面积固定不变但其形状可改变,时间窗和频率窗都可以改变的时频局域化分析方法,即在低频部分具有较高的频率和较低的时间分辨率,在高频部分具有较高的时间分辨率和较低的频率,正是这种特性,使小波变换具有对信号的自适应性[51]。

1. 小波的定义及小波变换

定义 4.4:函数 $\psi(t) \in L^2(R)$ 称为基本小波,如果它满足以下的"允许"条件:

$$C_\psi = \int_{-\infty}^{+\infty} \frac{|\hat{\psi}(t)|}{|\omega|} d\omega < \infty \qquad (4-59)$$

式中,$\hat{\psi}(t)$ 为 $\psi(t)$ 的傅里叶变化。

如果 $\hat{\psi}(t)$ 是连续的,得

$$\hat{\psi}(t) = 0 \Longleftrightarrow \int_{-\infty}^{\infty} \psi(t) dt = 0 \qquad (4-60)$$

选择常用的墨西哥帽(Mexican hat)函数对时间序列进行连续小波变换,其小波函数形式为

$$\psi(t) = (1-t^2) e^{\left(-\frac{t^2}{2}\right)} \qquad (4-61)$$

$\psi(t)$ 又称为母小波,因为其伸缩、平移可构成 $L^2(R)$ 的一个标准正交基,得到连续小波:

$$\psi_{a,b}(t) = a^{-\frac{1}{2}} \psi\left(\frac{t-b}{a}\right) \qquad a \in R^*, b \in R \qquad (4-62)$$

同傅里叶变换一样,连续小波变换可定义为函数 $\psi(t)$ 做位移 b 后得到的连续小波在

不同时间尺度 a 下与待分析的信号 $f(t)$ 的内积，即对于任意的函数 $f(t) \in L^2(R)$ 的连续小波变换为

$$\omega_f(a,b) = a^{-\frac{1}{2}} \int_{t=-\infty}^{\infty} f(t)\psi\left(\frac{t-b}{a}\right)dt \qquad a \in R^*, b \in R \qquad (4\text{-}63)$$

式中，a 为尺度因子，反映小波的周期长度；b 为时间因子，反映时间上的平移；$\omega_f(a,b)$ 为小波系数。实际工作中，时间序列常常是离散的，如 $f(k\Delta t)(k=1,2,\cdots,N)$，$\Delta t$ 为取样时间间隔，则式（4-63）的离散形式为

$$\omega_f(a,b) = a^{-\frac{1}{2}} \Delta t \sum_{k=1}^{N} f(k\Delta t)\psi\left(\frac{k\Delta t - b}{a}\right) \qquad a \in R^*, b \in R \qquad (4\text{-}64)$$

从式（4-62）可知小波分析原理：当 a 减小时，$\psi_{a,b}(t)$ 的时域波形在时间轴方向上收缩，分析信号的细节，得到信号的高频信息；当 a 增大时，$\psi_{a,b}(t)$ 的时域波形在时间轴方向上展宽，分析信号的概貌，获得信号的低频信息。也就是说，通过调整 a 的大小，改变时频窗口的时宽和频宽，可实现信号时频局部不同分辨率的分析。

小波即小区域的波，是一种特殊的长度有限、平均值为零的波形。它有三个特点：一是"小"，即在时域具有紧支集或近似紧支集；二是正负交替的"波动性"，即支流分量为零；三是"自相似性"，每一个连续的小波与母小波形状相似，连续小波之间形状也相似。子小波是母小波的子代，具有无穷多。傅里叶分析是将信号分解成一系列不同频率的正弦波的叠加，同样小波分析是将信号分解为一系列小波函数的叠加，而这些小波函数都是由一个母小波函数经过平移和尺度伸缩得来的。

小波分析优于傅里叶分析的地方是，它在时域和频域同时具有良好的局部化性质。而且由于对高频成分采用逐渐精细的时域或频域取样步长，从而可以聚焦到对象的任何细节，所以被称为"数学显微镜"。小波分析广泛应用于信号处理、图像处理、语音识别等领域。

可以这样理解小波变换的含义：打个比喻，我们用镜头观察目标信号 $f(t)$，$\psi(t)$ 代表镜头所起的作用；b 相当于使镜头相对于目标平行移动；a 相当于镜头向目标推进或远离。由此可见，小波变换有以下特点：

（1）多尺度/多分辨的特点，可以由粗及细地处理信号。

（2）看成用基本频率特性为 $\Psi(\omega)$ 的带通滤波器在不同尺度 a 下对信号做滤波。

（3）适当地选择基小波，使 $\Psi(\omega)$ 在时域上为有限支撑，$\Psi(\omega)$ 在频域上也比较集中，就可以使 WT 在时、频域都具有表征信号局部特征的能力。这样有利于检测信号的瞬态或奇异点。

2. 小波的应用

1）小波分析在气候与气象资料处理中的应用

地球上几乎所有的天气和气候现象均与多时间尺度相联系，特别是气候变化，包含多种时间尺度，当前在短期气候变化方面主要研究的是月尺度、季尺度、年际尺度和几十年尺度的长期变化。严中伟的研究表明，气候变化不但具有全球性，而且具有局地特征。另外，传统的分析方法一般是傅里叶分析和滤波分析，以找出气候资料中所包含的周期并与诸如太阳黑子周期等已知的周期相比较为目的。小波变换可以通过伸缩和平移

等运算功能对函数或信号序列进行多尺度细化分析，研究不同尺度（周期）随时间的演变情况。由于它所具备的这种特殊的"显微镜"功能，其已成功应用于各个领域，并成为研究气象要素长期变化的十分重要的工具。小波分析目前已广泛用于气温变化分析、降水变化分析、降水场空间结构、多尺度分析、洪涝时间的气象要素分析等，取得了一些成果，但由于小波分析技术应用时间不长，在气候分析应用中仍有许多工作要做。

2）小波分析在大气科学方面的应用

邓自旺、尤卫红、林振山用墨西哥帽子波变换分析南、北半球及全球气候变化的多时间尺度结构、突变点。结果表明，气候变化在不同时间尺度下具有不同的冷暖结构和突变点；南、北半球气候变化有较大差异。纪忠萍、谷德军等用小波变换理论对广州历年（1908~1997年）逐月气温和降水资料进行了分析，其中存在的各种周期振荡及变化趋势可以用二维小波系数图清楚地显现出来，其未来的演变趋势也可以用该图进行定性的估计。利用小波分析技术得到广州气温存在99年、45年、212年左右的主要周期，广州降水存在28年、7年、2年左右的主要周期，广州前汛期降水存在25年、2年左右的主要周期，后汛期降水存在23年、9年、2年左右的主要周期。利用小波逆变换可以反映气候变化在不同时间尺度上的演变特征，从而揭示气候的变化趋势。

3）小波分析在大气污染物方面的应用

陈柳、马广大以西安市PM_{10}日平均浓度时间序列为例，根据小波分析的基本原理，应用小波变换的时频局部化功能，对大气污染物时间序列的变化进行了分析，清楚地给出了大气污染物的年变化趋势及突变特征。小波分解后的最低两层高频信号的重构可以很清楚地显示PM_{10}时间序列突变点，突变点均为严重污染，其气象参数均为阴天或阴雨天气，低气压，小风或静风天气。这些特征对大气污染物的治理、预报和控制具有十分重要的实际意义。研究结果表明，将小波变换应用于大气污染物时间序列分析是可行的。

4）小波分析在气温与降水方面的应用

覃军等用墨西哥帽小波变换分析了武汉1905~1998年逐月气温资料，揭示了气候变化的多时间尺度结构，分析了其中存在的主要周期振荡和突变点。结果表明：武汉气候在20世纪主要经历了冷、暖、冷、暖四个阶段；气温存在准2年、21年和65年左右的周期振荡；不同时间尺度下具有不同的冷暖结构和气候突变点。毕云用一维Morlet小波变换对赤峰地区（单站资料）1960~1991年降水资料序列作周期诊断分析，发现赤峰地区降水存在最为明显的准8年周期振荡，其次也具有2.5~3年、11年的准周期。

由上述可知，以往小波分析法主要用于分析时间序列的周期特征变化和突变性诊断、多时间尺度分析、趋势预测以及相关性分析等。利用小波分析方法的尺度伸缩和位置平移等运算功能对函数或信号序列进行多尺度细化分析，研究不同尺度（周期）随时间的演变情况，为进一步进行水文计算和水文预报奠定了基础，成为研究气象要素长期变化十分重要的工具。

4.4.4 贝叶斯估计

贝叶斯估计（Bayesian estimation）利用贝叶斯定理结合新的证据及以前的先验概率，

来得到新的概率。它提供了一种计算假设概率的方法，基于假设的先验概率、给定假设下观察到不同数据的概率以及观察到的数据本身。

贝叶斯统计起源于 18 世纪，成熟于 20 世纪后半叶，在当今大数据时代已成为统计领域的研究热点。与经典频率派统计相比，它的优势在于其利用了参数的先验信息，将先验信息加入对未知参数的统计推断中来。根据参数的先验分布，结合总体信息和样本信息，可以计算出参数的后验分布。在贝叶斯统计中，一切统计推断都是基于后验分布进行，这不仅充分利用了先验信息的优势，也进一步提高了统计推断的效果，更加有利于对实际问题的研究。随着互联网技术的迅猛发展，贝叶斯在后验计算上的困难已经得以突破，这也进一步推动了贝叶斯统计在各个领域的发展。

贝叶斯估计的定义主要从下面三个观点中总结出来。

总体信息：随机变量 x 有一个密度函数 $p(x;\theta)$，其中 θ 是一个参数，不同的 θ 对应不同的密度函数，故从贝叶斯观点看，$p(x;\theta)$ 在给定 θ 后是个条件密度函数，因此记为 $p(x/\theta)$ 更恰当。这个密度函数包含的所有关于 θ 的信息就是总体信息。

样本信息：当 θ 确定后，从条件密度函数 $p(x/\theta)$ 中随机抽取一个样本 $x_1,\cdots,x_n$，该样本中包含的所有有关 θ 的信息，就是样本信息。

先验信息：由于参数 θ 未知，故获得的所有与 θ 有关的有用信息就是先验信息。

由上述三个观点，可以得出下列定义。

定义 4.5（先验分布）：未知参数 $\theta \in \Theta$ 是从 Θ 取值的随机变量，其概率分布记为 $\pi(\theta)$，$\pi(\theta)$ 被称为参数 θ 的先验分布。

设在总体分布中随机样本为 $x_1,\cdots,x_n$，联合密度函数为

$$p(x_1,\cdots,x_n,\theta) = p(x_1,\cdots,x_n|\theta)\pi(\theta) \tag{4-65}$$

定义 4.6（后验分布）：在贝叶斯统计学中，当给定样本 $x_1,\cdots,x_n$ 后，只有参数 θ 未知，把总体信息、样本信息和先验信息归纳起来，得到 θ 的后验概率密度函数：

$$\pi(\theta|x_1,\cdots,x_n) = \frac{\pi(\theta)p(x_1,\cdots,x_n|\theta)}{\int \pi(\theta)p(x_1,\cdots,x_n|\theta)\mathrm{d}(\theta)} \tag{4-66}$$

式中，$\pi(\theta|x_1,\cdots,x_n)$ 为 θ 的贝叶斯后验概率密度函数；而 $p(x_1,\cdots,x_n) = \int \pi(\theta)p(x_1,\cdots,x_n|\theta)\mathrm{d}(\theta)$ 为样本 $x_1,\cdots,x_n$ 的无条件分布，其中积分区域根据参数 θ 取值范围的改变而改变[52]。

在贝叶斯估计中，多层先验的构造能够充分利用参数的先验信息，减小估计误差，并有利于对复杂、高维数据进行统计分析[53]。姜高霞将层次贝叶斯估计应用于环境领域——降水量，利用降水量数据在时间和地域上的嵌套结构进行层次线性模型建模，进一步研究各层解释变量对降水量的影响。

4.4.5 人工神经网络

人工神经网络（artificial neural network，ANN）是 20 世纪 80 年代以来人工智能领域兴起的研究热点。它从信息处理角度对人脑神经元网络进行抽象，建立某种简单模型，

按不同的连接方式组成不同的网络。在工程与学术界也常直接简称为神经网络或类神经网络。神经网络是一种运算模型，由大量的节点（或称神经元）相互连接构成。每个节点代表一种特定的输出函数，称为激励函数（excitation function）。每两个节点间的连接都代表一个对于通过该连接信号的加权值，称为权重，这相当于人工神经网络的记忆。网络的输出则依网络的连接方式、权重值和激励函数的不同而不同。而网络自身通常都是对自然界某种算法或者函数的逼近，也可能是对一种逻辑策略的表达。

最近十多年来，人工神经网络的研究工作不断深入，已经取得了很大进展，其在模式识别、智能机器人、自动控制、预测估计、生物、医学、经济等领域已成功地解决了许多现代计算机难以解决的实际问题，表现出了良好的智能特性。人工神经网络的特点和优越性，主要表现在三个方面。

（1）具有自学习功能。例如实现图像识别时，先把许多不同的图像样板和对应的应识别的结果输入人工神经网络，网络就会通过自学习功能，慢慢学会识别类似的图像。自学习功能对于预测有特别重要的意义。预期未来的人工神经网络计算机将为人类提供经济预测、市场预测、效益预测，其应用前途是很远大的。

（2）具有联想存储功能。用人工神经网络的反馈网络就可以实现这种联想。

（3）具有高速寻找优化解的能力。寻找一个复杂问题的优化解，往往需要很大的计算量，利用一个针对某问题而设计的反馈型人工神经网络，发挥计算机的高速运算能力，可能很快找到优化解。

1. 人工神经元模型

人工神经元是人类对生物神经元的简化与模拟，是人工神经网络的基本处理单元。大量简单神经元的相互连接即构成神经网络。一个典型的具有 N 维输入的单个神经元可以用图 4-19 加以描述。它由输入、网络权值和阈值、求活单元、激活函数和输出组成。

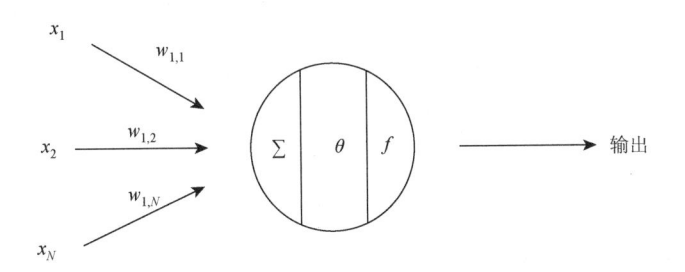

图 4-19 单个神经元示意图

1）输入

$x_1, x_2, \cdots, x_N$ 是神经元的 N 维输入，可以用一个 N 维的列向量来表示：

$$\boldsymbol{X} = [x_1, x_2, L, x_N]^T \tag{4-67}$$

2）网络权值和阈值

$W = [w_{1,1}, w_{1,2}, L, w_{1,N}]$ 是神经元的权值，即输入与神经元之间的连接强度；θ 是神经元的阈值，当输入信号加权和超过 θ 时，则神经元被激活。

3）求活单元

输入信号的加权求和，即

$$\text{net} = \sum_{i=1}^{N} x_i w_{1,i} + \theta \tag{4-68}$$

4）激活函数

它是神经元输入和输出之间的变换函数，在神经元获得网络输入信号后，经过激活函数可以得到网络输出信号。常见的激活函数有以下几种。

（1）阈值型，输入和输出之间的关系为

$$f(\text{net}) = f\left(\sum_{i=1}^{N} x_i w_{1,i} + \theta\right) = \begin{cases} 1 & \text{net} \geq 0 \\ 0 & \text{net} < 0 \end{cases} \tag{4-69}$$

（2）线性型，是对神经元的输入信号进行适当的放大，输入和输出之间的关系为

$$f(\text{net}) = k \times \text{net} + c \tag{4-70}$$

（3）Sigmoid 型，应用比较广泛。由于它具有非线性和处处连续可导性，并且更重要的是它具有对信号较好的增益控制，这为防止网络饱和提供了良好的支持。输入和输出之间的关系为

$$f(\text{net}) = \frac{1}{1 + \exp(-\text{net})} \tag{4-71}$$

或为

$$f(\text{net}) = \frac{\exp(\text{net}) - \exp(-\text{net})}{\exp(\text{net}) + \exp(-\text{net})} \tag{4-72}$$

5）输出

输入信号经神经元加权求和及传递函数后，得到终端的输出。表示为

$$\text{Out} = f(\text{net}) \tag{4-73}$$

2. 人工神经网络的应用

神经网络作为一种人工智能技术，具有分布并行处理、非线性映射、自适应学习和容错性等特性，这使得它在图像处理、控制优化、智能信息处理、医学诊断都有广泛的应用。大气科学方面，人工神经网络常用于地震断层的诊断、化学成分的测定、石油和天然气探测的诊断及各种自然灾害的评估等[54]。

1）在强对流天气预报中的应用研究

McCann 采用最常用的前馈网络模型进行了强雷暴事件的预报研究。研究发现，由于雷暴产生的机制非常复杂，并具有很强的非线性变化特征，因此，利用一些显著相关因子建立反向传播（back propagation，BP）网络预报模型，经检验其具有很好的预报效果。Marzban 和 Witt 分别建立了两种不同的冰雹神经网络预报模型：一种用于预报强雹的大小；另一种模型则用于进行冰雹的分类预报。实际预报结果表明，用于预报强雹大小的

神经网络预报模型优于相应的传统预报方法,而用于分类预报的神经网络预报模型,在进行分为三种不同大小的冰雹分类预报时,对最大和最小的两类有较好的分辨能力,而对中等大小的强雹则无区分能力。

2) 在雾预报中的应用研究

梅钰利用一些常规气象观测数据作为神经网络预报模型的输入,开展了辐射雾的预报试验。2001 年 Dean 和 Fiedler 则采用线性回归方法和非线性神经网络方法进行了机场消云(雾)的预报试验。其预报结果表明,非线性神经网络方法的预报技巧评分比气候预报高出 0.25,而线性回归预报的技巧评分比气候预报高出 0.20。为进一步分析研究,他们还根据机场早晨的实测温度,采用线性回归方法和非线性神经网络方法分别作了机场下午的温度预报,结果显示,非线性神经网络方法的预报技巧评分为 0.446,而线性回归方法为 0.290。

3) 在温度预报中的应用研究

金龙等采用人工神经网络方法,对五种最优定价准则确定的月平均气温预报模型进行了集成预报研究。曹杰和谢应齐根据联想记忆神经网络的基本原理,提出了一种基于混沌理论的联想记忆神经网络模型,并用该预报模型对单站的月平均气温时间序列进行了预报试验。Shao 利用一个三层的神经网络模型,进行了冬季公路表面冰冻温度的临近预报(提前 3~6h 预报),并且将这样的神经网络预报模型与数值预报模式的预报作对比分析,对比分析又分为两种环境条件,一种是正常的普通环境条件,另一种是环境条件比较复杂和恶劣的条件(主要是挪威、英国、瑞士和奥地利等冬季温度低、变化大的地区)。对比试验结果表明,两种环境条件下,神经网络预报模型对公路的冰冻预报均方误差均得到改进,其中在一般的环境条件下,神经网络预报模型预报误差减小的程度比恶劣环境条件的预报误差减小程度要小。

4) 在短期气候预测降水预报中的应用研究

蔡煜东等根据月平均最低气温日数等四个单站气象要素作为模型输入,进行了 BP 神经网络的本站汛期降水期预报试验。盛永宽等进行了神经网络与气候模式相结合的试验研究,他们采用当时世界上主要的 15 个模式之一的改进的全球大气环流与海洋混合模式进行了月、季、年尺度的降水短期气候预测,并在气候模式系统误差调整时,尝试结合应用神经网络方法。他们将气候模式输出的环流场、海温场,模式输入的降水场以及长序列的实测环流场与实测降水量场建了多个 BP 网络模型。熊秋芬和王丽比较了数值预报方法、天气学方法和以数值预报产品为基础的神经网络方法,并对 1999 年汛期各种方法预报的雨量与实况进行比较,结果发现区域数值预报模式和神经网络方法有较好的预报效果。金龙、王业宏、胡江林等利用人工神经网络建立了月降水量等长期预报模型,取得了较好的效果。

4.5 气象数字图像处理技术

数字图像处理在国民经济的许多领域已经得到广泛的应用。农林部门通过遥感图像了解植物生长情况,进行估产,监视病虫害发展及治理。水利部门通过遥感图像分析，获取水害灾情的变化。国防及测绘部门，使用航测或卫星获得地域地貌及地面设施等资料。机械部门使用图像处理技术，自动进行金相图分析识别。医疗部门采用各种数字图像技术对各种疾病进行自动诊断。气象部门通过分析气象云图，提高预报的准确程度。

4.5.1 气象数字图像恢复

气象数字图像恢复是把失真的气象数字图像经处理恢复其本来面目的过程。在气象应用中的卫星云图未经恢复处理以前是有辐射失真和几何畸变的，可见光云图的亮度反映了目标反照率的强弱，红外云图的亮度反映了目标的温度分布。要得到温度值和亮度值，以及多幅云图作拼图处理之前，必须进行辐射校正。辐射校正也称为定标工作。由于气象观测与预报工作和地理位置密切相关，为此必须进行几何校正，为了和地图或天气图对比，需作地图投影变换，此工作称为配准或网格定位工作，也属于几何校正范围。在坐标变换后要进行图像数据重新采样等。这些恢复处理也称为图像预处理。目前卫星的预处理都由地面站图像和数据处理系统完成。随着超大规模集成电路（very-large-scale integrated circuit，VLSI）的发展，特别是功耗低、体积小、重量轻、成本低的一维和二维信号处理功能块的出现，在卫星上进行预处理成为可能。

辐射校正方法是对由卫星发回的可见光云图进行亮度定标，对红外云图进行热定标，设 i 为太阳天顶角，补偿后的亮度值等于原来的亮度值除以 $\cos i$，因为在近红外波段中大气散射接近零，所以最简便和最常用的方法是根据直方图中的最小值情况进行校正，用条带或漏行的相邻两行扫描图像亮度的平均值插入。

几何校正是根据轨道参数及高分辨率图像传输（high resolution picture transmission，HRPT）中的时间码以及卫星运动方程，算出每个图像数据点的经纬度。常用的标准投影图有等矩形、麦卡托、密勒、心射切面等几种，可根据待配准的天气图或精度要求选择投影坐标。然后在已经地理定位的云图上加上地图和经纬网格。在加了网格地图的云图上再采用控制点校正可以大大提高定位精度。用坐标映射法建立多项式变换进行校正，用三个控制点可找到一次式映射系数，六个控制点可找到二次式映射系数，10 个控制点可找到三次式映射系数。控制点越多定位精度越高。运算时差最终受到一个像素分辨率的限制。

灰度内插法是气象数字图像经过几何校正后，像素之间的相对位置发生变化，有时还要改变像素的大小，为了确定输出数字图像的像素值，就需要利用重新采样的方法。常用的方法有三种：首先找到对应的输入像素位置，不一定正好是整数像素点，用四舍五入法取其邻近的像素值作为输出像素的灰度值。找到对应输入像素设置用它周围四个邻近像素值作二维线性内插。此法比最近邻法要准确。为了减少由于内插引起的高频分量的损失，采用原输入像素位置周围的 16 个像素点作内插。

数字图像恢复技术是数字图像处理领域的重要分支和组成部分，早期的数字图像恢复技术研究起源于 20 世纪五六十年代的美国和苏联的空间探索及军备竞赛项目。当时，空间飞行器平台由于成像环境较差、成像设备的抖动、大气条件的限制等，最终获取的目标图像存在不同程度的模糊和退化。在当时的科技背景与技术条件下，这些退化图像最终造成了巨大的经济损失。为此，研究人员开始就退化图像的恢复问题展开深入研究，由此诞生了一门新的学科分支——数字图像恢复技术。

数字图像恢复技术的早期算法主要是把数字信号处理领域的成熟算法引入图像恢复领域，把图像当作二维的数字信号来进行处理，如逆滤波、维纳滤波等基本的数字图像恢复算法。之后，有的研究人员开始发现图像的退化和模糊问题可以利用自回归和移动均值模型、非线性参数识别、自适应理论等方法进行很好的描述和模型化，而这些理论主要源于现代控制技术。因此，现代控制技术在图像恢复领域的广泛应用，极大地推动了图像恢复新算法和理论的出现和发展。现在，新出现的数字信号分析和应用数学理论也极大地丰富了图像恢复技术的研究范围，比较典型的例子就是小波分析技术、神经网络技术和盲源信号分离技术等，在数字图像恢复中成功应用。另外，数字图像恢复技术所针对的对象不再是单一的灰度图像，针对彩色图像的多通道数字图像恢复技术也有了长足的发展。因此，数字图像恢复技术的应用领域也早已不再局限于空间科学探测领域，已经扩大到了包括通信、医学、天文、艺术、气象、遥感、交通、消费电子、国防和公共安全等诸多领域和学科，促进了不同学科领域的融合与发展，成为各个领域学者们广泛研究和关注的重点。

1）图像恢复问题的数学描述

由于成像环境和成像设备性能的限制，各种成像观测系统均存在不同程度上的缺陷，总体来说，这些退化因素可以分成两大类：①空间模糊退化因素，各种成像系统中的光学和电子元器件失常、成像传感器与成像目标之间的相对移动、光学系统的散焦、大气湍流和气溶胶颗粒等都会造成图像的空间模糊。②点退化，也就是常说的噪声模糊，任何成像系统在正常的工作过程中都不可避免地会受到噪声的影响和干扰，常见的噪声主要为来自电子元器件或图像的数字量化过程中的读出噪声。

观测数据存在由各种因素引起的变形和模糊等退化现象，还存在噪声的影响。图像恢复就是根据所观测的数据尽可能地估计接近于原始图像的操作。与图像恢复相对应，还存在图像增强的方法。这两者都可以用于改善图像质量。但是，图像恢复以尽可能恢复原始图像为目标；而图像增强的目标则是根据具体的使用目的，利用各种图像增强算法，得到让人更容易看的图像。因此，对于图像增强来说，结果图像没有必要相似于原始真实图像。

如图4-20所示，数字图像的退化模糊过程可以被模型化为一个退化函数和一个加性噪声项，共同作用于原始图像 $f(x,y)$，产生一幅退化的图像 $g(x,y)$ 的过程；在给定 $f(x,y)$、退化函数 H 和噪声项 $n(x,y)$ 的一些先验知识的情况下，就可以利用图像恢复算法获得原始真实图像的一个近似估计 $\hat{f}(x,y)$，这就是数字图像恢复技术的原理与思路。

根据图像的退化模型，模糊图像的数学表达式可以写为

$$g(x,y) = H[f(x,y)] + n(x,y) \tag{4-74}$$

而真实图像 $f(x,y)$ 可以用二维的脉冲函数 δ 来表示，即

$$f(x,y) = \iint_{-\infty}^{+\infty} f(\alpha,\beta)\delta(x-\alpha, x-\beta)\mathrm{d}\alpha\mathrm{d}\beta \tag{4-75}$$

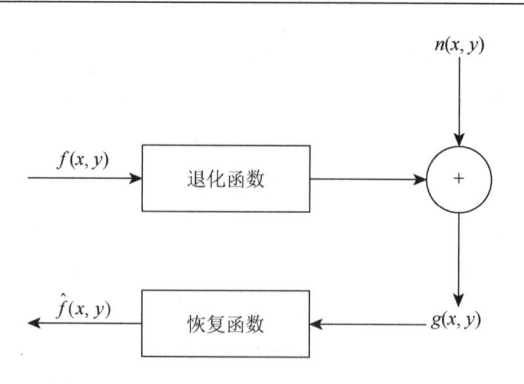

图 4-20 基本图像退化和恢复的简易模型

如果令
$$h(x,\alpha;y,\beta) = H\delta(x-\alpha, x-\beta) \tag{4-76}$$

通常假设 H 是线性的且具有空间不变性，则把式（4-75）代入式（4-74）中，可以得到

$$g(x,y) = \iint_{-\infty}^{+\infty} f(\alpha,\beta)h(x-\alpha;y-\beta)\mathrm{d}\alpha\mathrm{d}\beta + n(x,y) \tag{4-77}$$

卷积形式可写为

$$g(x,y) = f(x,y) \times h(x,y) + n(x,y) \tag{4-78}$$

为了便于利用计算机进行数字图像处理，把连续模型进行离散化，则经过离散化后的退化模型可以表示为

$$\begin{aligned} g(x,y) &= \sum_{m=0}^{M-1}\sum_{m=0}^{M-1} f(m,n)h(x-m,y-n) + n(x,y) \\ &= h(x,y) \times f(x,y) + n(x,y) \end{aligned} \tag{4-79}$$

2）正则化算法

从数学泛函的角度进行分析，只要观测数据中存在小的扰动，就有可能导致方程求解不稳定。在图像恢复过程中，噪声会被不同程度地放大，在已知 g、H 和 n 的有关先验知识的前提下，获取原图像的最优近似解。在这些方法中，正则化方法是应用最为广泛、理论基础最充分、最具优势的一种，它将求解式（4-79）的逆问题转变为带约束条件的最优化问题，即

$$L(A,f) = \|g - Hf\|^2 + A\|Cf\|^2 \tag{4-80}$$

式中，$\|g-Hf\|^2$ 为噪声能量；C 为高通滤波算子；$A = A(f)$ 为正则化项，用以控制噪声能量与高通滤波图像 Cf 能量的空间分布，从数学的角度进行分析，对 $L(A,f)$ 的最小化，就是在 $\dfrac{\mathrm{d}L(A(f),f)}{\mathrm{d}f} = 0$ 条件下求解原始真实图像 $f(x,y)$ 的最优逼近解或估计 $\hat{f}(x,y)$。

正则化方法在进行图像恢复的过程中往往会产生边界和振铃效应，需要对该效应进行消除。Qureshi 提出采用先验知识来限制正则化过程，然后利用卡尔曼滤波进行恢复，结果显示，该算法可以减少振铃效应的影响；Biemond 等提出在原来的恢复算法中加入确定的关于原始图像的先验知识，用图像的边缘信息作为局部正则化参数，限制噪声的

放大与减少振铃效应,然后利用凸集投影(projection onto convex sets,POCS)映射理论求解,结果表明,该方法能够在有效减少振铃效应的同时,抑制噪声的放大[55]。

4.5.2 气象数字图像增强

气象数字图像增强处理的目的有两类:一类是改善图像的视觉效果,评论输出数字图像质量的标准因人而异,甚至有意畸变原图像使之成为看起来满意的图像;另一类是用增强处理突出原数字图像中诸如边缘、轮廓线、河流和公路等明显的特征。气象数字图像增强的方法较多,如灰度映射变换法、直方图修正法和频域滤波法等[56]。

灰度映射变换法是把亮度 Z_1 至 Z_k 的区域段用函数关系映射到 Z_1' 至 Z_k' 区域段。图 4-21 中的亮度映射把 Z_1L 段与 MZ_k 段的亮度区压缩,而 LM 段得到了线性扩展,它使 LM 段灰变层次分明达到增强效果。尤其用于处理灰度级(往往上千级)与显示灰度级(往往几十级)之间的转换。

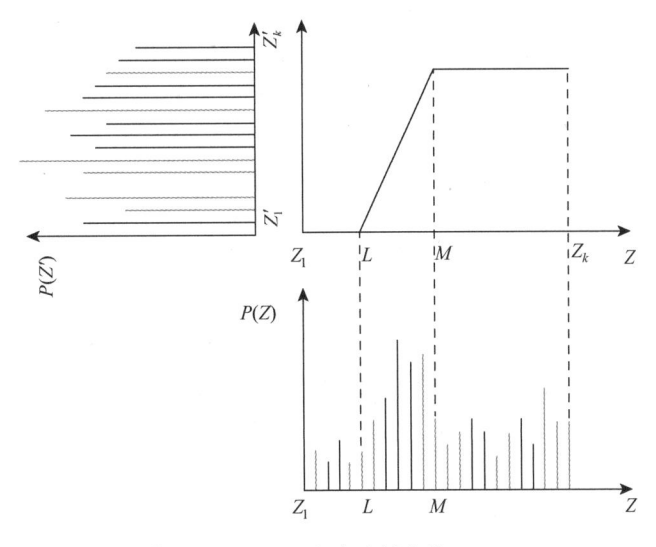

图 4-21 灰度映射变换

直方图就是一幅图上像素亮度分布的概率统计值图。我们可以从直方图的分布曲线看出图像的概貌。利用直方图的修正也能达到各种增强效果。修正方法很多,可归纳为线性拉伸和非线性拉伸两类:①线性拉伸。直方图均衡,也就是直方图线性化。它使用很窄的动态范围,加大了对比度,使模糊的图像变得层次清晰。②非线性拉伸。有对数拉伸、指数拉伸、正切拉伸、正弦拉伸、高斯拉伸、拉平拉伸等。不同拉伸可达到不同的效果。

频域滤波法实现图像增强的过程如图 4-22 所示。频域滤波器从构成形式上可分为递归型和非递归型。从功能上可分为起平滑作用的低通滤波器,增强边缘的高通滤波器,消除条带杂波干扰的带阻滤波器、带通滤波器,以及增强高频分量同时不过分削弱低频分量的同态滤波器等。从滤波器形式上可分为 Butterworth 滤波器、指数型滤波器及梯形滤波器等。应该指出的是二维傅氏变换有很多用途,在图像处理中占了很重要的位置。

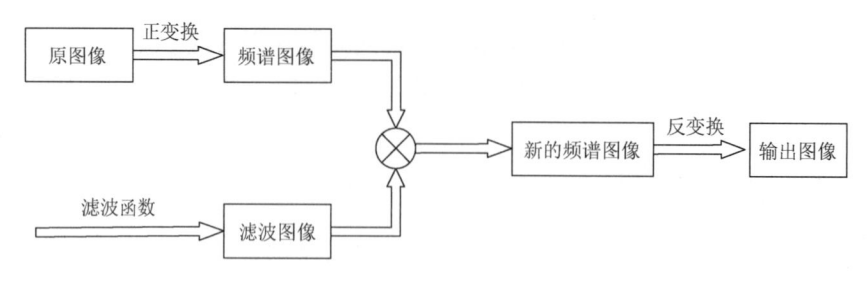

图 4-22 频域滤波法实现图像增强的过程

一般情况下，各类图像系统中的传送和转换（如成像、复制、扫描、传输以及显示等）总会造成图像的某些降质。例如在图像获取时，光学系统的失真、相对运动、大气流动等都会使图像模糊；在传输过程中，由于噪声污染，图像质量会有所下降。所以在对赤潮生物图像进行分割之前，必须对这些图像进行改善处理[57]。

1）图像平滑

图像在生成和传输过程中常受到各种噪声源的干扰和影响，而使图像质量变差。有时抽样效果差的系统也同样给图像带来噪声。反映在图像上，噪声使原本均匀和连续变化的灰度突然变大或变小，形成一些虚假的物体边缘或轮廓。抑制或消除这类噪声而改善图像质量的过程称为图像的平滑过程。

2）中值滤波

中值滤波是一种非线性的信号处理方法，在一定条件下其可以克服线性滤波器如最小均方滤波器、均值滤波等带来的图像细节模糊，而且对滤波脉冲干扰及图像扫描噪声最为有效。一般采用一个含有奇数个点的滑动窗口，将窗口中各点灰度值的中值来替代指定点的灰度值。对于奇数个元素，中值是指按大小排序后，中间的数值；对于偶数个元素，中值是指排序后中间两个元素的灰度值的平均值。

3）灰度均衡

灰度均衡也称为直方图均衡，目的是通过点运算使输入海藻图像转换为在每一灰度级上都有相同的像素点数的输出图像。这对于进行图像比较或分割之前将图像转化为一致的格式是有益的。

按照图像的概率密度，函数的定义：

$$p(x) = \frac{1}{A_0} H(x) \tag{4-81}$$

式中，$H(x)$ 为直方图；A_0 为图像面积。

设转换前图像的概率密度为 $p_r(r)$，转换后图像的概率密度函数为 $p_s(s)$，转换函数为 $s = f(r)$。由概率论知识，可以得到

$$p_s(s) = p_r(r) \frac{dr}{ds} \tag{4-82}$$

这样，如果想使转换后图像的概率密度函数为 1，则必须满足：

$$p_r(r) = \frac{ds}{dr} \tag{4-83}$$

等式两边对 r 积分，可得

$$s = f(r) = \int_0^r p_r(\mu)\mathrm{d}\mu = \frac{1}{A_0}\int_0^r H(\mu)\mathrm{d}\mu \tag{4-84}$$

该转换公式被称为图像的累积分布函数。

上面的公式是归一化后推导出的，对于没有归一化的情况，只要乘以最大灰度值即可。灰度均衡的转换公式为

$$D_B = f(D_A) = \frac{D_{\max}}{A_0}\int_0^{D_A} H(\mu)\mathrm{d}\mu \tag{4-85}$$

对于离散图像，转换公式为

$$D_B = f(D_A) = \frac{D_{\max}}{A_0}\sum_{i=0}^{D_A} H_i \tag{4-86}$$

式中，H_i 为第 i 级灰度的像素个数。

本章参考文献

[1] 王春芳，李湘，陈永涛，等. 中国气象局卫星广播系统（CMACast）设计[J]. 应用气象学报，2012，23（1）：113-120.

[2] Jiang G M，Liu R. Retrieval of sea and land surface temperature from SVISSR/FY-2C/D/E measurements[J]. IEEE Transactions on Geoscience and Remote Sensing，2014，52（10）：6132-6140.

[3] 潘觅. 浅析国内气象通信系统的设计与实现[J]. 电子制作，2013（24）：113.

[4] 何源洁，张华鹏. 无人机数据链技术及发展[J]. 电子技术与软件工程，2021（16）：184-185.

[5] 唐慧强，卫克晶. 基于MSC1210的高精度气象数据采集系统[J]. 仪表技术与传感器，2007（7）：57-58，61.

[6] 李源鸿，敖振浪，郑学文. 有线遥测气象站实时数据传输及远程控制系统设计[J]. 广东气象，2003，25（1）：18-19，34.

[7] 吴双. 全天候气象信息自动采集系统的研究与设计[D]. 南昌：南昌航空大学，2016.

[8] 方祥贵，冯昇，斯秋措姆. 探讨地面气象观测资料在气象服务中的应用[J]. 农业开发与装备，2017（6）：115.

[9] 郭少波. 区域自动气象站天线的安装和选用[J]. 山西气象，2014（3）：38-40.

[10] Mestre G，Ruano A，Duarte H，et al. An intelligent weather station[J]. Sensors，2015，15（12）：31005-31022.

[11] 桂杨. 可旋转相机传感器网络中全视角边界覆盖问题研究[D]. 上海：上海交通大学，2015.

[12] 邓伟. 浅析目前对雷达电子电路查询系统的设计及实现[J]. 通讯世界（下半月），2013（7）：38-39.

[13] 胡鹏，伍光胜，孙伟忠，等. 多要素气象观测无人机系统的设计与应用[J]. 计算机测量与控制，2019，27（4）：139-142，148.

[14] 党晓军，虞玉诚. 无人机台风测量系统的设计和应用[J]. 水利信息化，2013（6）：39-43，47.

[15] Klemas V V. Coastal and environmental remote sensing from unmanned aerial vehicles：An overview[J]. Journal of Coastal Research，2015，31（5）：1260-1267.

[16] Kwak K H，Lee S H，Kim A Y，et al. Daytime evolution of lower atmospheric boundary layer structure：Comparative observations between a 307-m meteorological tower and a rotary-wing UAV[J]. Atmosphere，2020，11（11）：1142.

[17] 沈怀荣，邵琼玲，王盛军. 基于微小型无人机的气象探测有效载荷研究[J]. 装备指挥技术学院学报，2006，17（5）：102-106.

[18] Martin S，Bange J，Beyrich F. Meteorological profiling of the lower troposphere using the research UAV "M 2 AV Carolo"[J]. Atmospheric Measurement Techniques，2011，4（4）：705-716.

[19] 许小峰. 气象小卫星：拓展天基气象观测的新领域[J]. 气象科技进展，2020，10（3）：2-7.

[20] 杨军，咸迪，唐世浩. 风云系列气象卫星最新进展及应用[J]. 卫星应用，2018，11（5）：8-14.

[21] 董瑶海. 我国风云卫星体系的发展思考[J]. 上海航天（中英文），2021，38（3）：76-84.

[22] Abdalati W，Zwally H J，Bindschadler R，et al. The ICESat-2 laser altimetry mission[J]. Proceedings of the IEEE，2010，98（5）：735-751.

[23] Liu J，Shi Y，Fadlullah Z M，et al. Space-air-ground integrated network：A survey[J]. IEEE Communications Surveys &

Tutorials, 2018, 20 (4): 2714-2741.

[24] 尹伟康, 刘文清, 钱江, 等. 一种基于天地空一体化的大气综合监测平台[J]. 化学世界, 2017, 58 (10): 637-640.

[25] 毛炳文. 基于北斗卫星导航定位系统的气象水文信息系统[J]. 科学时代, 2013 (6): 2.

[26] 王清文, 李岩. 气象水文数据卫星传输系统的应用[J]. 气象水文海洋仪器, 2007, 24 (4): 24-26.

[27] 秦岭, 徐长生. 基于"北斗一号"的气象水文数据传输系统[J]. 气象水文装备, 2010, 21 (2): 41-42, 48.

[28] 常宇恒. 无人机数据链路的设计[D]. 哈尔滨: 东北农业大学, 2015.

[29] Cook D E, Strong P A, Garrett S A, et al. A small unmanned aerial system (UAS) for coastal atmospheric research: Preliminary results from New Zealand[J]. Journal of the Royal Society of New Zealand, 2013, 43 (2): 108-115.

[30] 宣源, 程德胜, 汪卫华, 等. 基于低轨道卫星中继的无人机数据链路方案[J]. 现代防御技术, 2008, 36 (2): 82-85, 95.

[31] 闫云斌, 田庆民, 王永川, 等. 无人机数据链系统抗干扰性能评估指标及其测试方法[J]. 计算机测量与控制, 2015, 23 (12): 3925-3928, 4220.

[32] 王青平, 白武明, 王洪亮. 多重网格在二维泊松方程有限元分析中的应用[J]. 地球物理学进展, 2010, 25(4): 1467-1474.

[33] 宓铁良. 自适应网格细化算法模拟地震波传播[D]. 北京: 清华大学, 2010.

[34] 孙献军. 三维地震波模拟中有限差分法与伪谱法的对比研究[D]. 武汉: 武汉大学, 2018.

[35] 黄会勇. 变分法求解边坡稳定问题[D]. 武汉: 武汉大学, 2004.

[36] 雷泳南. 窟野河流域河川基流演变特征及其驱动因素分析[D]. 北京: 中国科学院研究生院（教育部水土保持与生态环境研究中心）, 2012.

[37] Natahan R J. Evaluation of automated techniques for baseflow and recession analyses[J]. Water Resources Research, 1990, 26 (7): 1465-1473.

[38] Boughton W C. A hydrograph-based model for estimating the water yield of ungauged catchments[C]. Proceedings of the Hydrology and Water Resources Symposium. Newcastle: Institution of Engineers, Australia, 1993.

[39] Chapman T G, Maxwell A I. Baseflow separation-comparison of numerical methods with tracer experiments[C]. 23rd Hydrology and Water Resources Symposium. Hobart: Institution of Engineers, Australia, 1996.

[40] Eckhardt K. How to construct recursive digital filters for baseflow separation[J]. Hydrological Processes, 2005, 19 (2): 507-515.

[41] 柳婧. 基于最优插值方法的中国近海海面风场资料融合研究[D]. 北京: 国家海洋环境预报中心, 2018.

[42] Gandin L S. Objective Analysis of Meteorological Fields[J]. Israel Program for Scientific Translations, 1963, 92 (393): 447.

[43] 任萍, 陈明轩, 曹伟华, 等. 基于机器学习的复杂地形下短期数值天气预报误差分析与订正[J]. 气象学报, 2020, 78 (6): 1002-1020.

[44] 陈皓一. 基于深度强化学习算法的多尺度气旋监测方法研究[D]. 天津: 天津大学, 2019.

[45] Watkins C J C H, Dayan P. Q-learning[C]. Machine Learning. 1992.

[46] 赵声蓉, 赵翠光, 赵瑞霞, 等. 我国精细化客观气象要素预报进展[J]. 气象科技进展, 2012, 2 (5): 12-21.

[47] 李维京. 现代气候业务[M]. 北京: 气象出版社, 2012.

[48] 张飞飞. 基于时空数据模型的海洋气象预测模型研究[D]. 大连: 大连理工大学, 2020.

[49] 邓集萱. 基于图像处理的云图分析及云层面积测量[D]. 太原: 太原理工大学, 2012.

[50] 杨静. 图像分析技术在铸体薄片特征参数提取中的应用研究[D]. 西安: 西安石油大学, 2014.

[51] 程涛. 基于小波分析的上海市环境空气质量变化及与气象关系研究[D]. 上海: 华东师范大学, 2007.

[52] 徐玉凤. 基于贝叶斯估计的低剂量CT图像去噪算法[D]. 郑州: 郑州大学, 2016.

[53] 刘浩. 层次线性贝斯方法及其在雾霾影响因素中的应用研究[D]. 重庆: 重庆工商大学, 2019.

[54] 林开平. 人工神经网络的泛化性能与降水预报的应用研究[D]. 南京: 南京信息工程大学, 2007.

[55] 王振国. 遥感影像中大气模糊消除恢复算法研究[D]. 郑州: 解放军信息工程大学, 2010.

[56] 李波. 数据图像处理技术在气象信息方面的应用分析[J]. 新疆农垦科技, 2017, 40 (5): 56-58.

[57] 刘莎. 气象传真图像格式转换研究与实现[D]. 哈尔滨: 哈尔滨工程大学, 2010.

第 5 章 气象信息可视化

在信息和数据日益激增的世界，信息获取的速度越来越快，且信息呈现方式越来越繁杂。信息可视化处理是传播信息最有效的手段。通过计算机及各类相关软件，将需要传达的信息转换为图像表现出来。气象信息可视化[1]的发展可追溯到 17 世纪 80 年代，英国科学家埃德蒙·哈雷绘制了世界上第一张载有海洋盛行风分布的气象图，以此地图可对信风分布状况做全球性统计分析。现如今，气象信息可视化已经发展到了全新的时代。美国国家大气研究中心（National Center for Atmospheric Research，NCAR）自行研制出可绘制二维等值线、流场、矢量图以及一维曲线图的气象绘制软件包。美国威斯康星大学空间科学和工程中心、美国国家航空航天局（National Aeronautics and Space Administration，NASA）分别研制开发出可视化系统 Vis5D 和 GrADS，其在大气科学、空间科学和海洋科学中被广泛使用，奠定了气象信息可视化的基础。

本章先介绍如何结合地理信息系统获得气象信息的可视化，其次介绍现有的气象信息分析与显示软件，最后描述人机界面交互方式实现气象信息的可视化。

5.1 气象大数据云平台

气象大数据云平台是利用大数据、云计算技术构建的集气象数据的收集分发、加工处理、存储管理、统计分析、共享服务和运行监控于一体的综合数据业务支撑平台。气象大数据云平台示意图如图 5-1 所示。

5.1.1 "天擎"大数据云平台

"天擎"的本质特征是"云+端"，也是气象业务技术体制的发展方向。"云"即气象大数据云平台，其统筹管理观测、预报、服务、政务、行业、社会等完整权威的地球系统大数据，集成质量控制、统计加工、预报预警等全流程业务产品算法，统一产品加工流水线，提供"数据、算力、算法"三统一的平台化服务。"端"包括各类观测、预报预测、服务、管理等业务系统，也包括计算机、手机、各种传感器等硬件终端及其软件终端程序。通过推进气象业务系统与气象大数据云平台深度融合，减少中间环节，优化流程，实现数据、技术、业务融合，促进观测、预报、服务、管理业务高效协同，推进气象事业高质量发展。

"数算一体"是"天擎"最大的特色。"数"即气象数据资源，"算"即算法资源，"数算一体"则是将数据和算法资源整合到一起。以往，各个气象业务系统各自调用其所需数据，重复存储、重复传输的现象非常普遍。而"数算一体"使得算法向数据靠拢，从而减少数据在网络上的传输。算法开发和运行者不用关心数据在哪里，只需开发和提交算法，就可运行出产品。"数算一体"的算力支撑和流水线调度运行，将使全局业务流程最优化，促进应用协同。

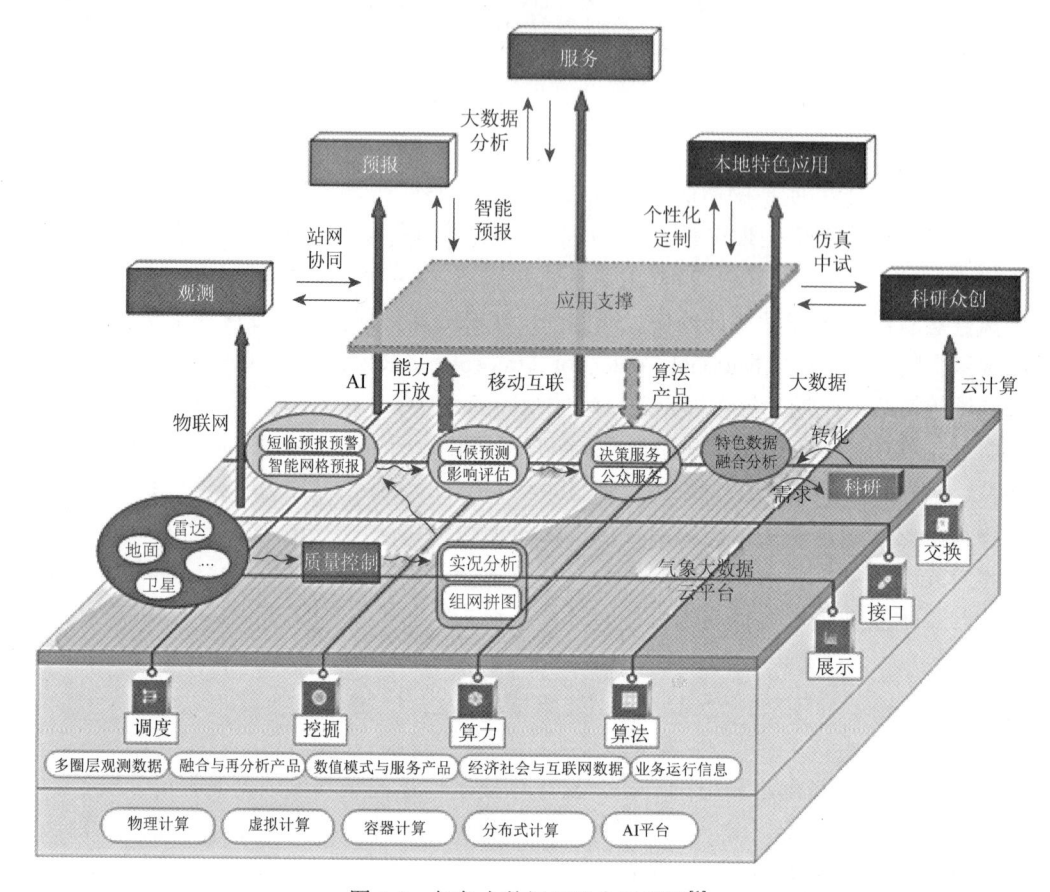

图 5-1 气象大数据云平台示意图[1]

5.1.2 专有云大数据云平台

一直以来，气象部门对核心气象数据进行重点存储管理，但对其他辅助气象数据疏于管理，对行业社会交换数据获取较少。丰富的数据资源是开展大数据分析的基本条件，因此目前的数据资源现状已严重制约气象大数据管理与融合应用能力的发展，需要开展大数据资源建设。其中核心气象数据是指气象观测、加工的气象数据和产品，其支撑气象业务应用和服务，包括地面、高空、海洋、辐射、农气、数值预报、大气成分、历史代用、灾害、雷达、卫星、科考、服务产品、人影、空间天气、预警信息等。一直以来，气象部门对其进行重点存储管理。

近年来，云计算已经逐渐发展成为最受欢迎的资源提供方式之一，越来越多的组织选择将应用部署到云平台上运行。在气象专有云基础设施构建和管理过程中，需要引入虚拟化技术，并以虚拟机的形式为气象业务流程执行提供所需的计算资源和存储资源。

在进行气象大数据管理与布局时，通常租赁存储优化型虚拟机实例用于存储数据密集型任务；而在进行气象业务流程处理时，则需要租赁计算能力较高的 CPU 密集型虚拟机实例执行计算密集型任务。

但面向智慧气象和大数据服务的现实需求，信息系统仍存在数据供应不足、数据交换传输不灵活、数据存储服务不够高效、业务系统烟囱不减等困难。此外，对于大量的气象业务产品、气象装备信息、个例数据、电子出版物、历史数字化成果等缺乏有效统一的管理，对于气象预报和决策服务需要的大量部委行业数据、社会经济数据以及社会化观测数据收集甚少，业务系统运行监控信息、政务管理信息等也没有纳入数据管理的范畴，这些在气象大数据应用的时代，造成了数据供应的瓶颈。需要基于云计算、大数据等新的信息技术，构建气象专有云平台，加强对气象部门内外数据的汇聚，优化数据交换、入库、加工和服务流程，开放信息系统的平台、数据和算法资源，促进实现气象"云+端"的应用模式，全面提升气象业务和服务水平。因此，本节研究面向气象专有云的数据布局方法及关键技术，有助于推动气象信息化和智能化的进程，也符合当前气象行业构建气象专有平台的需求。

在实际应用中，面向气象专有云的大数据布局离不开两个关键要素的支撑：①面向气象专有云的大数据布局框架；②面向气象专有云环境的数据布局关键技术。一方面，面向气象专有云的大数据布局框架依据气象云环境下数据布局的资源需求，对气象云环境下的数据布局层次进行了分解；另一方面，面向气象专有云的数据布局关键技术，为面向气象专有云的大数据布局提供所需的基础技术支撑，包括气象专有云服务框架、基于 Fat-Tree 云数据中心网络拓扑结构、气象大数据布局技术以及多目标归一化处理技术等[2]。

气象大数据云平台采用云计算、大数据等新的信息技术对数据全流程进行高效管理；采用集约化、虚拟化、分布式和众创开放等云计算技术增强系统，使气象数据与应用、服务深度融合，促进应用和服务个性化、快速地构建和运行；基于流式计算、分布式处理、数据挖掘、机器学习、大规模数据可视化等大数据技术全面提升数据处理分析能力，促进智能预报和气象大数据服务发展。该平台基于专有云和公共云构建，对数据进行全网汇聚，统一支撑全国各级应用，支持开放共享，提供社会众创服务，如图 5-2 所示，气象专有云平台主要包括：

（1）国家中心：汇集业务和数据的全集，国家中心需要存储气象业务主要的历史存量数据约 14974TB，其中卫星、数值预报雷达产品数据等 11514TB 的存量数据仅在归档存储，地面、高空等 3460TB 存量数据在线和归档同时存储。考虑未来几年（管理与业务类信息考虑 10 年）的数据增量约 48274TB，增量的全部数据在线和归档同时存储。国家中心在线数据量为 51PB，归档数据量为 62PB，总的数据量为 113PB。

（2）备份中心：包含备份观测数据全集（观测数据、核心产品）和核心实时业务（天气预报、决策服务）。根据国家备份中心的备份策略及发展战略，除约 8PB 的部分社会化观测数据、数值预报产品、服务产品外，国家中心的其他在线数据全部在备份中心进行存储，备份中心的存储量为 43PB。模式数据量大，考虑其解释应用最长需要五年的数据，在备份中心存储五年。

（3）省级节点：包含本省及市县业务，以及其应用所需数据的省级节点，管理省级长序列观测数据，以及应用所需范围和时长的数据产品与周边观测数据。省级节点（区域中心）数据量为 1.47PB，省级节点（普通）为 1.1PB。31 个省（未含港澳台）总数据量约为 37PB。其中，模式数据一般不超过三年，卫星数据一般不超过两年。

（4）公共云节点：汇聚行业社会的多领域数据，支撑互联网的气象服务，探索外网的应用。国家中心还需通过公共云对外进行服务，经测算，云存储的数据量为 7PB。可开放共享、有应用服务需求的数据，在数据种类和数据长度上均有一定控制。

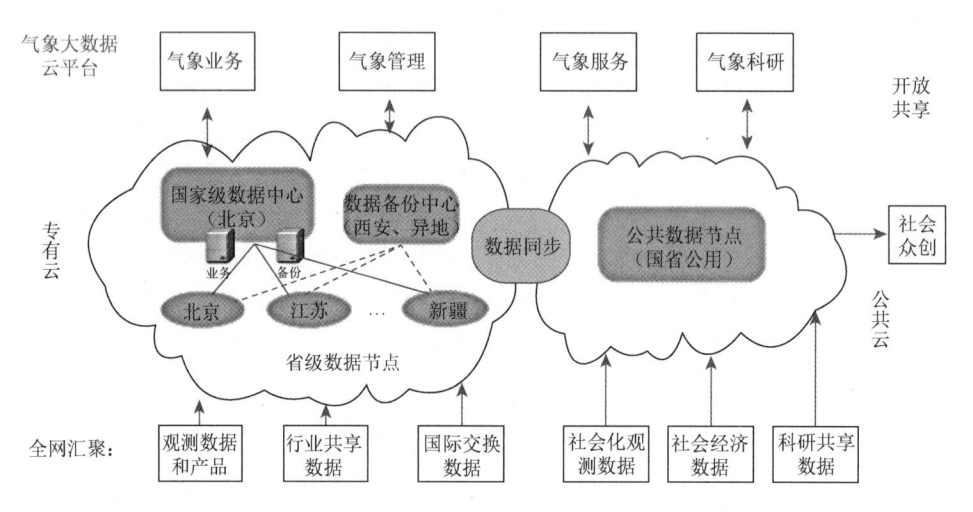

图 5-2 气象云平台服务框架

各节点定位：气象大数据云平台由一个国家级数据中心（简称国家中心）、一个数据备份中心（简称备份中心）、31 个省级（未含港澳台）数据节点（简称省级节点）和一个公共云数据节点（简称公共云节点）构成，各中心或节点采用相同的架构，建设不同的规模。其中，国家中心管理数据的全集，支撑国家级应用。备份中心提供数据全备份；支持国家级天气和决策服务等实时核心业务的备份；支持省级应急时的数据访问和本省（自治区、直辖市）不在线历史数据的访问；支持大数据应用示范。省级节点管理本省（自治区、直辖市）及市县业务所需的数据，支撑本省（自治区、直辖市）及市县的应用访问。

节点间关系：省级节点将本省收集的数据上传至国家中心，备份中心从国家中心同步数据，公共云节点与国家中心、备份中心和各省级节点间通过专线通道交换数据，省级节点间按需交换共享实时数据。公共云节点收集的所有数据都在国家中心进行归档。国家中心异常时，备份中心代替国家中心，与省级节点、公共云节点以及国外数据中心进行数据交换，支撑国家级核心实时业务。省级中心异常时，备份中心或国家中心提供该省（自治区、直辖市）及市县核心实时业务应急访问，可同时支持两个省（自治区、直辖市）的应急访问，优先启用备份中心。

外部接口：常规来源的气象数据仍主要通过专有云进行收集，包括气象观测数据和产品、行业共享数据、国际交换数据等；新型来源的相关数据主要通过公共云进行汇聚，包括社会化观测数据、社会经济数据、科研共享数据等。气象大数据云平台将数据进行全网同步和管理，通过服务接口提供气象业务、管理、服务和科研等应用访问，并回存业务产品，此外通过公共云提供社会众创支撑服务。

基于气象"专有云+公共云"，提供数算一体的平台化服务，全面支撑"云+端"的气象业务。对气象数据、社会数据、行业数据、互联网数据、物联网数据等资源进行全网快速汇聚，进行规范的质量控制和加工处理，生产丰富的统计类、格点化、多源融合等产品，进行全生命周期的存储管理，支持基于多源数据挖掘分析的智能预报和服务模型构建，提供标准统一、访问高效的服务接口，对数据和业务的全流程进行可视化监控。开放数据交换、产品加工、挖掘分析、数据存储和访问分析等能力，共享数据、算法和接口等资源，支撑全国的气象应用和共享服务融入气象大数据云平台。

5.2 结合地理信息系统的可视化

5.2.1 地理信息系统概述

地理信息系统（GIS）的起源可以追溯到 20 世纪 50~60 年代。1962 年，加拿大测量学家 Roger F. Tomlinson 提出利用计算机处理和分析大量的土地利用地图数据，建议并组织加拿大地质调查局建立了加拿大地理信息系统，该系统是世界上第一个运行型地理信息系统，于 1972 年全面投入运行与使用，主要用于自然资源管理和规划，具有专题地图叠加和面积量算等功能。在计算机、虚拟现实等技术的推动下，GIS 技术得到了迅猛发展，其凭借着强大的海量数据管理能力和空间分析能力，在国土、水文、林业、农业、旅游、交通、房地产、气象等行业得到广泛的应用。GIS 在气象领域已经广泛应用于历史气象资料的管理、显示、查询、自动制图、统计分析以及农业气候资源区划、气候建模分析评价等方面。

作为近现代深度发展的技术，GIS 是许多领域的交叉学科，如图 5-3 所示。地理学为研究人类环境、功能、演化以及人地关系提供了认知理论和方法。地图学为地理空间信息的表达提供载体与传输工具。测量学、大地测量学、摄影测量与遥感等测绘学为获取这些地理信息提供了测绘手段。宇航科学与技术为 GIS 向航空航天领域发展提供了新的理论和方法。应用数学（包括运筹学、拓扑数学、概率论与数理统计等）为地理信息的计算提供数学基础。系统工程为 GIS 的设计和系统集成提供方法论。计算机图形学、数据库、数据结构等为数据的处理、存储管理和表示提供技术和方法。软件工程、计算机语言为 GIS 软件设计提供方法和实现工具。计算机网络、现代通信技术为 GIS 提供网络和通信的支撑技术。人工智能、知识工程为 GIS 提供智能处理与分析的方法和技术。管理科学为系统的开发和系统运行提供组织管理技术。历史、文学、艺术、社会学、经济学等为 GIS 提供人文社会学科交叉的新领域[3]。

GIS 主要由计算机硬件、软件（含空间分析）、数据和用户四大要素组成，如图 5-4 所示。计算机硬件部分是基础，作为 GIS 的支撑，包括各类计算机处理机及其输入输出设备和网络设备；地理信息系统的软件部分是精髓，作为系统的功能驱动，是支持信息采集、处理、存储管理、分析和可视化输出的计算机程序系统，其中，空间分析是其重要功能，为 GIS 解决各类空间问题提供分析应用工具或模型，硬件和软件系统决定 GIS 的框架；GIS 的数据处于核心地位，作为系统操作的对象，包括图形和非图形数据、定性和定量数据、影像数据及多媒体数据等；用户是 GIS 所服务的对象，是地理信息系统的主人，具体可以分为一般用户和高级用户，一般用户是利用 GIS 软件完成基本的操作，高级用户则从事系统的建立、维护、管理和更新，按照职能不同可进一步划分为系统管理人员、系统开发人员、数据操作处理人员、数据分析人员、终端用户。

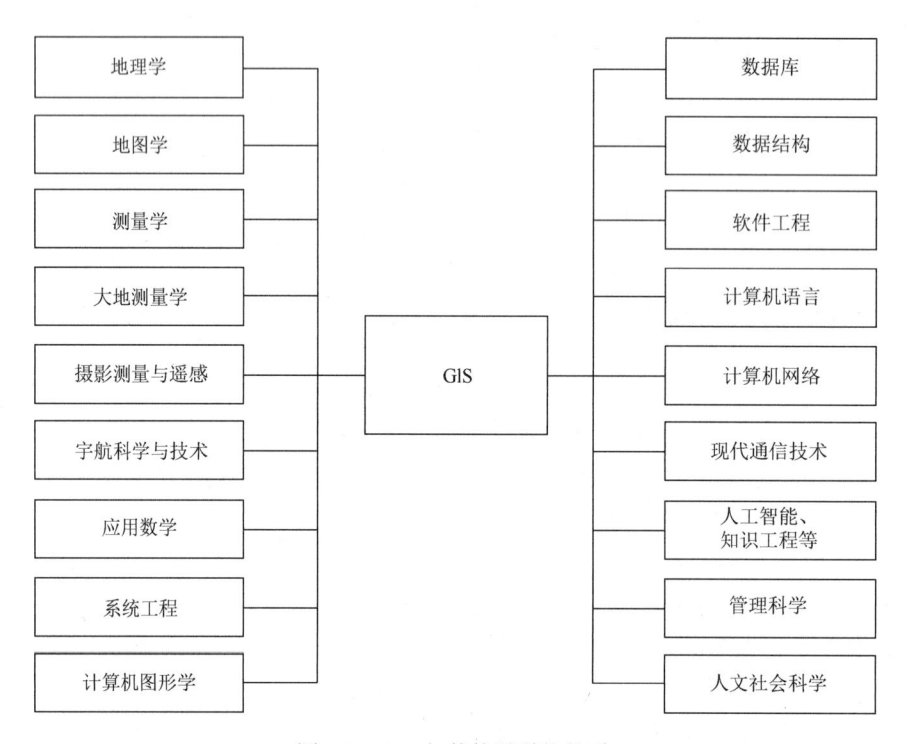

图 5-3　GIS 与其他学科的关系

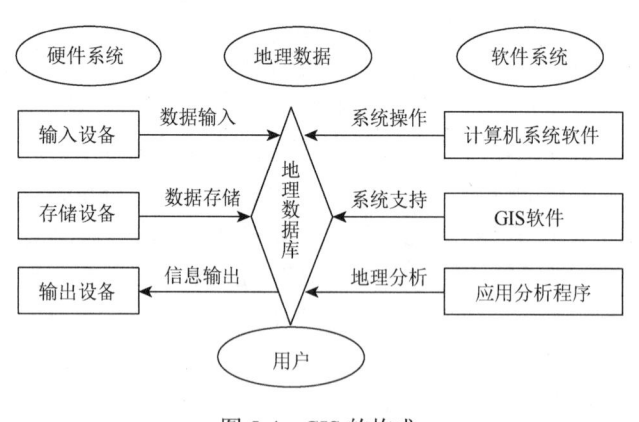

图 5-4　GIS 的构成

GIS 的基本特点如下：第一，GIS 以计算机系统为支撑，作为建立在计算机系统架构上的信息系统，它由若干相互关联的子系统构成：数据采集子系统、数据分析子系统、数据处理子系统、数据产品输出子系统、数据管理子系统。第二，GIS 可以为用户提供分析和辅助决策，通过综合数据分析获得常规方法或普通信息系统难以得到的重要空间信息，实现对地理空间对象和过程的演化、预测、决策和管理。第三，计算机系统的分布性和地理信息的分布特性共同决定了 GIS 具有分布特性。其中，计算机系统的分布性决定了 GIS 的框架是分布式的；地理信息的分布特性决定了地理数据的获取、存储和管理、地理分析应用具有地域上的分布性。第四，GIS 强调组织体系和人的作用在 GIS 的成功应用中具有十分重要的作用。GIS 工程是一个复杂的工程。工程开发时需要考虑软件工程和数字工程两种性质的联系。GIS 工程涉及学科知识广泛，需要配备了解相关知识的人员。

5.2.2 地理信息绘制

地球表面各种自然地理要素和人文地理要素和谐统一，如绵绵的山脉、蜿蜒的河流和耸立的高楼等。地理空间信息数据化是把地理现象信息用二进制数字进行表示及存储的过程（图 5-5）。数据采集是把现有资料转换为计算机可以处理的形式。

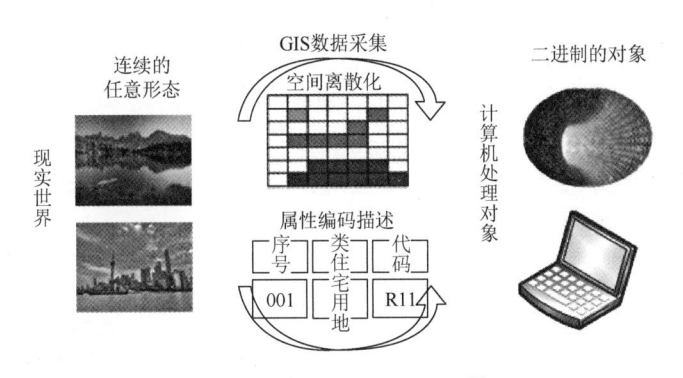

图 5-5 地理空间数据采集[7]

GIS 数据采集包括地理空间数据与属性数据的采集。地理空间数据采集是获取地理事物的位置、形状或分布等信息。地理空间数据采集的第一种方法是野外实地测量，它是基本方法，通过传统测量方法，获取地理空间数据，经质量检查后输入空间数据库中，制成数字地图。例如，使用全站仪或 GPS 测量仪进行角度和距离的测量。通过野外实地测量的采集方式获取的信息虽然详尽、准确，但是需要花费大量人力物力，而且工作周期相对较长。

地理空间数据采集的第二种方法是地图数字化。例如，地图数字化能够将纸质地图转换成计算机能存储和处理的数字地图。地图数字化主要包括以下两种处理方法：①利用数字化仪，进行手扶跟踪地图数字化；②利用扫描仪，进行扫描数字化。一般而言，扫描数字化的作业效率高于手扶跟踪地图数字化。但因为在处理过程中可能引入人为或者系统误差，地图数字化后的数据位置精度不会高于原有精度。

地理空间数据采集的第三种方法是数字摄影测量。数字摄影测量是摄影测量技术的发展结果，概括其发展过程主要就是用计算机立体视觉代替人眼的观察测量，从而确定对应光线的过程。通过对地图或影像进行处理，获取各种形式的数字产品和目视产品。如图 5-6 所示，数字摄影测量的主要流程依次为航空摄影、航测外业、内业加密、测绘产品，详细的技术流程可以参考相关文献[4-6]。典型的国产数字摄影测量系统有 Virtuozo、Geoway、JX-4C 等。

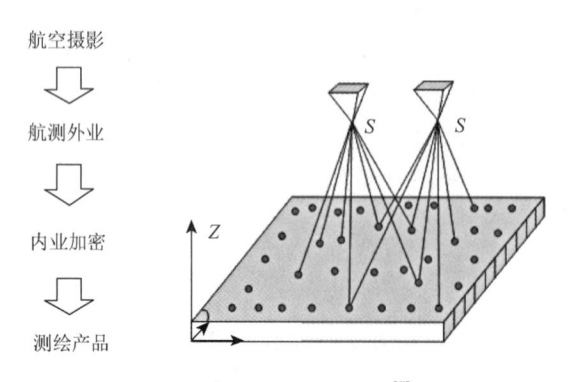

图 5-6 数字摄影测量[7]

地理空间数据采集的第四种方法是遥感图像解译，这种方法应用非常广泛。遥感平台通过主动或被动的方式获取地物光谱信息，形成遥感图像；而遥感图像解译是根据遥感图像的空间特征、光谱特征和时间特征，进行目标的探测、识别和鉴定。例如，将建筑物的分布范围或者河流等地物的形状完整地提取出来。遥感图像信息提取可以通过目视方法进行人工的解译或者提取，也可以应用计算机自动分类方法获取地物的几何信息、属性特征甚至变化情况等（图 5-7）。

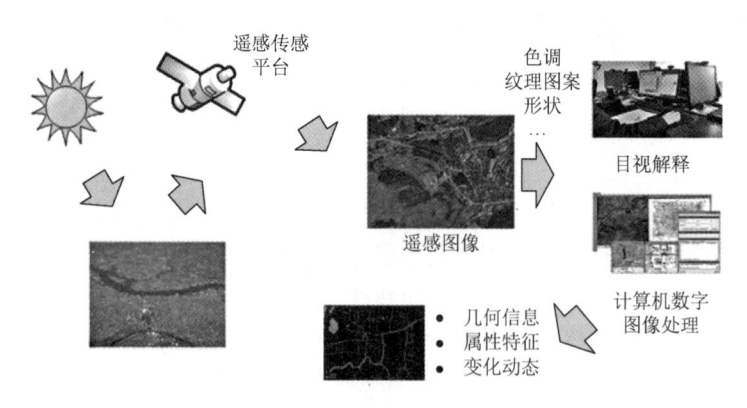

图 5-7 遥感图像解译[7]

除上述四种方法以外，随着信息化技术的快速发展，目前出现新型的数据采集方式，如车载移动数据采集、无人机摄影、航空和地面三维激光扫描、雷达干涉测量，以及倾斜摄影测量等。上述新兴方法采集地理空间数据的周期短、精度高，能够为地理空间信息的快速获取、变化规律的分析应用等提供有力支持。

GIS 数据不仅需要记录地理空间数据的位置与范围，而且需要用二维表格记录地物的属性特征。例如，城市道路数据的采集，不仅需要绘制线段要素的位置，还需要在表格中记录道路的名称、类型及编码等属性信息。如图 5-8 所示，属性数据的采集方法主要包括社会调查，已有统计资料整理和遥感数据提取等。采用相关方法可以提取大量属性信息，如水域面积、森林覆盖率、人口年龄、收入与消费、工业生产、商业经营和医疗保险等。在属性信息采集的过程中，应尽量利用已有资料，以减少作业成本，缩短工作周期。

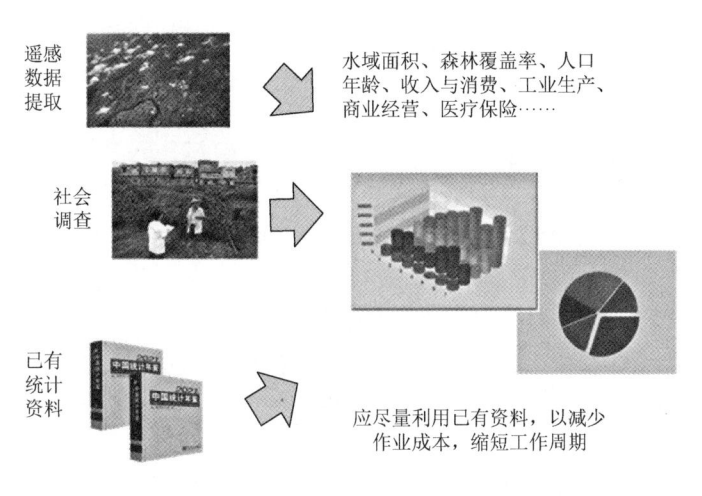

图 5-8　属性数据采集[7]

手扶跟踪地图数字化是将地图图纸平铺并固定在数字化板上，然后用定标设备将图纸上的图形逐一输入计算机。数字化仪主要包括定标设备和感应板两部分。进行数字化采集的底图包括纸质地图、聚酯薄膜图等。地图数字化的主要步骤是用定标设备读取图上坐标。例如，采集图上的坐标是 (x,y)，设备可以自动转换成为地理坐标 (x',y')，以此类推，绘制完整图形。

手扶跟踪地图数字化的技术步骤主要包括：确定数字化技术路线、地图预处理和地图数字化操作三个阶段。如图 5-9 所示，确定数字化技术路线包括：①确定采集点的方式，具体包括点方式和流方式。点方式是手动确定边界线的关键点，而流方式是利用定标设备控制绘制曲线。②选取定位点。采用图廓点或控制点的方式分别输入图上坐标和地理坐标，方便系统解算两者间的转换参数。③选择数字化底图。例如，确定选用纸质地图还是聚酯薄膜图。④确定需要数字化的要素。原始数据是基础地形图，内容丰富，为减少工作量并加快生产周期，可以只针对需要的地理要素进行数字化操作。⑤确定要素分幅分层。地图数字化所得数据，可以按专题要素分层（如道路层、建筑物层、植被层等），也可以参考地形图的图式规范分幅。

在确定数字化技术路线后，需要进行地图预处理。如图 5-10 所示，地图预处理的具体步骤如下：①复制。为确保地图数据的精度，需要把纸张质量较差的地图复制到聚酯薄膜上。②外扩。地图分幅时，为确保要素完整性，与内图框处相交的线要素应向外延伸，以保证要素接边时的精度。③分段。当河流或者道路等特殊线要素在地图上发生交叉时，可以分段，即划分成为相对独立的多个部分。④分格。在处理非国家标准分幅地图时，可以布设格网，以便于控制点坐标的精确量取。

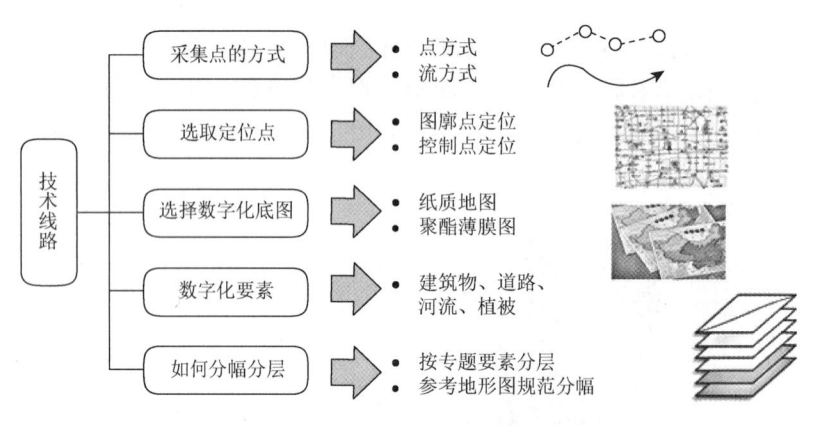

图 5-9　手扶跟踪地图数字化的技术路线[7]

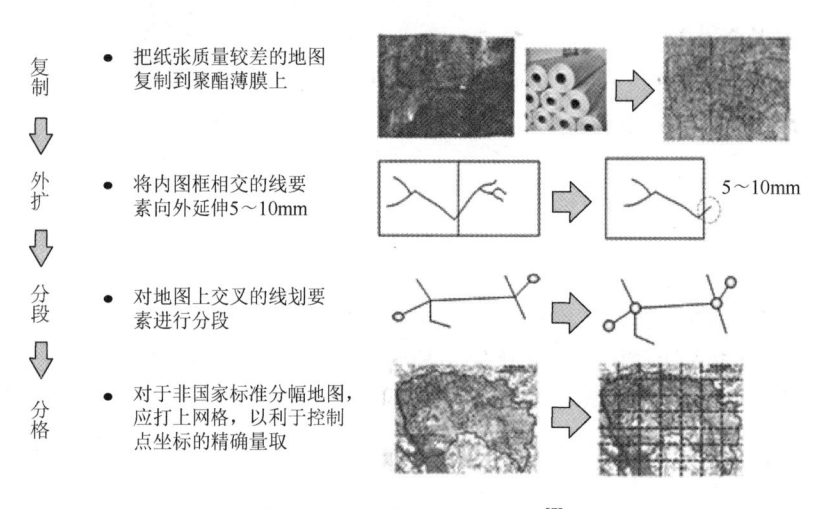

图 5-10　地图数字化预处理[7]

地图数字化的操作阶段包括四个步骤（图 5-11）：①设置工作环境。打开通信端口、数据文件和初始化数字化仪并输入控制点及其坐标。②进行采集操作。在感应板上移动

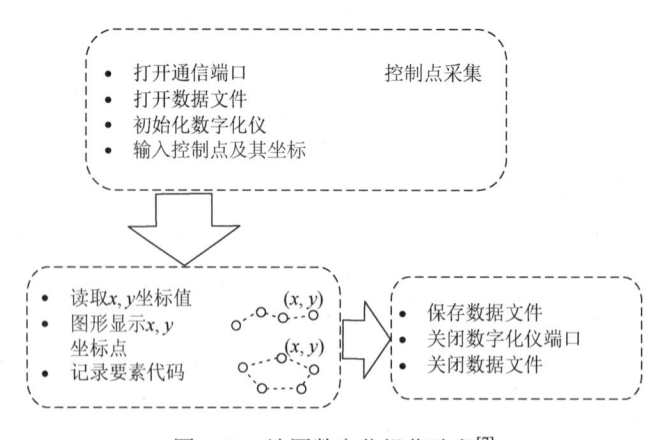

图 5-11　地图数字化操作阶段[7]

数字游标,当游标移动到所需采集点位置时,记录交叉点位置所对应的坐标,并传递到计算机中。③完成单个要素的采集。例如,完成一栋房屋、一条道路、一片湖泊等要素的位置采集后,应当输入要素的类型编码。④完成所有要素的采集。在确认所有要素采集无误后,保存数据文件,关闭数字化仪端口,关闭数据文件等。

数字化需要将地图上点的平面坐标转换为实际的地理坐标。最小二乘法就是常用的转换方法。如图 5-12 所示,假设点 P 在数字化仪坐标系(或栅格图像坐标系)中的坐标值为 (x,y),转换到实际地理坐标系中的坐标值为 (x',y'),其转换公式如下:

$$x' = m \cdot (x\cos\theta - y\sin\theta) + a_0 \tag{5-1}$$

$$y' = n \cdot (x\sin\theta + y\cos\theta + b_0) \tag{5-2}$$

$$\begin{cases} x' = a_0 + a_1 x + a_2 y \\ y' = b_0 + b_1 x + b_2 y \end{cases} \tag{5-3}$$

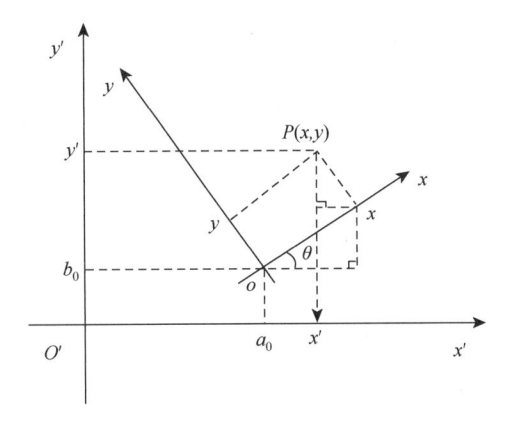

图 5-12 坐标转换示意图

式中,a_0 和 b_0 为数字化仪平面坐标系的原点;x' 和 y' 为映射到地理坐标系中的坐标值;θ 为两坐标系的夹角;m 和 n 为实际地理坐标系对数字化仪坐标系在 x 和 y 方向上的放大系数。通过控制点,建立误差方程:

$$\begin{cases} Q_x^2 = \sum(x' - \hat{x})^2 = \sum\left(x' - \hat{a}_0 - \hat{a}_1 x - \hat{a}_2 y\right)^2 \\ Q_y^2 = \sum(y' - \hat{y})^2 = \sum\left(y' - \hat{b}_0 - \hat{b}_1 x - \hat{b}_2 y\right)^2 \end{cases} \tag{5-4}$$

将控制点的坐标值代入误差公式:

$$\frac{\partial Q_x^2}{\partial a_i} = 0 \text{ 和 } \frac{\partial Q_y^2}{\partial b_i} = 0 \qquad i = 0,1,2 \tag{5-5}$$

最小二乘法的目标是让偏差的平方和最小,则系数的求解公式如下:

$$\hat{a}_0 = \overline{x'} - \overline{x}a_1 - \overline{y}a_2, \hat{a}_1 = \frac{L_{x'x}L_{yy} - L_{x'y}L_{xy}}{L_{xx}L_{yy} - (L_{xy})^2}, \hat{a}_2 = \frac{L_{x'y}L_{xx} - L_{x'x}L_{xy}}{L_{xx}L_{yy} - (L_{xy})^2} \tag{5-6}$$

$$\hat{b}_0 = \overline{y'} - \overline{x}b_1 - \overline{y}b_2, \hat{b}_1 = \frac{L_{y'x}L_{yy} - L_{y'y}L_{xy}}{L_{xx}L_{yy} - (L_{xy})^2}, \hat{b}_2 = \frac{L_{y'y}L_{xx} - L_{y'x}L_{xy}}{L_{xx}L_{yy} - (L_{xy})^2} \tag{5-7}$$

$$L_{xx}=\sum x^2-\left(\sum x\right)^2\Big/n, L_{xy}=\sum xy-\left(\sum x\sum y\right)^2\Big/n \tag{5-8}$$

在求解系数后，数字化仪所采集的坐标值，就能够根据参数转换为实际的地理坐标值[7]。

5.2.3 大气数据绘制

气象数据是一种体数据，体数据由体素组成，体素即基本体积元素，体数据可视化中常用的一些方法都可以应用到气象数据中，如等值线、等值面、体绘制、切面绘制等。图 5-13 为大气环境数据分类及研究方法分类图，可以从基于地理空间位置的角度将这些方法应用到气象数据，以便于在地理信息系统中集成这些方法模块。

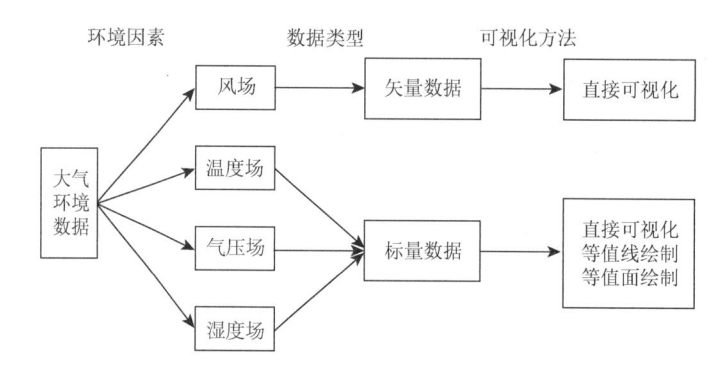

图 5-13 大气环境数据分类及研究方法分类图

在三维气象可视化中，原始数据通常分布在等间距的经纬线网格和不等间距的高度网格上。将此类数据映射到三维空间时，有两种方法：局部直角坐标系法和球坐标系的映射方法。

（1）局部直角坐标系法。将地球表面近似为平面，将经线、纬线看作两个相互垂直的坐标轴，与高度一起，形成局部区域的三维直角坐标系。这种方法简单易行，在中纬度地区也能较精确地反映数据内涵，因而被许多系统采用。然而，当原始数据的范围扩大，所处维度偏高时，由于平面近似引起的误差已不能忽略不计，这就产生了球坐标系的映射方法。

（2）球坐标系的映射方法。将地球近似为圆球，在球坐标系中显示数据。此方法能够最真实地反映气象数据本身的含义，深受气象工作者欢迎。但是，在计算机图形学的绘制过程中，世界坐标系使用的是直角坐标系，因此在绘制时需要将球坐标转换为直角坐标。具体转换公式如下：

$$\begin{cases} x=r\cos\beta\cos\alpha \\ z=r\cos\beta\sin\alpha \\ y=r\sin\beta \end{cases} \tag{5-9}$$

式中，β 为纬度；α 为经度；r 为半径。向上的坐标轴为 y 轴，因此与常见变换有所不同。进行点的拾取等操作时，根据空间点的位置，需要将直角坐标系变换到球体坐标系向用

户返回，因此直角坐标系向球体坐标系转换公式为

$$\begin{cases} r = \sqrt{x^2 + y^2 + z^2} \\ \alpha = \tan h^{-1}(x/z) \\ \beta = \sin^{-1}(y/r) \end{cases} \quad (5\text{-}10)$$

式中，β 为纬度；α 为经度；r 为半径。x、y、z 分别为直角坐标系的三个坐标。

下面主要介绍三维气象数据的一些常用可视化方法。对于气象数据中的标量场数据，主要介绍等值线、等值面等方法；对于矢量场数据，介绍基于图标法、几何法以及纹理法的可视化方法。

等值线方法一般采用 Marching Squares（移动正方形）方法抽取等值线，如图 5-14 的左图所示，首先找四个相邻的像素，编号为 1、2、3、4。每个像素值有大于阈值和小于阈值两种情况，如果像素值大于阈值用代码 1 表示，用圆圈表示，如果小于阈值就用 0 表示。四个点就有 16 种组合形式，图 5-14 的右半部分列出了所有的可能组合形式。每一种形式就是等值线与正方形边之间的一种拓扑关系。图中正方形内的线路就是等值线的路径。没有的说明等值线不与该正方形相交。以 case1 为例，该图中左下角的像素值大于给定值，其他三个像素小于给定值，那么可以推断出等值线的一侧是圆圈代表的像素，另一侧是另外三个像素，那么等值线只能以图中线段所示的这种方式与正方形相交。等值线与正方形边的交点坐标可以用线性插值来求得。这样当一幅图像中的所有正方形都求出了各自的一段等值线后，这些线段自然而然就连成了一个闭合的等值线[8]。

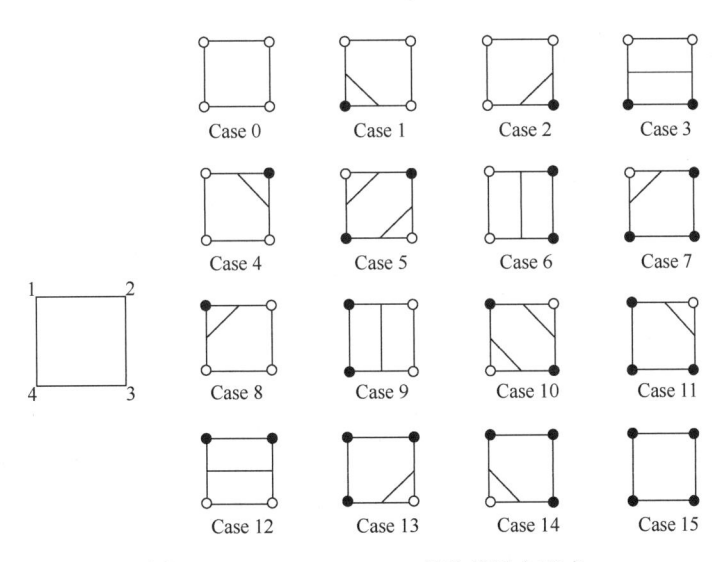

图 5-14 Marching Squares 等值线组合形式

对于三维气象数据，以温度场数据为例，先选取某个气压的数据层次，这是一个二维的规则网格，本书中为 360°×180°（经度×纬度）。具体算法如下。

（1）在该层的数据网格中求出所有四个相邻像素点构成的正方形。

（2）判断四个像素值与阈值的关系，生成代码。

（3）由上步生成的代码按照图 5-14 所示的关系求出等值线与四个像素点间的拓扑关系。

（4）由拓扑关系，用线性插值法求出等值线与正方形边的交点。

（5）顺序连接等值线段就得到等值线了。

给定阈值，使用上述方法就得到了三维数据场的某一层次的等值线的线段集合。由于本书系统是基于三维的 GIS 系统，需要将该线段集合映射到 GIS 的坐标系下。对于每个线段的两个端点，根据端点的经纬度以及高度（由该数据所对应的层次计算可得）转换到坐标系下，绘制可得结果。

目前比较常用的等值面方法有三维等值面提取（Dual Contouring，DC）算法、四面体剖分（Marching Tetrahedra，MT）算法和移动立方体（Marching Cubes，MC）算法等。针对气象数据网格化的特点，下面以 MC 算法为例介绍等值面方法。

作为 Marching Squares 的三维扩展，MC 的算法思想与 Marching Squares 基本一致。MC 通过一个经过特殊编码的查找表辅助加速绘制，当给定一个等值面提取参数时，算法首先将该值与 Cube 的八个顶点进行比较，立方体定点的影响值要么大于提取参数，要么小于等于提取参数，因此八个顶点共有 256 种排列，将比较的结果作为参数在一个经过特殊编码的查找表中进行查找，最终返回结果是一系列边的索引，根据提取参数对这些相应边进行插值即可生成最终的三角形面片，这些面片是整个等值面的一个组成部分。图 5-15 展示了等值面的 15 种基本模式，其余情况可以通过旋转或者镜像得到。

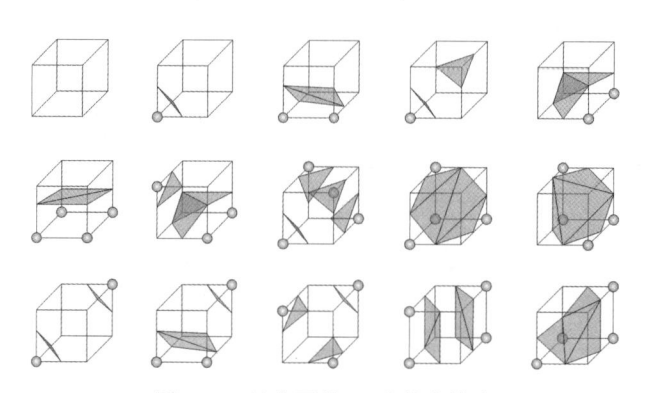

图 5-15 等值面的 15 种基本模式

对于气象数据，以温度场为例，数据的网格大小为 360°×180°×26（经度×纬度×气压）。具体算法步骤如下。

（1）根据对称关系构建一个 256 种相交关系的索引表。该表指明等值面与体素的哪条边相交，便于程序执行过程中的快速查询。

（2）由温度场提取的相邻两层切片中相邻的 8 个像素构成 1 个体素，并把这 8 个像素编号。

（3）根据每个像素与阈值的比较确定该像素是 1 还是 0。

（4）把这 8 个像素构成的 01 串组成一个 8 位的索引值。

（5）用索引值在上边的索引表里查找对应关系，并求出与立方体每条边的点。

（6）用交点构成三角形面片或者是多边形面片。

（7）遍历温度场相邻层次的所有体素，重复执行（2）～（6）。

给定阈值，使用上述方法就得到了三维标量场的等值面的面片集合。基于本书的三维 GIS 系统，将该面片集合映射到 GIS 坐标系下[9]。

矢量场数据可视化相较于标量场最大的不同在于每一物理量不仅具有大小而且具有方向，这种方向性的可视化要求决定了它与标量场完全不同的可视化映射方法。矢量场数据的可视化方法有图表法、几何法和纹理法。

图表法是矢量场数据最简单直接的方法，就是将矢量场中的向量直接画出来。箭头方向代表向量场的方向，长度表示速度。另外，还可以用粗细、颜色、形状等来表示其他数据信息。图表法可视化矢量场虽然简单直接，但是该法难以适用于不同特征和维度的复杂矢量场数据。

几何法是指研究人员采用不同类型的几何元素来模拟向量场的特征（如线、面、体）。不同类型的几何元素和方法适用于不同特征（稳定、时变）和维度（二维、三维）的向量场。在具体实现中，首先在体数据中播撒种子点，然后从种子点根据该点矢量方向和大小发射粒子，对体数据采样，根据采样得到流线的方向，对该点继续发射粒子，直到结束，得到一条完整的流线。由于在几何法中设计合理的种子点策略难度较大，需要用户对数据具有先验知识，因此传统的基于几何的方法在面对复杂的向量场时也会产生不理想的可视效果。

纹理法则是以纹理图像的形式显示向量场的全貌，能够有效地减少几何法的缺陷。线积分卷积是基于纹理的向量场可视化中非常重要的一种方法，主要思路是：首先，以随机生成的白噪声作为输入纹理，其维度大小与数据场维度大小相等。然后，根据向量场数据对噪声纹理进行低通滤波，将生成的结果存为结果纹理，这样既保持了原有的模式，又能体现出向量场的方向。当改变输入纹理时，结果会有变化，但是由于其具有随机性，因此可视化的效果不变[10]。

5.3 显示分析软件

5.3.1 气象信息综合分析处理软件

气象信息综合分析处理系统（meteorological information comprehensive analysis and process system，MICAPS）是与卫星通信、数据库配套的支持天气预报制作的人机交互系统（表 5-1）。其主要功能是通过检索各种气象数据，显示气象数据的图形和图像，对各种气象图形进行编辑加工，为气象预报人员提供一个中期、短期、短时天气预报的工作平台。

表 5-1 MICAPS 开发历程

时间	标志性事件
1994～1996 年	MICAPS1.0 首先完成工作站和微机，第一次完成集约化综合显示分析
2000～2002 年	MICAPS2.0 微机版，完成商业化软件基本构架，满足个性化需求定义

续表

时间	标志性事件
2005～2008 年	MICAPS3.0 在第一版和第二版功能的基础上针对目前业务发展和大量新观测资料的应用支持需求,增加了雷达、高分辨卫星、自动站、风廓线仪、闪电资料的显示,增加了动态菜单配置,初步实现了预报人员的记录管理和预报流程管理支持,增加了数据检索方式,增强了数据格式的适应性,提高了图形显示质量,系统结构更加开放和标准化
2013～2016 年	MICAPS4.0 第四代气象信息综合分析处理系统是由中国气象局国家气象中心 MICAPS 团队自主研发的。首次将集合预报和网格预报结合起来,提高了气象数据的存取和应用能力。最新版本利用大数据、图形处理器计算和图形图像技术,增加了高分辨率、多维、多时相气象数据的应用。建立了先进、高效、智能化、现代化的预报天气平台
2018～2020 年	MICAPS4.5 系统建设中,未公开,中标供应商是北京绘云天科技有限公司

图 5-16 为 MICAPS 的操作界面。

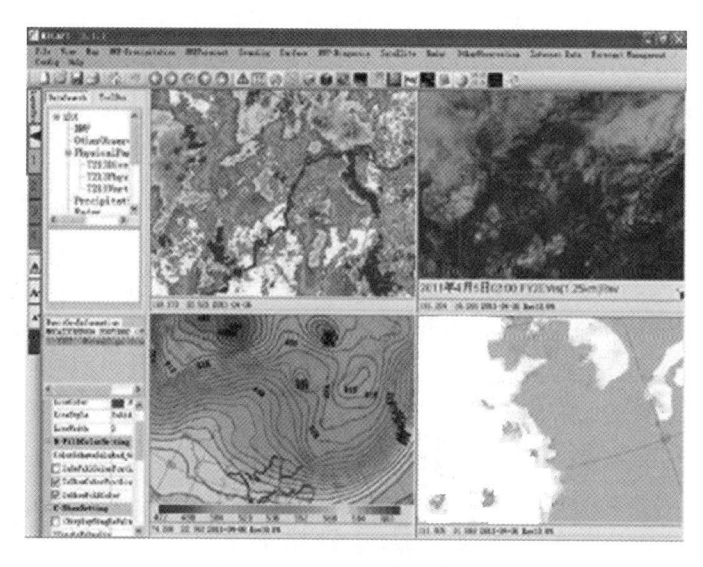

图 5-16 MICAPS 的操作界面

5.3.2 Vis5D

Vis5D 是美国威斯康星大学空间科学和工程中心可视化项目的研究成果,是一个完全开放的软件。Vis5D 是一个可对大型 5-D 网格数据集进行交互式可视化的软件系统。在五维(5D)变量中,前三维是空间变量,即行、列和层(或者纬度、经度和高度),第四维是时间变量,第五维是各种物理变量,如温度、气压、含水量等。除了数据本身之外,还需要一些参数来描述 Vis5D 数据结构。其中包括五维的规模大小(行、列、层、时间间隔和变量的数目)、地理位置和数据的方位(映射坐标)、变量名称、确切的时间,以及与每一时间间隔相关联的数据。

用 Vis5D 系统可以制作出各种三维网格图形,如等值面图、等高线剖面图、彩色剖面图、立体透视图等,并可对图形进行旋转和实时动画。该系统还具有对风的轨迹进行跟踪的特性。Vis5D 系统允许用户制作自己的地形和地图轮廓来作为各种数据网格图形的背景，应用系统提供的函数，用户可以把自己的数据转换、制作成 v5d 格式文件，在 Vis5D 系统下进行可视化显示并对感兴趣的画面提取和存盘，供事后使用、出版或网上发布。Vis5D 系统要求的工作平台主要是各种工作站，如 Slicon 图形工作站、Sun Spac 工作站等。

图 5-17 是 Vis5D 的屏幕截图，显示了欧洲中期天气预报中心（European Centre for Medium-Range Weather Forecasts，ECMWF）集合预报的四个成员的电子表格。

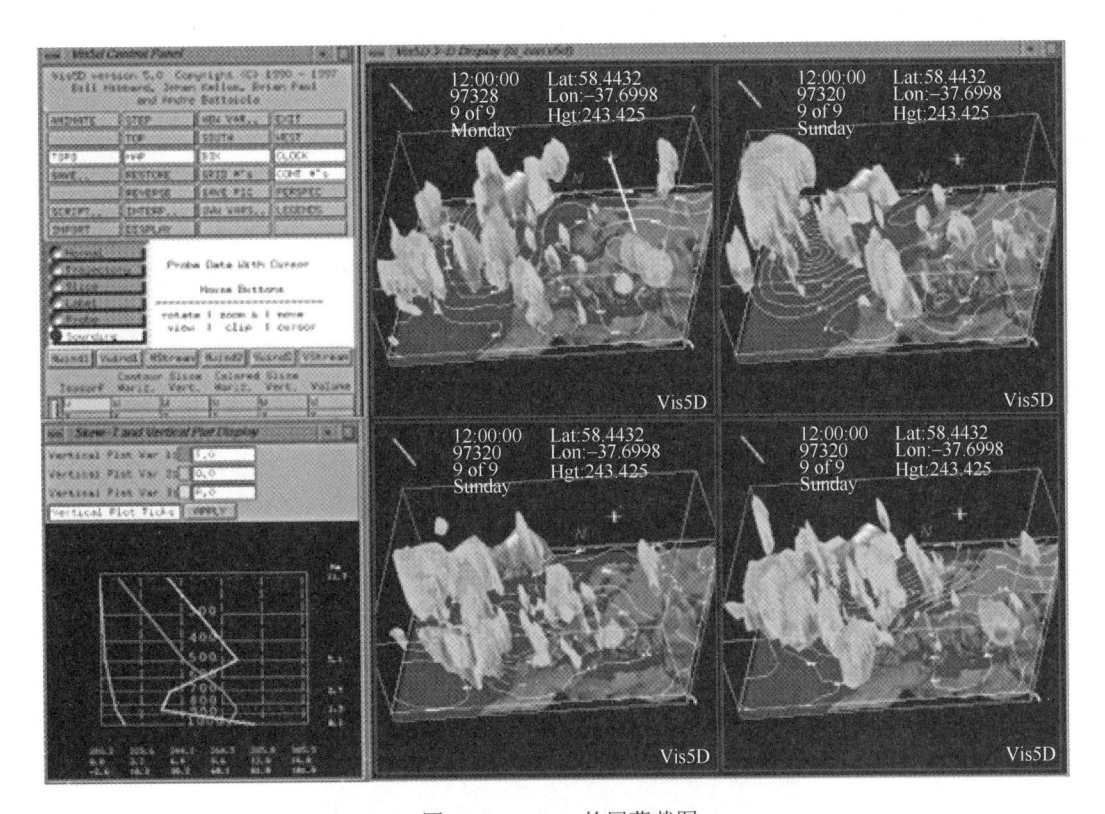

图 5-17　Vis5D 的屏幕截图

5.3.3　AVS/Express

AVS/Express 是一个面向对象的可视化开发工具，能够构建可重用的对象、应用程序组件和复杂数据的可视化应用程序。AVS/Express 支持多种操作系统，包括各种 UNIX 平台和 Windows 平台。AVS/Express 是一个开发环境。它不是终端用户的指向和单击可视化工具。这意味着 AVS/Express 更强大，但也是更复杂的 3D 可视化。此外，AVS/Express 图表是面向对象的，用户看到的其实是一堆类，如拟派生、实例化、调用方法等。编程主要是可视化的，以一种类似乐高的方式组合和连接模块。其特点如下。

1. 面向对象

AVS/Express 是一个面向对象的可视化开发工具，其核心就是面向对象技术，支持数据和方法在类中的封装，支持类的继承、模板和实例，支持对象的分层结构以及类的多态性等特性。利用它能够建立可重复使用的对象、应用程序组件以及数据可视化应用程序，通过对象或组件的灵活组合，定制数据的三维及二维可视化显示方式。

2. 可视化开发

AVS/Express 的网络编辑器是一个可视化的开发环境，通过鼠标驱动操作就可实现连接、定义、装配和管理对象等一系列开发操作，为开发者提供随意定制、修改应用系统的开发环境。

3. 数据可视化应用开发

AVS/Express 提供的预制功能模块能够实现与可视化相关的大量功能①，在这些功能模块的基础上，根据实际需要进行各模块的扩充、连接以及装配等工作，就可快速建立应用系统。AVS/Express 是开放式的开发环境，除了可以使用 AVS/Express 预制的模块进行开发外，还可以按照特定的需要进行自定义开发扩展。

图 5-18 为 AVS/Express 制作的 3D 模型[11]。

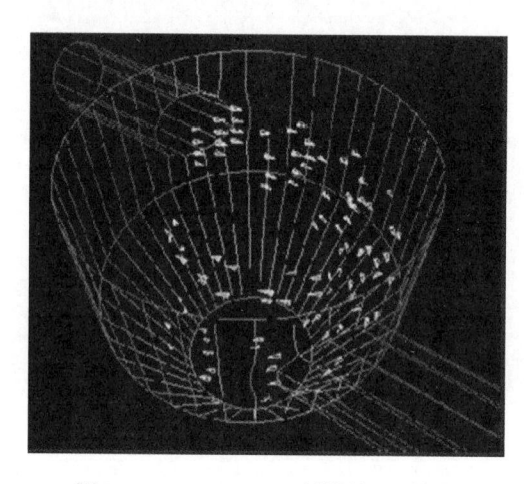

图 5-18　AVS/Express 制作的 3D 模型

5.3.4　GrADS

GrADS 是美国马里兰大学气象系开发的一款气象数据分析显示软件。GrADS 不仅为格点气象数据资料提供了一个优越的交互操作的分析与显示环境，还开发了支持站点数据资料的功能。GrADS 以其强大的数据分析能力，灵活的环境设置，丰富的出图类型，以及多样的地图投影方式等功能，为广大气象工作者的研究带来了极大的便利。该软件自诞生以来，一直受到用户的欢迎和支持，并得到了美国多家科研机构的支持，使其得

---

① AVS Express software. https://www.inition.co.uk/product/avs-express/.

以不断更新和完善，性能日益强大。随着计算机技术的不断进步，GrADS 也推出了适用于各种操作系统的软件版本。其特点如下。

1. 使用五维数据环境

四个常规维度（经度、纬度、垂直水平和时间）加上可选的网格的第五维，该网格通常已实现但旨在用于集合。数据集通过使用数据描述文件放置在五维空间中。GrADS 处理规则、非线性间隔、高斯或可变分辨率的网格。来自不同数据集的数据可以以图形方式叠加，并具有正确的空间和时间配准。操作是通过在命令行输入类似 FORTRAN 的表达式以交互方式执行的。五维环境提供了丰富的内置函数，但用户也可以添加自己的函数作为用任何编程语言编写的外部例程。

2. 使用多种图形技术显示数据

显示气象数据可以使用线图和条形图、散点图、平滑等高线、阴影等高线、流线、风矢量、网格框、阴影网格框和站模型图。图形可以 PostScript 或图像格式输出。GrADS 提供地球物理直观的默认值，但用户可以选择控制图形输出的所有方面。

3. 具有可编程界面

GrADS 可以使用脚本语言，允许进行复杂的分析和显示应用程序。使用脚本来显示按钮和下拉菜单以及图形，然后根据用户的单击采取行动。GrADS 可以以批处理模式运行，脚本语言便于使用 GrADS 执行长时间的夜间批处理作业。

GrADS 基本流程如图 5-19 所示。

图 5-20 为 GrADS 制作的气象图。

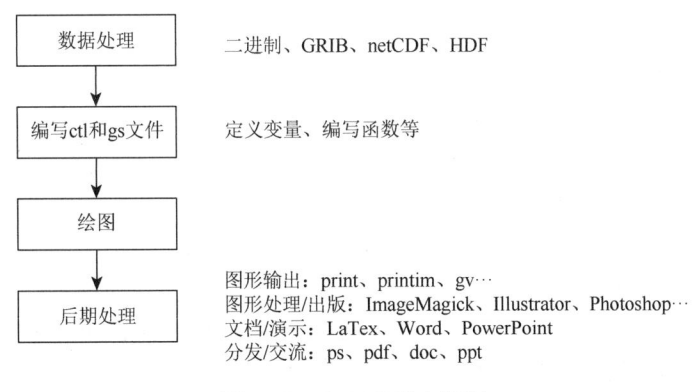

图 5-19 GrADS 基本流程

5.3.5 三维画图软件

Golden Software Surfer（以下简称 Surfer）是美国黄金软件公司生产的，Surfer1.0 版于 1985 年上市。2002 年，美国黄金软件公司发布了 Surfer 8.0 版本。Surfer 是一款以画

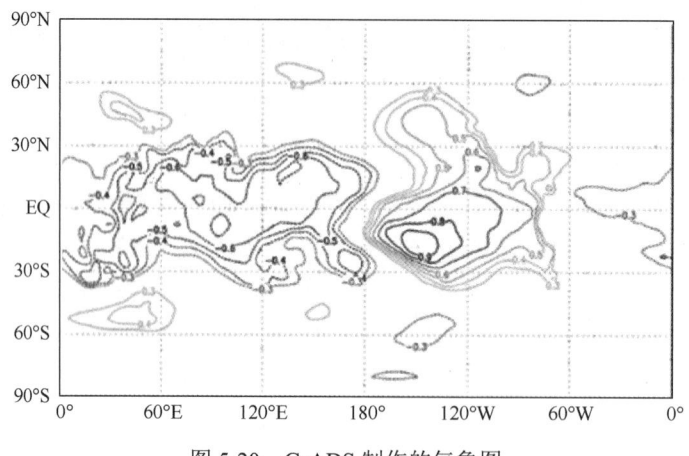

图 5-20 GrADS 制作的气象图

三维图（等高线、影像地图、三维表面）为主的软件，该软件具有强大的插值功能和绘制图件能力，是地质工作者常用的专业成图软件。

Surfer 可以轻松制作基面图、数据点位图、分类数据图、等值线图、线框图、地形地貌图、趋势图、矢量图以及三维表面图等；提供 11 种数据网格化方法，包含几乎所有流行的数据统计计算方法；提供各种流行图形图像文件格式的输入输出接口以及各大 GIS 软件文件格式的输入输出接口，大大方便了文件和数据的交流与交换；提供新版的脚本编辑引擎，自动化功能得到极大加强。其特点如下。

1. 轻松传达简单和复杂的空间数据

提供创建高质量地图的工具，以将包括轮廓、根基、3D 表面、色彩浮雕、3D 线框、分水岭等信息清楚地传达给同事、客户和利益相关者。

2. 建立多维模型数据

在三维空间中查看时，可以更深入地了解数据。借助 Surfer 的 3D 查看器，可以轻松地建模，分析和理解数据的各个方面。在 Surfer 的 2D 和 3D 透视图之间进行切换可确保发现所有数据的模式和趋势，可达到 360°的视觉效果。

3. 增强地图和模型

Surfer 提供了可视化和建模所有类型数据的工具，但不仅限于此。Surfer 广泛的自定义选项使用户能够以易于理解的方式传达复杂的想法。使用各种自定义选项来增强用户的地图和模型。其中，自定义包括添加图例、横截面、放大镜、比例尺和多轴、应用线性或对数色标、合并或堆叠多个地图等多个选项。

4. 立即访问在线数据

Surfer 使访问多余的在线数据变得容易。Surfer 可以立即访问全球航空图像，开放街道地图图像、全球矢量数据和地形数据。

5. 保证网格数据的确定性

Surfer 提供了大量的插值方法,以网格规则或不规则间隔的数据网格化到网格或栅格,每种插值方法提供了对网格参数的完全控制。另外,多线程网格不会浪费时间。

以绘制等高线地图为例,使用 Surfer8.0 软件绘制时,需要引入三种数据文件,即等高线数据文件、图形边界空白文件和底图文件。主要绘制过程可细分为数据导入、网格化、空白图和叠加图。在此过程中,可以逐项设置轮廓、标记、颜色、坐标轴等参数[12]。

图 5-21 为利用 Surfer 制作的图表。

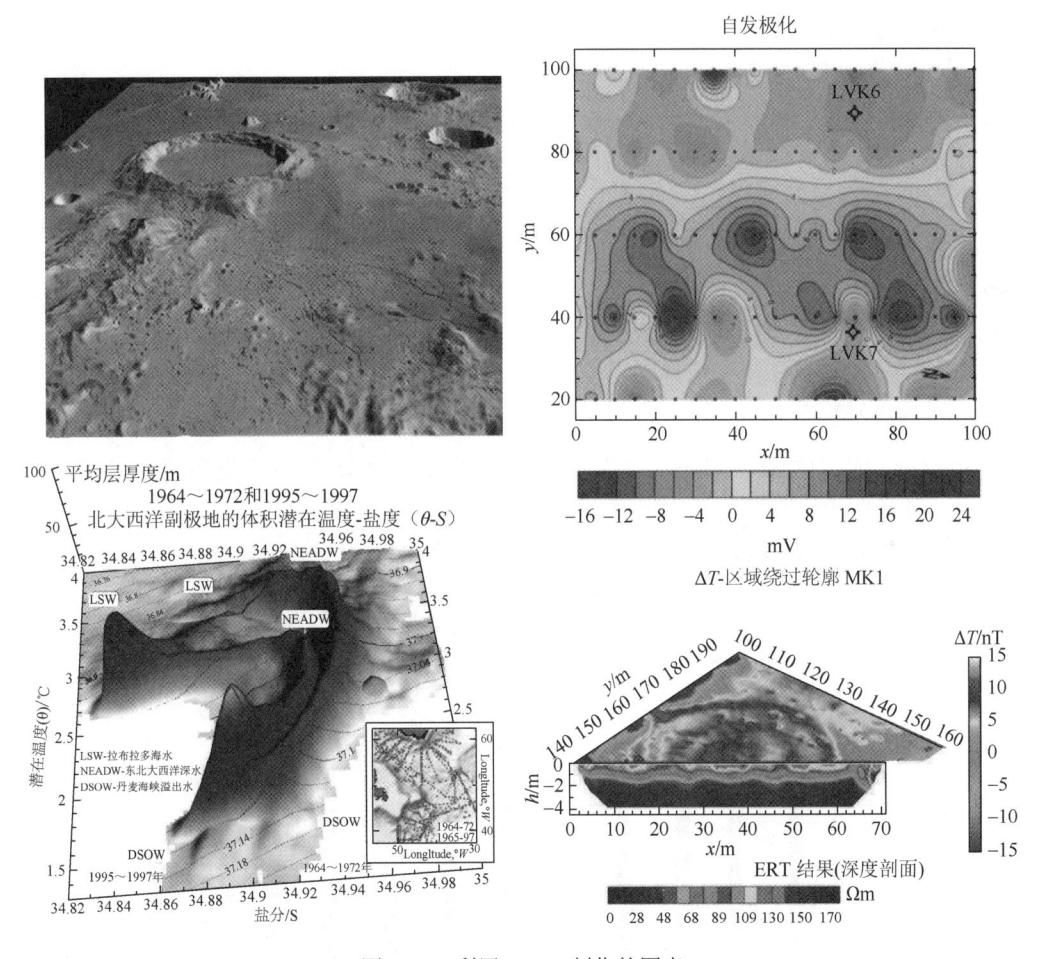

图 5-21 利用 Surfer 制作的图表

5.3.6 二维画图软件

Grapher 由美国黄金软件公司所发展,是一款 XY 科学绘图软件,在工业绘图及学术交流中广受欢迎,适用于论文或相关工作的绘图。

Grapher 功能强大,使用方便,主要用来绘制二维图形,包括曲线图、柱状图、极坐标图以及一些专业图形等，它绘制的图形可达 54 种之多。利用 Grapher 软件还能够绘制等值线图、表面图。Grapher 软件可以通过交互式操作实现图形绘制，也可以通过 ActiveX 自动化编程技术将 Grapher 软件的大部分功能集成到用户自己开发的业务系统中。其特点如下。

1. 创建专业图表

快速创建精致和翔实的 2D 和 3D 图形。从 80 多种不同的图形类型中进行选择，其中包括基本图、条形图、极地图、三元图、专业图、轮廓表面地图等，并凭借 Grapher 广泛的绘图能力将用户信息传达给任何受众[13]。

2. 展现专业数据

将绘图的各个方面控制到最小的细节。Grapher 广泛的定制选项允许用户以易于理解的方式传达复杂的想法，其中自定义选项包括添加拟合曲线，设置格式轴缩放为线性、对数、自然对数等。

3. 实现更深入的见解

使用 Grapher 的统计工具可以发现隐藏在数据中的新机会和趋势。通过添加自定义或预先定义的拟合曲线、误差条或在原始数据上计算统计数据的方式，全面了解基本趋势。

4. 简化工作流程

Grapher 可以创建脚本以自动化重复任务，简化工作复杂度，节省更多的时间。Grapher 可以从任何与自动化兼容的编程语言（如 C++、Python 或 Perl）调用。除此之外，还可以使用脚本记录器将 Grapher 中执行的操作转换为脚本。

图 5-22 为 Grapher 软件绘制的几种图形示例。

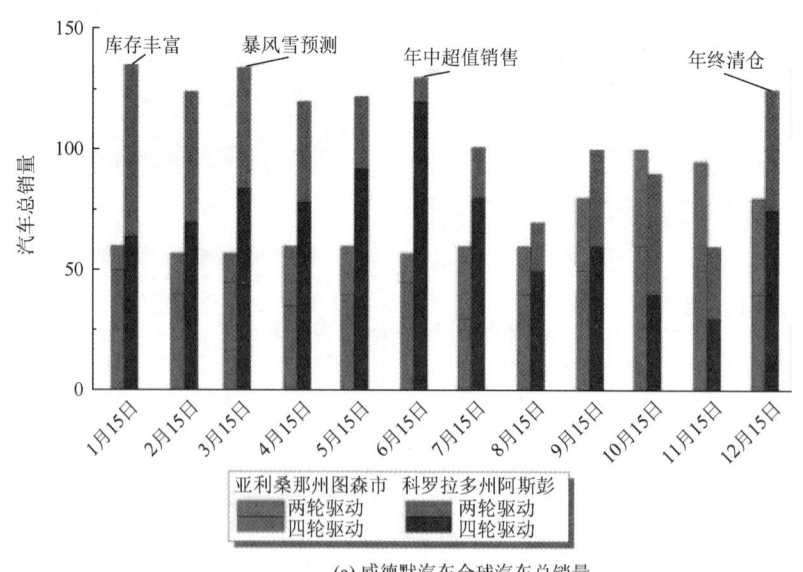

(a) 威德默汽车全球汽车总销量

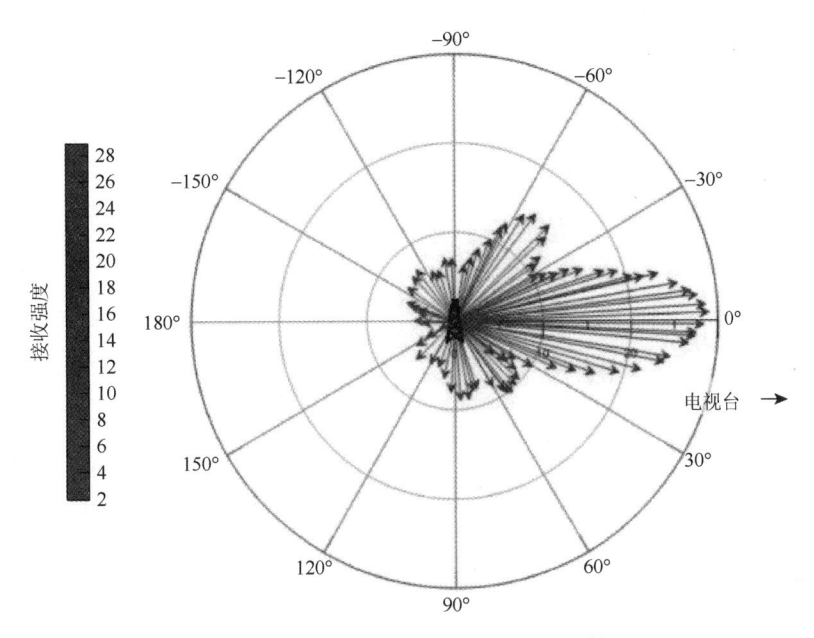

(b) 天线强度（作为距离和方向的函数）

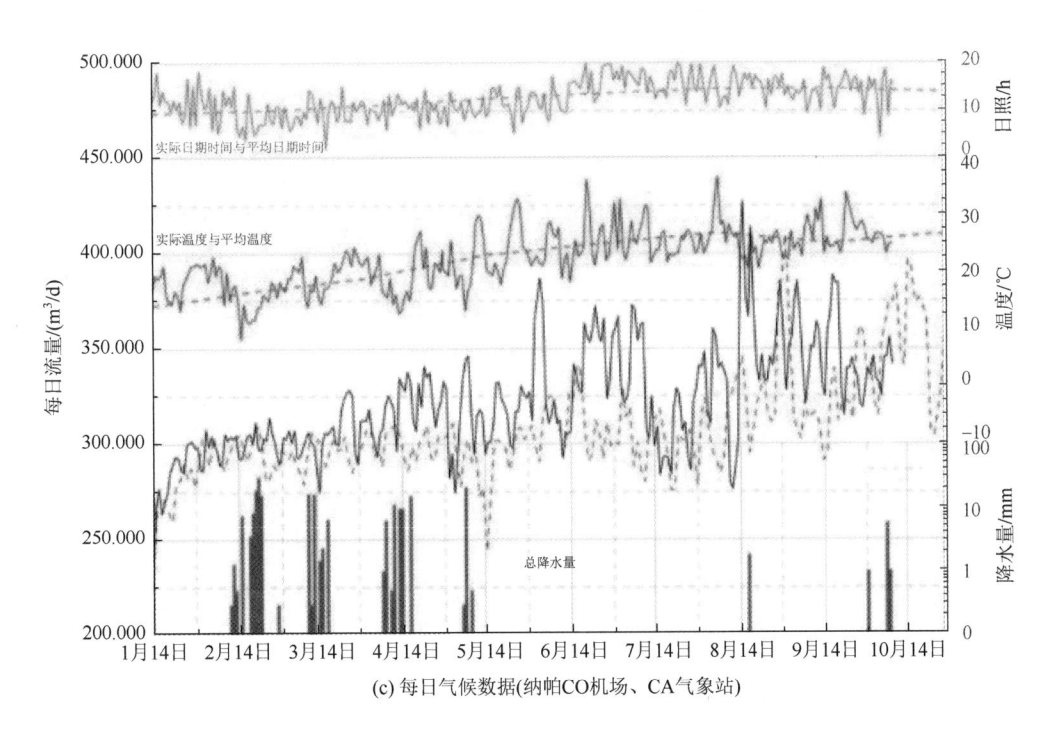

(c) 每日气候数据(纳帕CO机场、CA气象站)

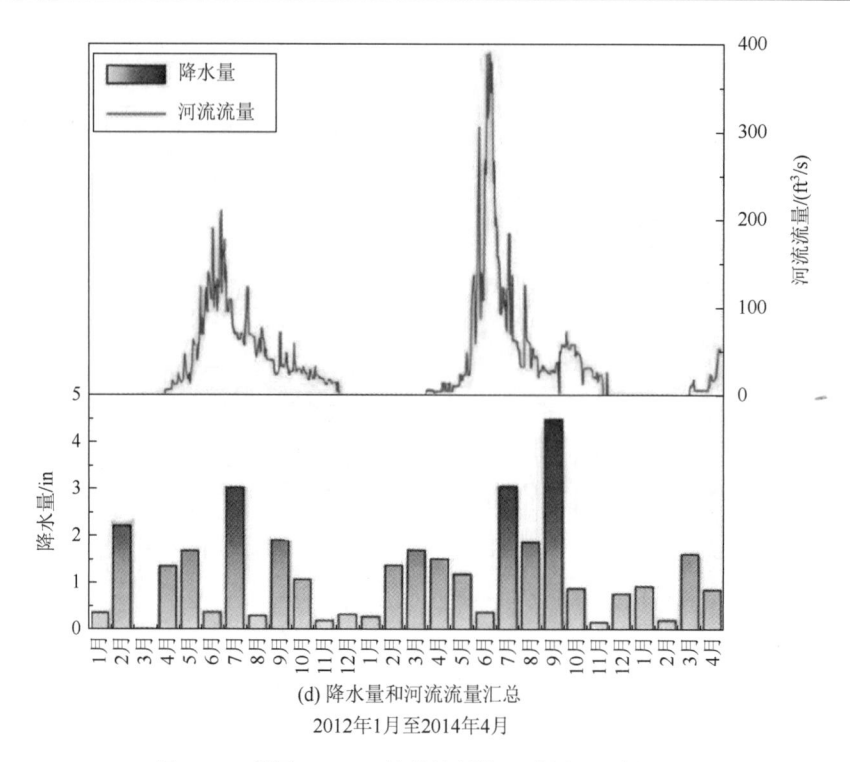

(d) 降水量和河流流量汇总
2012年1月至2014年4月

图 5-22　利用 Grapher 软件绘制的几种图形示例

in 表示英寸，1in = 2.54cm；ft³ 表示立方英尺，1ft³ = 2.832×10⁻²m³

5.3.7　交互式数据语言

交互式数据语言（interactive data language，IDL）是美国瑞易信息技术有限公司开发的面向矩阵的计算机语言，适合数据挖掘和可视化分析。

IDL 的图形功能很强大，可以作二维、三维图像，等值线图，直方图，进行地图投影等，还可以进行复杂的图像处理。它具有较强的跨平台能力，支持 Windows、Unix、Linux、MacOS 等多个操作系统。IDL 处理数据的速度快，语言简单易学，减轻了开发任务。此外，IDL 绘制的图形不仅能存为多种格式的图像文件，还能转换为矢量格式。国际上许多气象专家都用 IDL 来做气象数据的可视化分析。在国内，IDL 在气象领域的使用还处于初级阶段，对 IDL 熟悉的人很少。利用 IDL 绘图以编程的方式为主，因此可以方便地集成到用户开发的业务系统中。IDL 最大的优点是矩阵、数组的运算，并可以方便地对运算结果进行可视化。IDL 支持的数据格式多种多样，并附有读写各科研专用格式的 IDL 库。其主要特点如下。

1. 灵活输入和输出数据

IDL 是完全面向矩阵的，因此它具有快速分析超大规模数据的能力。IDL 可以通过灵活方便的 I/O 分析任何数据；可以读取和输出任意有格式或者无格式的数据类型；支持通用文本及图形数据，并且支持在 NASA、美国国家海洋和大气管理局（National Oceanic and

Atmospheric Administration，NOAA）等机构中大量使用的层次数据格式（hierarchical data format，HDF）、通用数据格式（common data form，CDF）及网络通用数据格式（network CDF，netCDF）等科学数据格式，以及医学扫描设备的医疗数位影像传输协定（digital imaging and communications in medicine，DICOM）标准格式。IDL 还支持字符、字节、16 位整型、长整型、浮点、双精度、复数等多种数据类型。IDL5.5 及以后版本还支持 MrSID 压缩数据格式。

2. 快速实现可视化

IDL 支持 OpenGL 软件或硬件加速，可加速交互式的 2D 及 3D 数据分析、图像处理及可视化，除了保留传统的直接图形法外，IDL 还采用了先进的面向对象技术；可实现曲面的旋转和飞行；可用多光源进行阴影或照明处理；可观察实体（volume）内部复杂的细节；一旦创建对象后，可从不同的视角对对象进行可视分析，而且不用费时地反复重画。

IDL 具有强大的数据分析能力，IDL5.5 及以后版本支持多进程运算，IDL 带有完善的数学分析和统计软件包，提供强大的科学计算模型，支持 IMSL 函数库。它的图像处理软件包提供了大量方便的分析工具、地图投影变换软件包，让开发 GIS 更加便捷。

IDL 提供了可缩放的 TrueType 字体，可以注记中文；能将结果存为标准图像格式或 PostScript 格式，并尽可能地使图像质量最优化，如 2D 绘图等直线分析。

3. 具有外部语言接口

IDL 支持 COM/ActiveX 组件，可将用户的 IDL 应用开发集成到与 COM 兼容的环境中。从 Visual Basic、Visual C++等访问 IDL，还可以通过动态链接库和 COM 组件方式在 IDL 程序里调用 C、Fortran 等程序。用 IDL DataMiner 可快速访问、查询并管理与开放数据库互联（open database connectivity，ODBC）兼容的数据库，支持 Oracle、Informix、Sybase、MSSQL 等数据库。可以创建、删除、查询表格，执行任意的 SQL 命令，读取、设置、查询、增加、删除记录等操作。IDL 的小波变换工具包，主要用于信号处理和图像处理、去除噪声、图像压缩、特征提取、提取图像细节，其信息量损失比快速傅里叶变换（fast Fourier transform，FFT）小得多[1]。图 5-23 为刘旭林等基于 IDL 编程实现的等值线、风矢量图自动绘制系统。

5.3.8 为科学数据处理以及数据可视化设计的高级语言

美国国家大气研究中心（National Center for Atmospheric Research，NCAR）指令语言（NCAR command language，NCL）是计算与信息系统实验室的产品，由美国国家科学基金会赞助，是一种专为科学数据处理和可视化设计的自由解释语言。NCL 很适合用在气象数据的处理和可视化上，其包含了现代编程语言的许多常见功能：条件语句、循环、数组运算等。此外，NCL 还包括许多有用的内置函数和过程用来进行处理和操作数据，其中包括统计函数、插值、经验正交函数（empirical orthogonal function，EOF）分析、波谱分析等。

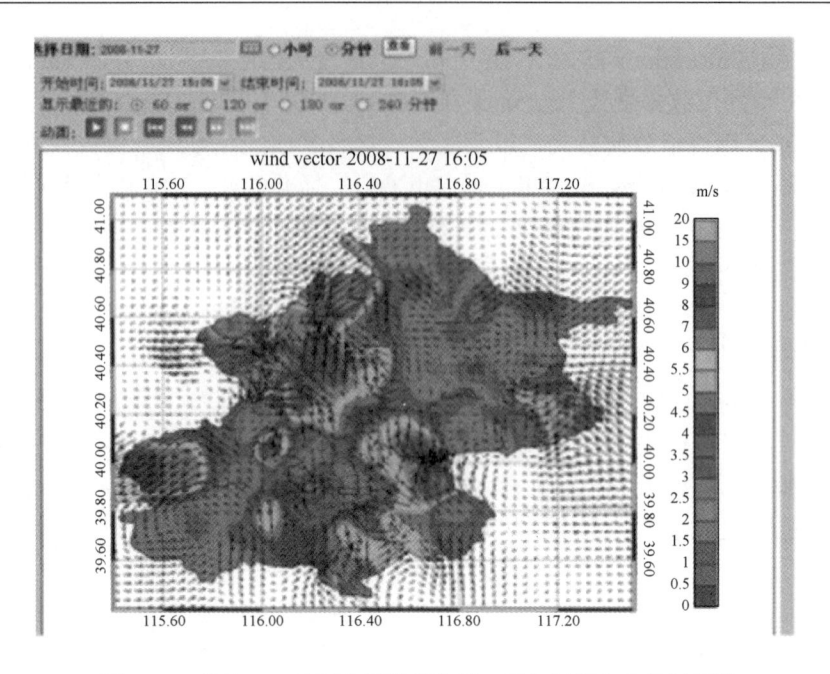

图 5-23　基于 IDL 编程实现的等值线、风矢量图自动绘制系统

NCL 的设计目标是使用户方便地从各种格式的文件中读取数据，进行数据处理、数据可视化。NCL 有两种运行模式：第一种是命令行交互式运行，用户每输入一个命令或表达式就会立即得到执行；第二种是批处理模式，通过编写 NCL 脚本，一次性完成所有操作。其特点如下。

1. 具有文件 I/O 功能

NCL 具有健壮的文件输入和输出。它可以读写 netCDF-3、netCDF-4 经典、netCDF-4、HDF4、二进制和 ASCII 数据；读取 HDF-EOS2、HDF-EOS5、GRIB1、GRIB2 和 OGR 文件（shapefiles、MapInfo、GMT、Tiger）。它可以作为 OPeNDAP 客户端构建。NCL 有独特的语法，可以访问数据文件中的变量和变量的其他信息（元数据 metadata），如网格坐标信息、单位、缺测值等。

2. 具有数据处理功能

NCL 具有数据处理功能，如求数据的平均值、做线性回归等。同时，NCL 支持数组操作和过程，具有现代编程语言的常见功能，如类型、变量、运算符、表达式、条件语句、循环和函数。掌握这部分功能需要具备一定的编程经验，也需要对 NCL 语言有相当程度的了解。

3. 数据可视化

NCL 具有可视化配置以及从各种数据格式导入数据的功能。使用 NCL 绘图的语法命令很简单，但是使用时会比较复杂。图 5-24 为利用 NCL 编程绘制的仿真图片。

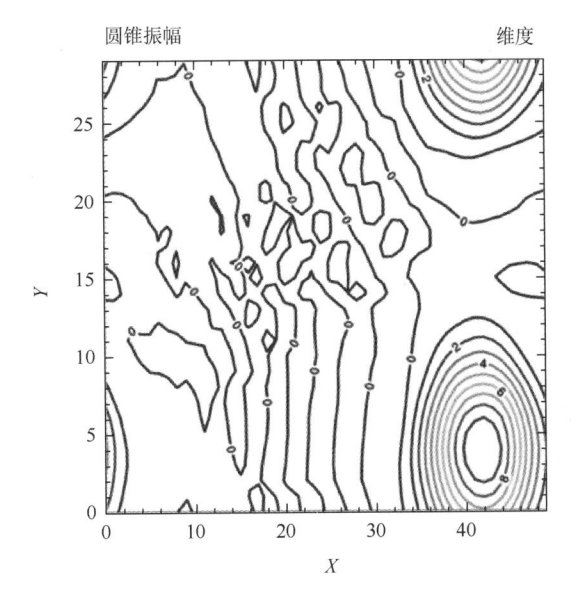

图 5-24 利用 NCL 编程绘制的仿真图片

5.4 人机界面交互

5.4.1 网页

1. 全球气象数据网站

1）世界气候

世界气候（WorldClim）是一个全球高分辨率气候数据分享平台。截至 2021 年 3 月，其具有"Climate"与"Weather"两部分数据与未来预计气象数据。其中，"Climate"包含全球 1970～2000 年逐月最低温度、最高温度、平均温度、降水量、太阳辐射、风速、水汽压差数据，空间分辨率为 30″、2.5′、5′、10′；全球 1970～2000 年平均逐月 19 种生物气候变量数据，空间分辨率为 30″、2.5′、5′、10′。"Weather"包含全球 1960～2018 年逐月平均最低温度、平均最高温度、总降水量数据，空间分辨率为 2.5′。未来预计气象数据包含全球 2021～2100 年逐 20 年月平均最低温度、最高温度与降水量数据，空间分辨率为 2.5′、5′、10′。

2）应用气候科学实验室

应用气候科学实验室（Applied Climate Science Lab）是美国爱达荷大学下属科学实验室。截至 2021 年 3 月，其具有全球大陆地区 1958～2015 年逐月降水量、最高温度、最低温度、风速、蒸气压、太阳辐射数据，空间分辨率为 1/24°；以及全球大陆地区 1958～2015 年逐月潜在蒸散量、降水量、温度、植物可提取土壤持水量数据，空间分辨率为 1/24°。

3）哥白尼气候数据存储

哥白尼气候数据存储（Climate Data Store）是哥白尼气候变化服务（Copernicus climate change service，C3S）数据平台，具有大量全球、欧洲地区气象、水文等不同数据集。

4）欧洲天气数据库 ERA5

ERA5 是 ECMWF 全球气候大气再分析的第五代工具。其具有全球 1950 年（预计于 2021 年末发布，目前已发布 1980 年左右）至当前日期前五天的多种大气数据，空间分辨率为 0.25°。

2. 中国气象数据

中国区域地面气象要素驱动数据集（1979～2018 年）是我国学者结合多种分析资料所得的气象数据。其包含中国区域 1979～2018 年逐 3h 近地面气温、近地面气压、近地面空气比湿、近地面全风速、地面向下短波辐射、地面向下长波辐射、地面降水率数据，空间分辨率为 0.1°。

3. 空气质量数据

1）绿网

绿网是我国一家致力于污染防治的非营利性环保组织下属环境质量数据网站。其具有空气质量、水质量、环境风险企业、土壤、环境影响评价、保护区等数据，可以在网站地图中实时显示或通过其应用程序接口（application programming interface，API）端口下载。

2）空气质量在线监测分析平台

中国空气质量在线监测分析平台同样是一个公益性质的空气质量数据平台。其具有全国 367 个城市的 $PM_{2.5}$ 及天气信息数据，并且具有较好的在线数据统计、城市排名等功能。

5.4.2 应用软件

应用（application，APP）软件大多具有通信、朋友圈发布、公众号推送、网银支付等多项功能。伴随着互联网经济时代的来临，现在各商家品牌都开始尝试借助 APP 宣传推广，而在气象服务中，应用软件也具有重要的应用价值。

1. 了解气象

APP 软件目前已经成为移动互联网时代的重要角色，气象部门将 APP 作为气象信息发布的渠道手段是切实可行的，这可以帮助市民更好地了解天气变化。例如，气象部门可以开发专属自身的 APP 公众平台，在这一平台上，相关天气预报将以图文的模式做出显示，从而将城市的最低气温、风速、风向及一周天气预报情况显示出来。此外，气象部门的 APP 平台，还应该具有自动识别地理位置的功能，用户只需手动输入城市信息，公众平台就可以显示出市民所在位置具体区域的气象情况及整点开始的 24h 气象变化。同时，在该公众平台，用户还可以查询此时的降水情况及未来 120min 内的降水情况，并显示雷达图。

2. 生活服务

气象部门在开发建设公众号或 APP 平台时，还可以专门打造"气象生活服务"这一板块，以更好地为市民生活提供帮助。首先，"天气预警"服务，可以通过客户端对接国家突发公共事件预警信息发布系统,以此及时为市民发布预警信息,更好地彰显气象部门的为市民服务功能。其次,"生活指数"服务,选取实用、权威的气象指数产品发布到公众号或 APP 平台中,包括紫外线指数、洗车指数、穿衣指数、运动指数、感冒指数等,从而通过这些指数信息的发布,帮助市民更好地利用气象信息服务生活,这也是气象 APP 公众平台打造的重要价值体现。最后,"空气质量"显示服务,即结合地区的实际情况,在 APP 公众平台中,显示发布 PM_{10}、$PM_{2.5}$、NO_2、SO_2 等空气质量信息,以此更好地帮助市民了解城市的空气质量情况,并针对性地做出相关预防。

3. 沟通互动

APP 作为气象部门和居民大众互通联系的渠道,气象部门可以借助开发建设的公众号或 APP 平台与居民大众进行联系沟通,这样可以更好地了解自身的不足,并逐步对服务功能做出完善。例如,气象部门可以在 APP 平台中,发起民众互动调查问卷,让民众对气象服务进行打分评价,以此了解当下自身存在的问题,并针对性地加以改进。或者可以在 APP 平台中,设置一个"灾情上报"的窗口,在该窗口中,所有关注公众号的用户,都可以自行将自己看到的天气实照、灾情照片等发布到平台中,这样不仅帮助气象部门拓宽了信息渠道,同时也使得市民的主体作用得到彰显。此外,气象部门还可以借助 APP 平台,为气象法律宣传提供窗口,以此更好地帮助公民了解国家最新发布的一些气象法律。借助 APP 平台联系互动,将使气象部门的服务功能得到更好的拓展。

5.4.3 虚拟现实

当前,虚拟现实(virtual reality,VR)技术得到了快速应用和发展。VR 是一种以计算机技术为核心的现代高科技生成的、可交互的在三维环境中提供沉浸感觉的技术,给人以前所未有的真实体验,目前 VR 在游戏、健身、购物等领域中有一定应用,未来将在娱乐、气象、教育、科普等方面发挥强大作用。

1. VR 应用于气象科普的优势

VR 技术的概念最早形成于 40 年前,初期发展相对缓慢,随着计算机技术的飞速发展,该技术的发展越来越快,应用场景也越来越丰富。它基于沉浸式虚拟环境技术、立体显示和交互技术、系统开发工具应用技术、系统集成技术等多项核心技术,主要特点是解决虚拟环境准确性、虚拟环境感知信息合成的真实性、人与虚拟环境交互的自然性、实时显示、图形生成、智能技术等问题,使用户身临其境地感知虚拟环境,从而达到探索和认识客观事物的目的。基于虚拟现实技术的 3I 特性(构想性 imagination、沉浸感 immersion、实时交互性 interactivity),我们可以通过该技术的运用,针对气象灾害事件应急科普教育等领域,开发对应的三维仿真科普教育系统。一方面,VR 技术可以构造出很多超越现实世界的虚拟环境,如一些现实世界中难以构建或构建成本很高的环境,模拟各种自然灾害效果的特效、烟火、扩散流体、气体等;另一方面,体验者可以沉浸到这种教学环境中进行体验式学习,接受视觉、听觉、触觉等全方位近似于实战的训练,从而提高科普互动效率。

通过 VR 技术，气象信息能够以虚拟建模的形式与体验者进行互动展现，体验者能以当事人视角去感受和体验一场气象灾害带来的直观感受，并且体验不同的应对手段带来的防护效果差异，从而对气象灾害和防御会有更直观深刻的认知，真正学会和了解如何正确处理遇到的气象灾害紧急情况。

通过 VR 技术开发的 VR 气象灾害逃生模拟系统是以典型的气象灾害案例为基础，结合多年的气象科普宣传经验，采用仿真技术为科普教育提供的一个模拟真实的灾害现场，以及交互式气象科普教育系统平台。该教育系统平台集成了虚拟现实的沉浸性、交互性和想象性的三大特点，能够提供丰富的感知线索以及多通道（如听觉、视觉、触觉等）的反馈，帮助学习者将虚拟情境的所学迁移到真实生活中，满足情境学习的需要，让体验者身临其境感受灾害环境，并结合灾害防护过程中的专业知识进行针对性的教学体验。虚拟培训教育，不仅可以加速公众对气象灾害知识的掌握，提高公众的气象防灾减灾能力，还降低了气象科普基地的各项成本，改善了培训环境，使体验者真正学会和了解了如何正确处理遇到的气象灾害情况。

2. VR 技术与气象灾害防御科普的有机融合

VR 技术通过三维建模和大量天气特效的方式模拟展现暴雨、泥石流对环境的破坏及给人类带来的危害，体验者以当事人视角去感受一场灾害带来的震撼，对自然灾害有更直观深刻的认知，同时在体验过后，学会和了解如何正确处理遇到的紧急情况。

本书以泥石流场景下的 VR 展示为例，对 VR 气象灾害建模进行简要讲解。如图 5-25 所示，通过虚拟现实技术以"第一人称"视角模拟体验者在前往山区天气灾害体验廊道的路上遇到大暴雨后，在逃生过程中遇到泥石流的过程。体验者以第一人称视角真实目睹了因暴雨而引发的泥石流、滑坡，混杂着山石的雨水汇流后对环境和人造成的强大破坏力。在整个体验过程中会有帮助性文字进行提示。体验者在暴雨持续的过程中弃车前往安全区域时，雨势一直很急很大，山上不断有泥石流冲下来，前往安全区域的山道已被阻拦，周围的石块不断滚落，站在山道上往下看，车辆已被泥石流裹挟到更大的汇流区，山底的房屋被泥石流冲塌。体验后期，雨势变小，但是自山上冲刷下来的泥石流依

图 5-25 泥石流 VR 场景示意图

然很急。体验者在前进的过程中，不仅要注意脚下的路面，还要时刻注意山上顺流而下的泥石流，在前行过程中及时躲避。在前往安全区域（安全区域设定在接近山顶的平坦处）的过程中，画面会有文字提示和交互操作提示，引导体验者选择正确的逃生路线，注意可能带来危险的隐藏点。体验者按照正确引导最终可以到达安全区域而完成体验，如果体验者不按照正确引导则会出现人身安全危险，不能到达安全区域，则体验失败。通过第一人称视角的体验可以让体验者对泥石流有更深刻的认知和了解。

5.4.4 气候信息交互显示与分析平台

国家气候中心于 2010 年底启动了面向气候监测、诊断、预测等基本业务的气候信息交互显示与分析平台（climate interactive plotting and analysis system，CIPAS）的建设，并立足于全国现代气候业务基础业务需求，着力实现软件设计通用化、数据共享集约标准化、系统结构网络化、交互工具人性化等基础目标。从国内外天气领域业务系统发展模式来看，美国先进的天气交互与处理系统（advanced weather interactive processing system，AWIPS）、德国 NinJo、欧洲中心 MetView/Magics++、法国 Synergie、挪威 Diana 以及中国气象信息综合分析处理系统（meteorological information combine analysis and process system，MICAPS）等，均坚持了基础性平台持续发展、版本升级的长期发展思路，并朝着集约化、自动化、专业化、规范化、流程化、标准化、开放性等方向不断改进。气候业务虽然属于典型的科研型业务，但天气领域的业务系统发展思路仍值得借鉴。

CIPAS 是集气候监测、诊断、预测等功能于一体的基础业务平台，属于功能较为齐全、应用较为复杂、用户范围较为广泛的综合应用系统，并将通过不断的滚动发展逐步满足全国气候业务部门的气候资料综合检索、多维显示、统计诊断分析、产品生成、信息标准化，并兼顾系统运行维护、平台定制和二次开发等多类用户的多层次需求。

CIPAS 设计为面向气候监测、诊断、预测等基础业务的支撑系统。CIPAS 设计了面向气候业务应用的集约化基础数据环境，内容涵盖全时间序列的地面常规观测、指数资料、再分析资料以及数值预报产品等，并提供基于要素、层次、时间、范围、种类等查询参数的统一、简单的访问接口（API）；CIPAS 设计采用多层次分布式架构并形成轻量级客户端，而客户端则采用组件化和插件化设计方法，涵盖数据、图形、分析处理、版面制图、配置管理等核心组件，形成可扩展和组装的基础业务功能模块及二次开发接口，并以工具箱的形式提供各种气候业务分析能力，如经验正交函数分析法（EOF）、奇异值分解（singular value decomposition，SVD）等诊断分析工具。CIPAS 初步具备了气候资料综合检索、多维显示、统计诊断分析产品生成等综合业务功能，其建设成果在国家级和试点省级的试用显示了较好的业务应用能力与发展前景。CIPAS 的应用如下。

1. 气候诊断分析应用

气候诊断分析方面，CIPAS 首次集约化地提供了基于多种数据源、多时间尺度的合成分析、EOF、相关分析、SVD、剖面与曲线分析等通用工具箱，初步形成了面向基础气候业务的监测诊断能力。例如，预报员首先利用系统提供的曲线分析工具对各种资料进行时间序列分析，形成指数并保存为磁盘文件。然后，在相关分析工具中通过自定义上传指数功能，将其上传至服务器。最后，采用该指数与其他在线资料进行相关分析。

2. 要素预报应用

结合工具箱中的多类工具，在气温、降水等要素预报方面，业务人员可以通过 CIPAS 提供的集约化的人机交互区绘制、站点反演、产品制作、出图等一系列工具，完成气候资料调阅，降水、气温等月、季甚至滚动时间尺度的距平预报，然后反演到基于站点的预报，并对反演结果作进一步交互式订正（如站点标值、显示预报值、空间定位查询后交互式订正），最后结合模板快速形成较高质量的要素预报图形和数据产品（CIPAS 格式），整个业务流程清晰并较好地提高了工作效率。

5.4.5 全球/区域多尺度通用同化与数值预报系统

中国气象局于 2000 年开始组织实施全球/区域多尺度通用同化与数值预报系统（global/regional assimilation and prediction system，GRAPES）研究开发计划，旨在研究发展中国气象局新一代数值预报系统。中国气象科学研究院灾害天气国家重点实验室主持承担了该项研究计划，并得到了科技部"十五"国家重点科技攻关项目"中国气象数值预报技术创新研究"和国家重点基础研究发展计划项目（973 项目）"我国重大天气气候灾害形成机理和预测理论研究"的联合支持。

GRAPES 研究开发计划的内容包括：①变分资料同化系统，重点在于卫星与雷达资料的同化应用；②多尺度通用模式动力框架及物理过程；③新一代全球/区域数值天气预报系统研究建立；④模块化、并行化的数值预报系统程序软件的研发。

2001 年，中国气象局开始自主研发新一代 GRAPES，并在区域模式上取得成功；2006 年，GRAPES-Meso 正式投入运行；2016 年，印刻着"中国智造"的 GRAPES 全球预报系统（GRAPES_GFS V2.0）正式投入业务运行；如今，GRAPES 全球四维变分同化系统和全球集合预报系统实现业务运行。至此，一套完整的 GRAPES 数值预报体系在我国建立。GRAPES 系统是完全依靠中国科学家的力量自主研究发展的、先进的新一代数值预报系统。

GRAPES 系统的应用包括：大气科学研究、集合预报观测试验模拟、教学培训、沙尘暴预报、闪电模拟、热带气旋预报、气候模拟和实施业务预报等。

GRAPES 系统的未来发展方向如下。

（1）区域中尺度 GRAPES_Meso 和全球中期预报 GRAPES_Global 等的数值天气预报系统不断完善、发展（包括分辨率不断提高、四维变分同化的业务化实现），为业务数值预报天气预报系统的不断更新换代提供技术支撑。

（2）以 GRAPES_FN 高分辨率系统为基础，发展建立精细数值预报系统，并实现业务化应用，包括短时临近天气预报系统、雷电数值预报系统。

（3）以 GRAPES_Global 模式为基础，发展 GRAPES_AGCM 模式，并使之与陆面模式、海洋模式等分量模式耦合，逐步建立新一代气候系统模式。

目前，这三方面的工作已经取得较大的进展，特别是 GRAPES 有限区域数值预报系统已经实现业务化，全球模式正在进行批量评估改进试验向业务化的目标迈进；参加 WMO/B08FDP/RDP 计划的 GRAPES_SWIFT（severe weather integrated forecasting tools）短时临近天气预报系统已进入实际应用试验阶段；GRAPES_AGCM 模式的 Held and Suarez 试验已完成，朝向高分辨率全球模式的阴阳网格设计和试验结果令人鼓舞。

随着中国气象局在 2017 年被正式认定为世界气象中心，GRAPES 全球预报系统开始提供全球范围内的气象预报服务，助力"一带一路"建设。2018 年，阿富汗出现严重旱灾。应阿方要求，世界气象中心（北京）在网站为该国建立专门服务通道，并研发相关的监测、预报产品。2019 年第 7 号台风"韦帕"影响南海期间，中央气象台与越南水文气象国家预报中心联合会商，我国提供的监测预报产品在越南气象专家研判台风路径与影响过程中发挥了关键作用。

本章参考文献

[1] 国家气象科学数据中心. 天擎——气象事业走向未来的数据引擎[EB/OL].（2020-08-12）[2021-03-19]. http://data.cma.cn.
[2] 阮峰. 面向气象专有云的数据布局关键技术研究[D]. 南京：南京信息工程大学，2019.
[3] 龚健雅，秦昆，唐雪华，等. 地理信息系统基础[M]. 2 版. 北京：科学出版社，2020.
[4] Zhao Y P, Liu Z, Guo J J. "Geospatial Information System establishment based on digital photogrammetry and high resolution remote sensing image, "IGARSS 2000. IEEE 2000 International Geoscience and Remote Sensing Symposium[C]. Taking the Pulse of the Planet：The Role of Remote Sensing in Managing the Environment. Proceedings（Cat. No.00CH37120），2000，7：2893-2895.
[5] Liu R, Zhu Y F, Luo Y, et al. Construction urban infrastructure based on core techniques of digital photogrammetry and remote sensing[C]. International Forum on Information Technology and Applications，2009.
[6] 张祖勋. 由数字摄影测量的发展谈信息化测绘[J]. 武汉大学学报（信息科学版），2008，33（2）：111-115.
[7] 张新长，辛秦川，郭泰圣，等. 地理信息系统概论[M]. 北京：高等教育出版社，2017.
[8] 石教英，蔡文立. 科学计算可视化算法与系统[M]. 北京：科学出版社，1996.
[9] Levoy M. Display of surfaces from volume data[J]. IEEE Computer Graphics and Applications，1988，8（3）：29-37.
[10] 严丙辉. 结合地理信息的气象数据可视化平台设计与实现[D]. 杭州：浙江大学，2013.
[11] 李旭东，孙济洲，张凯. 基于 AVS/Express 的气象数据可视化系统[J]. 天津大学学报，2009，42（4）：357-361.
[12] Si Z, Li S Y, Huang L Z, et al. Visualization programming for batch processing of contour maps based on VB and Surfer software[J]. Advances in Engineering Software，2010，41（7-8）：962-965.
[13] 党迎春，周就猫. 基于 Surfer 和 Grapher 的基坑变形监测数据分析[J]. 北京测绘，2019（1）：90-95.

第6章 气象信息的应用

气象信息泛指一切与天气状况有关的大气变量或现象,如气温、气压、降水、风速、能见度、辐射等。天气是大气短时间内的快速变化,具有很强的不确定性。而气候是指一个地区大气的多年平均状况,与天气不同,它具有一定的稳定性。根据世界气象组织的规定,一个标准的气候计算时间为30年。全世界各地的气象台站收集到各类气象信息,经过集合、加工、整理,可以为天气预报提供服务。随着时间的推移,实时天气信息转化为气候信息,气候信息的内容比天气信息要广泛得多,气候信息是长时间序列的信息,而天气信息是短时间内的信息。

气候变化与人们的生产生活息息相关,对当今社会起着至关重要的作用。气候变化的潜在影响如图6-1所示。

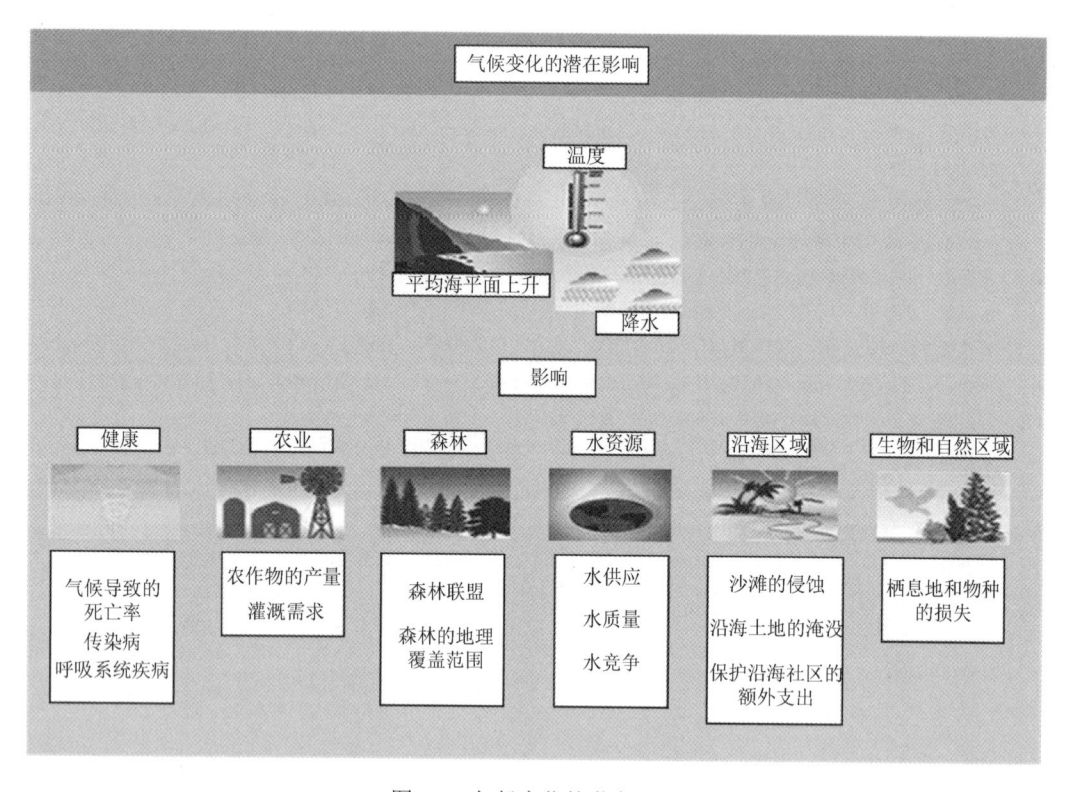

图 6-1 气候变化的潜在影响

正因如此,公众对天气信息有广泛需求,根据表6-1,27.1%的受访者认为天气信息在日常生活中的作用非常重要,52.5%的受访者表示相当重要,11.7%的受访者表示重要,只有8.7%的人认为它不重要。

表 6-1　天气信息需求度调查结果　　　　　　　　　　（单位：%）

目的	总是或几乎总是	经常	有时	不经常	从不或几乎从不	不适用	不知道	未回答
决定穿什么衣服（你或你的家人）	10.3	19.5	19.9	16	33.6	0.4	0.2	0.1
计划户外或周末活动	18.6	32.5	20.1	10.5	16	2.1	0.1	0
计划社交活动（如生日聚会、庆祝活动）	9.6	20.3	18.5	18.8	30.3	1.7	0.3	0.4
计划假期或旅行（目的地、日期、交通）	17.8	23.8	18	13.2	23.6	3.3	0.1	0.2
决定你每天走的路线	7.6	16.7	16.2	19.9	37	2.1	0.1	0.4
决定工作和与工作有关的活动	9.1	12.3	9.2	13.3	33.9	21.6	0.3	0.2
了解天气的大致情况	25.8	40.3	18.2	6.9	8.1	0.3	0.1	0.3

注：表中数据为四舍五入结果。

所以，天气变化，尤其是极端天气变化会影响如电力、交通、农林牧渔、医疗、旅游和保险等各个行业。

本章将分别介绍气象信息在电力系统、交通部门、农林牧渔业、医疗保健领域、旅游行业及保险行业中的应用。

6.1　气象信息在电力系统中的应用

电力工业作为国民经济的支柱产业，对于支持国民经济可持续发展和社会进步有着十分重要的作用。电力资源与电力设施的可持续利用问题关系电力工业的可持续发展。而我国是自然灾害频发国家，这些自然灾害包括气象灾害、地质灾害、海洋灾害、生物灾害和人为自然灾害等。这些灾害给经济建设和社会发展造成了巨大损失，也给电力系统带来极大危害。因此，防御自然灾害侵袭，减少灾害对电力系统造成的损失显得尤为重要。同时，充分利用现有发电能力，为社会经济发展提供经济、高效、稳定、可靠、充足的电能同样十分迫切。

电力的生产方式主要有：火力发电、太阳能发电、风力发电、核能发电和水力发电等。不同的发电方式对气象服务有不同的要求，以支持日常业务和长期战略规划及决策。这些要求越来越与气象条件变化尤其是极端天气现象挂钩。

全球范围内的反常天气，尤其是极端气象频繁发生，如极端冰雪、暴风、持续高温天气等。而电力系统作为目前世界上最复杂的人造系统之一，覆盖面积广，穿越环境复杂。大部分电力设备直接暴露于外界环境中，因此电网直接受到外界环境变化的影响。极端冰雪天气在输电线路和杆塔上会形成覆冰，引起倒塔、断线等故障；大风会直接对电网设备造成机械破坏，或者引起线路舞动等。

本节主要从气象灾害的角度，从电力系统对气象信息的需求出发，结合气象信息对电力系统的影响，制定符合电网企业要求的气象服务，对电力气象灾害进行监测和预警。

6.1.1　电力系统对气象信息的需求分析

随着经济社会发展，人们生活水平有了很大进步，对气象服务的要求也在不断提高。无论是电力系统的从业人员还是普通大众都十分依赖气象信息播报，特别是恶劣天气事件的预报。

2021年2月，在拉尼娜现象（拉尼娜现象是指赤道太平洋东部和中部海面温度持续异常偏冷的现象，与厄尔尼诺现象正好相反）影响下，北极极地涡旋破裂，美国迎来了一大波寒潮。美国多个四季如春的地区遇上了极寒天气。直接导致了得克萨斯州多地气温暴降，该地出现了零下数十摄氏度的低温，给人们的生活造成了极大不便。这次的寒潮创下了美国近30年来的最低气温记录，也直接导致数百万美国民众的生活几乎陷入混乱。低温天气也让数十个发电站停摆，450万户家庭断电。

2021年5月，我国武汉和苏州两座城市遭遇了9级强龙卷风的袭击。武汉上空阴云密布，白昼如同黑夜，城市上空被强降雨云团笼罩，天空中飘着被狂风卷起的物品；在苏州，龙卷风到来时，厂房天花板被一块块卷起，又猛烈地砸到地上，连2t重的货车也被龙卷风吹动，路边的行道树被大风吹断，甚至有树木被连根拔起。

2021年6月，美国和加拿大西部还没有进入往常一年之中最热的时期，但受全球气候变化的影响，这些地区迎来了极端高温天气。加拿大不列颠哥伦比亚在6月29日的气温甚至达到了创纪录的49.6℃。

2021年7月，美国加利福尼亚、加拿大不列颠哥伦比亚、俄罗斯西伯利亚和巴西亚马孙热带雨林，都出现大范围火灾。在美国加州，肆虐的山火成为美国史上最严重的火灾，过火面积超过800km^2，近万人紧急撤离。在加拿大不列颠哥伦比亚省的利顿小镇，九成房屋被烧毁，整个小镇毁于一旦。在巴西亚马孙雨林，森林大火持续燃烧了三周，大量树木烧毁。在俄罗斯西伯利亚的雅库特，持续的森林大火迫使主干公路不得不停用。同样在7月，德国却出现有记录以来的最大规模洪灾。德国小镇埃尔夫施塔特是洪灾最严重地区，两天时间的降水量就接近往年两个月之多。灾难导致16.5万户家庭断电断气，成千上万人流离失所。与此同时，我国河南也出现了创纪录的洪水，无数房屋被冲垮，地铁被淹，1000多万人受灾。洪水甚至出现在极度干旱的塔克拉玛干沙漠，300多平方千米的沙漠被洪水覆盖。

随着社会经济的发展，不同行业的人对气象信息的需求也不一样，且差异性愈加明显。表6-2给出了民众、企业和政府对气象数据的需求。

表6-2　民众、企业和政府对气象数据的需求

需求方	天气数据的需求	气候数据需求	复杂天气产品的需求
民众	实时温度、风和降水的数据（包括雷达对实时雨量的观测），以及这些数据的预报，尤其是他们的居住区	关于他们所居住区的极端温度、风力和降水的信息（以及相关的恶劣天气事件）	简单的分析，尤指对可能影响供应和定价的极端事件的分析。对气候变化可能对供应产生的影响的直接分析

续表

需求方	天气数据的需求	气候数据需求	复杂天气产品的需求
企业	实时温度、风和降水的数据,预测与他们管理的网格相关以及可能影响他们的网格的气象数据	关于极端温度、风力和降水以及相关的恶劣天气事件(重现期等)的信息及与其网格化管理职责相关的区域	气候时间尺度预测,作为多学科分析气候变化对能源供应(按技术)和区域需求可能产生的影响的一个要素
政府	对可能影响其管辖区域内的基础结构的极端情况的预测提供快速建议	关于极端温度、风和降水,以及可能影响供需的灾害(洪水、森林大火、热带气旋、干旱等)	根据网格化管理需要量身定制气候时间尺度输入模型,以支持短、中、决策中使用的长期预测。这些将是一种既公开可行又"可信任"的产品

1. 电力部门的角度

电力部门对气象服务的要求显然需要在气候变化的背景下得到满足,但这不是未来几十年该行业变革的唯一驱动力,甚至不是主要驱动力。最根本的驱动力永远是生产力的发展。各种电力生产技术的产生和变革,无论是由政策主导还是由科学技术发展主导,都会是关键驱动因素。此外,电力市场面向的消费者也将成为整个市场的重要驱动力。

技术变革往往影响一个国家或地区的电力获取方式。对于煤炭储量丰富的国家来说,大型燃煤电厂显然是成本效益最大的发电方式。尽管随着技术的发展,风能和太阳能生产单位电力的成本正在不断下降,其价格竞争力也在不断提升,但它们受天气条件的限制更大。正因如此,极端天气现象对电力生产的影响不可忽视。以煤炭发电为例,在2010年12月至2011年初发生在澳大利亚昆士兰州的洪灾,导致露天煤矿开采受到影响。而对于水电站来说,上游降水的减少会导致电站发电能力下降。而太阳能电站对云量和光线角度等气象因素的要求更高。所以,对于大规模并网发电来说,更加稳定,受自然条件影响较小的煤电、水电以及天然气发电是首选。

从人口统计数据来看,随着人口不断增加,尤其是城市人口的增加,对电力的需求也在不断增长。许多国家一年的用电高峰出现在夏季,这是由于在夏季不断增加的空调使用量。随着企业和家庭对电子设备的使用量和依赖度不断提高,人们期望得到高可靠、高质量的电力供应。家庭用电需求对气象条件的整体敏感度可以通过度日数(每日平均温度与规定的标准参考温度)来反映。相对温和的气候是指每年平均采暖度日数和空调度日数之和相对较小的气候。然而,对于我国这样幅员辽阔的大国来说,使用整体平均值会掩盖重要的区域差异。还必须指出的是,电力部门必须调整电力输送分布以适应地区极端情况,而不仅仅是采用采暖度日数和空调度日数的平均值。

2. 用户的角度

从用户的角度分析发电和配电部门对气象信息服务的需求,可以从民众、电力从业人员和政策制定者三个方面来展开。

1)民众

民众通常希望得到稳定的电力供应。气象因素对供电的影响最有可能出现在恶劣天气期间。如果在干燥炎热的天气,民众希望能及时收到森林火灾预警。同样,高温天气会拉高电网负载,可能导致限电甚至停电。因此,民众同样希望收到及时的高温天气预警。因为普通人缺乏足够的专业知识,所以对于这类气象信息往往停留在简单的了解上,仅仅需要满足他们的获取需求。

2)电力从业人员

他们负责电网管理和电力资源调配。对于电力行业来说,他们对气象信息的需求是多方面的。例如,水力发电中,降水量能否支撑峰值电力供应,是否需要在峰值时段调配火电补充。在极端高温天气出现时,电力部门需要得到来自气象部门的预警信息,以便及时对输变电设施进行及时调整和维护。随着清洁能源的加入,如风能和太阳能在电网中占比逐年提高,电力行业更加需要关注气象信息。可以将电力的供求看作一个复杂的模型,将温、湿、风、光等气象条件作为模型的控制变量,电力部门应及时调整和修正模型来平衡电力供求。

3)政策制定者

他们对气象信息有两个感兴趣的地方:一是可能对电力生产有负面影响的极端天气;二是气候变化。政策制定者希望出现极端天气时,能对民众发布预警信息,对基础设施进行加固。关注气候变化是因为政府在进行电力基础设施建设时需要考虑未来几十年的使用,如风力发电站和水电站的选址。通常政府会将 50 年的气候变化与地区能源需求相结合,以达到电力供给最大化。所以,政策制定者从气象信息中获得有价值的信息,并将其作用在政策上,反馈给民众和社会。

6.1.2 气象信息对电力系统的影响分析

气象条件是影响电网运行的重要因素。受全球变暖和人为活动的影响,台风、雷电、暴雪、冻雨、雾霾、山火、大风、暴雨、山洪、高温、低温凝冻、湿雪、大雾等极端事件频发,由此引发的雷击、污闪、电线覆冰,导致输电线路断裂、输电塔倒塌、闪络事故[1]层出不穷,直接危害电网的安全稳定运行。

电网多年运行经验表明,架空输电线等输变电设备长期暴露于大气环境中,易受气象灾害,如雷暴、冰灾、风灾以及它们引起的次生地质灾害等的袭击而发生故障,电网能否安全可靠运行与外部气象环境有密切关系。大风、雷电、冰灾等极端气象灾害在短时间内会造成多条输电线路故障,加上电力潮流(电力系统在运行时,在电源电势激励作用下,电流或功率从电源通过系统各元件流入负荷,分布于电力网各处,称为电力潮流)转移诱发继电保护装置不正确动作,会加速线路连锁跳闸,严重时会引发大面积停电事故。对电力系统有影响的气象要素如下。

1. 雷电

雷电是伴有雷声和闪电的局地强对流天气,通常与大风、强降水和冰雹等相伴发生[2]。尽管雷电造成的人员伤亡和经济损失不如水灾、旱灾和台风,但是其引发的次生灾害一直对人民群众的生命财产安全构成威胁。雷电灾害波及电网运行时,会造成电力基础设施损坏和大规模长时间停电。

雷电对电网的危害分为：直击（包括绕击与反击）、感应、电磁干扰。雷击造成的雷电过电压具有陡度高、幅值大的特点，会对电网中绝缘薄弱的设备构成危害。这些设备包括户外架空输电线路，变电站内的断路器、隔离开关和互感器设备的绝缘器件。不仅是电网设备，雷电造成电磁干扰还会危害到室内的家用电器设备。

雷击常造成绝缘子闪络事故。电网中的事故多以输电线路故障为主，输电线路故障又以雷击跳闸的比例较大。配电线路的绝缘导线受到直接雷击或线路附近落雷时，导线上因电磁感应产生的过电压往往高出线路相电压两倍以上，破坏线路绝缘材料造成短线事故。当雷击线路时，巨大的雷电电流在线路对地阻抗上产生很高的电位差，从而导致线路绝缘闪络。雷击不仅危害线路本身安全，而且会沿导线传至变电站，造成变电器过载损坏。

2. 冰灾

电线覆冰是水汽和雨滴在严寒情况下，凝聚黏附在电线上形成的一种冰冻物。覆冰使电网铁塔负重增加，同时使得输电线受风面积增大，覆冰很容易诱发不稳定的池振，常常会导致输电线扭转、舞动、松动甚至断线、倒塔等恶性事故。容易出现电线覆冰的天气主要包括雨凇、雾凇、湿雪和霜冻等。输电塔上的绝缘子或输电线上出现覆冰就需要及时进行除冰作业。

冰灾导致的电网大面积停电事故在世界各国均有发生[3]。1998年1月，加拿大出现了持续一周的冰冻灾害天气，高压输电线上的最大覆冰直径达到75mm。最终这次冰冻灾害造成116条输电线路损毁，1300座输电塔倒塌，350条配电线损坏，16000根电线杆倾倒，100万户居民供电中断，影响了10%加拿大人的正常生活。2008年初，我国南方地区出现了罕见的大范围低温雨雪冰冻灾害，架空输电线覆冰严重，导致输电塔倒塌，输电线断线，严重影响了人民群众的日常生活[4, 5]。

我国的输电线覆冰多由雾凇和雨凇引起，同时，在高山地区的输电线还容易在大风的作用下发生覆冰舞动。我国输电线路覆冰舞动时有发生，存在一条从东北吉林到中部河南再到湖南的覆冰舞动频发地带。在冬季，由于低温、高湿、雨雪等气象条件，加上平原开阔地或垭口的阵风，这一区域内的输电线路很容易发生覆冰舞动。根据国家电网的运行数据，辽宁、河南和湖北是中国发生覆冰舞动最多的地区。2008~2012年，河南电网共发生七次输电线覆冰舞动事故，其中四次属于大范围事故，对河南电网安全运行造成重大影响。

3. 风灾

风灾对输电线路安全的危害也不容忽视。全球多地的输电线路都面临强风的威胁，而我国又是遭受风灾最严重的地区之一。根据国家电网的统计数据，风灾对输电线路运行的影响表现为：一是大风导致输电塔损坏，如吹掉导线、吹断横担，甚至吹倒输电塔；二是大风对输电线造成影响，如导线振动、风偏放电等。

2005年6月，江苏泗阳500kV 5237线因强风导致倒塔事故[6]，波及附近的5238线，发生跳闸故障。两条重要的500kV输电通道同时停运，引发华东电网大范围停电，严重威胁华东电网的安全运行。

在强风或飑线风（飑线风是由若干个雷雨云单体排列而形成的一条狭长的雷暴雨带，属强对流天气范畴）的作用下，绝缘子串向杆塔方向倾斜，减小了导线与塔身的空气间隙。当空气间隙距离不能满足绝缘强度要求时就会发生风偏放电，造成线路跳闸[7]。与雷电等其他气象灾害引起的跳闸相比，只要风力不减弱，风偏放电就会持续反复发生。因此，风偏放电引起的线路跳闸后重合闸成功率较低，严重影响电网的安全稳定运行[8]。我国广东沿海某220kV输电线路在2012年12月29~30日的两天内共发生了17次风偏放电跳闸；新疆电网某220kV线路在2013年3月8日发生了六次风偏放电跳闸。

另一种形式的风灾就是台风（飓风），我国同样是遭受台风影响最严重的国家之一。每年登陆我国的台风多达六七个[9]。对电网而言，台风轻则造成线路剧烈摆动而对杆塔放电，重则严重损毁电力设施，使得恢复供电时间大大延迟[10]。2012年7月24日，受台风"韦森特"影响，深圳岭深乙线发生了四次跳闸。与我国类似，美国东南部和中美洲地区也是飓风重灾区。2012年10月24~26日飓风"桑迪"袭击了古巴、多米尼加、牙买加、巴哈马、海地等地，导致大量财产损失和人员伤亡，之后于10月29日晚在美国新泽西州登陆，给当地电网造成重创，灾害最严重时导致800多万人断电。

4. 山火

近年来随着山区水电资源的不断开发，水电外送通道增多，且其大多翻山越岭或穿越森林覆盖区域。输电线经过的山林地区在天气炎热干燥时很容易发生山林火灾，从而导致架空输电线路故障跳闸。因山火造成的线路故障对电网安全运行的影响极大，其主要表现在：一是因山区地势，同一送电通道的两回或者多回线路常同塔架设，一旦发生山火可能造成同一送电通道的多回线路同时跳闸，影响电网安全稳定；二是山火烟雾导致的闪络跳闸重合闸成功率较低，需要等到火势得到控制、烟雾散开之后才能强送，因此线路强迫停运时间较长。

山火引发线路故障的机理[11, 12]，一般认为是山火发生后，熊熊燃烧的大火产生的热气流会向上窜动，一些导电物质也会跟随热气流往上运动，而游离化的气流在上升过程中会逐渐去游离，在导线和大地之间产生大量的电荷，这会导致导线与大地之间或者各相之间的空气间隙不满足工频电压闪络的最小距离要求，造成空气间隙击穿，引起线路闪络跳闸。

在我国因山火造成线路故障跳闸的报道屡见不鲜，湖南电网2009年2月和4月发生了13次因山火引发的线路跳闸事故，其中500kV线路跳闸5次，220kV线路跳闸8次[13]。2009~2012年，云南省持续三年受到干旱影响，频繁发生的山火灾害严重威胁云南电网输电线路的运行，主要输电通道周边发现火情230余起，山火导致220kV及以上线路发生故障跳闸156次。特别是2012年3月30日500kV宝七Ⅰ、Ⅱ回线因山火引发跳闸，构成了三级电力安全事件[14]。

5. 地质灾害

地质灾害按类型可以分为滑坡、泥石流、塌陷、沉降及地震等。长距离送电通道的超、特高压输电线路经常会翻越崇山峻岭、跨越大江大河，地形地貌差异、地质构造差异、水文地质差异、气候特征差异等特点决定了电力线路工程地质灾害风险分析与评估的特殊性[15]。此外，地震发生时常对区域电网造成严重破坏，同时导致震区多条输电线路跳闸，更有甚者会永久性损坏输电设施，严重时还可能导致大电网解列运行[16]。地震引起的输电线路损坏形式有绝缘子掉串、线路断线、杆塔倒塌等。地震也容易造成区域性供电中断，引起厂站设备损坏甚至导致厂站全停，引起通信故障甚至通信瘫痪，还可能影响能量管理系统的正常运行。

6. 其他恶劣天气

对电力生产可能造成影响的其他恶劣天气包括冰雹、高温、沙尘、暴雨等。

冰雹常伴随雷暴、大风等发生，冰雹可能砸坏户外电气设备，冰雹和大风共同作用砸倒树木也可能会挂断线路。

高温对电网的影响：一是造成用电负荷猛增，使得电网容量不能满足尖峰负荷需求；二是高温不利于线路散热，加之电流增大使线路发热增加，进而引起导线弧垂增大[17]，这会加速线路老化影响线路寿命，甚至有可能因为弧垂过大造成线路跳闸。持续的极端高温会造成输变电设备工作环境恶化，对电网运行产生不利影响。

沙尘天气会导致浮尘或污秽物附着到绝缘子或其他输电设施表面，影响设施表面的光滑度，在冬天更容易产生覆冰和积雪。不仅如此，沙尘天气也影响电力输送安全。由于沙尘颗粒之间的摩擦，会在空间产生强烈的电场，称为沙尘电，强烈的沙尘电可使部分导线表面的最大电场强度增大。

暴雨引发的洪灾可能冲断输电线路、冲毁淹没变电设备，致使电网瘫痪。

除此之外，输变电设备在工作电压下的污秽外绝缘闪络称为污闪。电气设备绝缘表面附着的污秽物在潮湿条件下，其可溶物质逐渐溶于水，在绝缘表面形成一层导电膜，使绝缘水平大大降低，在电力场作用下出现强烈放电现象。这类事故经常发生在雾天，又称为雾闪。影响污闪的气象因素主要包括空气湿度、气压、温度、降水和风等，其中空气湿度的影响最为明显。大雾及露、毛毛雨等最容易引起绝缘子污闪。

图 6-2 给出气象因素对输电线路的影响分类[18]。

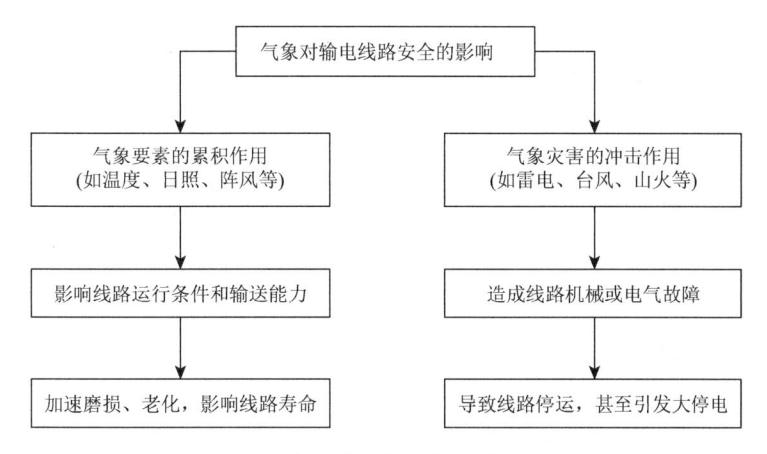

图 6-2 气象因素对输电线路的影响分类

电网输变电设备普遍分布于野外、100m高度以下，这些区域气象环境复杂多变，尤其是特高压线路路径长、覆盖广、局部走廊线路密集，且沿途所经区域多为高原山区、雷害区、重冰区、大风区，自然环境恶劣，极端天气多发。据统计，雷击、覆冰、风偏、舞动、暴雨等气象原因导致的故障占电网总故障数的60%以上。

表6-3给出了影响电力行业的主要气象因素。

表6-3 影响电力行业的主要气象因素

气象因素	产生的现象	电力灾害	产生影响
高湿	污秽物在潮湿条件下使绝缘表面绝缘水平大大降低	污闪	严重影响电力系统的安全运行
大雾	容易产生雾闪	电线覆冰、污闪	停电、断电
低温	导致铁塔上覆冰	电线覆冰	地线支架变形、导地线间短路故障
高温	输电线路损耗增大、输送能力降低	输电线路烧断、设备故障	停电、断电
大风	吹起异物、风力异常造成线路舞动，诱发风偏闪络	杆塔倒伏	破坏输电线路
台风	对沿海地区电网破坏较大	杆塔倾斜、倒塔、断线	大面积电力故障
雷暴	雷电沿导线迅速传到变电站	雷击	设备严重损坏
沙尘暴	沙尘颗粒摩擦产生沙尘电	加重覆冰和积雪	影响电力输送安全
暴雨	引发洪灾	输电线路冲断、变电设备冲毁	电网瘫痪
暴雪	覆冰、积雪	杆塔倾斜、断裂倾倒、倒塌	电力中断

针对产生电力灾害的气象因素，具体的防御措施如下。

（1）加强电力工程设施建设的气象条件可行性论证。在电力规划布局、建设选点以及标准设计等方面要考虑不同地区的气候特点，特别是在电网的设计中，要考虑南北方不同地区气候条件的可能影响，以确保新建电网具备抗御不利气象条件的能力。

（2）加强影响电力安全的灾害性天气的监测和预报服务，使供电部门能提前获取灾害性天气种类、发生及持续时间、影响范围等方面的预警，并提前防范、避免和减少雷电、大雾、大风、冰冻等不利气象条件对电力设施的破坏。

6.1.3 基于电力系统需求定制气象信息

由上节分析可知，电力公司直接从气象部门获取建立在公共气象服务基础上的气象预报信息，则与电网实际需求差距巨大，存在观测站点远离电网输变电设备、仅关注常规气象要素、电力关键气象要素欠缺、预报数据的分辨率偏粗、未针对电网需求优化数值天气预报模式等问题。

针对电网需求，需要发展适于电网应用的数值天气预报模式，针对重要输电通道和重点区域进行重点分析，优化局地的参数化方案，提升通道区域的预报准确度。高压输电通道沿线精细化电力气象预报预警数据，包括风速、风功率密度、辐照度、气温、降水量、大风、高温、雷电等要素。

同时，还要研究覆冰、雷电、风灾、沙尘暴、大雾、暴雨、高低温、寒潮等灾害，以及近地面太阳辐照度、风机轮毂高度风速等的定制化诊断预报要素。生产的格点化预报要素，可实现针对杆塔和发电机组定点、定时、定量的高精度预报，大大方便了电网气象灾害预警和新能源发电调度工作，促进了电网服务的智慧化。

目前，针对以上需求，我国气象部门综合全国范围的常规数值天气预报、历史气象数据，为电网企业提供雷电、覆冰、暴雨、大风、高低温及寒潮等定制化气象信息服务，协助实现了杆塔级的气象预报预警信息查询，并在覆冰期间提供每天的"电网覆冰日报"。

电网防汛方面，汛期每天早晨 7 时为国家电网防汛部门提供"电网气象日报"，预报电网沿线范围未来 48h 降水、大风、雷暴、高温等天气过程以及次生灾害信息，指导电力企业开展防汛工作。

电网地质灾害预警方面，为国网地质灾害监测预警中心提供未来三天、逐小时地质灾害相关气象要素预报，包括降水、湿度、温度等。

电网舞动预警方面，为国网输电线路舞动预警系统提供未来三天、逐小时舞动相关的气象要素预报，包括覆冰厚度、风速、风向、降水量、温度等。

根据电力企业定制化需求，将格点化的实时气象预报数据与区域电网变电站、线路、杆塔等信息在地理信息系统上叠加及整合，据此可实时掌握变电站及输电走廊附近的温度、风向、风速、相对湿度、降水强度、地面气压、能见度等常规要素的气象监测信息以及未来时段的天气预报信息，为电力企业建设及运维提供直观的气象信息支撑。

6.1.4 开发建设电力气象灾害监测预警系统

大风、雷暴、暴雨、山洪、高温、低温凝冻、湿雪等气象因素严重影响电网的安全稳定运行。2008 年初，我国南方地区出现了罕见的大范围低温雨雪冰冻特大气象灾害，架空导地线覆冰严重，导致大范围倒塔、断线灾害，对供电可靠性造成了严重影响。随着全球气候的不断变化、异常气象灾害的增多以及电网规模的不断扩大，气象灾害对电网影响的频度和程度还会继续增加。因此，在规划设计阶段开展全面的气象环境评估，在运行过程中对气象灾害进行及时准确的监测预警，提前做好灾害应急预案，是保证电网可靠运行的有效途径。

近年来，随着气象监测和天气预报技术的发展，气象预测在空间和时间上更加精细化，这已经成为电力系统气象风险精细化管控的重要手段，气象灾害监测预警技术逐渐在电力行业得到应用。目前，安徽省电力部门利用气象预报流程及气象信息服务平台，建设了安徽省电力调度气象预报服务系统，开展了依托气象预报服务的用电负荷预测工作；国家电网江苏省电力有限公司电力科学研究院开发建设了电网气象灾害监测预警系统，接入了地面自动气象站等基础探测资料，实现了对台风、强对流、污秽、覆冰等灾害性天气的实时监测和预报。

电网电力气象灾害监测预警系统是在地理信息数据、气象数据、电网数据等多源数据融合的基础上，基于地理信息系统开发建设而成的。该系统将地理分析与数据分析功能相结合，可以实现电网气象监测、气象预报、灾害预警以及电网专题图分析管理功能。将该系统应用于电网，能够对线路跳闸故障进行气象灾害评估，在发生各类气象灾害期间为电网提供实时的气象保障服务和气象预警服务,保障电网安全稳定运行。

图 6-3 为电力气象灾害监测预警系统总体架构[19]。

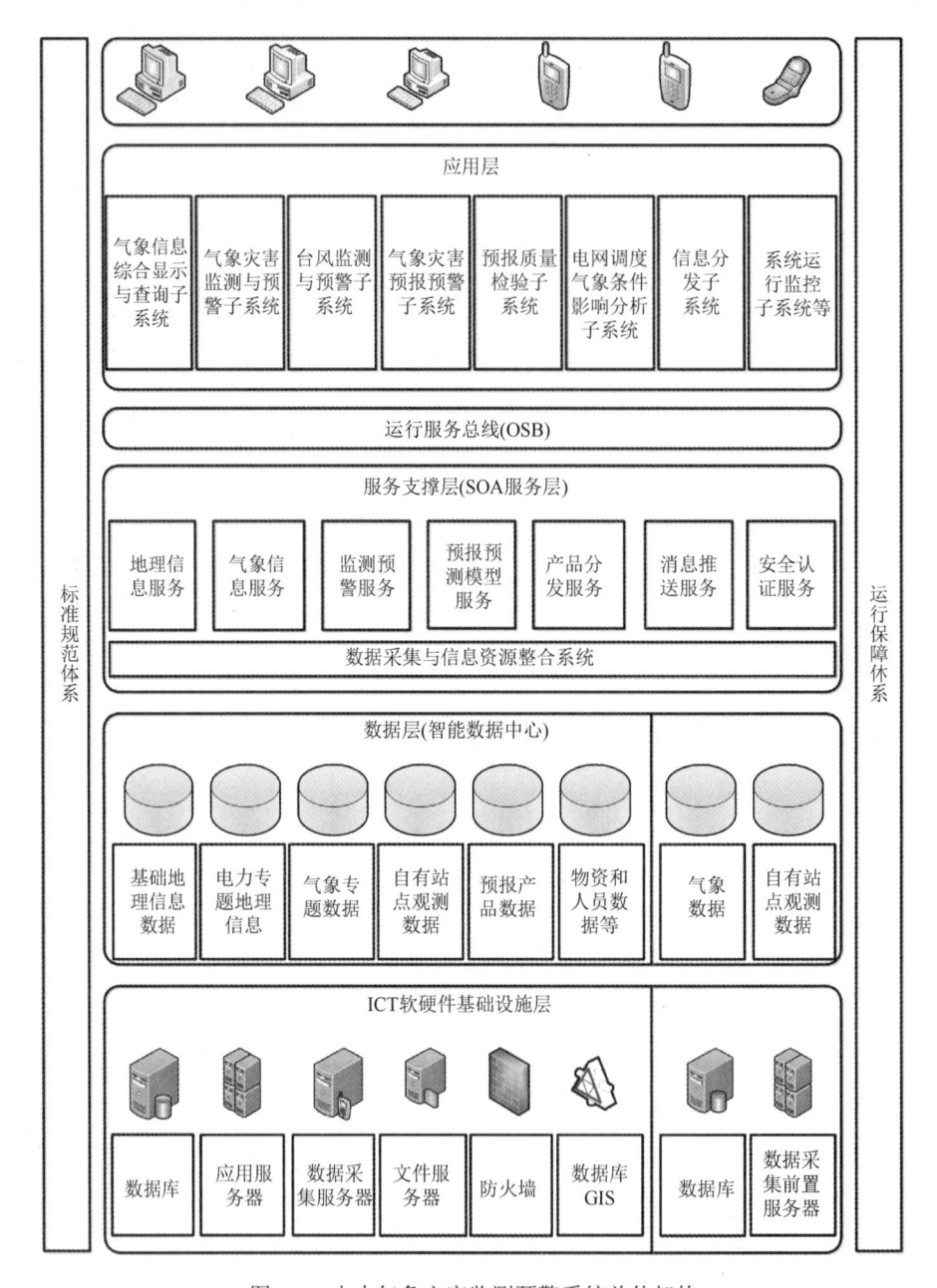

图 6-3 电力气象灾害监测预警系统总体架构

OSB 全称为 oracle service bus;SOA 全称为 service-oriented architecture;ICT 全称为 information and communication technology

1. 气象灾害监测预警系统的数据支撑

气象监测预警系统建设与应用过程中采用的数据主要包括基础地理信息数据、气象数据和电网数据三类，各类数据采用相同的地理、投影坐标系，依托大数据、GIS 等技术，实现二三维一体化的一张图多源数据融合。

1）基础地理信息数据

基础地理信息数据是系统提供服务保障的基础，是所有业务数据的空间载体及展示平台，主要包括以下数据：①行政区划数据。包括省（自治区、直辖市、特别行政区）、地级市（地区、自治州、盟）、县（市辖区、县级市、自治县、旗、自治旗、林区、特区）三级行政区域边界（面），并含分级图标标注。②地理地形数据。由河流、湖泊、水库、山脉、道路、土地利用、高程数据等多个图层组成，为三维立体显示及电网线路环境的直观展示提供支持。③地图缓存切片数据。为提高地图访问效率，可以将常用的地图做成缓存切片。切片地图数据包括矢量地图、影像地图、道路、文字标注等。

2）气象数据

气象数据主要包括各个地区的所有国家气象站及区域气象站的温度、湿度、风速、风向、雨量、日照、能见度等实况数据，气象雷达监测数据，卫星云图监测数据以及雷电监测数据等，利用这些数据可实现精细化网格预报。各类气象数据的来源为地面监测网监测数据、多普勒雷达观测数据、卫星遥感数据及历史记载数据等，气象数据可实时更新。

3）电网数据

电网数据主要包括火电站、水电站、新能源电站、110kV 及以上电压等级变电站、输电线路、杆塔等重要电力设施相关数据，污区图、雷区图、风区图等各类电力专题图及电网运行故障信息等。

2. 气象灾害监测预警系统的功能构成

电力气象灾害监测预警系统综合应用自动站实时监测、地面雷达监测、高空卫星云图监测等手段，将变电站、线路、杆塔等电力设施与气象数据叠加，将可能对电网安全运行造成影响的各类气象参数设置预警阈值，搭建预警模型，为电力气象灾害处置提供统一的气象监测、气象预报、电网灾害预警、信息报送等技术支撑平台，在 GIS 系统上形象显示，便于运行人员掌握相关气象情况和发展趋势，及时应对气象影响下的各类电网灾害。系统功能主要包括电网气象监测、电网气象预报、电网灾害预警、电网专题图、后台管理五个模块。

1）电网气象监测

电网气象监测模块实现气象实况数据、气象雷达数据、卫星云图数据、雷电数据的实时接入，并按照气象数据常见的展示方式在地图上进行空间数据展示。电网气象监测模块接入数据的目录树如图 6-4 所示[19]。

2）电网气象预报

电网气象预报模块实现气象精细化格点（3km×3km）数值预报接入，并通过格点预报对杆塔资料的反演，使得每个杆塔均有相关气象预报信息，实现精细化杆塔预报。该模块可实现中短期预报产品、防火专题产品、黄河凌汛专题产品、道路覆冰产品的制作与发布。电网气象预报模块接入数据的目录树如图 6-5 所示[19]。

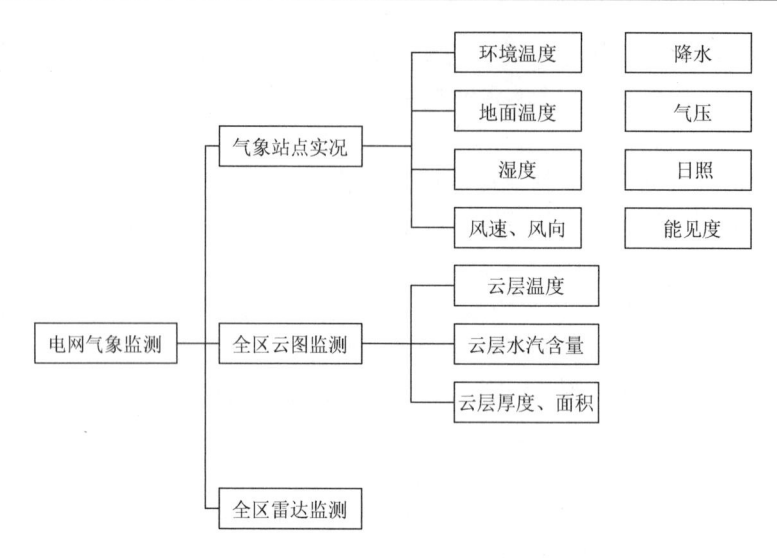

图 6-4 电网气象监测模块接入数据的目录树

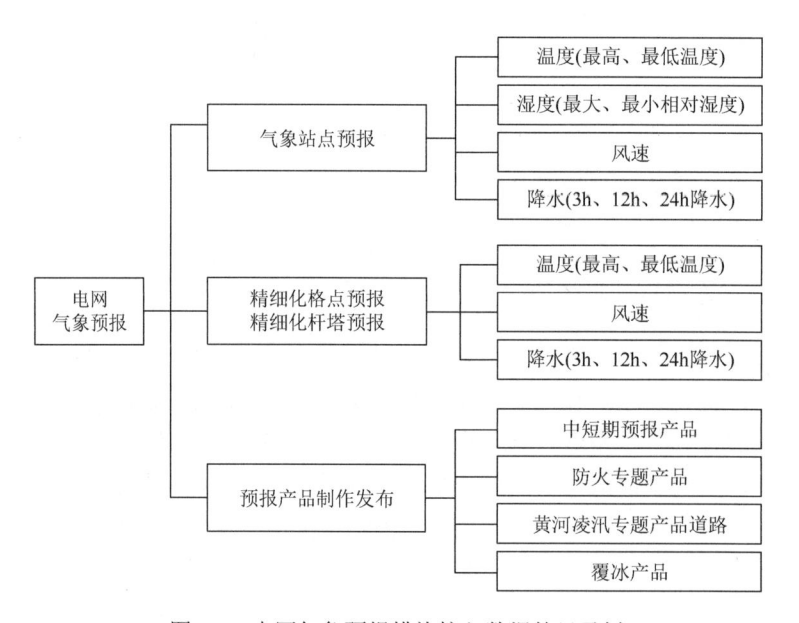

图 6-5 电网气象预报模块接入数据的目录树

3）电网灾害预警

电网灾害预警模块可实现气象预警信号接入，在气象监测、预报数据基础上，通过开发覆冰、低温、风偏等电网灾害预警算法模型，实现电网灾害预警及信息靶向发布。目前，电网灾害预警模块实现的主要功能有对覆冰、山火、污闪、大风、强降水、高温、低温灾害的预警等。

4）电网专题图

电网专题图模块可基于气象数据绘制风区分布图，基于雷电监测数据绘制雷区分布图。电网专题图模块还接入历年输变电设备雷击、鸟害、风害、污闪等故障信息，实现

第 6 章 气象信息的应用

电力历年灾害空间展示,通过热力图直观展示历年灾害的分布情况;实现故障的统计分析,进行各类故障多发时间及范围的预警。电网专题图模块同时可实现电网污区分布图、雷区分布图、涉鸟故障风险分布图、风区分布图、山洪沟流域分布图等各类电力专题图的展示。目前,电网专题图功能组成如图 6-6 所示。

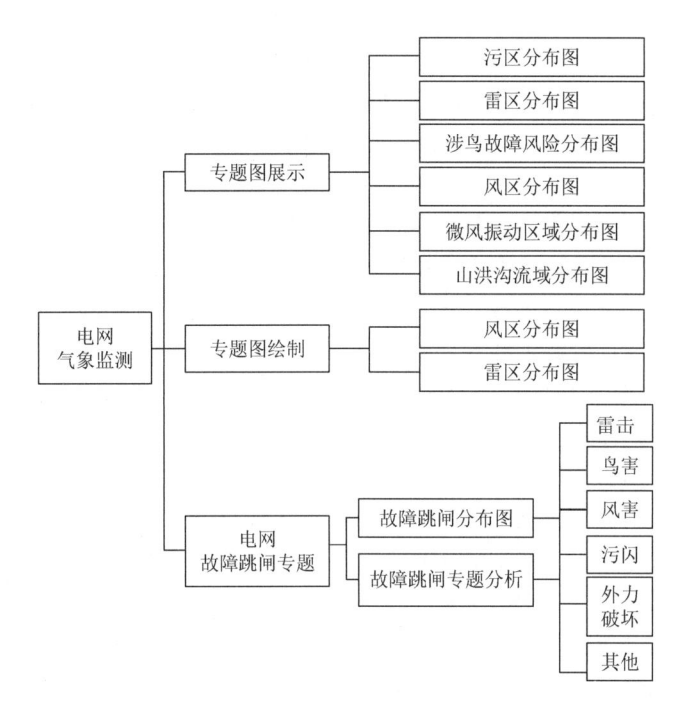

图 6-6 电网专题图功能组成

5) 后台管理

后台管理模块实现功能模块扩展接入、用户注册及权限分配。

6.2 气象信息在交通部门的应用

近年来我国高速公路建设发展迅猛,自 1988 年第一条高速公路建成以来,截至 2020 年底我国高速公路里程已达 16.1 万 km。根据《国家公路网规划(2013—2030 年)》,国家公路网规划总规模 40.1 万 km,由普通国道和国家高速公路两个路网层次构成。普通国道网由 12 条首都放射线、47 条南北纵线、60 条东西横线和 81 条联络线组成,总规模约 26.5 万 km;国家高速公路网由七条首都放射线、11 条南北纵线、18 条东西横线,以及地区环线、并行线、联络线等组成,约 11.8 万 km,另规划远期展望线约 1.8 万 km。由于国家公路网规划覆盖区域的地区生产总值(gross domestic product,GDP)占全国的 85% 以上,公路网的发展对国民经济的影响越来越重要。

铁路作为国家和社会发展的重要基础设施,相比其他运输方式具有运量大、长距离和全天候的运输优势[20]。依据《2017 年铁道统计公报》,2017 年全国铁路旅客发送量完成 30.84 亿人，比上年增长 9.6%；货运总发送量完成 36.89 亿 t，比上年增长 10.7%；完成全国铁路固定资产投资 8010 亿元，投产新线 3038km。铁路的发展在经济社会发展中具有重要的地位和作用，其不仅显著改善了人们的出行条件，还带动了沿线经济增长和相关产业结构优化升级[21]。

航运业具有高风险的特点，其发生事故造成的危害巨大，事故往往引起人身伤亡，而且能造成严重的社会损失和经济损失，更有可能造成严重的环境污染。复杂多变的海洋环境，为海上危险事件发生提供了温床。因此，需要提高海事气象观测预报能力，为航运企业安全管理人员和船舶驾驶员提供可靠的航行环境气象信息，便于相关人员做出正确的决策，降低事故发生的可能性。我国是海洋大国，有约 300 万 km^2 的海洋国土，海事气象保障服务可为沿海海域航行的船舶提供优质的气象保障服务，但服务远洋航行船舶的能力较弱，仅能为航行在北印度洋和马六甲海峡的船舶提供有限的气象保障服务。随着我国海上丝绸之路倡议的提出，越来越多的船舶将会航行在南海、马六甲海峡和印度洋海域，对高质量且可靠远洋气象信息服务需求也将显著增加。

21 世纪初期，我国民用航空运输总量已位居全球第二，仅次于美国，这也意味着我国已跻身民航大国的行列[22]。安全飞行是通航飞行的首要准则，是通航飞行的重中之重。据《2019 年民航行业发展统计公报》披露，在 2019 年我国航班不正常原因分类统计中，因天气导致的航班不正常占全部航空公司航班不正常原因的 46.49%。由此可以看出，气象因素与民航的安全飞行是息息相关的，且由于通用航空的作业大多在公共航空运输航线以外的一些区域，故气象因素对以低空空域为主的通航飞行影响更为突出。但是，我国低空空域相关的气象服务仍相对落后，并非所有的通用航空公司都能为通航飞行作业提供完善的气象保障服务。因此，对通航气象数据进行可视化研究，有利于提高通航气象服务水平，促进通用航空的良性发展[23]。

气象条件的变化，尤其是极端天气条件给交通出行安全带来巨大风险，不仅严重影响交通运输的发展，而且会对人民的生命财产安全造成巨大损失。

6.2.1 交通对气象信息的需求分析

1. 公路对气象信息的需求

公路交通是一个对气象高度敏感的行业，其在很大程度上受气象因素的制约而不能实现快速、高效、安全的目标。随着国家经济与城市化的快速发展，由气象条件引起的公路交通问题日益突出。大雾、冰冻雨雪、强降水等气象灾害导致的交通事故和交通阻断时有发生，给人民生命财产安全和社会经济效益带来严重影响。高速公路的道路安全问题尤其严重。据公安部数据统计，高速公路交通事故中恶劣天气占比近两成，15%的重特大事故和 21%的直接经济损失发生在恶劣气象环境中。交通部门和司乘人员都对出行天气和路况信息越来越关注，这对交通气象安全保障工作提出了更高的要求。

2. 铁路对气象信息的需求

近年来，受气象灾害影响，我国铁路运输系统遭受到不同程度的攻击，严重威胁社会稳定和人民安全。面对铁路建设和运输安全的迫切需求，加强铁路行业气象灾害防御体系建设，提升行业防灾减灾水平，对实现铁路运输又好又快的发展具有重要意义。

3. 航海对气象信息的需求

现代气象观测预报技术飞速发展，各国相关机构在气象观测上投入大量的人力、物力、财力，气象预报员也在不断适应新的技术要求，观测设备数量更多、更先进，气象观测预报能力得到了明显的提升。随着新的气象预报数值模式的开发应用，超级计算机的投入使用，海上天气预报准确率更高，预报时效也更长，甚至能够提供长达数十天的预报。然而面对复杂的海洋环境，海上船舶航行作业依然面临着获得的气象信息不充分、缺乏精细化的海事气象保障服务，环境变化的不确定性对船舶安全航行依然是很大的威胁。

因此，随着航运的发展和全球变化的影响，可靠的气象信息服务是保证船舶海上航行安全的关键。

4. 航空对气象信息的需求

我国大多数通用航空公司并没有成立专业的气象部门，无法依据自身实际情况制作相应的气象资料。马文博 2018 年对通用航空气象需求进行了调查，结果显示绝大多数通用航空用户获取气象资料的方式来源于气象台、地方气象局、空管网站以及地方气象中心，占比为 89.52%；仍有 5.3% 的用户无法获得通航作业相关的气象资料；仅有少数的通用航空公司可以通过本单位独立的气象部门为通航作业制作相应的气象资料。

我国通用航空相关的气象体系建设较一些发达国家来说并不完善，具体表现在多数通航机场缺少整套的气象探测的相关设备；专业气象人员以及专业的通航气象服务机构匮乏；获取通航气象资料的方式相较单一。这些气象方面的不足都会对通用航空的飞行安全造成一定的隐患。

近年来通用航空与其气象服务之间发展的不平衡日益凸显，为了更好地服务于通用航空用户，保障通航飞行作业的安全，建设一个良好且完备的通航气象服务系统是不可或缺的。关于通航气象服务系统的建设主要有两点：第一点就是数据，主要是通航气象资料，有效地收集并处理相关通航气象资料是关键的一点；第二点是通航气象服务系统中各类数据的展示，使系统中各类数据直观明了地进行展示也是至关重要的一点。

6.2.2 气象因素对交通的影响分析

1. 对公路的影响

恶劣天气带来的低能见度、持续降水、大风和极端温度会干扰驾驶员的判断、降低车辆性能、改变道路摩擦系数、损坏道路基础设施、增加车辆间的碰撞风险、堵塞路面交通。表 6-4 总结了天气对道路、交通和运营的影响。

表 6-4　天气对道路、交通和运营的影响

道路天气变量	道路影响	交通流量影响	运营影响
空气温度和湿度	无	无	道路处理策略（如冰雪控制）、施工规划（如铺路和划线）
风速	可见距离（由于吹雪、灰尘）、车道阻塞（由于风吹雪、碎屑）	交通速度、旅行时延、事故风险	车辆性能（如稳定性）、访问控制（如限制车辆类型，关闭道路）、疏散决策支持
降水（类型、速率、开始/结束时间）	能见距离、路面摩擦、车道阻塞	道路通行能力、交通速度、旅行时间延误、事故风险	车辆性能（如牵引力）、驾驶员能力/行为、道路处理策略、交通信号时间、限速控制、疏散决策支持、机构协调
雾	可见距离	交通速度、速度差异、旅行时间延迟、事故风险	驾驶员能力/行为、道路处理策略、访问控制、限速控制
路面温度	基础设施损坏	无	道路处理策略
路面状况	路面摩擦、基础设施损坏	道路通行能力、交通速度、旅行时间延误、事故风险	车辆性能、驾驶员能力/行为（如路线选择）、道路处理策略、交通信号时间、限速控制
水位	车道浸没	交通速度、旅行时间延误、事故风险	访问控制、疏散决策支持、机构协调

我国每年都发生近 20 万起交通事故，其中约 21%的事故与天气有关。天气相关的碰撞事故是指在恶劣天气（如暴雨、暴雪、浓雾、严重侧风或沙尘天气）或光滑路面（如湿滑路面、泥泞路面或结冰路面）发生的碰撞事故。恶劣天气条件是影响公路路网安全运行的首要因素，影响比例达 45%。根据公安部道路交通事故统计报告，我国每年大约有 10%的交通事故直接与雨雪雾等恶劣天气有关。

由表 6-5 可知，2005~2014 年全国雨、雪、雾、大风、沙尘和冰雹六种不利气象条件下发生的交通事故共有 287783 起，其中，雨天出现的交通事故占总交通事故数量的 86.50%；雪天发生的交通事故占 6.93%；雾天发生的交通事故占 5.82%；大风、沙尘和冰雹天气分别占 0.57%、0.17%和 0.01%。另外，由雨、雪、雾、大风和沙尘五种不利天气造成的事故经济损失总计约为 18.3 亿元，其中因雨天导致的事故损失占交通事故总经济损失的 77.80%，平均每起事故造成的经济损失为 5721.85 元；雾天交通事故造成的经济损失占 12.78%，平均每起事故造成的经济损失为 13971.4 元，是雨天的 2.4 倍；雪天出现交通事故造成的经济损失占 8.82%，平均每起事故造成的经济损失为 8100.11 元，位于单起交通事故造成经济损失的第二位；大风和沙尘天气交通事故造成的经济损失较轻，分别占 0.48%和 0.12%。

表 6-5　2005~2014 年不利天气条件交通事故起数及其经济损失

项目	雨天	雪天	雾天	大风	沙尘	冰雹
单一天气总事故起数/起	248939	19932	16742	1644	483	43
占总事故起数比例/%	86.50	6.93	5.82	0.57	0.17	0.01
单一天气总事故经济损失/万元	142439.19	16145.14	23390.91	886.13	210.94	缺
占总事故经济损失比例/%	77.80	8.82	12.78	0.48	0.12	缺
平均每起事故经济损失/元	5721.85	8100.11	13971.40	5390.09	4367.29	缺
排名	3	2	1	4	5	缺

第6章 气象信息的应用

不利的天气事件会降低道路的流动性,在洪水淹没车道、积雪和风吹碎屑阻塞车道时,都可能导致道路通行能力降低。交通事故造成的道路封闭和通行限制也会降低道路通行能力。

此外,不利的天气条件还会削弱交通信号的作用。在有交通指挥信号的主干道上,潮湿路面的减速幅度为10%~25%,雪地或泥泞路面的减速幅度为30%~40%。根据一天当中的时间和道路天气条件,平均干线交通量可减少15%~30%,饱和时间段交通流量减少2%~21%,平均行程时间延迟11%~50%。在高速公路上,小雨或小雪可使平均车速降低3%~13%,大雨会使平均车速降低3%~16%,大雪会使平均车速降低5%~40%。低能见度会导致车速降低10%~12%。表6-6显示了天气与高速公路交通流量的关系。

表6-6 天气与高速公路交通流量的关系

天气状况	高速公路交通流量减少			
	平均速度	自由流速度	体积	容量
小雨/小雪	3%~13%	2%~13%	5%~10%	4%~11%
大雨	3%~16%	6%~17%	14%	10%~30%
大雪	5%~40%	5%~64%	30%~44%	12%~27%
低能见度	10%~12%	—	—	12%

恶劣天气还会增加公路养护机构、交通管理部门、应急管理部门、公安执法机构和客货运企业的运营和维护成本。2009~2019年,我国公路养护里程及其在公路总里程中的占比基本逐年增长(图6-7),根据交通运输部数据,截至2019年末,我国公路养护里程达到495.31万km,在公路总里程中占比98.8%,接近100%。从公路养护公共财政支出情况来看,2015~2019年我国公路养护财政支出波动变化,到2019年公路养护公共财

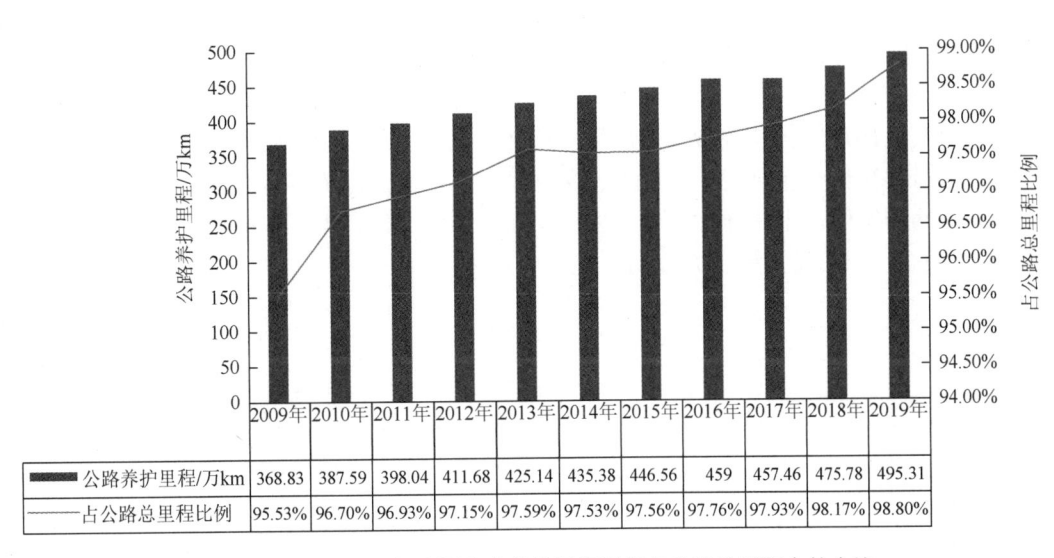

年份	2009年	2010年	2011年	2012年	2013年	2014年	2015年	2016年	2017年	2018年	2019年
公路养护里程/万km	368.83	387.59	398.04	411.68	425.14	435.38	446.56	459	457.46	475.78	495.31
占公路总里程比例	95.53%	96.70%	96.93%	97.15%	97.59%	97.53%	97.56%	97.76%	97.93%	98.17%	98.80%

图6-7 2009~2019年我国公路养护里程及其在公路总里程中的占比

政支出达到 832.98 亿元的历史峰值；从公路养护公共财政支出占全国公路水路运输行业财政总支出的比例来看，2015~2018 年逐年提升，2019 年稍有回落，依然占据 16.4%的比例。

据统计，美国每年卡车运输公司因天气原因造成的交通拥堵损失估计 326 亿辆车小时。在估计的卡车延误总量中，近 12%是由 20 个卡车交通量最大的城市的天气造成的。卡车运输公司每年因天气原因延误的估计费用在 22 亿~35 亿美元不等。

2. 对铁路的影响

铁路是一种跨越不同自然区域的大型线状延伸工程构筑物，具有点多、线长、面广的特点。由于铁路系统具有开放性，在运输过程中极易受到外部因素的干扰，雪灾、雷电等气象灾害的侵袭都会给铁路安全带来严峻挑战。在全球变化背景下，气象灾害呈现频发趋势，气象灾害导致的铁路网络瘫痪对社会、经济造成了巨大影响。例如，1981 年宝成线遭遇洪水，约 20km 的铁路轨道被冲毁，10 余座车站和隧道被淹没，附近多条线路受阻，区域内铁路网络严重瘫痪；2008 年我国遭遇百年难遇的暴雪灾害，致使南方大部分地区铁路服务中断，数十万旅客滞留车站，受灾人口超过 1 亿，因灾直接经济损失高达 1516.5 亿人民币；2018 年 7 月 12 日，受强降雨影响，宝成铁路王家沱至乐素河间连续发生山体崩塌灾害，掩埋线路 100 余米，高 20 余米、宽 6m，造成 29 趟列车停运。近年来，我国铁路运输系统遭受到气象灾害不同程度的攻击，严重威胁社会稳定和人民安全。

3. 对航海的影响

我国可供船舶航行的江、河、湖泊、水库、运河等内河通航水域众多，内河航运发达。据统计，2015 年末，全国内河通航水域航道里程 12.7 万 km，其中，等级航道 6.63 万 km；内河运输船舶 15.25 万艘，内河港口旅客吞吐量 1.04 亿人次，内河运输货运量 34.59 亿 t。不断增强的内河通航能力，特别是长江、珠江、京杭运河等大江大河水上运输能力不断增强，大型港口物流中心不断增加，内河通航水域生产经营活动日益频繁，为优化产业布局、方便人民群众出行及旅游，推进经济社会绿色发展起到了重要作用，但内河航运和水上生产活动受天气影响大，暴风雨、龙卷风、下击暴流、浓雾等气象灾害容易导致水上突发事件的发生。据统计，近十年来，长江干线因大风、大雾等恶劣天气导致的水上交通等级事故达 83 起，死亡失踪 114 人。

4. 对航空的影响

天气原因造成的复飞、备降、返航、延误很多，几乎属于飞行中不可控因素。飞机飞行过程中受天气因素的影响很大，雷雨天气直接威胁飞机飞行安全。

雷雨天气中，分散在积雨云中的下层气流到达地面后会转变成强度较大的阵风，同时还会改变暖空气之间的风向，增加了飞机起飞和着陆的危险性。若降水强度超出标准数值，会导致发动机吸入的水过多，对发动机产生影响，还会出现点火不及时情况，导致发动机熄火。实际上，在飞机着陆过程中发动机熄火概率较大。

雷雨天气的出现与积雨云有关，积雨云内的气流具有垂直流动的特征。不同阶段的气流流动特征不同，气流在发展期上升趋势明显，成熟期上升和下沉流现象并存，而在减弱期以下沉流为主。飞机在高速不均衡的气流中运动，如果下沉气流强度大，则易破坏飞行升力平衡，造成飞机剧烈颠簸，增加飞行员操控难度，引发飞行事故。

积雨云的主要成分是过冷水滴，飞机飞行在大量积雨云中，云中过冷水滴或降水中的过冷雨滴碰到机体后冻结而形成积冰，或水汽直接在机体表面凝华而成积冰。飞机翼面、尾翼面、翼下和翼尖副油箱、螺旋桨等位置易积冰。飞机表面积冰后会使飞机阻力增加，升力和螺旋桨运行效率降低，飞机平衡被打破，引发安全事故。积冰会导致飞机仪表失灵、通信中断等。持续性降水天气，会减少积雨云中过冷水滴量，对飞机飞行影响会随降水天气持续而减少。因地域和季节不同，积冰对飞机飞行影响程度也有很大差异。当然，随着航空技术的发展，飞机的飞行速度及飞行高度的提高，积冰对飞行的危害在一定程度上减小了。但中、低速的飞机仍然在使用，而且高速飞机在低速的起飞着陆阶段也可能产生积冰，这样依旧容易造成严重的危害。

冰雹硬度较大，雷雨云中气流流速大于 20m/s 时，且气流流速不稳定，易出现冰雹。飞机在 0℃等温线附近的冰雹云中时，遭冰雹袭击的概率较大，体积较大冰雹会损坏机身。

6.2.3 气象信息在交通网络中的应用

1. 气象信息在公路中的应用

1）恶劣天气下的自动驾驶

随着汽车自动驾驶技术的发展，探索在恶劣天气条件下自动驾驶汽车的需求、机会和潜在缺点越发重要。因此，十分有必要探讨天气与自动驾驶性能之间的关系，考虑恶劣天气和道路条件如何影响车辆传感器和感知系统，以及驾驶员如何对车辆做出反应进而收回控制权，从而为交通运输机构的运营和维护提供信息参考，并提高开发商和设计师对恶劣天气对自动驾驶运营影响的认识。

2）道路天气信息系统

道路天气信息系统（road weather information system，RWIS）由现场环境传感器站（environment sensor station，ESS）、用于数据传输的通信系统和从众多 ESS 收集现场数据的中央系统组成。这些 ESS 主要沿着干线公路设置，用于测量大气、路面或水位数据情况。中央 RWIS 硬件和软件用于处理来自 ESS 的观测，临近预报，并以易于管理人员解释的格式显示道路天气信息。道路运营商和维护人员使用 RWIS 数据来支持决策。

道路天气信息分为三种类型：大气数据、路面数据和水位数据。大气数据包括气温和湿度、能见度、风速和风向、降水类型和速率、云量、暴雨、雷电、风暴的位置和轨迹，以及空气质量；路面数据包括路面温度、路面冰点、路面状况（如潮湿、结冰、淹水）、路面化学物质浓度和地下状况（如土壤温度）；水位数据包括潮汐水位，道路附近的溪流、河流和湖泊水位等。

为满足多元化用户的业务需求，国家级以及上海、江苏、安徽、湖北等省（直辖市）级气象服务业务部门基于 GIS 技术和交通气象共享数据，各自构建了具有行业特色、满足交通气象服务需求的业务系统。各个系统一般包含公路气象监测、预报预警产品制作和信息发布等部分。

其中，公路气象监测部分可以实现公路气象监测信息（路面温度、能见度、路面状况、降水等）采集、故障监控、要素统计查询、自动报警等功能；预报预警部分具有客观专业模型预报、主观分析和预报订正等功能；信息发布部分可以面向不同服务对象，通过传真、电子邮件、手机客户端等方式，实现服务产品的自动分发。

此外，还有部分地区在考虑区域气象差异和不同行业用户需求的基础上建立了有针对性的、面向不同用户的交通气象服务系统，如满足决策需求的西汉高速公路气象保障服务系统、针对高速公路雾区的高速公路浓雾监测预警系统、面向公众出行的公路交通气象服务系统等。

交通管理人员利用道路预警系统、交互式电话系统和网站向旅行者传播道路天气信息，为他们的决策提供参考。这些信息可以辅助旅行者选择出行方式、出发时间、路线、车辆类型和设备以及驾驶行为。

2. 气象信息在铁路中的应用

1）高速铁路沿线关键气象灾害风险识别及预警

基于气象部门长期观测数据的灾害风险识别。气象部门在全国建有综合的观测系统，尤其是经济发达的区域，基于铁路沿线长期的观测数据可进行风、雨、雪等气象灾害风险识别。

气象灾害预警。通过铁路监测和气象观测数据的融合分析，开展大风、强降水以及极端天气预报预警，融合气象部门相关预报技术和数据，基于铁路和气象部门空间上粗细粒度、时间上长短期数据的结合，提高铁路气象灾害预报的准确性，将灾害监测关口前移，提升灾害预警能力，进一步保障列车运行安全。

2）气象灾害风险识别

气象观测数据时间和空间尺度大，铁路风、雨、雪监测由于监测站点距离线路近，监测时间粒度小，因此，基于铁路监测站点的气象要素监测更能反映铁路沿线的灾害情况。基于高速铁路风、雨、雪监测数据，建立灾害报警时间、空间规律分析模型，开展风、雨、雪灾害时空分布规律分析，结合 GIS 地图，按线路、监测点等维度，以及年、季、月、日、灾害持续时间等粒度研究风雨雪及异物侵限灾害报警时空规律，为灾害规律认知、监测资源布设、区域性灾害报警处置规则的制定和灾害防御等提供决策支撑。

3）高速铁路灾害监测系统运用和维护管理

通过灾害监测大数据分析，分析现场监测设备环境适应性，为设备选型提供依据。通过设备状态数据的挖掘分析，研究设备故障规律、故障处置措施，形成系统运维专家知识库，为系统运维管理提供辅助决策。

（1）设备履历。集成灾害监测设备静态信息、动态信息、检修信息等全过程履历信息，对设备进行全生命周期管理，可提升设备运维能力。

(2) 设备故障分析及预测。通过现场采集设备、监控单元、中心设备、终端、网络等设备状态监测数据、系统维护等数据的挖掘分析，研究设备故障时间、空间分布规律，归纳总结故障原因，开展设备故障预测，使系统维护由"计划修"向"状态修"转变，为工务、电务、信息等部门系统维护提供支撑。

(3) 设备质量评价。集成设备基础信息、设备工作状态监测信息、设备故障信息、设备故障分析结果，结合现场实际环境等信息，综合考量与评估设备质量，形成设备质量评价报告，辅助运营管理人员快速全面掌握设备运行情况，为设备选型、系统运维提供决策支撑。

(4) 设备故障知识库。集成灾害监测设备故障信息，归纳故障原因、故障现象和处置措施，形成设备故障知识库，辅助系统运维管理人员进行故障快速定位和处置。

4）数据共享

根据铁路信息化总体规划，依托铁路数据服务平台，根据铁路综合维修生产管理、动车组管理、运输调度管理、基础设施视频大数据等系统和专业对灾害监测数据的需求，通过接口服务为相关系统提供灾害监测大数据分析成果，在更大的范围内促进高速铁路检测、监测数据的共享互用，发挥数据对运输生产的支撑作用。

3. 气象信息在航海中的应用

1）航线设计

将船舶气象导航应用到航线设计中包含多个步骤：制定航行计划，在航行的过程中严格按照计划航行，航行结束后需及时进行总结，并对评估结果进行多次分析。一旦船舶申请到气象导航，在船舶驶离港口前需要有关气象导航机构根据实际制定出科学有效的航线图，并提前预测可能遇到的风浪，船长则需要在航行过程中将气象导航的优势充分发挥出来，并以此为基础定时做好船舶位置的报告及沿途的观测，每天报告一次即可，以更好地开展水文和气象分析工作。对于气象导航机构来说，可以结合这些信息开展相关分析，对航行线路中可能遇到的天气情况进行全面掌握。为了更好地满足当前需求，需要对航线进行实时调整。针对航线变化不断进行优化，可以进一步增强船舶航行过程中的安全性水平。

一旦船舶运行过程中出现恶劣天气现象，需结合实际对其进行分析，船长需要向气象机构及时报告附近气象和水文变化信息，气象机构根据要求对船长开展专业化的指导，并为其提供科学有效的建议或者意见，船长结合自身能力对航行路线进行选择，以确保船舶可以安全驶离。针对航海过程中的气象预测，导航气象在三天内有极高的准确性，五天内的精准度仍旧较高，七天内气象导航的可靠性会有一定程度的降低，须将其控制在合理范围，以确保气象导航的精确度水平。例如，当前通过气象卫星预测大洋气候变化，实际海况同预测情况之间可能会存在气压、风级等方面的差异，洋流上的情况则恰恰相反，失误率在所难免。因此，在航行中，船长将自身的经验优势充分发挥出来，根据实际做出精准化决定，以确保船舶航行中的安全性水平。

2）航线选定

在船舶航行中，只有为航海人员提供高精准化的数据信息，才能在航行中选择最佳的航线。可以根据天气情况，优先选用天气最佳、航线最短且最安全有效的航线计划，以将航行时间缩短，进而满足实际航海需求。

在航线选择中，气象导航的优势较为明显，气象机构可以根据实际计算出导航航线，并全面分析航行计划，同时还要做好航行中途经海况及天气情况的预报，以对船舶自身的约束条件进行明确，尽快编制与船舶运动性能相关的曲线程序，将实际的线路计算出来，以进一步增强有关资料的精确性水平。船舶航行中，为避免遇到恶劣天气，可以通过变动航线的方式选择最佳的航行线路。需要引起注意的是，由于航线更改后的线路不一定最短，为解决该问题需要准备充足的燃料，还要确保天气状况最佳，以更好地满足当前航行需求。

由于海上航行较为特殊，一旦出现较大的风浪极易损害船体，甚至出现翻船，有很大的安全隐患存在。船长应根据实际制定出省时、安全且方便快捷的航行线路，有意识地避开恶劣天气，以确保船舶稳定运行。提前掌握航线气象情况，在全面分析后，对高空形势变化进行一定的了解，以开展合理化的风暴预测，降低不利因素对航海的负面影响，确保船舶航行过程中的安全性水平。同时，还要对气象导航中的不适情况进行明确，结合实际开展分析工作，提升气象导航的合理性水平，为船舶安全航行奠定坚实基础。

3）跟踪导航

船舶在根据初始航线航行的过程中，需要气象导航机构为其制定出科学合理的航线，同时气象导航机构还要实时监督整个线路航迹，也就是通过监视程序开展导航跟踪，以确保船舶可以根据原定的线路轨迹航行。船舶起航之后，每间隔 12h 需计算一次行位，并记录好对应信息，以对其进行核实，在现有技术的基础上对 24h 航程进行计算，以求出船舶实际位置，并以此为基础将船舶航行速度和平均速度计算出来，最后需要考虑船舶航行过程中受到其他因素的影响，也就是全面分析船舶航行中遇到的天气情况，以确保船舶航行的安全性水平。综合以上数据信息不断优化航线，第一时间调整导航机构最新推断的船舶位置，并预测未来三天内船舶位置，同时还要提前将船舶未来三天天气变化情况预告给船长，以确保船长可以提前做好应对，进而满足航行需求。在船舶航行中，为了有效降低不良环境对船舶航行的影响，需要将各种影响因素考虑进去，并在船舶驶离港口前对船舶航行海域中可能出现的风浪限制进行计算，以约束船舶不走风浪超过限值的航线，确保船舶航行安全，以更好地满足当前航行需求。在航行中，若是天气变化引发风浪，应结合实际情况处理，可以对原有的航线进行改动，尽量选择安全优质的航线，同时还要对航行速度进行更改，以最大限度地避免或者降低不利气象条件对船舶航行的危害，增强航行的稳定性水平。在原有航线及天气情况的基础上，对航线变更进行慎重考虑，在认识到恶劣天气对航行产生危害的同时，还要防止在航线更改后是否会有更为恶劣的天气。根据相关调查数据，当前我国航线变更是推荐航线总数的 10%左右。现阶段，我国的气象科学技术水平还不能完全实现对太平洋或者海上天气的精准化预测，有关气象导航机构针对航线的分析也只是结合详细资料开展的分析，大多是提出建议性的对策，通过相关设备辅助船长安全航行，同时船长还要根据自身的经验教训进行判断，进而找出最优的航线。

4. 气象信息在航空中的应用

1）航空气象服务

航空气象服务，就是指为航空活动提供的气象服务。民用航空气象工作的基本任务是探测、收集、分析、处理气象资料，制作发布航空气象产品，主要为航空公司、空中交通管制部门、机场及其他与航空有关的部门及时、准确地提供民用航空活动所需的气象信息，为飞行安全、正常和效率服务。

航空公司是航空气象服务的重要用户之一。为航空公司提供的气象服务包括信息服务和咨询服务，主要有以下两个方面：一是为航空公司的运行控制部门提供气象信息。运行控制部门根据起飞、降落机场当时的天气情况、未来的天气变化以及航路上的天气状况等气象情报，制定或修改飞行计划，并对燃料的携带、飞机的配载等环节充分考虑气象因素，不仅为飞行安全保驾护航，而且为航空公司带来巨大的经济效益。二是在飞机起飞前，为机组人员提供气象服务。飞机起飞前，机组人员必须了解天气情况，携带飞行气象文件。飞行气象文件包括起飞机场、备降机场及目的地机场的天气报告和预报，航路上的重要天气现象以及高空风和高空温度预报等多种航空气象服务产品。

机场也是航空气象服务的重要用户之一。气象自动观测系统的使用显著提高了机场的运行能力。当机场受到天气的威胁时，航空气象部门将发布机场警报，便于机场管理部门及时掌握气象信息，采取措施，减少大风、冰雹、雷暴等天气对机场大量的场外设施和停场飞机造成的危害，确保机场的正常运行。在沿海地区，当台风出现时，航空气象部门通过各种探测手段监测其移动和变化，及时向机场管理部门发布台风机场警报。而在北方地区，机场气象部门会及时发布大雪机场警报，使机场管理部门得以合理安排除冰雪设备清除跑道和停场飞机的积雪积冰，以减少航班的延误时间。对于空中交通管理而言，准确、及时的气象信息可以帮助管制员更加合理地调配航班，更加合理地使用空域资源，最大限度地保证飞行的安全和效益。空中交通管理人员在实施空中交通管制服务时，也必须对当前的天气状况和未来的天气变化有充分的了解。通过在塔台和终端管制区安装自动观测系统及气象雷达显示终端，向其提供机场地区的温度、气压、风向、风速、跑道视程以及云的分布情况；通过网络向塔台、终端管制区、区域管制中心、运行管理中心提供相应范围的以及各自履行职责所需的航空气象信息。

另外，无论是新航线的开辟，还是新机场的选址建设，也都需要航空气象服务。开辟新航线时，需要充分考虑该航线上盛行风向、对流层顶高度、高空急流等气象因素的影响。充分利用气象资源，选择最经济的飞行高度和航线，不但可以提高飞行安全系数，而且有助于提高航空公司的经济效益。当新建机场，在机场选址、跑道方向确定和飞行程序设计时，都必须充分考虑当地的气象条件，趋利避害，以最大限度地提高机场的利用率。

2）航空气象产品

航空气象产品包括机场天气报告、机场预报、着陆预报、起飞预报、区域预报、航路预报、重要气象情报、低空气象情报、机场警报、风切变警报和航空数值预报产品等。由于气象要素在空间和时间上的多变性、预报技术上的限制性，以及某些要素定义的局限性，预报中任何要素的具体数值可理解为在该预报时段内该要素最可能的值。同样，预报中某一要素出现或变化的时间理解为最可能的时间。气象台发布一个新的预报，意味着自动取消以前所发布的同类的、同一地点、同一有效时段或其中一部分的任何预报。

机场天气报告是机场气象台（站）观测员遵照有关标准编发的天气报告，涉及地面风、能见度、跑道视程、当前天气、云、空气和露点温度与大气压力等气象信息，包括用于航空气象情报交换的电码格式的机场例行天气报告和特殊天气报告，还包括提供给本机场内用户使用的英文简语格式的航空天气报告和特殊天气报告。其中，机场例行天气报告是在整点或者半点采集数据后立即发布的，机场特殊天气报告是当天气达到机场特殊天气报告标准时发布的。

机场预报是机场气象台在特定的时间发布的，以该机场跑道中心点为中心，以 50km 为半径的范围内特定时段预期气象情况的简要说明，基本通常包括地面风、能见度、天气现象、云和在有效时段内一个或多个上述气象要素预期的重要变化；需要时也可包括气温的预期状况，即有效时段内预期的最高/最低气温及预期出现的时间。目前我国发布的机场预报有 9h 预报和 24h 预报，9h 预报每隔 3h 发布一次，24h 预报每隔 6h 发布一次。国际上从 2009 年已开始发布 30h 的机场预报，我国保留差异。

着陆预报采取趋势预报形式发布。趋势预报由机场天气报告（本场例行天气报告或特殊天气报告、电码格式的例行天气报告或特殊天气报告）附带的该机场气象情况预期趋势的简要说明组成，有时段为 2h，起始时间为附带该趋势预报的天气报告时间。趋势预报要指明地面风、能见度、天气现象和云等要素中一个或几个的重大变化，只有预期有重大变化的要素才列入。当云有重大变化时，要表明所有的云组，包括预期没有变化的云层或云块。当能见度有重大变化时，要表明引起能见度降低的天气现象。当预期没有变化发生时，应使用"NOSIG"表明。

起飞预报描述一个特定时段的预期情况，它包含跑道综合区的预期的地面风向和风速及其变化、气温、修正海平面气压高度（query normal height，QNH）以及气象部门与航空营运人之间协定的任何其他要素的情况。目前我国还没有要求机场气象台发布起飞预报。

区域预报和航路预报分别是对特定的区域/空域和航路的特定气象要素的预报，通常包含高空风和高空大气温度、航路上重要天气现象及与之结合的云。其他要素可根据需要增加，区域预报和航路预报要覆盖所需飞行的时间和空间范围。区域预报产品包括高空风/温度预告图、重要天气预告图和低空飞行的区域预报。

机场警报是对可能严重影响地面的航空器和机场设备、设施安全的气象情况的简要说明。机场警报包括出现或预期出现的下列天气现象：热带气旋（机场 10min 平均地面风速预期达到或超过 17m/s）；雷暴；冰雹；雪（包括预期的或观测到的积雪）；冻降水；霜冰或雾凇；沙暴；尘暴；扬沙或扬尘；强地面风和阵风；飑；霜；火山灰；海啸；气象部门和用户协定的其他天气现象。发布机场警报的定量标准由气象部门和用户协定。当所涉及的天气现象不再出现或预期不再出现时，要取消相应的机场警报。

风切变警报是对观测到的或预期出现的风切变作简要说明，即对可能严重影响跑道面与其上空 500m 之间的进近航径上、起飞航径上或盘旋进近期间的航空器，以及在跑道上处于着陆滑跑或起飞滑跑阶段的航空器的风切变作简要说明。因地形产生高度超过跑道上空 500m 的有重要影响的风切变,则不受 500m 的限制。风切变警报可作为补充情报包括在本场例行天气报告或特殊天气报告、电码格式的例行天气报告或特殊天气报告中。

重要气象情报由国际航空气象监视台发布,是对有关预报区域内发生或预期发生的可能影响航空器飞行安全的特定航路天气现象在时间和空间上的发展作的简要说明。重要气象情报包含的基本内容是:雷暴、热带气旋、严重的山地波、强沙暴、严重颠簸、积冰、强尘暴及火山灰。每一份重要气象情报只能包含其中任一种现象。重要气象情报的有效时段不超过 4h,有关火山灰云和热带气旋的重要气象情报的有效时段延长到 6h。重要气象情报在有效时段开始前的 4h 内发布。有关火山灰云和热带气旋的重要气象情报,在有效时段开始前的 12h 内尽早发布。火山灰云和热带气旋的重要气象情报最少每 6h 更新一次。

低空气象情报是国际航空气象监视台发布的可能影响航空器低空飞行安全的特定预报区域内天气现象的发生或预期发生的情报,该情报中的天气现象未包含在为有关的飞行情报区(或其分区)的低空飞行发布的预报中。低空气象情报应使用缩写明语编制,内容包括低于飞行高度层(flight level,FL)100(在山区为 FL150)出现或预期出现的影响飞行的天气现象之一,包括大范围的大于 17m/s 地面平均风速、能见度、雷暴、山地状况不明、云况、中度积冰、中度颠簸及中度的山地波。低空气象情报的有效时段应不超过 4h。

6.2.4 交通部门气象环境实时监测系统

为了给公众提供准确的交通气象信息,减少交通延误以及恶劣天气引发的交通事故,同时加强交通系统的弹性,气象部门需要与交通部门加强合作,建立科学高效的交通气象信息预报,获取全面的航空和公路气象信息,并开展公路和航空交通气象监测预报预警服务工作。

1. 高速公路气象监测预警系统

高速公路气象监测预警系统充分利用现代科学技术,专门为交通和天气监测服务而设计。该系统通过测量能见度、地表状况(路面温度、流体深度、冰层等)和相关的基本气象参数(温度、湿度、降水、风向、风速、压力等),及时检测各路段和关键点的各种异常交通环境因素和气象状况,然后将数据传输至公路气象灾害预警站,为气象监测服务和交通管制部门提供实时决策科学依据,天气预警信息发送到路面信息显示,从而为高速公路上的驾驶员提供实时气象信息和服务。

实践证明,将该系统应用到高速公路道路监测工作中,不仅为气象监测部门提供了更加专业的监测数据,而且提高了交通管理部门的应对能力。这保障了应对突发天气情况(如大雪、大雾、暴风雪等)时决策的准确性,有利于进一步提高道路交通安全。

根据高速公路的需要,公路气象监测预警系统包括公路气象环境监测系统、公路气象灾害预警和传播系统与公路气象、环境和灾害预警中心。公路气象环境监测系统主要包括各种气象类型要素监测自动站、高速公路沿线外部气象站数据网络、天气预报信息输入，公路气象灾害预警和传播系统主要包括道路电子警示牌和公共媒体发布渠道，公路气象、环境和灾害预警中心是整个系统数据接收和发布的控制中心。

公路气象信息监测站不仅能准确及时地监测道路环境状况，还与其他监测子系统相结合，形成智能交通保护网络系统，可自动监测能见度、路况、风向、风速、温度、湿度、降水等要素。

高速公路气象信息监测站特点为：①数据自动采集、传输和监测，长期无人值守。②可在各种恶劣环境下长期稳定运行。③雾、冰、雪等所有物品均可实时监控。④采集处理核心单元采用具有国际先进水平的实时多任务嵌入式系统，可实现多种功能，并可根据要求定制。⑤系统精度高，可靠性好，智能化程度高，灵活性强。

高速公路气象监测预警系统的观测要素为能见度、路面等环境参数，可根据需要选择温度、湿度、风、雨等气象参数。连接方式包括模拟信号、数字信号、串口等多种接入方式。电源匹配为提供交、直流等多种供电方式。通信方式包含可配备目前各种类型的通信接入设备，为有线、无线等通信方式提供良好的接口[24]。

2. 基于北斗卫星导航系统强化航空实时气象监测和灾害预警

民航气象业务是通过航空气象技术探测来处理和发布航空气象信息的过程，它专门为空中管制空域和机场服务，采用连接气象数据服务终端来方便快捷地查询气象资料，包括数据库及卫星传真广播接收系统下行的所有资料及本场探测等资料。

近年来，随着民航对气象观测自动站和气象雷达建设投入的逐渐增加，气象观测数据在短时间内暴增，使气象数据信息传输的稳定性受到严重影响，而气象条件对飞行安全有着直接的影响，对航空运输业的营运效益起到了不可代替的作用。为提高气象领域对飞行航线上瞬息万变的气象监测水平，提升实时天气预报的准确性，可以将"北斗"卫星导航系统应用于民航气象领域，这对未来我国航空运输业发展的有效性、安全性、灵活性以及技术独立性提出了更高的要求。

由于"北斗"卫星导航系统具有导航、通信、定位和授时四大功能，因此可以不受地形、地域和环境的限制，在多区域、复杂气象等条件下均可稳定实现对飞机飞行的实时监控，成功解决了飞机在飞行过程中"看不着，叫不到"的问题，有效提升了安全水平。而且该系统充分利用"北斗"卫星的通信功能来进行气象数据的通信传输，可以使常规通信手段难以覆盖的区域及时获取气象预警信息，对降低气象灾害发生带来的经济损失和人员伤亡具有重要的作用，极大地提升了我国气象预报的有效性。同时，基于"北斗"卫星导航系统可以快速及时地对飞机飞行航线区域内的实时气象数据信息进行监测，使飞行员在飞行过程中详细了解飞行航线高度上将遇到的天气情况，从而及时采取必要措施来保证飞行安全。将"北斗"卫星导航系统运用到民航气象数据传输中，既可以弥补现有气象信息传输方式的缺陷，又可以保障气象信息传输系统的可靠性、及时性和安全性，经济投入少、可操作性强，使得气象实时监测和灾害预警的功能得到了强化。

另外，运用"北斗"卫星导航系统后，气象测风的精确性也得到大幅提升，而且随着时间的推移以及科学技术水平的再一次飞跃,"北斗"卫星导航系统将变得更加完善,性能也更加优越,其应用于高空气象探测时将会具有更加出色的表现。

"北斗"卫星导航系统应用在监测地面水汽电离层领域,可以使我国在这一领域实现全新的突破。"北斗"卫星导航系统更加贴合我国的具体业务需求,省去了其他系统应用在监测地面水汽电离层中的"磨合"时间,同时相关工作人员对系统的各项结构组成、功能性能等更为熟悉,因此可以在短时间内完成设备仪器的维修和检测工作,不必再花费大量资金向国外购买设备及其零部件,从而在有效控制经济成本的同时,能够以更加高效的方式完成设备的维修养护工作,进而更好地完成监测地面水汽电离层的工作。

除此之外,"北斗"反射信号可以用于海风、海浪等探测工作,且其具有成本低廉、污染较少、功耗较低等优势特性,加之利用"北斗"反射信号进行测量,几乎不会受到时间、空间等限制,同时其在精确度方面也有着较好的保障,因此"北斗"用于海洋气象观测,能够帮助相关工作人员高效、精确地获取大量至关重要的海洋气象数据。而使用"北斗"卫星导航系统,利用其反射信号进行测量时,也并不需要花费过多的维修和养护成本,因此其不仅可以用于海风、海浪等海洋气象观测,也可应用于其他领域中,为我国气象等行业的长久稳定发展奠定重要基础。

6.3 气象信息在农林牧渔业的应用

气象信息在农林牧渔业发挥着重要作用,其与农林牧渔业生产之间有着密切的联系。相关行业者可充分利用现代气象信息预测技术,有针对性地对各自领域内存在的问题做出相应的应对措施,从而最大限度地利用气象信息提高农林牧渔业的产量及经济效益。

农业作为国民经济的基础,在经济建设中具有不可替代性,并对各方面生产有着重大影响。让农业优先发展,除了政策、资金以及种植技术等方面的支持以外,气象条件的掌握也是尤为重要的一环。近年来,各种极端天气呈现出增多的趋势,如2019年上半年降水持续偏多,下半年旱情持续发展,给生态农业的生产建设带来了诸多不利影响。通过对区域生态农业气象的研究,并根据实际情况适时调整农业结构,种植适合当地气候条件的农作物,以此来提高农产品的产量及品质[25]。

林木生长所必需的光照、降水、风等要素以及森林气象灾害的发生都与当地的气象条件有着十分密切的联系。各地的林业管理部门一定要从当地的气象条件出发,因地制宜,发挥气象条件的有利优势,服务当地的林业生产[26]。

我国幅员辽阔,青藏高原、新疆、内蒙古等草原地区以及四川、云南等山区地形复杂、气候多变,伴随的气象灾害也较为频繁,主要有干旱、雪灾、风灾、冰雹、雷暴等,是引起畜群掉膘、感染疫病、遭受损失的重要原因。特别是部分畜牧生产目前及今后很长一段时期还不能完全实现机械化、集约化、现代化,放牧饲养受气象条件的影响很大。对依靠天然草场粗放经营为主的草原牧业区,气象灾害造成的损失更为严重。因此,要充分认识和掌握灾害性天气的发生、发展规律,趋利避害,把气象灾害对畜牧业生产的影响降至最低限度[27]。

气候变化可以通过多种方式影响渔业。水温、降水、风速、波浪作用和水位上升等水文变量的变化与海洋和淡水生态系统的平衡以及鱼类种群的生存密切相关，因此直接影响依靠这些生态系统生存的人。极端天气事件也可能扰乱捕鱼作业和陆地基础设施。海洋捕捞生产的丰歉，受到诸多因素的牵制，如海洋资源、渔具渔法、渔场渔期、天气、海况、通信设备等。海洋气象与渔业生产有着密切的关系，其直接关系捕捞生产的经济效益以及渔船生产的安全。

6.3.1 农林牧渔业对气象信息的需求

1. 农业对气象信息的需求

自古以来，气象信息对农业产生的极大影响在谚语俗语中都有体现，如"天上鱼鳞斑，晒谷不用翻""瑞雪兆丰年""寒九湿三春，菜麦勿生根"等。农业是人们赖以生存的重要产业，而农作物的生长依赖于自然环境。近年来各地气象灾害频发，尤其农业，极易遭受高温、干旱、大风、暴雨等恶劣天气的侵袭和影响。现代农业生产和气象条件的依存关系越来越密切。

一个农业生产者在一年内做出的生产和销售决策往往受限于天气条件。气象信息在农业决策中的应用如表 6-7 所示[28]。

表 6-7　气象信息在农业决策中的应用

天气信息类型	农业决策
温度	种植、收获、落叶、作物建模、疾病风险、庇护所动物、害虫防治、剪羊毛
降水	种植、收割、施肥、喷洒、灌溉、疾病风险、畜禽保护
土壤水分	种植、收割、施肥、移栽、喷洒、灌溉、监测生长条件、测量植物压力
土壤温度	种植、虫害越冬条件、移栽、施肥
霜冻	虫害越冬条件，保护作物免受损害，动物庇护，灌溉（避免作物损害）
温度日数	种植、灌溉、病虫害防治
相对湿度	收获、授粉、喷洒、干燥条件、作物胁迫潜力
风速	落叶、收获、冻结潜力/保护、动物庇护、庇护所、害虫防治、修剪、喷洒或除尘、授粉、灰尘飘移、杀虫剂飘移
风向	冻结可能性/保护、冷或暖空气在作物区域的平流、农药飘移、灰尘飘移

虽然如今有许多科技手段可以营造人工环境让农业在一定程度上脱离自然环境，但我国绝大部分地区，尤其是农村地区的农业依然要依靠自然环境发展。因此，气象信息关系农业发展的命脉，合理利用气象信息为农业服务可有效避免自然灾害带来的损失，达到增产增收的目的[29]。气象服务对农业经济具有促进作用[30]，具体如下。

（1）为农业经济提供充足的技术保证，有助于地区农业应对一些极端灾害天气（高温、干旱、洪涝、寒潮、霜冻等），提前做好各项防灾准备。天气的异常变化极大地影响了农作物生长，因此灾害预警工作尤为必要。灾害预警最需要的是干旱预警。由于温度升高，出现严重的旱情。解决这一问题，农民必须做好抗旱工作，而且越早准备，越可以降低损失。利用气象信息服务,了解近期的天气状况形势,使农民可以有更加充分的准备。此外,还可以利用气象信息适当选择人工降雨时机,降低旱灾给农业经济带来的损失。霜冻、大风等同样对农业生产有着重大影响,所以在发展农业的过程中需要气象服务。

(2)为农作物的选择、种植以及收获提供了有力保障。在农业经济发展过程中,气象服务提供春播、秋收气象服务专报,月、季、年气候预测。特别是当前农业已经从传统的粮食作物生产升级到经济作物的种植,准确的气象服务,可为地区农业生产提供及时有效的信息,从而使农业经济收入增加。

(3)在农业病虫害、洪涝、干旱等自然灾害面前,要有效地利用气象服务信息做出及时有效的应对措施。确保该地区的广大农民能够第一时间掌握相关气象信息,并使其根据天气情况的变化,实现对农业生产活动更为科学、合理的规划。近年来,人类对自然资源的过度开发,使得自然灾害的发生越来越频繁。在雨季出现强降雨的情况也越来越多,利用气象服务信息,可以使汛情信息及时传送到各个地区。农民在获得汛情信息后便可以及时做出相应的准备。

(4)利用卫星遥感和地面农业气象观测数据提供降水、气温、风力、地温、土壤墒情、干旱程度、作物长势等农业气象监测和预测信息,并分析气象条件利弊,为农业生产管理提供科学依据。

(5)及时准确的冰雹预报,可有效减少冰雹对农业生产所造成的危害。冰雹是强对流天气的一种,对农业生产造成的影响十分严重。利用卫星云图以及天气雷达测量的数据信息,如温度、云高、厚度等可对雹云进行判别。通过飞机、高炮、火箭等人工影响天气作业方式组织人工降雨和人工防雹,可有效避免地区雹灾的发生。准确的天气预报信息能够减少雹灾对地区农业发展的影响,保证农作物的健康生产,从而提高农民的收入。

(6)提供对生态变化的监测结果及与生态有关的气候环境变化资料和气候论证,为生态环境建设提供基础依据[31]。

(7)将气象信息与农业信息有机结合。随着信息技术的发展,气象信息服务的传播渠道越来越广。网络系统拓宽了气象信息服务业务,使农民可以及早掌握气象灾害信息,做好相应的应对措施。气象信息服务同时还普及防旱、防洪、防雷的知识,以此提高农业的综合素质与技术水平,从而大大提高农业生产总量[32]。

2. 林业对气象信息的需求

林业是我国国民经济的重要组成部分。由于我国森林资源匮乏,林业的发展显得尤为重要。林木的健康生长主要与温度、光照、降水及风速等气象条件息息相关,林业生产十分需要气象条件的保障。因此,了解气象信息能为林业做出多大贡献以及如何改进服务才能为林业做出更大贡献,都需要以了解林业对气象信息的需求为前提。

气象条件制约着林木的生长发育,同时也是影响林业有害生物的重要因素。树木的发展、生长和收获的每个阶段在很大程度上都受天气和气候的控制。新森林的建立,无论是通过种植,还是通过自然方式,一方面取决于天气事件与土壤条件相互作用的适当顺序，另一方面取决于植物的种子或者幼苗。随着幼林的生长，植物病害、昆虫病害以及破坏性森林火灾的发生都取决于天气和气候[33]。此外，当林木最终收获时，雨水或积雪可能会降低砍伐和移除农作物树木的效率。对天气的了解有助于林农更好地去管理林木，实时天气数据可以输入专家系统、管理模型或简单的应用程序中，以支持林农的决策。

1）林业生长所需要的基本气象条件

林木生长对气象条件的基本要求与许多气象要素密切相关，但最主要的是温度、降水、光照和风速[26]。

（1）温度。

不同地域的树木对气温有不同的要求，同一地区，不同树木对气温的要求差别也非常大。地球上森林资源植被的组成和分布与温度有着很大的联系。根据积温和最低温度的不同，可以划分不同的热量带，各个热量带都有其适合生长的树种类型。自然植被在全球的分布，大概呈现出相对明显的纬度地带性与垂直地带性。由热带（或低海拔）的多种树种的组成逐渐变为寒带（高海拔）的单纯树种植被的高度界线，从低纬度的高海拔地带向高纬度的低海拔地带有规律地降低。因此，在不同的热量带，应该根据当地的温度种植合适的树木。例如，全年温度都比较高的广州、福建等地，就不适合种植适合在北方生长的植被，北方大部分地区属于温带，适合种植杨树、柳树、榆树等。

霜冻和低温冷害除了对农作物有一定的危害以外，最主要的是会对苗木造成严重灾害。经过实际观测可知苗木最易受三种危害，即冰冻害、霜冻害、低温冷害。在日出前一段时间地表气温出现负值，地面温度下降到-40℃左右时，土壤发生冻结现象。冻土层超过15cm时，造成苗木植株体内液体冻结，体积膨大，茎、叶组织破坏，失去输导功能，甚至死亡的现象称为冰冻害。发生在地面以上，茎叶部位所受的冻害称为黑霜害，其原因是树木幼苗期，夜间出现霜冻情况时，地面温度较低，在-25℃以下，持续1.5h以上，地面上部的嫩茎叶的细胞受冻会原生质外溢，导致叶子发黄死亡。如果地面温度为-20℃左右，地面物体有水汽凝结的现象称为霜，其持续时间短，且使苗木致伤后还能逐渐恢复生长，这种现象称为霜冻害。地面温度大于或等于-15℃时，地面有轻霜，对苗木没有太大的伤害，但会使苗木生长不良，这种危害称为低温冷害。文献[34]研究结果表明，早霜到来的早晚与秋季降水有一定的关系。秋季降水量大，湿土冻结时要放出凝固潜热，而潮湿土壤的导热性良好，会使土壤降温缓慢，导致初霜期到来得晚。如果秋季降水量小，地下水位下降，出现相反的变化，初霜到来得早。晚霜结束的早晚与秋季降水量、冻土深浅有一定的关系。准确的霜冻预报和防范措施是关系林业工程能否顺利实施的一个重要环节。

暖冬会对林业生产造成影响，其中最主要的是发生多种林木病虫害[35]。有害昆虫在树木的干皮、枝、枯落物及土壤中产卵，暖冬会使提高虫卵的冬季成活率，并且使孵化期、繁殖期提前，从而加重害虫对森林的危害。例如，1987年冬季我国气温偏高，多数地区气温高于正常年份1℃以上，使得各种树木病虫害越冬基数增大，导致夏秋病虫害异常严重。大袋蛾虫越冬成活率一般只有1%，但该年冬季成活率却高达30%。在次年7月中旬以后，泡桐大袋蛾泛滥成灾，泡桐集中产区普遍受害，大片林区的树叶被大袋蛾幼虫吃光，部分小树病虫害严重到干枯死亡。这次暖冬现象给林业生产带来较大损失。此外，冬季温度高还会导致林牧区发生旱情，进而造成森林火灾和牧区"黑灾"（牧草生长不良），在我国的东北林区和新疆、内蒙古的牧区这种情况时有发生。

（2）降水。

树种可分为湿生型树种和旱生型树种，二者对降水和空气湿度的要求有十分明显的差异。旱生型树种对空气湿度的要求较低，湿生型树种则要求较高，需要达到80%左右。总体上说，森林经常分布在降水较多、水分充足的地区。林木生长要求当地的降水量必须大于林木生长的蒸腾量。这里讲的降水主要是指当地全年的降水量，相对于此，降水的季节分布不是十分重要。水分一般会储存在土壤中且由于水分具有淋溶作用，森林的土壤一般呈现偏酸性。

（3）光照。

光照强度、光照时间长短和当地的纬度分布、海拔有着十分密切的关系。因此，各地的树木也必须适应当地的光照。一般情况下，有些树木较耐阴，有些树木喜光。山区的树木处于低海拔的较为耐阴，处于高海拔的表现为较喜光。在一种树种的分布区内，一般都是位于分布区南端的树木较为耐阴，位于分布区北端的树木较为喜光。不同的树种适应不同的日照时间，位于高纬度的树木对日照时间的敏感度非常高，在低纬度的树木则恰恰相反。根据树种的耐阴程度，可以把树种大致分成三大类：第一是阳性树种，常见的阳性树种有马尾松、白桦、落叶松等，阳性树种最不耐阴，只有在全光照条件下才能够正常生长；第二是阴性树种，常见的阴性树种包括杉木、毛竹、云杉等，阴性树种非常耐阴，在庇阴的条件下，光合作用可以正常发挥，树木可以正常生长，而如果阳光达到了一定的强度，植物的光合作用反而下降；第三是中性树种，常见的中性树种有红松、水曲柳等。

（4）风速。

风速的大小和树木的蒸腾作用有十分密切的关系，一般情况下，当地的风力越强，树木的蒸腾量就越大。如果风速过大过强的话，树木的耗水量会极大地增多，如果耗水量超过了树木自身的存储量，树木叶子的气孔便会自动关闭。据观测，如果当地的风速在 10m/s 左右时，树木的蒸腾作用会比原来增加三倍左右。特别是冬季风对树木的危害作用极大，冬季风主要是干风，并且风速很大。

2）林业生产遇到的主要气象灾害以及防御措施

林业气象灾害风险区划的基本思路如图6-8所示。做好林地气象灾害的预测和应对工作对于林业的正常生产是十分重要的。现阶段林业气象灾害主要有两个：一是森林火灾；二是森林的病虫害。

（1）森林火灾。

森林火灾大部分是自然灾害，不可能完全避免，但是对于自然原因引起的森林火灾，经过长期的研究，发现它同自然环境有着密切的联系。作为世界上造成影响最严重的自然灾害之一，森林火灾对林业生产的破坏巨大。在全球范围内，每年林地被烧面积高达几百万公顷。1987年发生在我国大兴安岭的特大森林火灾，烧毁了大面积的林地，受灾群众达 5 万人之多。影响森林火灾的气象要素有温度、湿度、风速、风向、太阳辐射强度以及可燃物的厚度和湿度、植被的种类等。准确掌握这些与森林火灾有关的环境参数,将对森林火灾的预防起到积极作用[36]。

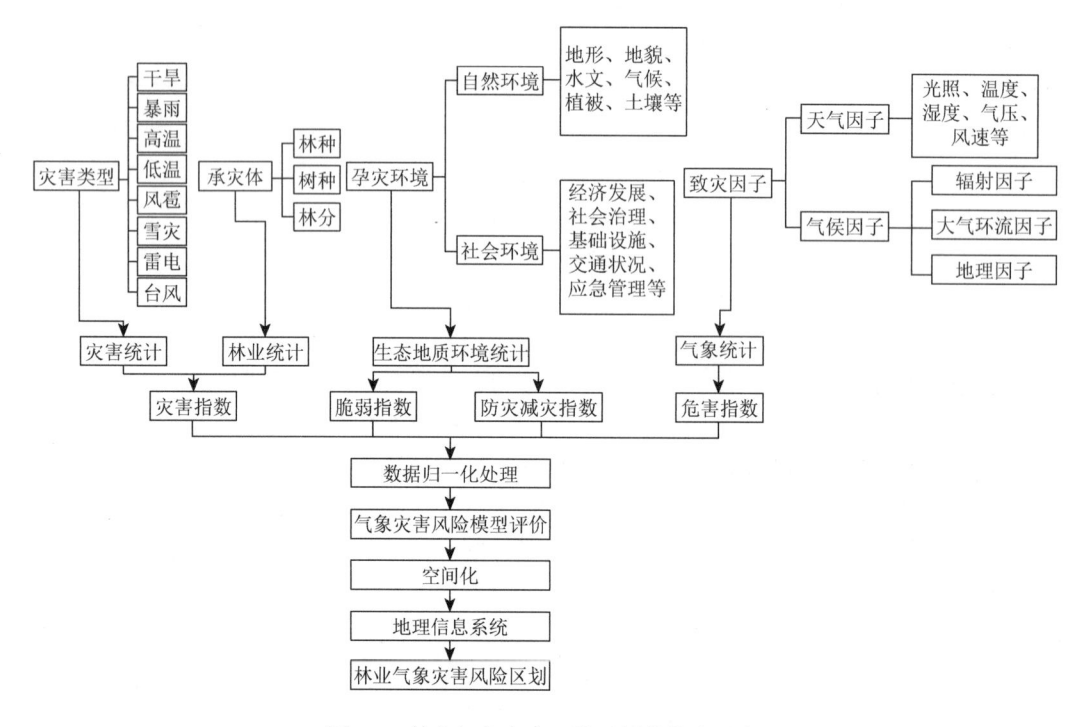

图 6-8 林业气象灾害风险区划的基本思路

自然的温度、湿度,一般不会引起森林火灾。一般情况下,如果只是高温没有降水的话,森林火险等级就会非常快地升高,森林就极易发生火灾。如果林地有充足的降水,林地的易燃物就会吸满水分,因此,它的可燃性就会降低。林地的湿度对森林火灾的发生也有重要影响,湿度越大,越不容易发生火灾。即使林地长时间内没有降水,但在当地湿度达到 80%时,火灾也不易发生。但是,湿度的高低不是发生火灾的充分条件,如果温度和湿度都较低,火灾也不会发生。

文献[36]的研究表明,日最高气温、日均气温、日最小相对湿度、细小可燃物湿度码(fine fuel moisture code,FFMC)和干旱码(drought code,DC)是影响林火发生的主要气象因子。相对湿度在很大程度上可影响林内活可燃物的蒸腾速率和枯死可燃物的含水率变化,对林火的发生影响较大,而气温的变化则可直接影响林内相对湿度的变化,气温的升高可加速枯死可燃物内部水分的蒸发,从而降低其着火点。此外,研究显示 FFMC、DC 也与林火的发生具有显著相关性。

防御措施:第一,防患于未然。加大对森林火灾危害的宣传力度,普及防御火灾知识,特别是在春秋季节,因为这两个季节是森林火灾的多发季节,要提高林地群众的防火意识,保护林地生产和居民的人身安全。第二,科学指挥森林火灾的扑救工作。要尽早发现,及时准备救火工作,科学合理地组织救火工作人员,尽可能早地完成救火工作,把损失降到最低。第三，利用信息技术的优势，加大对森林火灾防控体系的科技投入，做到及早发现，尽早报告，及时组织人力、物力开展扑救工作。

（2）森林的病虫害。

林业有害生物（森林病虫害）是林业生产中极具破坏性的生物自然灾害。据报道，林业有害生物发生面积每年超过 1.78 亿亩，约占乔木林灾害面积的 50%，年均造成死树 4000 多万株，年均经济损失和生态服务价值损失超过 1100 亿元。林业有害生物灾害每年造成的经济损失是森林火灾的 214 倍[37]。病虫害是林木生长过程中最常见的一种"无烟"灾害，其发生、发展和传播同样与当地气候及气象条件息息相关。气候条件是森林虫害发生或流行的主要控制因子。文献[38]的研究结果表明：天气因素主要影响有害生物的传播和种群建立，其中风加速了它们的传播，卵和若虫随着当地盛行风向从它们的滋生地被运送到至少 1km 以外；夏季（冬季）的极端高（低）温则影响着它们种群的建立和分布的范围；大雨会把卵和若虫从其寄主身上冲刷掉，从而会减小它们的丰度。此外，每年的春季害鼠大量繁殖，对幼林及新植林木等也带来不利影响。

防御措施：一是选育栽植抗虫性优良树种；二是增加生物多样性，改善林地生态环境；三是科学使用物理、生物防治措施。最重要的是，加强气象预测，综合分析天气气候趋势，以此判断食叶害虫危害期，提醒有关部门和林农提前做好应急防控各项准备工作，最大限度地减少灾害损失[39]。

3. 畜牧业对气象信息的需求

开发畜牧业，首先要了解一年四季草地的生长情况和草地对牲畜的最大承载量。其次，还要注意季节更替对牲畜生长发育的影响，如怎样减少流感、瘟疫等。这一切都需要气象部门提供气象参数，提前制定应急预案，以减少牧民的经济损失。

气象因素直接和间接作用于家畜机体，致使畜牧业生产呈现明显的季节性变化，在一定程度上给畜牧业的正常生产与季节性的均衡生产带来不利的影响。我国牧区家畜每年冬季由于天寒草枯冻饿致死的有 300 万～500 万头，活下来的家畜体重也会下降 1/3。我国南方地区在夏秋季节经常出现高温高湿气候，致使家畜的采食量和生产性能下降，发病率、死亡率增加，损失很大。这就促使畜牧气象的研究十分必要和重要。

气象因素是家畜生态环境中重要的物理因素之一。气象因素不仅直接作用于家畜的机体，并且通过饲料直接或间接影响家畜的生长发育、繁殖机能和生产性能。与此同时，家畜疾病的发生、发展和消亡的过程，也与气象因素密切相关。

4. 渔业对气象信息的需求

渔业生产与气象气候条件密切相关，了解天气和气候对渔业企业的各级管理至关重要。以肯尼亚的维多利亚湖的渔民为例[40]，通过对在维多利亚湖作业的渔民的天气信息需求进行实地调查可知，每年有 3000～5000 人死于维多利亚湖。其中一些事故是天气造成的，强风和伴随的巨浪将小型渔船和超载的载客船只掀翻。因此，气象信息应用于渔业，必将对渔业产生深远的影响。

虽然一些装有冰箱的大型船只可以出海捕鱼数天，但维多利亚湖上的大多数渔民每次出海不到12h。渔船由帆、桨或舷外发动机推动。那些使用风帆的人利用了湖面上的微风，这种微风是由湖面和地面之间的温差（和合成气压）驱动的。一旦风向随着陆上微风的发展发生改变，人们就会在下午早些时候返回。

白天，他们主要是捕尼罗河鲈鱼，而晚上，渔民们用灯光吸引小的"银色"鱼浮出水面。这些灯要么由电池供电，要么由煤油提供燃料；前者较轻，因此容易被海浪或强风掀翻，而后者则不能在大雨中使用。

天气对渔民作业有着重大影响。当船只到达岸边时，需要晴朗的天气来干燥进而进行其他作业，如船只和设备的维护。最后，渔民捕获物需要运输到市场，主要是通过公路运输，一旦遇上大雨土路便无法通行。

需要为渔民提供的天气信息主要包括：

（1）天气参数，如风速和风向等。
（2）语言偏好，需要使用哪些当地语言和术语来帮助渔民理解。
（3）信息格式，信息的呈现方式。
（4）传播媒体，传输和接收天气信息的选项。
（5）时间安排，用户需要信息的时间。
（6）持续时间，天气情况会持续多长时间。

极端气象预警服务可向渔民发送天气预警信息，渔民收到警告后可采取相应的行动，以减少或避免过大损失，拯救生命，从而改善渔民的生计[41]。

6.3.2 气象信息对农业的影响分析

天气对农业有重大影响[42]，适宜的水分、温度和阳光农作物才能茁壮成长。有四个主要的农业领域受气象因素影响严重。

1. 灌溉

农作物生长需要适宜的水分、光照和温度。准确且实时的天气预报信息可以帮助农民更好地了解和跟踪作物的生长状况，从而做出正确的决策，如是否灌溉、何时灌溉以及灌溉多少。农民可以依靠准确的降水量预报，节省灌溉成本。如果对一段时期内的预期降水量有一个很好的了解，并灌溉到足以让作物茁壮成长的程度，可最大限度地提高作物产量。

2. 施肥

农民必须做出的许多决定之一是确定适当的施肥时间，以及施肥量和施肥形式。如果因天气原因而被误用可能会造成较大经济损失。天气预报可以用来确保肥料在适当的条件下施用，使肥料充分进入土壤，避免造成资源和金钱浪费。

3. 病虫害防治

特定的天气条件会促进病虫害的发展和生长，从而对农作物生长造成不利影响。纳入病虫害建模的预测指南有助于农民决定是否以及何时对病虫害加以控制。风力预报对做出决定也发挥了作用,因为当风力条件不易导致喷洒的化学物质偏离目标时,必须使用作物喷粉机,即从上方向植物喷洒杀菌或杀虫化学物质的飞机。

4. 收获

农作物成熟时,需要根据天气状况选择合适的时机收获作物。不管是机器作业还是人工作业,不良的天气条件,只会给人增加麻烦。准确的田间天气信息可以帮助农民评估农田的可利用性,提高收获作业效率。

6.3.3 气象信息对林业的影响分析

森林通过自身的光合作用,每年可吸收大量的二氧化碳,它在地球表层碳循环和碳平衡中起关键的作用。森林生态系统是陆地最重要的生态系统,在生态文明建设中扮演着重要角色。作为陆地生态系统主体之一,森林不仅经常遭受病虫害、干旱、洪水、污染等灾害的危害,同时也是自然界火灾发生的最初场所之一。这对林业生产和发展都产生了重大的影响。研究表明[43],气象信息,如温度、相对湿度、降水量、风速等与森林火灾之间存在密切的关系。同时,全球各地的生态系统都受到气候变暖的影响。气候变暖引起的森林生态系统变化将严重影响人类的生存与发展[44]。

植被可促进土壤、大气和水分间的"沟通交流",是检测和研究全球生态系统变化的一张"晴雨表",在陆地生态系统中扮演着重要角色。植被生长与气温、降水等气候因子具有密切相关性。气候变化及其所导致的各类灾害天气对植被生长有着重要作用[45]。许多学者认为气候变化对林业有害生物有下列影响:改变有害生物的发育期;改变有害生物分布区域和暴发频率;改变林业有害生物与天敌的关系;导致生物多样性降低[46]。

文献[47]的研究表明,黑龙江省的林业害虫发生总面积与年平均温度呈显著正相关,年平均温度是影响林业害虫发生面积的主要气候因子,随着黑龙江省年均气温的升高,其害虫的发生面积将不断增加,年平均气温每升高1℃,林业害虫的发生面积将增加8万hm^2以上。林业害虫发生总面积与年降水量呈显著负相关,年降水量对林业害虫的发生面积具有显著影响,随年降水量的增加林业害虫的发生面积减少,年降水量每减少10mm,林业害虫的发生面积将增加0.8万hm^2以上。

气候变化对森林生态系统的分布会产生影响。有学者发现,气候变化可能导致我国森林地带分布格局发生变化,会使得我国东北阔叶红松林适宜分布区明显减少。到2030年油松的极限分布区将北移,甚至可能移出中国境内。在垂直分布上,高山林线的海拔均有不同程度的升高,尤其是在半干旱地区,南坡林线上界比北坡高。

气候变化对森林生态系统结构和组成产生影响。气候变暖会造成我国树种结构发生变化,使得部分地区物候期提前,同时使森林系统内部物种的组成发生巨大变化。

气候变化对森林生产力也造成影响,森林第一性生产力从南到北以1%~10%的幅度递增。与此同时,气候变化造成的蒸散量增大也会引起旱灾以及其他森林灾害的频发。

6.3.4 气象信息对畜牧业的影响分析

古农书《齐民要术》中有一句话,"寒温饮饲,适其天性"。它表达的意思是一年四季放牧饲养必须适应天气条件的变化。一个地方的气候资源特点,决定了该地的水源和草场植被,成为畜牧业发展的重要因素。气象条件不同,会导致草场植被不同,牲畜的品种和质量以及载畜量也都不同[47]。例如,温凉湿润的地区,多形成中、高型禾草牧场,适于放养牛、马;少雨干旱的草场植被,则以灌木或半灌木为主,适于放养山羊。内蒙古、新疆干旱荒漠地区的双峰驼、青藏高原地区的牦牛等,都是在当地特定气候条件下形成的家畜。气象环境是牲畜生活的外界条件。天气骤变往往造成牲畜疫病流行。温度、降水、湿度、气压、太阳辐射等气象要素都与牲畜疫病有关,但牲畜疫病往往并非单一气象要素造成的。例如,"风湿病"就是由风、寒、湿三种气象要素侵袭畜体造成的。图 6-9～图 6-11 可反映出气候变化对畜牧业的影响[48, 49]。

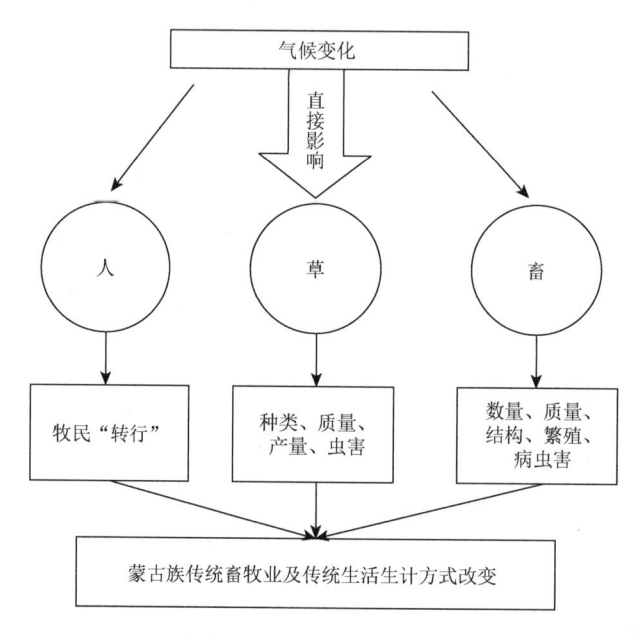

图 6-9 气候变化对"人-草-畜"复合体系的影响框架

1. 干旱对畜牧业生产的影响

干旱是指水分的收与支或供与求不平衡形成的水分短缺现象,是一种长期无雨或少雨,造成空气干燥、土壤缺水的气候现象。决定干旱发生的因素有许多,如自然降水、蒸发、气温、土壤底墒、灌溉条件、地表植被、种植结构、作物剩余期的抗旱能力以及城镇用水等。

(1) 影响牧草返青、牧草产量及牧草品质。干旱时,天然牧草的正常返青和人工栽培牧草的播种、出苗时间推迟,导致青草期缩短。一般春旱发生的年份,天然草场的牧草往往比常年推迟 15~20 天返青，严重干旱发生时，牧草返青期推迟 1 个月。返青期推迟，青草期缩短，牧草生长受到限制，从而影响牧草品质及产量。

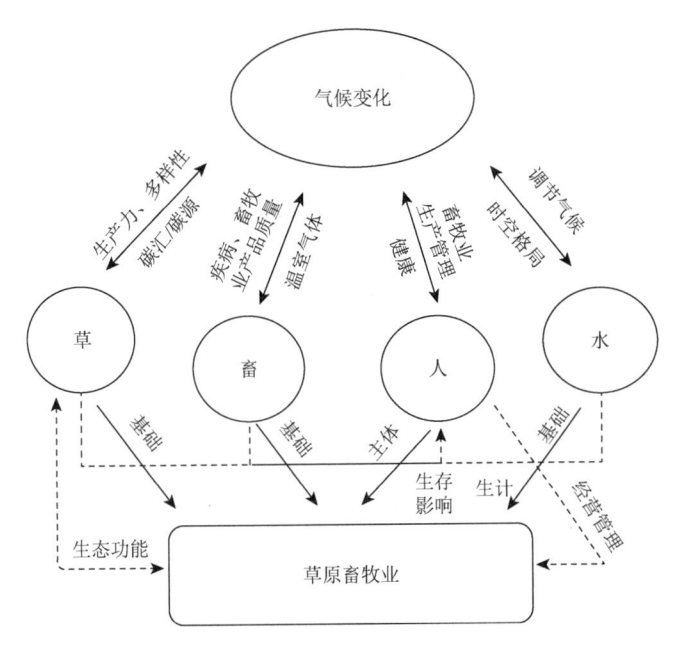

图 6-10 气候变化对草原畜牧业的影响

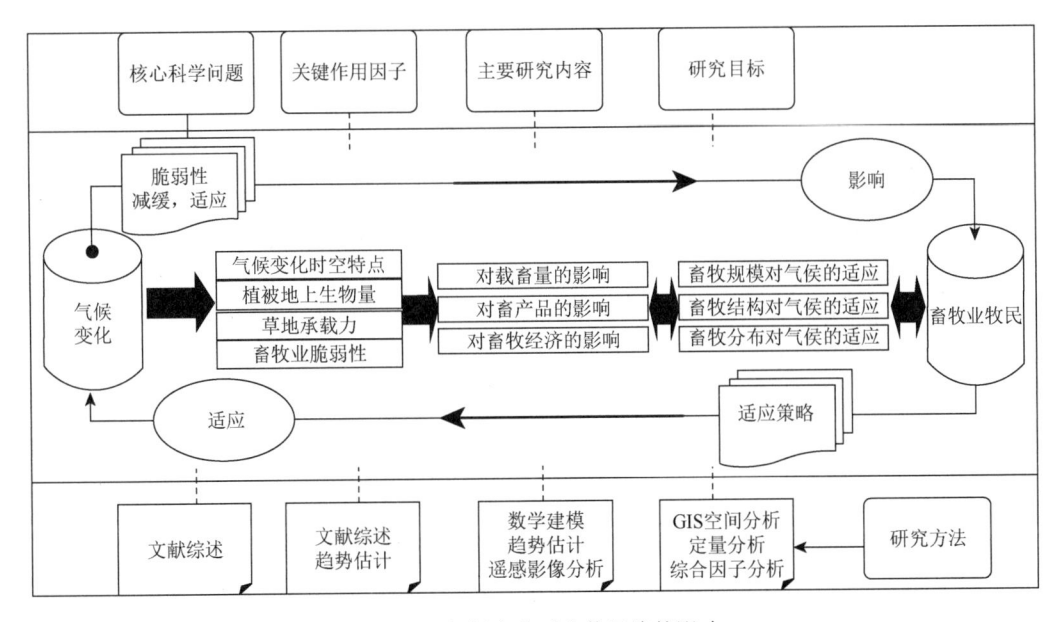

图 6-11 气候变化对畜牧经济的影响

（2）影响畜产品质量，严重时会危及家畜的生存。干旱缺水破坏了自然界本身的物质和能量循环，家畜从牧草中获取的能量，大量耗费于寻找水源，维持其机体的基本活动。因此，家畜的能量转化受到抑制，表现为干旱年份的畜产品产量和质量远不如常年。特别是西藏等地区，冬季寒冷而漫长，如果少雪多风，来年春夏干旱，地表植被破坏，土壤墒情锐减，地下水位下降，湖泊干涸、枯竭，河流断流，这样会危及逐水草而居的自然放牧群众和家畜的生存。

（3）加剧草场退化和沙漠化进程。连年干旱会加剧草场退化和草原沙漠化进程，同时，对人工草场建设和天然草场改良不利，从而影响草场载畜量、牧草产量和牧草品质。

2. 雪灾对畜牧业生产的影响

雪灾是指冬春季一次强降雪天气或连续性的降雪天气过后，出现大量积雪（或长时间的积雪）、强降温和大风天气，对牧业生产和日常生活造成影响的一种气象灾害。雪灾对畜牧业生产的主要危害如下。

（1）积雪掩埋草场，家畜无法采食，得不到草料补充，造成膘情下降，抵抗能力降低。

（2）降雪多、积雪深、时间长，会给冬春季转场带来困难，家畜不能及时转到季节牧场，会影响保胎保膘，造成母畜流产，仔畜死亡率增高，老弱病残畜伤亡，畜牧业生产基础遭到破坏。

3. 大风及风沙天气对畜牧业生产的影响

瞬时风速大于等于 17m/s 或目测估计风力大于等于 8 级称为大风，气象上统计为大风日数。大风及风沙天气对畜牧业生产的主要危害如下。

（1）对草场的破坏极其严重。例如，青藏高原地区牧草品种单一，形态结构简单，大风及风沙天气能够破坏牧草的形态结构，使牧草遭受机械损伤，品种矮小的牧草甚至会被沙石掩埋，无法正常生长发育，从而影响牧草品质和产量，严重时可导致局部草荒，加快草原沙漠化进程，严重破坏脆弱的草原生态系统。如果牧草返青前出现连续的大风天气，将大大增加草原的蒸散发量，土壤墒情锐减，使得人工草场和天然牧草不能正常返青。

（2）对家畜的危害。由于大风天气，家畜不能正常出牧，放牧时间相对缩短，使得家畜吃不饱，影响家畜膘情，甚至导致母畜流产，进而导致家畜抵抗力下降；而且大风天气还有利于病原体传播，各种病原体会污染草场和棚圈，造成传染病流行。

（3）影响畜产品产量和质量。大风天气使得家畜无法获取充足的养料，势必影响其皮质、膘情。

4. 冰雹对畜牧业生产的影响

冰雹是降自积雨云或对流性雹云的直径大于 5mm 的固体降水物。冰雹出现的范围一般比较小，时间短，但是来势猛、强度大，还经常伴有狂风骤雨，往往会给局部地区的农牧业、电信、交通运输和人民群众的生命财产造成损失。冰雹对畜牧业生产的主要危害如下。

（1）雹块下降时的机械破坏作用，对牧草的危害是毁灭性的，严重时会影响牧草再生。

（2）破坏牧场设备，危及出牧群众和畜群安全。

（3）冰雹过后，会使土壤严重板结，造成草原植被损伤，破坏生态平衡，诱发草原病虫害等。

5. 气温对畜禽繁殖育种的影响

环境温度，尤其是高温，会严重影响畜禽的繁殖育种。气温对公畜禽的影响如下。

（1）高温会降低精液品质，降低精子密度、精子活力和正常精子百分比，从而降低母畜禽的受精率。

（2）高温影响公畜禽的性行为。温度越高，公畜的性行为就越低。据统计，在气温较高的七八月份，没有性欲反应的公畜约占16%。在其他月份，未见此现象。

6. 环境温度对母畜禽繁殖的影响

（1）高温环境影响母畜的发情。高温使母畜发情周期延长，发情持续期缩短，有的甚至不发情。

（2）高温降低母畜的受胎率。排卵前受到高温影响会导致牛、猪排卵数减少，卵子形态异常率增加。

（3）高温影响胚胎各个发育阶段。在高温状态下，母畜产仔数减少，初生仔畜体形小，死胎率增加，甚至引起流产。

（4）高温对产后母畜也有不良影响。高温会降低哺乳期母畜体重，影响产后母畜体质恢复，且产后母畜易发乳热（体温升高）继而引发其他疾病，如猪丹毒等。

动物生长发育与温度有关，不同年龄段的不同动物均有其最适温度。在这个温度范围内，动物处于等热状态，生长最快，饲料利用率较高，饲养成本较低。例如，产蛋鸡群生产的适宜温度为15～25℃，适宜湿度为60%～70%。在此条件下，鸡的生长速度和产蛋性能发挥最好。在热季高温刺激下，家畜生长受阻，生产率下降，发病率和死亡率增加。

7. 湿度和光照等对育种的影响

畜禽适宜的空气相对湿度一般为45%～70%。较高的空气湿度，在炎热时期易使牲畜中暑，在寒冷时期则会加剧冻害，给育种带来困难。在自然条件下，短日照时公羊的精液质量高；长日照时公马的精液质量好，家兔受胎率高。产蛋鸡每天需要有13～16h以上的光照，而育肥的鸡或猪则对光照要求不严。

6.3.5 气象信息对渔业的影响分析

渔业分为近海渔业和深蓝渔业，与近海渔业相比，深蓝渔业更容易受到海洋环境与气候影响。我国发展深蓝渔业的关键海区主要集中在"两洋一海"（太平洋—中国海—印度洋）和南极地区。这些海区海洋与气候系统内在的自然变率，包括热带气旋、厄尔尼诺、印度洋偶极子、太平洋年代际振荡等对水位、海温、海流等产生重要影响，从而影响养殖环境、养殖工程设施、渔业资源分布等。气候变化对深蓝渔业的影响主要表现在以下几个方面[50]。

1. 气候变化直接影响区域海洋水温的变化

理论上来讲，全球增暖将使全球海洋温度普遍升高。但在实际中，由于纬度、地形、环流等因素影响，各海域海水升温幅度存在很大差异。对于我国周边海域来说，黑潮是非常重要的控制因素。黑潮将低纬度的高温高盐水带到中纬度，对沿途国家的渔业生产具有重要作用。研究发现，全球变暖会加速黑潮流动，导致我国陆架海在过去 30 年快速增暖，其增暖速率是全球平均的 5～10 倍，形成"热斑"现象。这种快速增温给我国陆架海生态系统、渔业资源的分布及类型带来难以估量的影响，特别是对海洋牧场的可持续发展。

对远洋捕捞来说，渔业资源分布的变化深受气候波动的影响。非常典型的例子就是太平洋年代际振荡（Pacific decadal oscillation，PDO）现象，PDO 正位相空间上表现为北太平洋中部与黑潮延伸体海区海温负异常，北美大陆西海岸及北太平洋东部海温正异常的"马蹄形"分布。当 PDO 位于其正位相时，美国加利福尼亚州、秘鲁、欧洲和日本沿岸的沙丁鱼产量增加，而南非的沙丁鱼和大西洋鳕鱼的捕捞量明显减少，PDO 负位相时情况则相反。

在印度洋，对渔业具有重要影响的气候变率伴随着热带东西印度洋海温异常反相变化的印度洋偶极子（Indian Ocean dipole，IOD）模态。当 IOD 位于其正位相时，热带东印度洋的苏门答腊岛与爪哇岛沿岸异常上涌的海水使得当地的海水温度异常偏低，导致其上方的大气对流减弱，产生沿赤道的西风异常，暖水向西堆积，热带西印度洋随之海温异常升高，温跃层异常加深。由于热带西印度洋的上升流被抑制，深层海洋的营养物质更少地被带到表层，使得 IOD 正位相期间的热带西印度洋海表初级生产力大幅降低，黄鳍金枪鱼等渔业捕捞量显著减少。

2. 气候变化通过改变大气流动对海洋产生影响

以南大洋为例，南半球海洋的面积远大于陆地，且拥有世界上唯一一个环绕地球并同时与太平洋、大西洋、印度洋南部相连接的南大洋。作为南半球赤道以外地区大气环流大尺度变化的主模态，南半球环状模（Southern Annular mode，SAM）描述的是南半球西风带的南北移动以及中高纬度地区海表面气压场"跷跷板"式的反向变化。当 SAM 处于正位相时，中纬度海平面气压异常升高，西风带向南极移动，受到此时冬季减少的海冰覆盖以及春夏两季增加的风速的共同作用，靠近南极大陆的浮游植物繁殖量衰减，南极磷虾的产量因此降低。气候变暖与南极上空臭氧空洞的共同作用将会导致 SAM 呈现明显的正位相趋势。这也将会对包括南极磷虾在内的众多海洋渔业产量造成冲击。对于我国而言，海洋及周边陆地区域大气环流的变化可能对降水产生明显影响。降水量变化会导致陆地营养物质向海洋运输规模和时空分布格局的改变，从而影响海洋牧场和离岸养殖海域的水质状况、初级生产力水平。

3. 气候变化导致海洋气候事件发生频率及幅度改变

最新的研究结果表明,由温室气体排放引发的气候变暖将会使得极端厄尔尼诺事件与极端印度洋偶极子事件的发生频率大大增加。海洋气候事件频率和幅度的改变,引起海洋水温、环流的变化,将对海洋生态系统带来系统性的冲击。对深蓝渔业而言,最明显的改变即海洋渔业资源空间分布和丰度的变化。事实上,不少气候事件的发现都是从渔业资源的变动中获得的。作为目前最为活跃的海洋气候事件,厄尔尼诺-南方涛动(ENSO)现象是热带太平洋乃至全球气候系统中最强的年际变率,不仅可以直接改变赤道太平洋地区的渔业资源分布,还能引发全球气候变化进而对世界渔业生产产生重要的影响。在正常气候条件下,赤道西太平洋的海温高于东太平洋,赤道表层洋流向西流动,南美洲西海岸的秘鲁、厄瓜多尔沿岸海域长年维持东南信风产生涌升效应,将海洋深层的营养盐带至海表,使该海区成为浮游动植物的富集区和鱼类的集聚区。当厄尔尼诺事件发生时,赤道上常年盛行的东风减弱甚至转为西风,东太平洋海温异常升高。东太平洋不断积聚的高温水团抑制深处冷水上涌,造成浮游生物因缺少营养盐而繁殖减退,大量的鱼群和其他海洋生物也因为温度的升高和食物的减少而死亡或他迁,沿岸国家的渔业资源也因此遭受巨大破坏。

4. 气候变化导致海洋灾害发生频率和幅度改变

各类海洋灾害中,台风及其引起的灾害性海浪和风暴潮对深蓝渔业影响最大。特别是深蓝渔业生产经营于离岸较远海域的空间特点及其生产设施装备占固定成本比例大的技术经济特征,使海洋灾害对深蓝渔业的不利影响大于传统渔业。联合国政府间气候变化专门委员会(Intergovernmental Panel on Climate Change,IPCC)对台风(飓风)受气候变化的影响做了系统性评估,得出的结论有:一是自1970年以来,北大西洋强飓风年际发生次数增长,并且此增长与热带海水温度上升有关;二是全球一些海域的强台风占比增加;三是全球热带气旋年际变化趋势不明显,没有证据表明有减少的趋势;四是随着全球持续变暖,未来强台风(飓风)的强度将继续增大,引起的大风和降水都将增加。另外,全球变暖造成全球海平面上升,使风暴潮发生的频率和破坏作用都大大增加。研究表明,气候变化背景下,中国沿海地区高潮位呈显著上升趋势,风暴潮灾害的次数、强度和发生时间跨度均有一定程度的增加,同时极端灾害的发生频率也在增加。由于深蓝渔业的设施化特点,其生产设施和配套设施都部署在极易受海洋灾害侵害的区域。台风引起的大风大浪对渔船、离岸浮式网箱、养殖工船结构具有很强的破坏作用,同时也易引起鱼类等养殖生物惊恐、挤压和擦伤。风暴潮引发的增水和海浪冲击对码头和辅助船舶等沿岸配套设施具有极大威胁,使深蓝渔业经营面临巨大风险。因此,气候变化在很大程度上增加了深蓝渔业的经营成本与风险。

5. 温室气体增加导致海水酸化、海洋缺氧等现象发生

海洋酸化引起海洋生态系统的整体转变。研究表明,在海水酸化条件下,珊瑚与贝类的钙化量下降。海洋酸化也会影响鱼类的听觉、嗅觉等感觉器官,从而对其洄游、摄

食和繁殖等行为产生影响。对于海洋浮游植物，虽然理论上二氧化碳浓度升高增加了光合作用的底物浓度，但由于海水酸化对细胞产生的胁迫作用，其对光合作用是否具有促进作用还取决于其他环境条件。从海洋生态系统的角度来看，海洋酸化会通过食物网，将其初级效应传递到上级营养层，从而影响海洋生态系统的稳定性。虽然不同类型生物对海洋酸化的适应性不同，但由于海洋酸化将导致若干物种消亡，降低海洋生物的多样性。对于远洋渔业，海洋酸化的影响需要从大洋生态系统视角进行系统评估，目前的研究尚不能评估其具体影响。对于海洋牧场，由于近海海洋生态系统生产力水平高，低氧与海洋酸化发生耦合作用，海洋酸化的负面影响将更显著。

综上所述，以离岸深水养殖、远洋捕捞、海洋牧场为主要形式的深蓝渔业，与海洋和气候变化密切耦合在一起，因此要高质量可持续发展深蓝渔业，必须更加重视海洋环境与气候变化的影响。

6.3.6 气象信息的应用

信息技术的智能化发展为各行各业带来了新的改革契机，具体到我国的农林牧渔业：利用先进的智慧气象理念和技术，并结合先进的数据处理技术，可以促进农林牧渔业工作的智能化和数字化，帮助农林牧渔业科学地利用当地的气候资源，实现生态效益和经济效益的平衡，从而提高农林牧渔业的服务品质和效率，进而极大地控制其成本。

前面分别对气象信息对农林牧渔业产生的影响及农林牧渔业对气象信息的需求进行了介绍，下面仅以农业为例，介绍基于气象信息和信息技术对特定农作物进行监控的精准农业监测系统[51]。

获得影响土壤和作物的实时、准确天气条件和本地天气信息对于精准农业至关重要，因为它有助于更好地管理与天气相关的风险。对特定农作物进行监控，控制其相应的天气变量，可以实现农作物产量最大化。

精准农业监测系统包括：传感器网络，利用农业气候站捕获有关天气的相关变量；智能计算机系统，利用收集到的天气数据生成影响作物的警告和通知。该监测系统架构如图 6-12 所示。

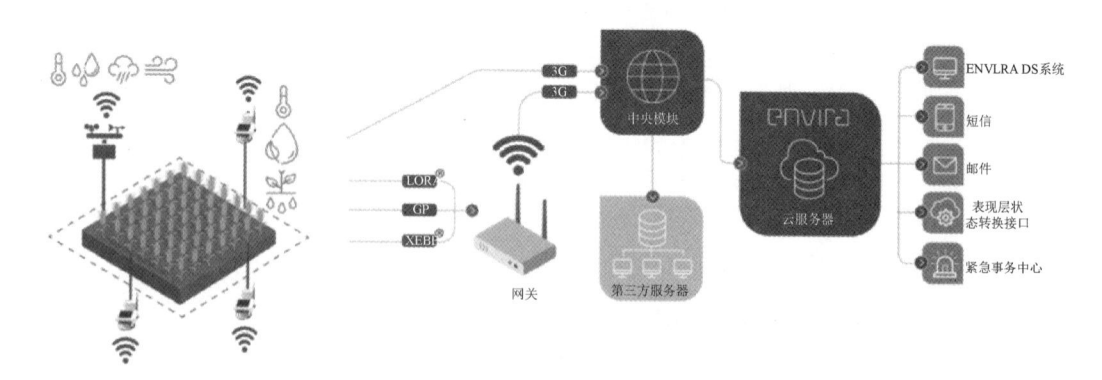

图 6-12 精准农业监测系统架构

该监测系统的无线技术集成了适应精准农业需求的远程天气监测系统,并安装了与其活动相关的传感器:风向和风速、温度、湿度、气压、太阳辐射、紫外线辐射以及光合有效辐射(photo-synthetically active radiation,PAR)雨量测定。

根据实际需求也可以安装任何其他用于空气监测的传感器,所有这些传感器都与该监测系统的数据管理系统集成在一起。通过这些系统,用户可以获得关于周围环境全天候的实时信息,因此可以在特殊天气情况下提前采取行动。一旦专家系统检测到任何特殊情况,如霜冻或暴雨,它就会向授权用户发送警告。

监测系统提供可选无线通信模块,可采用 4G、5G 和 LORA,该系统根据所需的积分周期进行数据采集编程,并以计划的时间间隔将数据无线发送到中央模块。由于它们是量身定制的系统,因此可以对其进行编程以将数据发送到属于该监测系统或第三方的云服务器。无线收集的数据传输到相应平台,平台接收、组织并且利用它们。平台可以实时处理数据,以获得有关作物的相关信息,包括每个应用程序的特定算法。例如,对于应用于精准农业的算法,可以根据天气条件或结合污染物浓度来计算浸染概率,从而确定特定污染事件的来源。精准农业监控系统实物图如图 6-13 所示。

图 6-13 精准农业监控系统实物图

这种农业气象控制可以降低与天气变量相关的风险、实现植物检疫活动的规划,可以预防疾病和感染,获得有关可能出现霜冻风险的有用信息,能够更好地了解土壤状况和水的需求、提前预测农作物收获情况、优化可用资源。

采集和通信电子设备持续控制作物的环境变量,并按计划的时间间隔将数据发送到控制中心。此外,如果专家系统识别出涉及风险或异常情况的事件,则会向数据处理中心发送警告,然后通过短信或电子邮件发送给授权用户。

当前在农林牧渔业生产经营过程中，气象服务已经成为关键的组成部分，特别是农林牧渔业更加精细化的发展，气象服务在地区农牧业发展的过程中所扮演的角色将会更加重要。因此，必须全面增强气象服务效果，使其更好地满足当地农林牧渔业发展对气象服务的需求。

在具体的实践中，相关部门应该充分发挥智慧气象的价值，利用专业化的气象产品，详细地分析当地的气候状况，科学地利用气候资源。然后根据大数据分析的结果，进行科学的种植与培育。同时，根据相关的气象信息，合理地选择管理方式，进而增强服务工作的科学化和高效化。另外，为了保证精准培育的实现，农林牧渔业也需要随时更新相关的系统数据，并且保证数据的真实性和准确性，及时完成数据的处理，并指导各项实践工作。

6.4 气象信息在医疗保健领域的应用

气象要素、大气化学因素、大气电磁因素以及生物因子都对人类的健康有着严重的影响。其中，气象要素包括气温、风、湿度、气压、太阳辐射等；大气化学因素包括紫外线、红外线的光化学作用，大气污染物质等；大气电磁因素包括大气中的电现象、空气电离、宇宙射线等；生物因子包括花粉、病毒、细菌、寄生虫等病原体。这些因子通过机体的神经系统、皮肤肺脏、感觉器官等在人体内引起一系列反应。例如，低温刺激可导致心肌缺氧症状加重，而寒冷刺激则使风湿患者体温调节功能减退、疼痛加剧。

气候变化以多种方式影响着人体健康。气温和降水趋势影响传染病的季节性和分布；极端天气事件威胁人们的生命、生计以及粮食的安全；气候和水文循环影响粮食、饮用水安全以及卫生设施的建设；空气质量和大气条件决定了人类接触到的有害物，包括自然和人为空气污染物、紫外线以及其他形式的辐射。气候变化对健康的影响包括增加呼吸和心血管疾病的风险、与极端天气事件有关的伤害事故和过早死亡、食物和水传播疾病及其他传染病的流行率和地理分布的变化，以及对精神健康的威胁[52]。

国民健康话题如图 6-14 所示，包括空气污染、过敏原和花粉、媒介传播的疾病、食品和水传播腹泻病、食品安全、精神健康和压力相关疾病、洪水、极端温度以及野火等。

6.4.1 医疗保健领域对气象信息的需求分析

文献[53]从天气形势和天气要素两方面，通过定性和定量研究方法研究了气象条件对腹泻、中暑、小儿呼吸道、心血管等疾病的影响。通过建立天气系统与疾病发病率之间的关系，做出疾病发生趋势预报，为市民的生活提供防治建议。

1. 基于气象要素进行心脑血管疾病的预报

心血管疾病（cardiovascular disease，CVD），又称为循环系统疾病，是指循环系统的一系列疾病，包括心脏、动静脉血管、微血管疾病，如高血压、高血脂、高血糖以及心脑血管硬化、中风等。临床表现主要有心悸、眩晕、发绀、呼吸困难等症状[54]。

图 6-14 国民健康话题

心脑血管疾病人群发病或死亡与气温有着显著的相关性[55]。与天气气候变化关系密切的各种疾病中，心脑血管疾病位居中国居民死亡率首位，是威胁中国居民健康的重大疾病[56]。心脑血管疾病包括脑卒中和冠心病。脑卒中又分为缺血性脑卒中和出血性脑卒中，是造成居民死亡的主要疾病之一。根据 2007 年北京市居民疾病死亡死因分析[57]，脑血管疾病和心脏病死亡率仅次于癌症，分别位列第二和第三位，其中脑卒中疾病死亡人数占脑血管疾病死亡人数的 76%。研究表明[58]，影响脑卒中疾病的重要危险因素包括个人的生活行为方式、饮食方式、相关疾病史、遗传史及外部环境因素。与气象环境要素相比，人为因素相对可控，部分国家和地区通过相应措施有效降低了脑卒中疾病的发病率，但天气环境变化具有突发性和不可控性，通常给敏感人群带来严重的生命威胁和财产损失。

文献[54]的研究结果表明，温度、湿度、气压对心血管疾病入院治疗存在影响，气象因素可能会增加心血管疾病入院治疗的风险。气象因素导致的心血管疾病入院与性别、年龄有关，男性和小于 65 岁人群对湿度更为敏感；女性和小于 65 岁人群对气压更敏感。男性和小于 65 岁人群对低温的冷效应更为敏感；但女性和大于等于 65 岁人群对高温的热效应更为敏感。极低、极高温度可能会增加发病风险，中高和中低温度可能引起更高的疾病负担。

文献[59]研究证实：气温致使人群 CVD 死亡主要由低温引起。该研究结果可有助于了解低温与高温对人群 CVD 死亡的影响，为政策制定者和社区应对极端温度，保护社会公众人群健康提供重要的科学依据。

国内外现有研究均表明，心脑血管疾病与气象要素关系密切。心脑血管疾病受季节变化及气温、气压、湿度、风速等气象要素与大气污染物的联合作用影响，所以采用气象要素和环境要素进行心脑血管疾病的预报具有一定的可行性[60, 61]。

2. 基于气象要素进行呼吸系统疾病预防及预测

呼吸系统疾病是指感冒、气管炎、支气管炎、肺炎等呼吸道炎症，是常见的多发疾病，危害较大。呼吸道疾病是由多种病毒感染所引起的，发病率与大气污染和气象条件的变化有直接关系[62]。当大气污染严重时，人们能够明显感觉到呼吸困难，喉咙发痒，从而引起咳嗽等呼吸系统疾病。美国的研究人员在研究纽约地区呼吸道疾病与污染物之间的关系时，得出如下结论：呼吸道疾病与污染物之间有明显的相关关系，呼吸道疾病出现的高峰通常在污染物浓度高峰的 36h 之后。

感冒、气管炎、支气管炎等一些呼吸道疾病一年四季常有发生，但每季、每月的发病人数各不相同。呼吸道疾病的发病人数与污染物的月均值成正比，也就是污染物浓度月均值高的月份对应的呼吸道疾病发病人数多，污染物浓度月均值低的月份对应的呼吸道疾病发病人数少。

气象要素，如气温、相对湿度、平均风速等的变化也与呼吸系统疾病相关。文献[63]对乌鲁木齐市 2014 年 1 月至 2016 年 12 月三年间大气污染物浓度、气象因素以及乌鲁木齐市某三甲医院儿科门诊呼吸系统常见疾病日门诊量进行了研究。研究表明，大气污染物和气象因素对呼吸系统有较大影响，随后又进一步定量评估了大气污染对儿童健康的影响，以便后续通过对大气环境的检测来控制环境污染，从而减少儿童门诊就诊量。通过建立时间序列 ARIMA（p, d, q）模型拟合儿科门（急）诊常见呼吸系统疾病就诊人数变化，初步探讨该模型在儿科常见的不同呼吸系统疾病门（急）诊就诊量的应用价值，为今后预测及预防此类疾病提供理论依据。大气污染及气象因素对呼吸系统疾病的影响如图 6-15 所示。

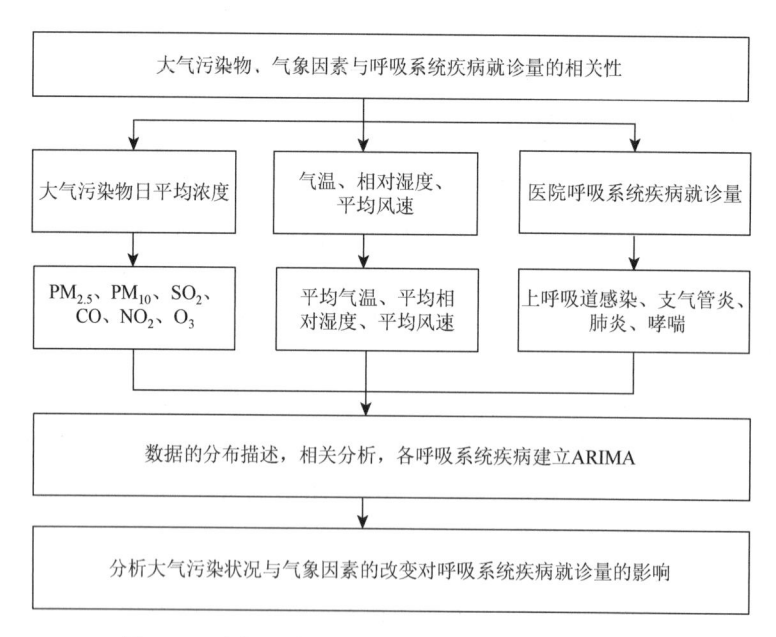

图 6-15 大气污染及气象因素对呼吸系统疾病的影响

3. 基于气象要素进行风湿性疾病的预防与预测

风湿性疾病泛指影响骨、关节及其周围软组织的一种疼痛性疾病。其发病原因有感染性的（如莱姆病）、免疫性的（如类风湿关节炎）、代谢性的（如痛风）、内分泌性的（如肢端肥大症）、退化性的（如黏多糖贮积症）等，风湿发病以疼痛（关节、肌肉、软组织、神经等的疼痛）为主要症状。天气变化（气象要素波动）会引起患者体温调节机制紊乱而使血管扩张收缩不充分，且时间延长，黏蛋白代谢和酶活动紊乱，关节温度下降而使患者关节疼痛加剧[64]。

根据前人的研究得知：当日气温升高或降低 3℃以上时，逐日气压变化升高或降低 10hPa 时，逐日相对湿度变化大于 10%时，风湿发病显著增加。冷锋、暖锋、静止锋都对风湿发病有影响，且发病往往在气象因子波动的前一天。

6.4.2 气候变化对人体健康的影响分析

天气对人类健康和福祉有着深远的影响（图 6-16）。在以往的热浪和寒潮中，死亡率都有大幅度上升。据估计，2003 年的热浪在英国造成 2000 多人死亡；2021 年 7 月，北美多地遭遇热浪袭击，气温创历史最高纪录，导致数百人死亡；同年，加拿大不列颠哥伦比亚省 6 月 30 日的一份官方声明称，前所未有的热浪笼罩着不列颠哥伦比亚省，五天内至少有 486 人因高温死亡。极端炎热天气似乎比寒潮对死亡率的影响更大。湿度对死亡率同样有重要影响，因为它有助于人体通过蒸发汗液来降温。寒潮对冬季的发病率也有重要影响，因为寒冷干燥的空气会导致鼻腔和上呼吸道过度脱水，增加微生物和病毒感染的机会[64]。

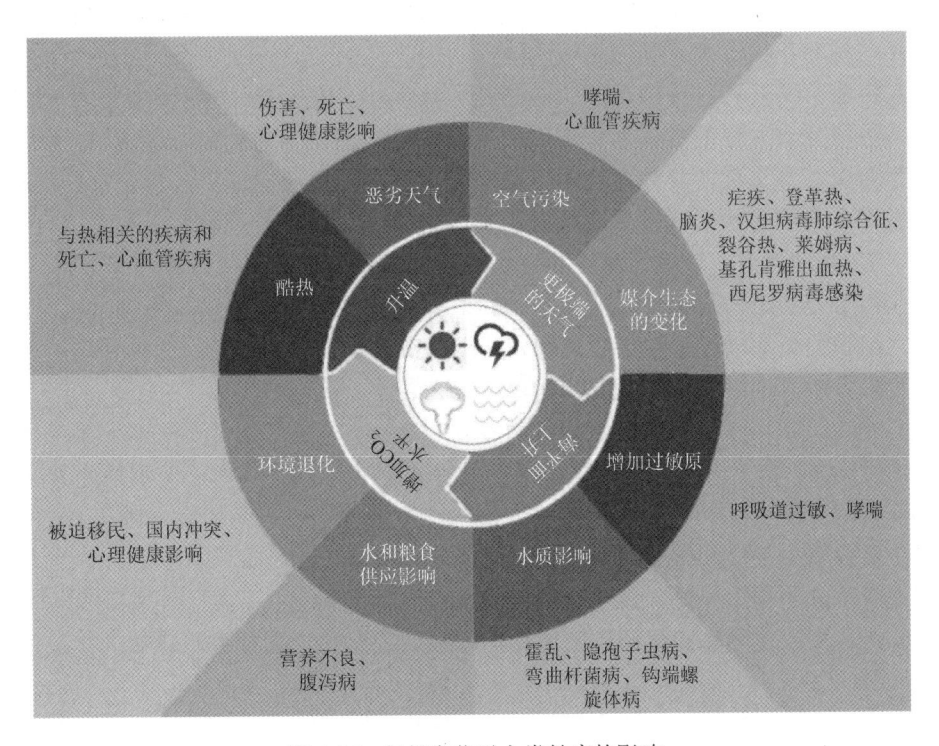

图 6-16 气候变化对人类健康的影响

1. 空气污染

空气污染是室内或室外环境受到任何改变大气自然特性因素的污染。空气污染每年造成数百万人死亡，影响着每个人的健康。世界卫生组织估计，每年有近 430 万早死是由室内空气污染引起的，约 370 万早死被认为是由室外空气污染引起的。空气中的灰尘、花粉、煤烟和烟雾等颗粒物或有害物质（包括化学品和放射性物质）会对人体健康造成不利影响。这些污染物是由化石燃料发电和运输、工业过程、农业实践或森林火灾、火山爆发和风尘等人类或大自然活动释放的。

气候变化会增加某些地区地面臭氧和颗粒物污染水平，因此危害人类健康。人类许多健康问题与地面臭氧和颗粒物有关，如肺功能减退和哮喘。这也使得医院相关疾病的就诊人数增大，导致大量医疗资源被占用，并且相关健康问题也会导致人寿命缩短。

2. 过敏原和花粉

花粉是一种空气中的过敏原，会影响我们的健康。花粉粒是散布在开花植物、树木、草和杂草中的微小"种子"。空气中花粉的数量和类型取决于季节和地理区域。在温暖的季节花粉数量通常较高，但有些植物全年都在授粉。

气候变化将可能导致降水模式的改变，无霜天增多，季节性气温升高，大气中二氧化碳增多。这些变化会影响花粉季节的开始和结束以及每年的持续时间：植物产生多少花粉以及空气中有多少化粉，花粉如何影响人体健康（花粉的"致敏性"），我们接触多少花粉，以及过敏症状出现的概率。气候变化可能导致的花粉浓度升高和花粉季节延长，会加重那些易对花粉过敏人群的健康风险。

花粉接触会引发各种过敏反应，包括花粉热症状。花粉热，也被称为过敏性鼻炎，当花粉等过敏原进入你的身体后，你的免疫系统错误地认为它们是一种威胁。如果你患有过敏性鼻炎，那么你的身体就会对过敏原做出反应，释放出能引起鼻子症状的化学物质。过敏性鼻炎的症状可能发生在某些季节或全年，这取决于过敏原，在美国过敏原每年影响多达 6000 万人。过敏性鼻炎的症状包括打喷嚏、流鼻涕和鼻塞。

花粉接触也会引发过敏性结膜炎的症状。过敏性结膜炎是接触花粉等过敏原而引起的眼内（结膜）炎症。过敏性结膜炎被发现发生在高达 30%的普通人群和多达七成的过敏性鼻炎患者中。过敏性结膜炎的症状包括眼睛发红、流泪或发痒。

患有哮喘等呼吸系统疾病的人可能对花粉更敏感。接触花粉会增加哮喘病和呼吸系统疾病的发病率。每年与花粉有关的医疗费用超过 30 亿美元，其中近一半与处方药有关。更高的花粉浓度和更长的花粉季节会使人群对过敏原更敏感并且引发哮喘患者的哮喘发作，甚至还会减少工作和学习时间。

极端降水和不断上升的气温也会导致室内空气质量问题。例如，它们可以导致室内霉菌生长，从而致使哮喘和霉菌过敏患者的呼吸状况恶化，增加控制哮喘的挑战。

3. 野火

在许多西方国家，连日浓烟滚滚并不是新鲜事，破纪录的野火几乎每年都会发生。

人为造成的气候变化正在增加全球火灾的强度和持续时长。野火烟雾会对人体健康产生潜在的持久影响，且暴露在野火烟雾中的时间越长，受其影响会越严重。野火产生的烟雾含有数千种化合物，包括一氧化碳、挥发性有机化合物、二氧化碳、碳氢化合物和氮氧化物。这些成分会自由组合，生成的化合物都是独一无二的，会显著降低当地的空气质量。

野火产生的细颗粒物尺寸小，它们可以穿透人类呼吸系统，深入肺部，刺激并加剧哮喘以及其他呼吸道疾病；也有可能绕过身体的防御机制，进入血液，然后到达其他器官，增加中风、心脏病发作和呼吸道疾病的风险。根据对火灾烟雾造成的全球健康风险的评估，每年有数十万人死亡。气候变化将增加野火风险和相关有害物的排放，对健康造成不利影响。

4. 极端降水：强降雨、洪水和干旱

洪水和风暴会造成大范围的破坏，导致重大的环境健康问题。2020 年夏季季风降雨期间，我国发生的洪涝灾害比往年都要严重，造成约 170 亿美元的总损失。洪水灾害给人类带来了死亡、伤害以及精神创伤，同时洪水也间接地为疾病传播创造了有利条件，对人类健康造成重大威胁。

强降雨发生时，除了带来与极端降水事件相关的直接健康危害外，还可能会出现其他危害。在强降雨后的几周内，水传播疾病会增加。水侵入建筑物可能会导致霉菌污染，使室内空气质量出现问题。生活在潮湿室内环境中的人群哮喘和其他上呼吸道症状（如咳嗽和喘息）以及下呼吸道感染（如肺炎、呼吸道合胞病毒感染）的患病率会明显增加。

干旱对公众健康和安全同样会构成威胁。干旱环境会产生一系列的危害，包括野火、沙尘暴、极端高温事件、山洪暴发、水质退化以及水量减少。

5. 媒介传播的疾病

气候是影响媒介传播疾病的因素之一（如跳蚤、蜱虫和蚊子，它们传播引起疾病的病原体）。病媒种群的地理和季节分布及其可能携带的疾病不仅取决于气候，还取决于土地利用、社会经济和文化因素、虫害防治、获得保健的机会以及人类对疾病风险的反应等因素。年复一年的气候变化有时会导致病媒/病原体地理分布范围的变化或扩大。北美目前面临许多媒介传播疾病的风险，包括莱姆病、登革热、西尼罗病毒感染、落基山脉斑点热、鼠疫和土拉热病。虽然目前在美国尚未发现如基孔肯雅出血热、恰加斯病和裂谷热病毒的媒介病原体传播，但其同样也会构成威胁。

研究发现，病媒传播疾病国家的地理分布以及病毒的发病率与气候变化有关。特别是随着热带与亚热带地区的贸易和旅行日益增加，这个发现在北美尤为显著。美国不断变化的气候是否会增加国内感染登革热等疾病的风险尚不确定，因为病媒传播病原体受人们工作和生活方式的影响严重，如室内时间可减少人类与昆虫的接触。

当地小范围的天气差异、人类对景观的改造、动物宿主的多样性等因素影响传染病的传播。现阶段人类还需要长期的研究来量化天气变量，寻找病媒范围和病媒传播病原体发生之间的关系，以及探索媒介和病原体分布变化对人类行为的影响。

6. 食物和水传播腹泻病

水的获取以及水的质量对地球上的生命至关重要。提供优质淡水不仅是人口饮水供应的必要条件，也是农业生产以及卫生的必要条件。全球26亿多人生活在没有改善的卫生设施的环境中，恶劣的环境使得水受到有毒化学物质以及辐射的污染，并使人们遭受腹泻、霍乱、痢疾和伤寒等水传播疾病的危害。腹泻病在发展中国家是一个主要的公共卫生问题。接触水和食物中的各种病原体会导致腹泻病，每年因饮用水受到污染而导致的腹泻大概会造成50万人死亡。世界卫生组织估计，到2025年，因气候变化，世界人口的一半将要生活在缺水地区。

一般来说，在高温时腹泻病以及沙门氏菌病和弯曲杆菌病发病率较高。还发现腹泻病在降水量偏高和偏低的情况下发生得更为频繁。由于气候变化，大湖区近期降水量（前24h内）和湖水温度的变化导致的水传播疾病和海滩关闭的风险将增加。

7. 粮食安全

在全球范围内，气候变化威胁粮食生产和质量安全。降水变化、恶劣天气以及杂草和害虫都会导致农作物以及禽畜和鱼类的产量下降。粮食产量下降以及杀虫剂和化肥等农业投入品日益昂贵会导致粮食价格上涨。

粮食问题会影响人们的健康。粮食价格随着食物短缺上涨加剧，为了不忍受饥饿，减轻经济负担，人们会转向营养不多但热量丰富的食物，从而导致营养不良。大气二氧化碳浓度升高使得许多作物（如大麦、高粱和大豆）中的氮浓度降低，导致作物中蛋白质、钙、铁、锌、维生素和糖类减少，从而降低了食品的营养价值。如果提供足够的氮肥，造成的影响可以减轻。由于害虫和杂草产生耐药性，降低了化学药剂的有效性和持续时间，所以农民需要使用更多除草剂和杀虫剂，但这又会增加农作物上的农药残留。我们需要合理利用气象条件，趋利避害，尽可能地减少食物问题对人类健康的影响。

8. 心理健康和压力

极端天气事件可以从几个方面影响心理健康。灾难发生后，无论是在没有精神病史的人群中，还是在有风险的人群中，精神健康问题都会增加，这种现象被称为"对异常事件的常见反应"。这种反应可能是短暂的也可能是持久的，具体反应要根据实际情况。例如，研究表明，受"卡特里娜"飓风影响的人存在高度焦虑和创伤后应激障碍，遭遇洪水和热浪之后的人也会有类似的现象。甚至还有一些证据表明，经历过野火的人也有类似的状况。精神问题会产生严重的健康问题，包括早产、出生婴儿体重低以及其他产妇并发症。

研究表明，气候变化对抑郁症和其他精神疾病患者有着严重的影响。患有严重精神疾病（如精神分裂症）的患者在炎热的天气中会面临危险，因为他们的药物会干扰体温调节，导致患者出现高热的症状。同时，气候变化也会潜移默化地影响人的心理健康，不良的气候变化则会引起一些人的焦虑和绝望。

6.4.3 医疗与气象融合研究

迄今为止,天气对人类健康的影响引起了广泛的关注。许多研究考虑了天气因素对死亡率和幸福感的影响,如冬季相对湿度低与各种疾病的发生频率和死亡率直接相关[65],同时冬季降雪累积与高死亡率时期相对应。天气的急剧变化常常引起身体的一系列负面生理反应[66]。

气温和降水趋势影响传染病的季节性和分布。极端天气事件威胁着人们脆弱的生命、生计以及粮食的安全。气候和水文循环影响着粮食安全以及饮用水和卫生设施的建设。空气质量和大气条件决定了人类接触的有害元素,包括自然和人为空气污染物、紫外线和其他形式的辐射。

医疗与气象学研究相结合,研究自然或人为环境中气象条件对人体健康的作用和影响。对流感、关节炎、肺结核、猩红热、百日咳等气象病,慢性支气管炎、肺炎、哮喘、心肌梗死、脑炎等季节病和皮肤癌、慢性阻塞性肺病等的气象条件及高发期进行预测,建立天气系统与疾病发病率之间的关系,从而做出疾病发生趋势预报,对人们防病保健提出指导性意见,为卫生医疗和防疫部门在预防疾病和调集药品时提供参考。

人类健康以及个人和社区的福祉与天气和气候条件密切相关[67]。2014 年,世界气象组织与世界卫生组织合作,在世界气象组织下设立了一个独特的气候与健康联合办公室。同时,世界气象组织也通过其成员向公共卫生界提供天气和气候服务。

为满足卫生界对气候和气象服务日益增长的需求,世界气象组织需要进一步加强与世界卫生组织的伙伴关系,以加快获取应用于公共卫生的天气和气候服务。气候和天气信息可以使卫生专业人员了解天气和气候对健康的影响并决定卫生服务提供的方式。将这一知识应用于针对健康的决策工具和气候服务,卫生部门可据此预测问题和管理健康风险。

结合国家卫生健康委统计信息中心、中国疾病预防控制中心和其他机构目前提供的大量死亡率和发病率数据,未来可能会揭示更精确的天气与健康的关系。同时,为了进一步克服气候变化对生活和工作环境的影响,人类健康与气象信息之间关系的研究仍然要继续深入。

6.5 气象信息在旅游行业的应用

随着旅游业在社会发展中的产业地位不断提高以及经济作用不断增强,人们更加关注旅游产品的品质与服务。然而,近年来频繁发生因气象灾害导致的旅游安全事故,使人们对旅游的关注重点转移到旅游安全上。推进旅游业的发展,需要考虑气象因素对旅游行业的影响,让气象信息服务旅游行业[68]。

气候的好坏直接或间接影响人们的旅游活动。自然景观风貌的形成及其时空尺度上的变化与气候条件紧密相关。不同的气候造就了自然景观的千变万化。同时,山水变迁、动植物的演化也对气候造成影响。气候与自然景观之间的相互影响,使其在自身发生改变的同时也会影响到游客感知。

物候现象是自然界的生物和非生物受外界环境因素综合影响而表现出来的季节性现象，反映了自然界花开花落、叶绿叶黄等季节性变动的时序之美。物候现象本身就是一项具有区域特色的气象指标。旅游物候主要指自然景观生态环境的季节节律性变化特点，如发芽期、红叶期、花期、落叶期等。旅游景观的特征分布是一项重要的旅游资源。自然景观的季节变化属于某种规则的韵律波动或周期性变化，对于一定地域内风景旅游资源时序变化的特点来说，其很大程度上取决于当地的季节状况。

天气指某一个地区距离地表较近的大气层在短时间内的具体状态。而天气现象则是指发生在大气中的各种自然现象，即某时刻大气中各种气象要素在空间分布的综合表现。天气过程就是一定地区的天气现象随时间的变化过程。各种天气系统都具有一定的空间尺度和时间尺度，而且各种尺度系统间相互交织、相互作用。旅游天气学术界尚未给出精准定义，国内外相关学者做了很多天气条件对旅游活动影响的研究，普遍认为旅游天气主要是旅游活动持续时间段内景区气象要素同天气现象的组合对旅游项目的利好程度，例如，晴天、温暖、微风的天气为显著利好天气，而下雨、下雪、雾霾等天气为不利天气，而暴雨、大风、高温等天气则为显著不利天气。

6.5.1 旅游业对气象信息的需求分析

旅游业是全球规模最大、增长最快的行业之一，是世界各国和地方经济的重要支柱。气候和旅游业之间的联系是多方面的和复杂的，因为气候既是一种有待开发的重要资源，也是一种重要的限制因素，它对旅游业和游客都造成了管理风险。所有旅游目的地运营商和旅游经营者都在一定程度上对气候敏感，气候是影响旅行计划和旅行体验的关键因素[68]。对于旅游业，国家气象服务气候信息通常可分为四大类：基本天气服务（如气象观测/临近预报和中短期预报）；向公众、航空和海上运输气象服务发出警告；为旅游终端用户提供专业服务；近期的气候变化预测。与所有对气候敏感的经济部门一样，基本天气服务的全球气候监测网络的维护和加强对旅游部门至关重要。全球气象观测系统（山区和小岛屿）需要加强对主要旅游环境的气象服务。提高基本天气预报的准确性对旅游经营者也很重要，因为这些预报会为运营决策提供信息，而且不准确的预报可能会损害旅游体验和旅游需求，如图6-17所示。

旅游业对天气和气候敏感，更容易受到气象条件的影响，气候条件是旅游目的地规划和旅行体验本身的关键方面[69]。表6-8给出了气候和气象信息对不同旅游利益相关方的效用。

表6-8 气候和气象信息对不同旅游利益相关方的效用

信息类型	旅游利益相关者		
	景区运营管理部门	旅游管理部门	游客
过去：关于气候历史的信息	决定旅游胜地的位置；投资决策；气候风险的评估和管理；合同保险，在极端气候事件发生时为投资（如生产、基础设施、住宿、运输）提供保护；营销推广；旅游设施和基础设施的设计；旅游政策制定；国土规划发展	投资决策；气候风险评估和管理；聘请气候保险作为风险转移的金融工具；营销推广	目的地选择；行程规划；基于气候指标和风险分析的旅游保险签约

续表

信息类型	旅游利益相关者		
	景区运营管理部门	旅游管理部门	游客
目前：天气观测和短期天气预报（小时-天）	决策（开放/关闭/限制进入旅游景点；修改开启/关闭时间）；建筑物/旅游设施的能源管理；灾害风险管理	决策（修改航班时刻表以保证"背靠背"运行）；活动时间安排；灾害风险管理	决策（选择室外/室内活动）；活动安排
中长期天气预报（周/季节预报）	职业预测；收入预测；招聘的前瞻性规划；投资决策；针对不利的季节性预测为投资提供保护的合同保险；活动规划	职业预测；收入预测；招聘的前瞻性规划；投资决策；退出保险；活动规划	活动规划；决策（提前/推迟假期）
未来 气候变化预测	决定旅游胜地的位置（如滑雪场/海拔极限）；旅游设施和基础设施的设计；投资决策；制定适应/缓解战略；制定旅游政策；制定领土规划；气候风险的评估和管理；目的地的可持续性	投资决策；产品设计；制定适应/缓解战略；气候风险的评估和管理；目的地的可持续性	制定适应/缓解战略；目的地的可持续性

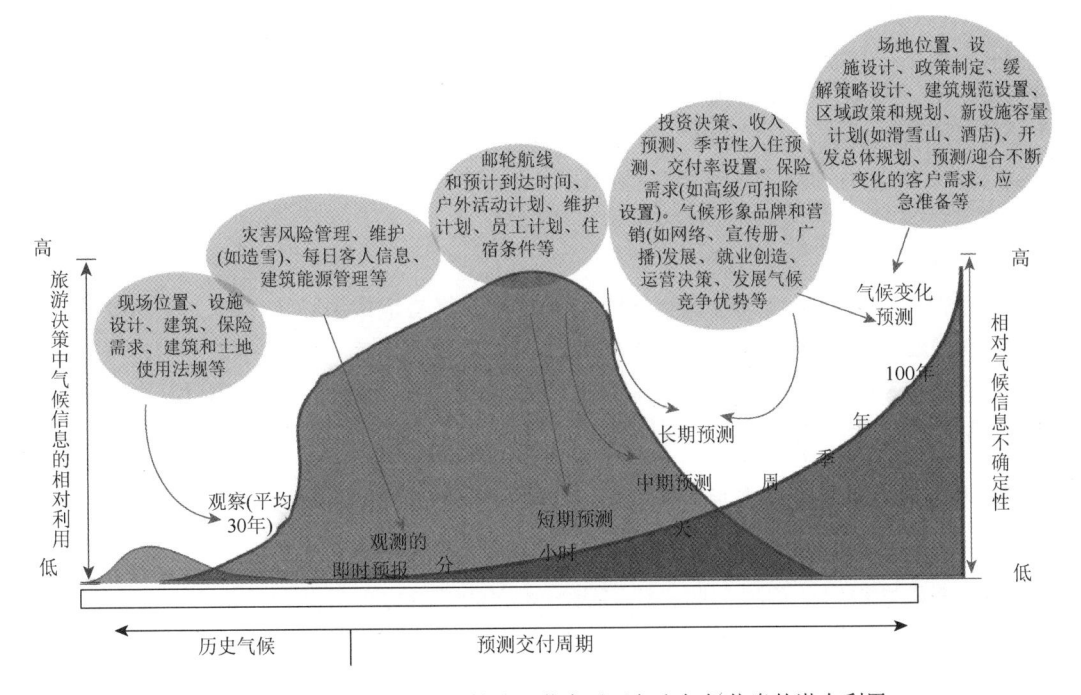

图 6-17　旅游经营者和目的地运营商对天气和气候信息的潜在利用

我国丰富的旅游资源和各级政府对旅游产业的大力扶持，为旅游气象服务的开展及发展提供了广阔的空间，景区运营管理部门、游客和旅游管理部门都有较高的气象服务需求。

1. 景区运营管理部门对气象信息的需求

景区运营管理部门对气象信息的服务需求主要包括气象实况服务、每日天气预报；旬、月、季的中长期气候预测；极端天气短临预报、预警。以陕西省汉中市留坝县旅游景区运营管理部门的气象信息需求为例，按服务对象又可以将其分为景区植物养护方面、山地游和滑雪方面以及栈道水世界、漂流方面。

1）景区植物养护方面

主要影响：冬春干旱容易引发森林火灾；倒春寒对返青、发芽的植物带来冻害；夏季高温高湿天气所诱发的植物病虫害；夏季强光、冬季寒潮对名贵花木的伤害；雷电、大风对名贵古树带来的威胁。

服务需求：需要气象部门对降水、温度、湿度、大风、寒潮等提前1～3天预报和短时 1～6h 预警。相关部门可以根据植物物候期和极端异常气象变化，采取必要措施，提前对植物进行遮挡、对病虫害进行防治等。

2）山地游和滑雪方面

主要影响：强降水易引发地质灾害，破坏景观，危害人身安全；降雨和降雪都会导致山路湿滑，配合低温天气还会产生路面结冰，极易摔伤登山者；上山索道易受大风、大雾、电线积冰的影响；地温和近地温度对雪道的影响；大风、大雾对滑行的影响；山地温度垂直梯度变化对登山者的体验影响。

服务需求：1～3h 的短时到 24h、36h 短期的瞬时大风预报和预警对索道安全、滑雪都至关重要，大雾、电线积冰提前 24h 预报即可以采取适当防范措施，便于景区提前向外发布暂停营运公告和开放时间。短时 1～6h 到 1～3 天景区不同垂直梯度的温度预报。需要提前 7 天左右预报景区气温和地面温度稳定通过零度的起止时间，便于景区开始人工造雪，提前发布雪上运动项目的旅游宣传信息。

3）栈道水世界、漂流方面

主要影响：温度影响旅客玩水体验；强对流天气易造成河道涨水、山洪暴发；河谷地带容易遭受雷电的袭击；大风对室外水上运动项目的影响。

服务需求：提前 2～3 天短期的温度、降水预报，以及提前 1～6h 的短时大风、强降水、雷电预报预警。景区采取必要防范措施或者暂停营运、禁止下水。

2. 游客对气象服务的需求

天气和气候在游客旅游前目的地的选择和旅行体验中发挥着重要作用（表 6-9）。天气与气候会影响游客的旅行体验，进而影响游客的满意度。因此，游客在旅行计划中要仔细考虑出发地和目的地的气候与气象条件，从而获得良好的旅行体验。

表 6-9　气候和气象信息对游客决策的影响

项目	旅行前	旅行中	旅行后
	旅行计划	旅行	旅行的总体评估
游客的决定/看法	旅行动力、目的地选择、可能的日期、投保	"最后一分钟"预订中的目的地选择、规划活动、行程/路线	活动规划 享受 安全 舒适度 旅游消费 满意度	回忆 满意度 忠诚 建议
天气/气候	出发地天气/气候 目的地天气/气候	目的地天气	出发地天气/气候 目的地天气/气候

游客在旅行途中的不同阶段都需要气候和气象信息，如线路景点和主要交通干线气象实况服务；线路景点和交通干线短期天气预报、短临预警服务。

游客与气象相关的三个需求如下：①对舒适度的需求（包括空气温度、风速、太阳辐照度、湿度和舒适指数等变量）；②游览体验需求（包括日照时数、云量、能见度、雾和霾一天的长度等变量）；③人身安全需求（包括风速、降水量和持续时间、紫外线指数等变量）。

1）游客舒适度方面

空气温度、风速、太阳辐照度、湿度等气象环境因素直接影响游客的舒适度。研究人员发现，大多数人都会对理想温度感到舒适。随着环境温度逐渐偏离理想温度，舒适度会逐渐降低，更可能会对健康造成危害。

服务需求：24h 以上精准的格点化的空气温度、风速、太阳辐照度、湿度等天气预报有助于游客进行决策，从而获得满意的旅游体验。

2）游览体验方面

好的天气条件有利于人们出行，而大雾、强降雨（雪）、大风、冰冻雨雪、强光暴晒等天气条件影响游客的游览情绪、游览效果和人身安全。长时间的连阴雨、倒春寒、强对流、冰冻雨雪天气会严重影响旅客赴目的地的行程安排。突发短时的不利气象条件也会引起旅行团日程的临时调整。

服务需求：24h 以上精准的格点化的大雾、雨雪、低温冰冻等天气预报有助于游客调整行程和活动安排。出现极端天气时游客可及时调整行程，甚至果断地取消旅游计划，避免损失和由此产生的不满。所需天气信息涉及所有交通沿线经过之地。

3）游客人身安全方面

强降雨引起的泥石流、山洪、山体坠石等严重影响游客人身安全；大风和积雪导致的树木折断，降水引起的路面湿滑等也会给游客安全带来隐患。强对流、大风、雷电等天气对山地骑行等运动项目也带来极大安全隐患。短时临近天气预报和预警是非常必要的。

3. 旅游管理部门的需求

1）酒店服务方面

旅游景区的酒店、民宿等对气象信息的需求比较迫切，主要是对未来 3~7 天天气预报，以及穿衣、运动等气象生活指数内容的需求，以便为客人提供更加人性化的服务。如遇有突发天气预警发布时，酒店能及时向店内旅客通报天气变化。

2）旅游资源规划与利用方面

旅游规划开发保护、对气候资源的挖掘，以及旅游生态名片打造等，都少不了气象数据的支撑和保障，如空气清新程度、景区的负氧离子含量定量等；对各个景区特色景观的气象条件，包括气温、天气现象、风向风速、湿度、日照等进行分析；景区重要天气、次生灾害预报、预警，包括地质灾害、森林火险等专题预报；月、旬及周时效的天气趋势预报；各景区气候类型特征分析。

3）大型活动保障方面

节假日、大型活动气象专题预报包括旅游气象指数预报、旅游景区气候评价、旅游气象安全预警服务、假日旅游气象服务等。对大型游览活动有影响的天气，主要是影响游客舒适度和安全的天气。除安全因素外，不合时宜的安排往往还会带来很大的社会影响。精细化的气象服务可以为组织者或主办方提供择日参考。

4. 常规气象服务需求

景区运营管理部门、旅游管理部门和游客对常规及专业化气象服务需求仍是主流，这些需求包括景区气象灾害监测预报预警服务、短临天气预报、景区大型活动气象专题预报、旅游气候资源科普宣传、森林防火气象保障服务等。

游客在旅游的不同阶段都需要气候和气象信息。要使游客对旅游感到满意，不仅要提供他们需要的气候和气象信息，这些信息还需要满足以下四个要求。

（1）可用性：保证游客随时可以接收到所需要的信息。为了使提供给游客的气候和气象信息符合可用性标准，必须知道游客在目的地参加的活动信息。这种信息非常重要，因为它可以影响到气象服务的基础设施。

（2）可靠性：保证游客可以按时、定期、无遗漏地接收信息。为了确保游客可以按要求获得信息，必须保证信息的有效传播和正确接收。

（3）可信度：游客会使用他们认可的信息。因此，源头起着根本性的作用。增强对信息质量的信心并承认其局限性（有时预测不会成真）是这一要求的重要方面。

（4）有用性：游客需要适合他们的水平和需求的信息。为每个旅游活动和目的地提供的最相关的大气参数是什么，呈现信息的最佳方式是什么，游客如何可以最大限度地利用它，用户或游客需要什么类型的附加信息，如何在特定天气条件下满足他们的舒适、安全和享受需求，这些都是必须回答的重要问题。

气象信息要充分考虑游客的要求（享受、舒适和安全），增强游客对各种度假目的地的天气或气候的感知。气象信息服务要适应游客可能参与的旅游类型（如航海运动、海滩度假、滑雪、徒步旅行）或这类活动通常发生的环境类型（如海岸、山脉、城市），同时提供综合气候信息或概率值（具有特定类型天气概率的日历或根据天气为不同类型的旅游活动设定最合适时间的日历），使游客能够最大限度地利用气候或天气的好处，并防止或减轻气候或天气造成的一些负面影响。

6.5.2 敏感气象要素对旅游业的影响分析

气候和旅游业之间的联系是多方面的，而且非常复杂。图6-18概述了气候对旅游业的影响。重要的是，气候只是影响旅游系统的一个宏观尺度因素，其与其他宏观尺度因素相互作用。

气象要素，如降雨、降雪、大风、雷电、高温和雾霾等对旅游行业有着较大影响。每种气象要素对旅游行业的影响又根据其出现的时间、地点和强度的不同而有不同的表现。气象条件对旅游行业的影响主要表现在景区运营管理中的植物养护、花叶观赏、山体安全管理、游船服务、索道、文物保护等方面；对旅游中介部门的影响主要体现在交通安全运行、日程安排、游览效果及游客安全等方面；对旅游管理部门的影响包括酒店气象服务、旅游资源规划及大型活动气象服务保障等方面。对于游客来说，不利的气象

第 6 章 气象信息的应用

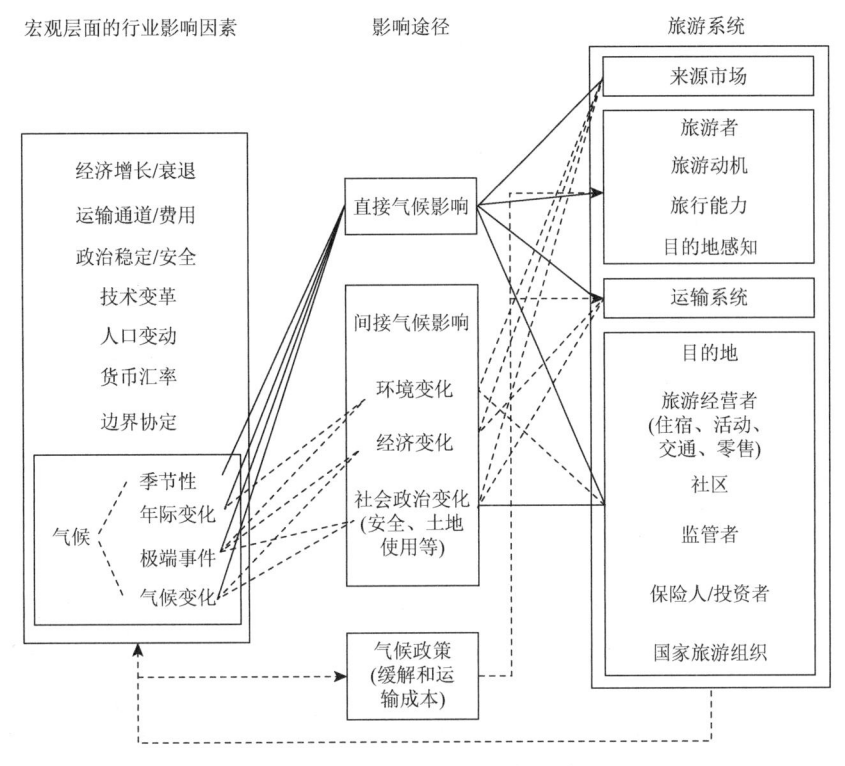

图 6-18 气候对旅游业的影响

条件会造成观光游玩的体验感降低,甚至还会带来一系列的安全隐患。天气和气候条件对游客需求和游览休闲景点都有影响,文献[70]分析了短期的天气和长期的气候对参观英国切斯特动物园游客数量的影响。研究表明,温度对游客数量有非线性影响。随着气温上升到 21℃ 左右,每天的游客数量会上升。此后,在炎热的日子里,游客数量会下降。海滩假期、城市假期的旅游温度评级分别如图 6-19 和图 6-20 所示。

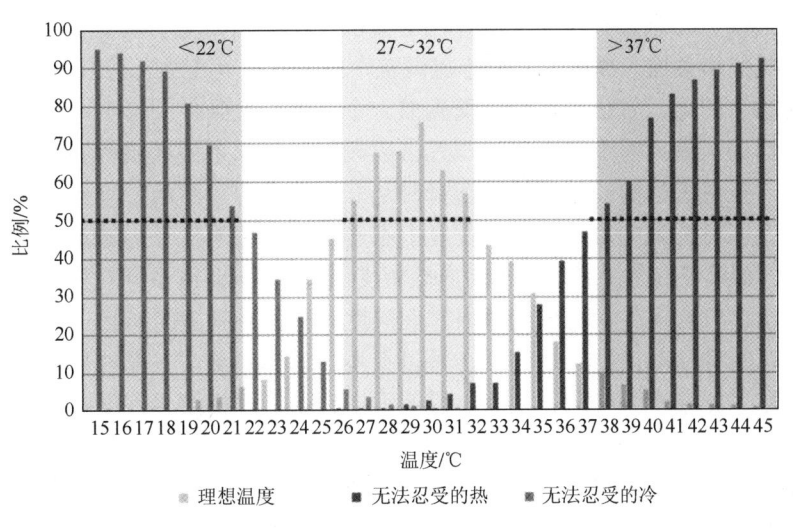

图 6-19 海滩假期的旅游温度评级[71]

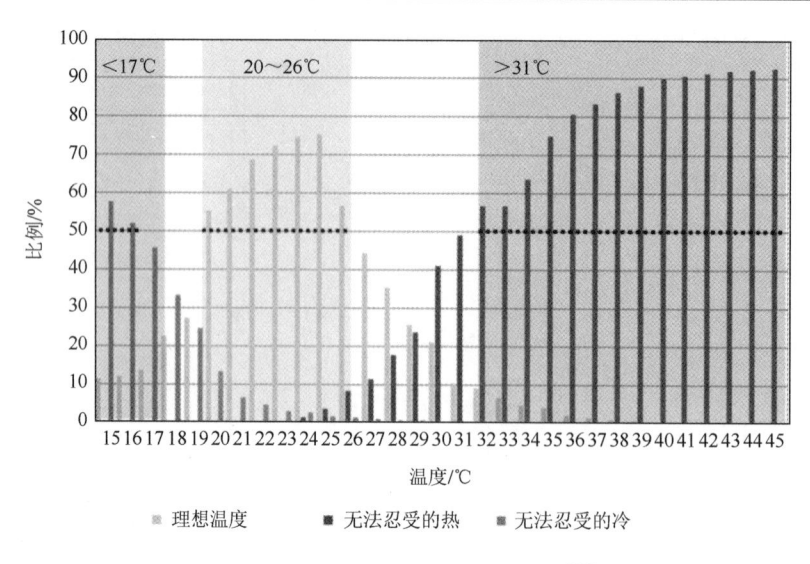

图 6-20　城市假期的旅游温度评级[71]

气候会对旅游决策和旅游体验产生影响。气候是游客在旅游规划时需要考虑的一个关键因素，因为对游客来说气候是旅行欲望最主要的推动因素。天气和气候是度假体验的内在组成部分，并且已被发现是旅行的核心动力。在德国、英国和加拿大进行的旅行调查都发现，天气和气候是大多数旅行者的主要旅行动机。在一些国家对其他旅行者的调查也揭示了气候在选择度假目的地和度假旅行时间方面的重要性。重要的是，旅行模式与目的地和出发地的天气和气候条件都有着重要关系。例如，尽管 2008~2009 年全球经济衰退并且预期旅行需求会减少，但英国旅行社协会发现英国初夏大部分时间的多雨天气导致外国假期预订量增加了近一倍。

气候变化会影响一些国家的旅行模式（国内和国际假期的比例）和旅游支出。对英国旅游需求的研究发现，出境和入境游客的流动与当年和前一年的天气（温度和降水量）有很大的相关性。在意大利发现了每月住宿需求（夜间）和夏季温度（今年和前一个夏季）之间的类似相关性。挪威人对夏季旅游包车的需求，其中大部分（超过 75%）是前往阳光明媚的目的地，且已被发现是受到前一个夏天天气条件的影响。受过去季节的影响是可以理解的，因为对于个人来说，过去因天气而降低了假期旅行满意度或产生了假期旅行损失，在考虑当前的假期旅行选择时是非常警惕的。然而，来自旅游调查的一些证据表明，返回目的地的决定在很大程度上不受过去恶劣天气经历的影响。研究发现，夏季比平均气温高 1℃ 会使加拿大的国内旅游支出增加 4%。许多针对特定部门或目的地的研究还表明，气候条件（每日到每周时间尺度）与一系列旅游指标——滑雪缆车票、公园出勤率、特殊活动出勤率之间存在显著关系。重要的是，气候信息和其他与旅行决策相关的信息（如成本、时间、景点、假期承诺、动机）相结合，限制了气候信息在旅行决策中的使用。

影响旅游的天气现象又可划分为两类：一类是障碍性天气现象，主要包括给旅游带来不便，但不至于危害游客生命安全的天气现象。一类是灾害性天气现象，主要包括对游客生命安全和景区设施存在安全隐患的天气现象。鉴于以上原则，选取 9 种公众预报中的主要天气现象作为研究指标，对其可能会对旅游产生的影响进行分析，如表 6-10 所示。

表 6-10 影响旅游业的敏感气象要素

要素	障碍性天气现象	灾害性天气现象
降雨	√	
暴雨		√
雷暴		√
冰雹		√
大风		√
高温		√
雾		√
霾	√	
降雪		√

1. 降雨

降雨在给景区交通带来不便的同时还会造成景区能见度的下降，降低了游客的体验感，是旅游活动中典型的障碍性天气。

2. 暴雨

由于多数景区对暴雨的承载能力较差，暴雨一旦发生，极易在短时间内引发山洪、泥石流等次生灾害，后果极为严重。例如，2012 年的 7·21 河北保定大暴雨事件引发了山体滑坡，景区基础设施和对外交通路桥严重损毁，造成了百里峡景区 3 万游客长达 12h 的滞留。因此，暴雨天气是旅游活动中典型的灾害性天气，需要给予高度重视以防范和减损。

3. 雷暴

雷暴很少单发，通常伴随暴雨、大风、冰雹等一并发生，极易造成人员伤亡。海拔较高、索道等电力运输设备较多的景区，是雷电灾害的敏感地带，湿地型景区庞大宽广水体的下垫面更是雷电的天然导体。鉴于以上考虑，雷暴灾害也是旅游活动中重点考虑的灾害性天气。

4. 冰雹

尽管冰雹发生概率相对较低，但其发生的时间尺度较大，且往往以"雹打一条线"的空间分布形式出现，其应该作为旅游活动中重点关注、防范的灾害性天气。

5. 大风

多数山岳型景区都建有高空索道和悬空玻璃栈道等观光设施。尤其是玻璃栈道往往依峭壁而建，地势较高，背靠山体，前方空旷，无地形阻尼，又是游客密集的地区，如遇大风天气极易发生人员伤亡。飓风更是如此，2011年，飓风"艾琳"对巴哈马旅游业造成巨大损失：游客提前离境、取消预订，以及航班和邮轮的调整，造成巴哈马旅游业2000万美元的损失。洪都拉斯旅游业占全国GDP的6.5%，约16.52亿美元。2020年，受疫情和飓风影响，洪都拉斯旅游业损失约13亿美元。此外，飓风对其旅游基础设施造成的损害约1亿美元。据估计，旅游业恢复至2019年水平需3~4年时间。因此，大风天气是旅游活动要重点考虑的灾害性天气。

6. 高温

高温天气高发时段在6~8月，时值旅游旺季，景区客流量较大。持续性的人流密集在高温的加持下，易引发大范围的中暑事件和食物中毒事件，给游客生命健康及景区配套功能都带来了极大的威胁。因此，高温天气也是旅游活动中需要重点考虑的灾害性天气。

7. 雾

雾是静稳天气条件下的天气现象，易发于早晚，持续时间较长，影响范围较广，视程障碍程度较严重。旅游活动主要是白天的户外活动，如遇持续性大雾天气，极易引发景区内部和景区外部交通干线的安全事故。因此，雾也是旅游活动中重点考虑的灾害性天气。

8. 霾

旅游景区内部及周边环境植被繁茂，负氧离子浓度较高，空气流通性好，霾在多数旅游景区的发生频率不高。但是近几年，不少地区的秋冬季节常常暴发大范围持续性的雾霾天气，空气质量日益恶化，并逐步波及旅游景区，导致白天游玩时段景区内大气透明度降低，影响了自然景观的观赏性，给旅游体验感带来了负效应，但不至于危害游客生命安全。因此霾是旅游活动中应该考虑的障碍性天气。

9. 降雪

降雪天气可以培育雪景，提升景区观赏度，从这一点看，降雪是对旅游有利好性的天气。但若降雪量级较小，积雪持续时间较短，且部分海拔较高的景区冬季会封山停业，所以，降雪天气对这些景区旅游活动的利好性不明显。另外，降雪使路面光滑、泥泞，给户外游玩带来了一定的安全隐患，同时还给景区交通线路带来事故隐患。再者，如果山坡积雪太厚造成雪崩，则会对游客产生灾难性的影响。雪崩对冬季运动具有非常大的影响，因为许多受欢迎的目的地，如阿尔卑斯山、落基山脉和喜马拉雅山脉的著名滑雪胜地、公园和登山区，都位于雪崩多发地区。在国际高山救援委员会的 17 个国家中，每年约有 150 起雪崩死亡事件发生，大多数受害者是滑雪者、滑雪板爱好者和冬季登山者。因此，降雪应该作为旅游活动重点考虑的灾害性天气。

天气和气候对旅游决策和度假体验具有广泛的意义。气候是目的地吸引力的重要部分，并且是选择度假目的地和度假旅行时间的主要动力。气候影响旅行模式（国内和国际假期的比例）、旅游支出和整体假期满意度。旅行者对预定目的地的气候和天气以及沿途（旅行阶段）的天气尤为关注。商务旅客特别需要了解天气是否会导致行程延误和改道，在路线决策中需利用气象预测信息。图 6-21 给出了用于休闲旅游决策的天气气候信息（历史、预报、临近预报）[72]。

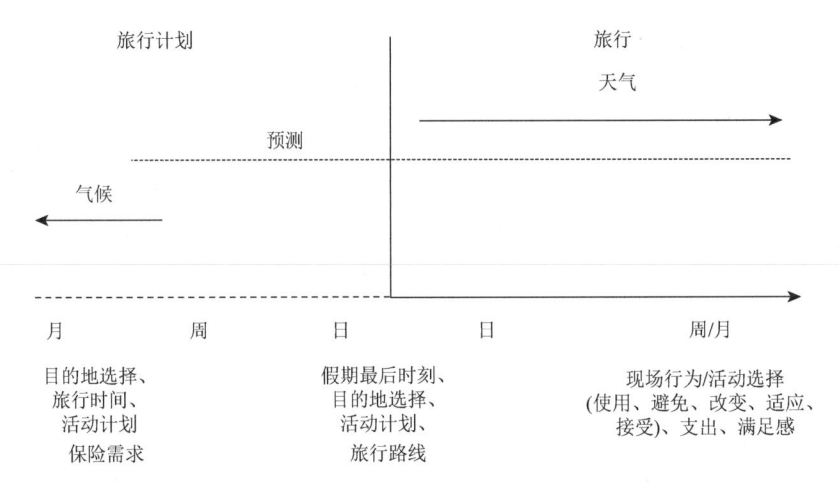

图 6-21 用于休闲旅游决策的天气气候信息

作为六朝古都和当代中国的首都，北京长期以来一直是中国最重要的旅游目的地城市之一。图 6-22 给出了北京旅游行业敏感气象要素排序。表 6-11 给出了气象要素对北京旅游影响的统计表。

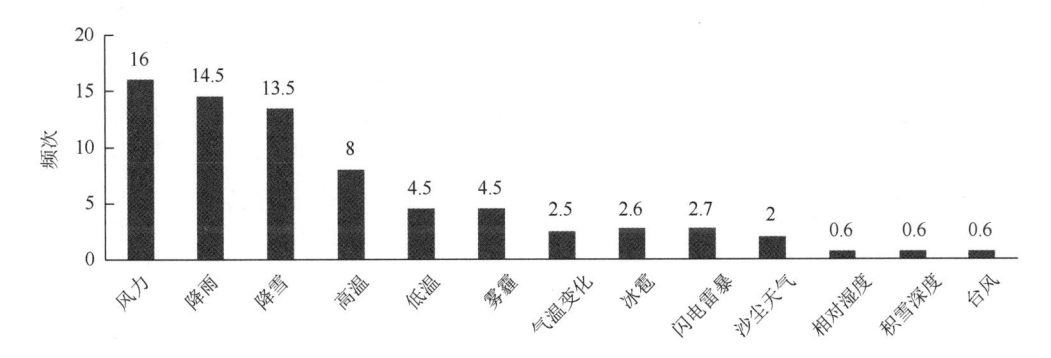

图 6-22 北京旅游行业敏感气象要素排序

表 6-11　气象要素对北京旅游影响的统计

敏感度	要素	有利影响	不利影响
1	风力	夏季使天气凉爽	风力超过 5 级，人体感觉不舒适；冬季使人体感觉更加寒冷；对索道漂流特种设备安全有影响；瞬时大风 4 级以上即会影响游船运行。瞬时大风 4 级以上会导致树木倒伏，影响工人上树修剪。频繁大风会缩短植物观赏期。大风导致无法开展室外活动
2	降雨	降雨具有清洁空气和降温的作用，增加舒适度；保证植物存活率	暴雨致使能见度降低，出行隐患增加；易引发地质灾害；对游客行程产生影响；对大多数室外活动都有阻碍
3	降雪	景色优美，形成新景观；空气清新；补充植物水源；预防来年植物病害和虫害	客人滞留景区无法按预定行程游览；交通容易中断，易出事故；大雪可压损树木
4	高温	无	影响古文物养护；极易导致游客中暑；阻碍室外活动的举办
5	低温	预防来年植物病害病虫害；形成冰冻景观	冻伤植物；极易引发道路结冰
6	雾霾	轻雾可增加游客旅游兴致	影响游船、索道等运行；视程障碍，影响交通安全
7	气温变化	无	极易引起游客感冒；降温幅度大影响植物生长
8	冰雹	无	砸损植物及室外设施；砸伤游客
9	闪电雷暴	无	易造成停电、索道停运；景区树木、设备受雷击影响；危及电气系统运营等；阻碍一切室外活动

6.5.3　互动智能气象服务

1. "大旅游"时代背景下旅游与气象融合发展

旅游业与气象之间存在着天然的耦合关系。旅游气象资源为旅游观光提供了基础，也为景区后期开发提供了先决条件。随着经济全球化发展，受大气污染、环境恶化与全球性的持续变暖趋势的影响，旅游业的发展面临新的挑战。在旅游业的快速发展与国民经济提升的带动下，高品质的旅游服务成为当下人们关注的重点。对此，将气象预报及灾害预警两方面与旅游信息化相结合，一方面保障了高品质的旅游服务，另一方面对产业融合发展也起到了带动作用[73,74]，旅游与气象的耦合关系如图 6-23 所示。

1）旅游气象资源

旅游资源是指在自然和人类社会中能够吸引旅游者进行活动，为旅游业所利用而产生经济、社会、生态效益的事物。地质景观、山水风光、气象天体等都属于自然旅游资源。独特的气候资源是旅游业赖以存在和发展的基础，也是景区开发的先决条件。不同气候条件的相互作用形成了像雾凇、云海、佛光、极光、彩霞、海市蜃楼等独具特色的

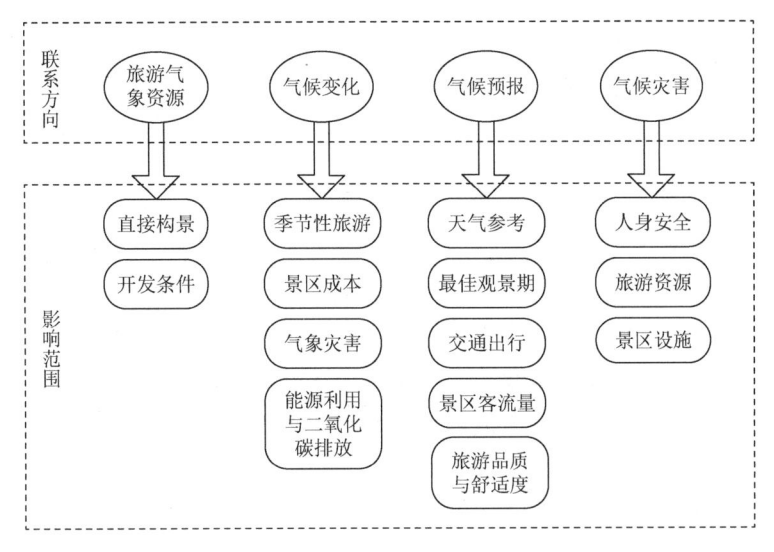

图 6-23　旅游与气象的耦合关系

自然风光，提高了旅游观赏价值，从而带动了该地区的旅游消费。例如，我国湖北恩施地区气象旅游资源非常丰富，当地气候四季分明，冬暖夏凉，夏季最高气温不超过30℃，是人们避暑的好去处。温暖湿润且光照时间长的气候条件是这里多种珍稀树木得以生长的自然条件，因此，恩施地区建立了有"华中天然植物园"之称的自然保护区。该地区在气候条件的长期作用下，大面积裸露的碳酸盐岩溶地貌发育形成了许多伏流、瀑布、溶洞及石林等独具特色的自然景观。冬季，由于其特殊的地理位置，高低海拔温度差异大，低山淅沥小雨时，高山则是大雪飘飞，这也成了当地独具特色的冬日美景。我国还有很多像恩施这样旅游气象资源丰富的地区，对这些地区来说，旅游气象资源是当地旅游业发展的基础条件，因此，对旅游气象资源的合理开发不仅可以促进当地旅游业的发展，而且在利用独特的自然景观吸引大量游客、扩大经济收益的同时，为周边产业的发展提供了更大的空间。

2）气候变化

旅游业是一个依赖气候的产业。近几年，旅游与气象的相关研究成为新热点。随着国家工业化的快速发展，二氧化碳和工业污染物的排放量增加，受温室效应与人类活动的影响，全球气候逐渐变暖，旅游业的发展正面临着气候变化的威胁。受气候变暖的影响，许多季节性旅游项目发生了变化，从而改变了当季景区旅游特色，使一些依赖季节旅游的景区游览人数明显下降。气候变化会影响旅游业冷暖气供应、制冰、灌溉以及保险支出等方面，加大旅游运作成本。例如，受全球气候变暖的影响，一些滑雪旅游地区出现了暖冬天气，使得当地积雪厚度不足，造成滑雪条件不足。为了维持滑雪场的旅游人数，景区就不得不人工造雪，导致成本大幅增加。高温、暴雨、台风、泥石流等突发性自然灾害也会对景区环境和基础设施造成破坏，甚至造成人员伤亡，给旅游景区带来损失。此外，气候变化还可以影响水资源、生物多样性、食品安全、基础设施建设等，从而间接影响旅游业。近年来，二氧化碳排放与旅游资源开发利用成为影响旅游气象环境的主要因素。世界旅游组织的相关研究显示，旅游业中温室气体排放占全球的5%，由旅游交通带来的能源消耗是旅游业总能耗的主要部分。气候变化正在对不同类型的旅游自然景观产生影响，但同时不能忽视旅游交通对气候的影响，由此不难看出，旅游业与气候变化有着密切的联系。

3）气象预报

针对不同景区特点与游客需求，提供不同的气象预报产品是旅游气象服务中的重点内容。降温、大风、雨雪等天气都会给游客的出行带来不便，因此旅游景区天气预报、短时临近预报和精细化预报等气象预报服务为旅游者选择安全舒适、品质优良、最佳观赏期的旅游环境提供了保障。以我国庐山为例，冬季赏雪是该地区一大旅游热点。该景区为游客提供观景最佳时期的相关信息，从而确保了旅游品质与安全，更好地为游客提供服务。旅游气象指数预报是结合气温、风速、降雨等天气现象为市民提供的出游建议。旅游气象指数分为五级，指数越高，越不适宜旅游。旅游气象指数还综合了体感指数、穿衣指数、感冒指数、紫外线指数等生活指数，为市民出游提供了更加详细实用的参考。例如，当空气中负氧离子含量较高时，适宜外出运动；风寒指数越高，人体舒适度越差，则不宜出行。紫外线指数表示太阳紫外辐射对人体皮肤的损害程度，它可以提醒公众采取相应措施减少紫外辐射的危害。随着旅游业的发展，人们越来越关注旅游的品质，因此旅游气象指数预报可以更准确地为游客出行提供参考，提升旅游质量。深圳是我国重要的旅游城市之一，其旅游业占该地区经济总量比例越来越大，而气温、降水、风速、雷电、雾、霾、强紫外线等气象因素直接影响人们旅游出行。因此，深圳市气象局2014年组织制订了深圳市《旅游气象指数等级》标准，这既保证了旅游的品质，也保护了旅游者的身体健康。

4）气象灾害

旅游气象灾害主要是指气温、湿度、风力、降水等气象要素发生变化，对旅游资源、景观造成影响或给旅游活动带来危害的现象。山岳风光、河湖泉瀑、生物植被、风沙戈壁、山地高原等自然景观都有可能面临气象灾害的破坏。干旱、暴雨、雷电等极端天气都可能会对旅游景观、交通、景区设施以及游客人身安全等带来危害，并且它还具有时空性、规律性的特点。灾害性天气造成旅游行程延误，威胁游客人身安全，导致旅游安全事故时有发生。例如2013年7月14日，广西金秀天堂谷漂流景区游客突遇山洪造成8人死亡。以我国青海地区为例，5~9月是青海旅游的集中期，而此时也是冰雹、暴雨、雷电、高温、大雾、龙卷风等灾害的频发季。海东地区、西宁市、黄南藏族自治州等地是气象灾害的高发区，同时也是伤亡人数最多的区域。因此，利用气象灾害发生的特点来分析其发生规律及原因，及时向公众发布预警信息，对保护旅游资源及游客生命安全有着重要的现实意义。

2. 基于物联网构建智能气象服务系统

随着旅游经济快速增长，多产业融合发展的格局日趋完善，大众旅游时代到来，政府部门、旅游企业以及外来游客对旅游气象服务的需求越来越大。将气象、科技等多领域与旅游业融合发展，发展智慧气象服务，为旅游业提供智慧气象和气象智慧。做好旅游景区气象灾害监测预警,建立旅游气象信息服务交流共享平台和旅游气象信息发布体系,同时加强旅游气象科学技术研究,积极协助旅游管理部门开发旅游气象服务产品,打造气候养生舒适宜居的旅游品牌,以进一步满足人们对旅游环境与旅游服务更高层次的需求。在融合产业的带动下,提升市场竞争力,促进新产品开发与可持续发展,形成健康、和谐的发展环境,必将形成旅游与气象的双赢发展态势。

1)开展基于物联网的智能气象监测

构建旅游景区气象智感网络。开展旅游景区主要旅游线路智感监测,完善景区实景、辐射、紫外线强度等监测要素。整合旅游数据,集约化数据处理,进而得到更加精准格点化的气象数据信息。

2)提高智能网格预报在全域旅游服务中的应用

智慧气象服务关键在智能预报。利用人工智能和大数据技术,提高智能网络预报空间分辨率和时间分辨率。在对全域旅游服务中,通过系统或平台与旅游需求无缝对接,按照需求,逐步提高空间分辨率和发布频次,以及以精细化网格实况、预报资料为基础,考虑各气象要素对旅游景区和旅游体验的影响,为公众提供愉悦场景式气象服务。

3)开展智能气象预警工作

旅游景区是开展旅游气象服务的重点,多数旅游景区景点位于山地或河谷,受极端天气影响,极易产生次生灾害。针对旅游景区气象灾害提出防御对策,如在旅游景区建立健全行之有效的灾害性天气应急预案和防御措施,建立大风、雷电、雨雪等气象灾害的警示标识、应急警示牌,设立灾害天气紧急避难平台或场所等;在景区加强与气象部门的联动,建立共享机制及预警信息传递日常工作机制,努力在第一时间将突发气象灾害应急预警信息传送给旅游管理部门、景区、游客等。

同时,气象部门还应完善气象灾害风险决策服务数据库,建设气象灾害综合风险决策服务"一张图",建立多灾种决策气象服务支持系统,发展基于旅游目标人群的预警精准靶向发布技术,实现旅游防灾减灾气象服务的标准化、智能化。

有效利用气候信息具有避免伤害和死亡、避免财产和环境破坏以及广泛的其他社会效益的潜力。就旅游业而言,来自卫星成像仪和探测器的天气信息和飓风预报每年将创造可观的社会经济效益。据统计,每年大约有 9 亿次国际旅行和 80 亿次国内旅行,假设游客愿意为每一次旅行计划所需的天气和气候信息支付 1 欧元(1 欧元≈7.61 元人民币),那么气候服务的全球价值将会产生十分庞大的经济收益。

6.5.4 气象信息的应用

旅游业中气候信息的潜在用途是巨大的。气候信息的完整时间尺度,从临近预报(最多 1h)到中短期预报(1 天和 7~10 天),再到几十年的气候变化预测,都在旅游部门得到利用。

气象信息服务供应商提供给旅游最终用户的信息类型差别很大。国家气象服务主要关注的是为了公共利益(如最大限度地减少损害和增进人类福祉)而使整个社会受益的气候信息的生产，但其他政府机构和大多数私营部门供应商都专门为最终用户和付费服务客户量身定制。

图 6-24 提供了旅游业气候信息概念框架。世界气象组织（WMO）定义如下："基本服务"是由国家气象或水文气象局提供的服务，以履行其政府的主权责任，保护公民的生命和财产，促进他们的总体福祉和环境质量，以及履行其在 WMO 公约和其他相关国际条约下的国际义务。"专业服务"是指超出基本服务范围的服务，可能包括提供特殊资料和产品、解释、分发和传播以及咨询建议。主要气候资料的来源通常包括政府机构和私营气象公司，但也可以包括大学、非政府组织（Non-Governmental Organizations，NGO）和旅游运营商运营自己的气象数据收集站（如滑雪运营商）。

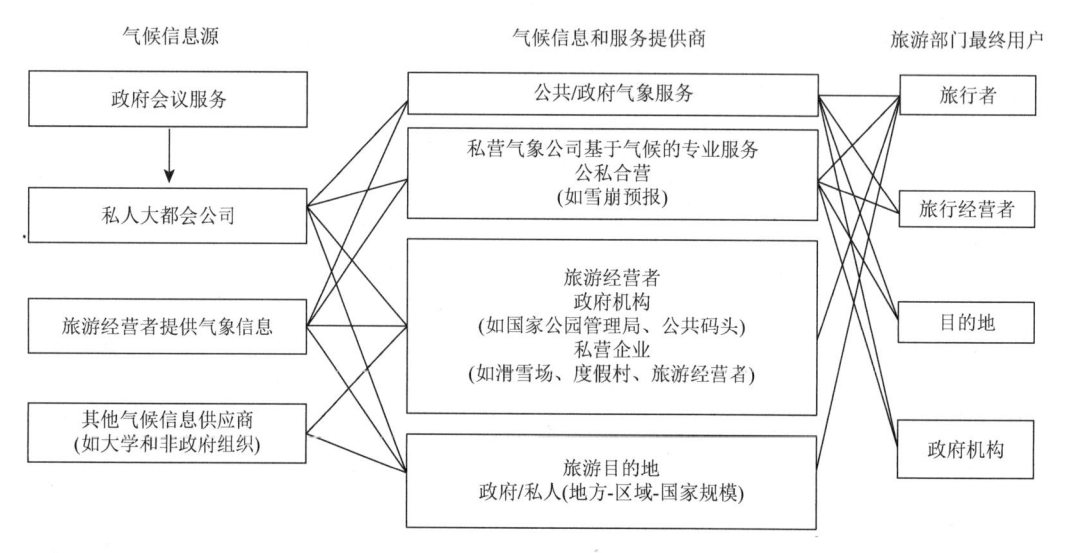

图 6-24 旅游业气候信息概念框架

旅游与气象有着密切的联系。从旅游气象资源方面看，它是直接构成旅游景观的基础，旅游必然会考虑天气情况，景区最佳观赏期和客流量也与天气状况息息相关。灾害预警为人们提供了突发自然灾害警示信息，为旅游景区设施以及游客人身安全提供了保障。近年来，温室效应、雾霾等气候变化对旅游业的运作产生多方面的影响，而旅游业能源消耗与二氧化碳的排放也引起了国际机构和社会各界的关注。由此看来，气象在旅游中的应用已经非常广泛，气象业的发展也给旅游业发展带来较大的提升空间。

同时，气候信息对旅游业来说是一把双刃剑。准确的气候信息对旅游业来说是无价之宝，但不准确的气候信息严重阻碍了旅游业的发展。例如，北卡罗来纳州的媒体报道了不准确的气候信息，称春季霜冻毁掉了当年该地区的收成，此报道直接导致该地区酿酒厂整个季节的访问量下降。该地区的旅游当局和其他旅游经营者都纷纷担心气候预报的准确性和媒体报道的真实性。在当地的气候、天气和旅游研讨会上，多个旅游利益相关者表示不实的天气报道对旅游业产生了极大的负面影响。

6.6 气象信息在保险行业的应用

气象对我国国民经济的健康发展具有十分重要的作用，通过本章前五节的介绍，我们已经了解到，气象信息对电力、交通、农林牧渔业、医疗保健、旅游行业均有着极其重要的影响。由气象原因引发的灾害损失占我国自然灾害损失的 70%。因此，加强气象预警服务，减少我国的自然损失，对提高国民经济运行的速度和效率有重要意义[75]。

同时，气候变化对保险部门最明显的影响是极端天气事件扩大了保险财产的损失。天气又是影响保险公司盈利能力的重要因素。保险公司通过对天气因素进行合理管理，可以识别最小化风险、优化流程、减少损失，同时提高客户保留率并降低成本[76]。

6.6.1 保险行业对气象信息的需求分析

近些年来，受气候变暖的影响，我国频繁发生不良的天气现象。此类极端气候的频繁发生，为我国的农业经济带来了惨痛的代价，农业经济受损，也导致其他产业经济受到波及，致使大环境处于低迷状态。气候危害及其造成的沉重损耗，以及后续带来的不良影响，引起了人们的高度关注，使人们产生了对相关风险投保的想法，为可能因天气风险带来的经济损失求得一份保障。面对天气风险带来的损失，亟须其他方法弥补。天气风险已经日益成为影响众多行业、企业生存与发展的至关重要的风险因素之一[77]。

因天气因素具有不明确性、高危险性，所以人类一直以来难以预料和处理。天气风险管理协会（Weather Risk Management Association，WRMA）于 2007 年在欧洲举行气候变化大会，会议上指出很多相关具有研究价值的问题。目前为止，全球经济遭受影响的原因中有 20%～30%是一般性天气的难以控制和预测。由于气候变化的不稳定，许多行业的经济收入受到严重影响。从全球范围的经济发展水平来看，天气因素的影响程度高达 80%，据称，天气风险要素已经影响了美国近 1/3 的经济活动，这一数据是非常严峻、不乐观的。近年来，受气候变暖影响，自然灾害现象更是频繁发生，海啸、台风、地震等自然灾害造成严重的经济损失。国家统计局数据显示，2017 年全国受自然灾害影响酿成的经济损失为 3018.7 亿元，受灾面积高达 $18478\times 10^3 hm^2$，其中地震造成的经济损耗高达 1476.6 亿元，其他风雹、高温、低温、洪灾、旱灾等极端天气现象都造成了严重的经济损失。人们开始体会到了巨灾保险的重要性，慢慢对巨灾保险产生了需求，以求得自身财产的保障。

除了对巨灾事件的关注，人们也渐渐认识到了一般天气因素风险带来的问题。直到 20 世纪 90 年代，人们发现巨灾事件的发生概率是极低的，有些地区甚至不会受到海啸、台风等自然灾害的影响，反而是屡屡受到普通天气的影响。天气风险管理机构在一份天气要素影响研究报告中指出，温度极端变动会导致啤酒的销售额度下滑 80%以上，当温度陡降时，啤酒销量很可能会降低一半以上。

日常天气风险对我们的生活生产、经济发展等都带来了一定的消极影响，无论国内还是国外，涉及各个行业。例如，娱乐休闲、旅游、零售等，这些行业容易受到天气风险的影响却均不自知，或者自行消化其经济损失。天气风险带来的影响是深远的，范围是广泛的，造成的损失是不可控的，虽对某些行业造成的损失相对较小，但也可能因受到天气风险因素的影响带来财务上的风险。

天气异常变化对生产生活的危害非常广泛，湿度、降雨、风速、雪、雾等一般天气因素会对旅游行业的经济收入、游客的出行造成一定的损失与影响；日照时间和降水量会直接影响农业的产出与收入；我国的第一产业——农业，是与气候最为相关的，天气的不稳定变化，将直接影响其产量与产出；温度、降水、大雪等一般天气因素也可能对国家、企业、农民造成一定的影响与严重后果。故而人们发现了天气因素所带来的巨大影响力，将天气因素作为关注的重点。

我国国土疆域广阔，呈现出了复杂的天气情况，不同地域所表现出的差异种类复杂繁多，面对此类复杂的天气情况，应对的方法必须具有灵活性。由于气候的多样性，一般日常天气指标，如气温、风速、降水量等变动的浮动较大，不明确性较高，外加近些年受气候变暖的影响，天气出现了偏离正常水平的现象，导致受影响的范围变广，气象保险与天气衍生品便由此产生。保险公司可以向对天气敏感的行业销售保险产品以此帮助企业进行风险管理。随着特殊天气现象发生概率的提升，市场对气象保险与天气衍生品的认识加深，需求也急剧增加。然而，面对天气风险因素的不确定性，银行、保险业等金融行业对天气敏感的行业、企业、项目提供融资或销售天气衍生品会产生不确定的风险，控制这一风险是一个巨大的挑战。所以，保险公司应巩固对天气风险的认识与解析、控制与操作风险的能力与技能、管束控制因大气危害造成的经济损失。

依照美国商务部关于天气危害影响经济规模的统计，与气候和天气相关的产业，包括保险业、旅游业等在内的各行业，整体 GDP 中 33%以上的部分均与不良的天气变化有直接关系。目前极端天气气候多发，使我们对气象保险与天气衍生品产生了巨大的需求量。我国疆域辽阔，天气的区域性差异与变化极其明显，东西、南北差异均较大；沿海天气、内陆天气均表现出多种多样的状况，这种范围天气的浮动与变化，导致非常高的不确定性。气温、雨、湿度、风、雪、雾等都会增加某些企业的预计收益、现金流量等财务状况的不确定性，企业财务对风险的把控度降低后，便有可能遭受更大的风险，从而形成恶性循环，最终导致企业无法承受风险，公司经济运转不良而破产。非灾难性天气变化的危害体现在对企业现金流动和结余的冲击，失常的气候将变更企业的用户需求，用户需求量的改变则会导致企业产品的堆积、滞销或无法及时供货、及时提供相应服务等。由此可见，我国在天气方面是具有极高的敏感性的，各行各业均会遭遇到天气变化带来的损耗与影响，而各个企业直接面对的就是经济利益的损失，政府所需要面对的更是天气风险对经济运行的威胁。

6.6.2 影响保险行业的气象要素分析

1. 风灾对渔业保险的影响

海洋条件恶劣，常有台风、暴风雨、航标不备、浓雾等。随着海洋捕捞业的快速发展，渔船海损事故居高不下。风灾事故占渔船全损事故的比例超过一半，且渔船一旦发生全损，往往导致严重的人员伤亡和财产损失。因此，对作业渔船提供气象保障可以减少渔业海难和生命财产损失。

渔船事故种类主要有风灾、碰撞、触礁、自沉、火灾、搁浅等，如图 6-25 所示。通过分析可知，风灾是造成大量渔船全损事故的主要原因。出险渔船发生全损事故中，风灾事故为 685 艘次，占 55.02%；碰撞事故，发生 159 艘次，占 12.77%；触礁事故，发生 118 艘次，占 9.48%；其余占 22.73%。其中，渔船遇到大风浪天气导致的倾覆造成的损失非常严重，死亡人数比例也最大。风灾事故的主要致灾因子是大风和大浪。实践表明，大浪始终伴随大风到来，从实际出发，对风灾事故的分析和风险评估，都将风和浪的作用作为依据。

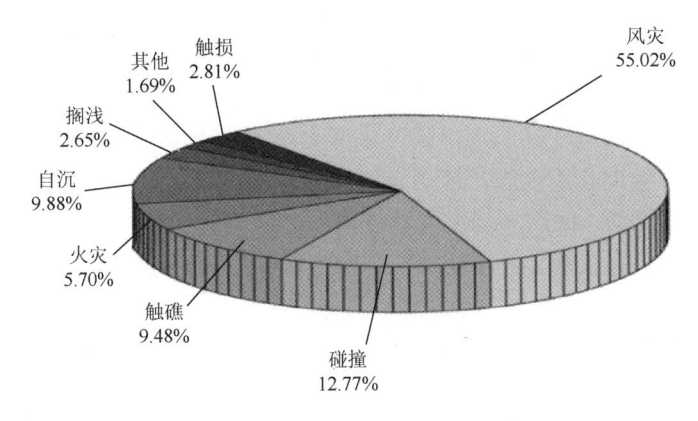

图 6-25 渔船全损事故种类

国内各相关政府机构和气象部门开展的海事气象服务中，已推出针对渔业的气象预报，6.3 节也介绍了气象信息在渔业中的应用。此类服务不仅为渔业管理部门指挥避灾提供参考，还为减少和避免渔民生命与财产损失、减少渔业保险理赔做出巨大贡献。

2. 水旱灾害对苹果干旱指数保险的影响

苹果种植是中国重要的林果产业，中国苹果产量和种植面积均居世界首位，并仍在扩大。气象条件是影响苹果产量和品质的关键因素，气候变化对苹果生产区域有着重大的影响，分析苹果种植区水旱灾害风险，对探索苹果干旱指数保险产品具有重要意义。

利用全国 5km×5km 格点气象数据，基于前人确定的气候学指标，采用气候倾向率、ArcGIS 空间插值等方法，剔除不满足苹果生长基本需求的不可种植区域，评价可种植区的气候适宜性，并分析年际间适宜区的变化特征；运用全国所有站点气象数据，基于作物水分亏缺情况和苹果成熟期连阴雨发生日数，分别构建干旱指数和连阴雨指数进行灾害风险分析；运用站点气象数据对气候区划、干旱风险和连阴雨风险进行验证与评价；结合产量数据，构建干旱指数农业保险。

基于高分辨率气象格点数据对中国苹果种植的气候因子及气候适宜区进行研究，对苹果种植区域的调整具有较高的参考价值，在可种植区域内对干旱、连阴雨灾害进行风险分析，并运用干旱风险指标，结合实际保险政策设计苹果干旱指数保险，对苹果产业趋利避害、减损保产有一定的指导意义，从而支撑苹果产业稳定发展。

3. 气象要素对水产养殖保险的影响

2017年3月，中国水产科学研究院东海水产研究所、气象科技服务中心、江苏省海洋渔业指挥部组成的气象保险调研小组，到江苏省南通市启东市惠萍镇的农业部水产健康养殖示范场调研，了解气象要素对大闸蟹（中华绒螯蟹，*Eriocheir sinensis*）、梭子蟹（三疣梭子蟹，*Portunus trituberculatus*）和小白虾（脊尾白虾，*Exopalaemon carinicauda*）养殖的影响[77, 78]。

在被调研的三个养殖品种中，大闸蟹受温度影响比较大，高温天气（36℃以上）时停止生长，养殖户一般通过池塘中放置瓦片（大闸蟹在瓦片下躲避高温），加高水位，减少饲料投喂来解决；气温过低同样会影响大闸蟹的生长，低温天气时会出现气压低而引起大闸蟹缺氧，养殖户通过降低水位高度，增大塘底露水面积，使大闸蟹易爬出透气；台风天时，大风会卷走养殖设施，暴雨会引起水位升高，大闸蟹爬出池塘逃走，养殖户需通过降低水位来防范；降水还会引起盐度降低，影响蟹的生长。梭子蟹育苗在5月初到6月初，在11月开始销售，育苗期间正是梅雨季节，降水使养殖水体淡化，引起梭子蟹不能脱壳，影响生长；梭子蟹养殖水盐度临界值约8‰，一般不低于10‰，9~10月常连续下雨7~8天，甚至会短时间大量降水，这会降低水体盐度影响梭子蟹生长。小白虾最怕缺氧，秋天连阴雨天气容易发病。

从调研情况可知，气象条件对水产养殖具有极大的影响。在调研中，养殖户普遍反映，非常希望有水产养殖保险，但由于水产养殖风险大，查勘定损困难，很少有保险公司愿意承保。因此，养殖户对气象指数保险很感兴趣，愿意积极协助气象指数保险的探索与示范，并希望气象指数保险能够尽快投入应用。

4. 气象要素对城市车辆出险的影响

文献[79]分析了非极端天气对北京、天津、大连、青岛、上海、重庆、深圳、厦门、宁波九个城市车辆出险的影响，分析了不同气象条件下所发生的交通事故数量，发现高温且湿度大的气候条件下事故率较高。随后根据九个城市的气候特征，选取了多个气象要素因子进行主成分分析，找出了影响交通事故的主要气象因子：日降水量、最高温度、风速、能见度。最后建立了考虑节假日效应的加法时间序列模型，同时考虑了节假日与突发事件，通过各时间组的分解，能够明显看出城市车辆出险次数的时间序列特征。以北京市为例，分别求得工作日与非工作日的回归模型，非工作日只选择Prophet（一种基于加性模型预测时间序列数据的方法，其中非线性趋势与年、周、日的季节性变化以及假日效应相吻合）预测值作为变量回归时，R^2（决定系数，即拟合的模型能解释因变量变化的百分数）值小于选择气象变量后的回归模型，证明气象因素对车辆出险次数有影响。其中，非工作日的回归方程显示能见度指标的影响力在几个气象综合变量中最大，因此被选入模型；而工作日模型中气象综合变量影响力由大到小的顺序为降水指标、能见度指标、风速指标。

5. 温度对茶叶气象指数保险的影响

如果春茶遇到低温霜冻等气象灾害，会给茶农带来损失。结合茶叶采摘季节容易受到"倒春寒"影响的情况，浙江推出的茶叶气象指数保险，该险种为投保的茶农在不同的时间设定最低投保温度指数，将气温作为理赔的唯一依据。根据气候条件，只要气温降到预定的温度以下，就触发理赔，规避了茶叶霜冻灾害经济赔偿定损难的问题。

在茶叶低温气象指数保险的基础上，"茶叶综合气象指数保险"也在浙江省衢州市落地。春茶、夏茶、秋茶是衢江区茶叶的主要产值来源，春季易受低温霜冻灾害，夏秋季易受高温灾害，秋冬季易受干旱灾害，给茶农带来严重的经济损失。茶叶综合气象指数保险将低温、高温、干旱三个影响茶叶生长因素列入保险范围，为茶叶生产提供全方位风险保障。

6.6.3 气象信息的应用

通过上述分析可知，在全球变化的大环境下，各行各业均不同程度上受气象条件影响。大力发展科技水平来预防灾害或是主要手段，但减少气象灾害对行业和用户带来的损失也同样重要。保险作为风险转移的手段近年来逐渐受到社会各界关注。本节以辽宁省朝阳市玉米种植保险为例介绍气象信息在保险行业的应用。

1. 朝阳市玉米种植保险风险评价[80]

辽宁省朝阳市位于辽宁省的西部，东面是锦州市，西面是河北省承德市，南面是葫芦岛市，东北方是内蒙古自治区赤峰市。由于内蒙古草原干燥冷空气与东南海洋暖湿气流共同影响，朝阳市是一个半干燥半湿润，具有北温带大陆性季风气候特点的城市。其特点为日照充足，四季分明，但早晚温差较大，降水量少。朝阳市全年平均气温为5.4～8.7℃；年均日照时数为2850～2950h；年降水量为450～580mm；无霜期为120～155天。春秋两季多风易旱，风力一般为2～3级，冬季盛行西北风，风力较强。朝阳市气象灾害特点即种类繁多、受灾范围广、风险损失重。每年朝阳市农业种植因气象灾害而产生的损失巨大，严重影响土地产出率。

受地理位置及气候环境影响，朝阳市属于"十年九旱"典型区，春旱最为严重，风险发生概率为22.9%，重旱概率达11.4%，大旱概率也为11.4%；其次为夏旱，出现概率为24.9%，重旱概率为9%，大旱概率为11.4%。干旱的发生给玉米出苗、幼苗及生长发育带来严重影响。例如，2009年6～7月朝阳市发生严重干旱，造成21.87万hm^2大田作物受灾，重度干旱农田达6.67万hm^2，有近6666.67hm^2农田濒临绝收，大部分玉米枯死。2014年6～8月朝阳市降水较常年偏少30%，部分地区农田土壤相对湿度小于等于40%，出现重度干旱。而该时段恰巧为朝阳市玉米生殖生长阶段，属于需水较多时期及产量形成关键期，干旱天气会导致玉米产量大幅下降。

利用风险查勘表，领域内专家打分，结果如表6-12所示。

表 6-12 朝阳市玉米种植保险风险查勘表

生长阶段	查勘内容	得分
出苗—七叶（200 分）	日照温度<8℃（20 分）	5.3
	海拔>300m，无法满足生长所需热量（12.31 分）	3.1
	所处纬度不在 13.8°N～62°N 内，无法满足生长所需（13.19 分）	3.2
	玉米品种的平均冷害危害阈值<0.2（10.11 分）	2.6
	气候变暖对日平均温度的影响（14.07 分）	10.2
	灌溉及施肥作用对玉米植被温度的影响（8.57 分）	2.5
	降水量<1mm（22.42 分）	21.4
	降水性质影响水分吸收率>0.08mm/m^3（11.87 分）	9.5
	气温>35℃或<-3℃导致蒸散量大或结冰（22.42 分）	19.6
	光照影响蒸散量>0.6mm/m^3（17.36 分）	16.2
	风速影响蒸散量>0.6mm/m^3（15.82 分）	13.8
	土壤自身含水量<0.4mm/m^3（11.65 分）	8.7
	种植制度每立方米>6 株或<3 株（11.21 分）	5.2
	玉米品种的平均旱涝危害阈值<0.18（9.01 分）	8.5
七叶—抽雄（200 分）	日照温度<11.5℃（20.44 分）	4.2
	海拔>300m，无法满足生长所需热量（12.75 分）	3.4
	所处纬度不在 13.8°N～62°N 内，无法满足生长所需（13.63 分）	4.5
	玉米品种的平均冷害危害阈值<0.2（10.55 分）	4.6
	气候变暖对日平均温度的影响>3℃（14.51 分）	12
	灌溉及施肥作用对玉米植被温度的影响>±2℃（9.01 分）	4.3
	降水量<-1.3mm（19.78 分）	17.3
	降水性质影响水分吸收率>0.08mm/m^3（12.31 分）	7.9
	气温>35℃或<-3℃导致蒸散量大或结冰（19.78 分）	11.4
	光照影响蒸散量>0.6mm/m^3（17.8 分）	14.2
	风速影响蒸散量>0.6mm/m^3（16.26 分）	9.6
	土壤自身含水量<0.4mm/m^3（12.09 分）	10.6
	种植制度每立方米>6 株或<3 株（11.65 分）	10.2
	玉米品种的平均旱涝危害阈值<0.18（9.45 分）	7.9
抽雄—乳熟（283.33 分）	日照温度<14℃（31.14 分）	3.6
	海拔>300m，无法满足生长所需热量（18.06 分）	4.7
	所处纬度不在 13.8°N～62°N 内，无法满足生长所需（19.3 分）	4.3
	玉米品种的平均冷害危害阈值<0.2（14.95 分）	4.1
	气候变暖对日平均温度的影响>3℃（20.55 分）	13.2

续表

生长阶段	查勘内容	得分
抽雄—乳熟(283.33 分)	灌溉及施肥作用对玉米植被温度的影响>±2℃（12.77 分）	2.9
	降水量<−1mm（27.71 分）	24.6
	降水性质影响水分吸收率>0.08mm/m^3（17.12 分）	14.9
	气温>35℃或<−3℃导致蒸散量大或结冰（27.71 分）	20.5
	光照影响蒸散量>0.6mm/m^3（24.91 分）	19.2
	风速影响蒸散量>0.6mm/m^3（22.73 分）	19.3
	土壤自身含水量<0.4mm/m^3（16.81 分）	14.8
	种植制度每立方米>6 株或<3 株（16.19 分）	10.6
	玉米品种的平均旱涝危害阈值<0.18（13.39 分）	10.3
乳熟—成熟(316.67 分)	日照温度<10℃（32.01 分）	8.6
	海拔>300m，无法满足生长所需热量（19.84 分）	12.1
	所处纬度不在 13.8°N～62°N 内，无法满足生长所需（21.23 分）	14.2
	玉米品种的平均冷害危害阈值<0.2（16.36 分）	10.6
	气候变暖对日平均温度的影响>3℃（22.62 分）	8.5
	灌溉及施肥作用对玉米植被温度的影响>±2℃（13.92 分）	6.7
	降水量<0.1mm（33.41 分）	32.5
	降水性质影响水分吸收率>0.08mm/m^3（19.49 分）	17.5
	气温>35℃或<−3℃导致蒸散量大或结冰（31.32 分）	18.4
	光照影响蒸散量>0.6mm/m^3（28.19 分）	25.4
	风速影响蒸散量>0.6mm/m^3（25.75 分）	20.5
	土壤自身含水量<0.4mm/m^3（19.14 分）	9.8
	种植制度每立方米>6 株或<3 株（18.44 分）	12.3
	玉米品种的平均旱涝危害阈值<0.18（14.96 分）	13.4
总分		621

2. 朝阳市玉米种植保险方案设计

1）费率

根据表 6-12 中风险查勘表打分总分为 621 分，分值在表 6-13 中处于风险等级Ⅲ，即费率浮动为 10%。

2）免赔额

根据风险损失概率及损失大小，将风险分为高频高损、高频低损、低频高损、低频低损共四种类型；玉米种植保险属于高频低损的财产保险。针对高频低损类风险，免赔额的设置至关重要。但若将免赔额设置得较高，就会失去保障农户的基本作用，并且降低农户投保积极性。同时，若免赔额设置过低，保险人利润率将会下降，导致保险人更新保险产品的热情冷却。

表 6-13 免赔额补偿标准

风险值	0~300 分	301~500 分	501~650 分	651~850 分	851~1000 分
风险等级	I	II	III	IV	V
免赔额调整范围	12%	11%	10%	9%	8%

根据不同保险公司的玉米种植保险免赔额设置，最低为 10%，本节设定免赔额的浮动范围为 8%~12%。根据保险标准的风险等级来规定。朝阳市风险等级为III级，对应表 6-13 中免赔额标准为 10%。

3）保险金额

每亩保险金额参照本地年平均产量和当期市场平均价格的积。

4）保险期间

作物一个生长期，包括本书中所述的出苗—七叶、七叶—抽雄、抽雄—乳熟与乳熟—成熟共计四个生长发育阶段。

本章参考文献

[1] 吴向东，张国威. 冰雪灾害对电网的影响及防范措施[J]. 中国电力，2008，41（12）：18-22.

[2] 张敏锋，冯霞. 我国雷暴天气的气候特征[J]. 热带气象学报，1998，14（2）：156-182.

[3] 仝琳. 电力工程线路设计中覆冰风险预测与控制研究[D]. 保定：华北电力大学（保定），2020.

[4] 王申华，何湘威，方小方，等. 基于泛在电力物联网多源信息的电网动态风险评估系统[J]. 中国电力，2019，52（12）：10-19.

[5] 王杰，史颖慧，方家麟.基于 GIS 的电网气象灾害监测预警系统的探究[J]. 自动化应用，2017（5）：92-93，111.

[6] 谢强，张勇，李杰. 华东电网 500kV 任上 5237 线飑线风致倒塔事故调查分析[J].电网技术，2006，30（10）：59-63，89.

[7] 肖东坡. 500kV 输电线路风偏故障分析及对策[J]. 电网技术，2009，33（5）：99-102.

[8] Long L H, Hu Y, Li J L, et al.Parameters for wind caused overhead transmission line swing and fault[C]. 2006 IEEE Region 10 Conference，HongKong，2006.

[9] 张娇艳，吴立广，张强. 全球变暖背景下我国热带气旋灾害趋势分析[J]. 热带气象学报，2011，27（4）：442-454.

[10] Winkler J，Dueñas-Osorio L，Stein R，et al.Performance assessment of topologically diverse power systems subjected to hurricane events [J].Reliability Engineering & System Safety，2010，95（4）：323-336.

[11] 吴田，胡毅，阮江军，等. 交流输电线路模型在山火条件下的击穿机理[J]. 高电压技术，2011，37（5）：1115-1122.

[12] El-Zohri E H，Abdel-Salam M，Shafey H M，et al.Mathematical modeling of flashover mechanism due to deposition of fire-produced soot particles on suspension insulators of a HVTL [J].Electric Power Systems Research，2013，95：232-246.

[13] 胡湘，陆佳政，曾祥君，等. 输电线路山火跳闸原因分析及其防治措施探讨[J].电力科学与技术学报，2010，25（2）：73-78.

[14] 雷国伟，何伟明，林健枝. 架空输电线路走廊防山火综合监测系统实现与应用[J].电气技术，2013（12）：112-115.

[15] 余凤先，谭光杰，潘峰，等. 输电线路地质灾害危险性评估中需要注意的几个问题[J].电力勘测设计，2012（1）：20-22.

[16] 王昊昊，罗建裕，徐泰山，等. 中国电网自然灾害防御技术现状调查与分析[J].电力系统自动化，2010，34（23）：5-10.

[17] WG.B2.42. Guide to the operation of conventional Conductor systems above 100℃[R].Paris, France：CIGRE，2015.

[18] 王建. 输电线路气象灾害风险分析与预警方法研究[D]. 重庆：重庆大学，2016.

[19] 贾新民，郑璐，赵建利，等. 电力气象灾害监测预警系统的开发与应用[J]. 内蒙古电力技术，2020，38（4）：9-12.

[20] 刘苏. 灾害对山区铁路网络的影响分析[D]. 成都：西南交通大学，2013.

[21] 朱佳蓓. 受气象灾害影响的铁路网络综合分析[D]. 北京：北京交通大学，2019.

[22] 李晰睿. 我国通用航空发展现状与对策研究[J]. 中国民航飞行学院学报，2020，31（1）：25-28.

[23] 程德昊. 气象数据可视化在通航中的应用研究[D]. 广汉：中国民用航空飞行学院，2021.

[24] Qiu Z，Li T，Xia D. Design and implementation of highway meteorological station monitoring system[J]. Journal of nanjing university of information science & technology. 2015，7（3）：234-240.

[25] 王子博. 浅析生态农业气象科技服务的需求与对策[J]. 中国农业文摘（农业工程），2020，32（3）：54-56.

[26] 王立斌，刘巧红. 气象在林业生产中的地位与作用探析[J]. 农业与技术，2013，33（3）：153.

[27] 庄桂玉，崔瑞峰，许桂香，等. 气象灾害对我国畜牧业的影响及对策[J]. 中国牧业通迅，2009（5）：18-21.

[28] McNew K P，Mapp H P，Duchon C E，et al. Use of weather information in agricultural decision making: A survey of Oklahoma farmers and ranchers[R]. Research Report，Oklahoma State University，1990.

[29] 张丽娟，韩娇，陈杰，等. 农业对气象服务的需求及其影响因素[J]. 现代农业科技，2018（7）：235，237.

[30] 伊德尔呼，乌尼尔. 丰富气象服务产品类型满足农牧经济发展需求[J]. 吉林农业（下半月），2017（7）：100.

[31] 矫梅燕，龚建东，周兵，等. 天气预报的业务技术进展[J]. 应用气象学报，2006，17（5）：594-601.

[32] 殷晓晶. 气象信息服务在农业领域的应用探讨[J]. 科学与财富，2014（10）：244.

[33] Stigter C J，WMO. Guide to Agricultural Meteorological Practices[R]. Geneva：WMO，2010.

[34] 张维宇，孙国芝. 林业气象中霜冻的危害与对策讨论[J]. 林业勘查设计，2007（3）：60-61.

[35] 杜吴鹏，缪启龙. 暖冬的气象成因及对农林业的影响[J]. 安徽农业科学，2005，33（3）：471-472.

[36] 羿宏雷. 森林防火气象站在森林火灾预警中的应用[J]. 林业劳动安全，2009，22（3）：36-38.

[37] 潘登，郁培义，吴强. 基于气象因子的随机森林算法在湘中丘陵区林火预测中的应用[J]. 西北林学院学报，2018，33（3）：169-177.

[38] 王珺. 林业气象灾害风险区划方法[J]. 现代农业研究，2021，27（3）：100-102.

[39] 张建新，包云轩，李芬，等. 林业有害生物发生发展与气象条件关系研究进展[J]. 世界林业研究，2010，23（1）：33-38.

[40] 何丽娟，张艳芳，李淑艳. 气象在林业生产中的地位与作用研究[J]. 吉林农业，2018（22）：97.

[41] Li Q，Jing R，Dong Z S. Flight Delay Prediction With Priority Information of Weather and Non-Weather Features[J]. IEEE Transactions on Intelligent Transportation Systems. 2023，24（7）：7149-7165.

[42] Mboya O. Effects of weather and climate variability on fishing activities and fishers adaptive capacity in mbita division-homa bay county[D]. Kenya（Doctoral Dissertation，Kenyatta University），2013.

[43] The role of weather and weather forecasting in agriculture[EB/OL].（2018-09-27）[2023-06-14]. https://www.dtn.com/the-role-of-weather-and-weather-forecasting-in-agriculture/.

[44] 舒展. 气候变化对大兴安岭塔河林业局森林火灾的影响研究[D]. 哈尔滨：东北林业大学，2011.

[45] 杨帆. 我国六大林业工程建设地理地带适宜性评估[D]. 兰州：兰州交通大学，2015.

[46] 赵刚. 江苏省倒春寒灾害时空演变特征及其对农林业的影响[D]. 南京：南京信息工程大学，2018.

[47] 戴长春. 黑龙江省林业害虫对气候因子变化的响应[D]. 哈尔滨：东北林业大学，2014.

[48] 刘春晖. 气候变化对阿拉善蒙古族传统畜牧业及其生计的影响研究[D]. 北京：中央民族大学，2013.

[49] 周利光. 基于脆弱性和适应对策评估的草原畜牧业适应气候变化研究[D]. 呼和浩特：内蒙古大学，2013.

[50] 魏彦强. 气候变化对青藏高原畜牧业的影响研究[D]. 北京：中国科学院研究生院，2013.

[51] 张瑛，李大海，耿涛. 气候变化背景下我国深蓝渔业的发展战略研究[J]. 山东大学学报（哲学社会科学版），2018（6）：121-129.

[52] ENVIRA. Weather monitoring for precision agriculture [EB/OL].（2023-06-14）[2023-06-14]. https://enviraiot.com/weather-monitoring-precision-agriculture/.

[53] CDC. Climate effects on health [EB/OL].（2022-04-25）[2023-06-14]. https://www.cdc.gov/climateandhealth/effects/default.htm.

[54] 徐瑞国，周秋林. 嘉兴市医疗气象预报研究[J]. 科技通报，2014，30（5）：86-90.

[55] 崔龙江. 合肥市气象因素对居民心血管疾病入院治疗影响的时间序列研究[D]. 合肥：安徽医科大学，2019.
[56] 杨军. 气温变化对我国15城市人群心血管疾病死亡影响的研究[D]. 北京：中国疾病预防控制中心，2017.
[57] 刘博，党冰，张楠，等. 多种气象统计模型对比研究——以气象敏感性疾病脑卒中预报为例[J]. 气象与环境学报，2018，34（4）：126-133.
[58] 韦再华，高燕琳. 2007年北京市居民死亡原因分析[J]. 首都公共卫生，2009，3（6）：278-281.
[59] 郑山.天气变化对循环系统疾病影响的研究[D]. 兰州：兰州大学，2013.
[60] 闵晶晶，丁德平，李津，等. 北京急性脑血管疾病与气象要素的关系及预测[J]. 气象，2014，40（1）：108-113.
[61] 杨文艳，袁潮，孙卓，等.盘锦市脑血管病气象敏感因子分析及其预报模型[J]. 气象与环境学报，2014，30（3）：85-90.
[62] 李雪源，景元书，吴凡，等. 南京市呼吸系统疾病死亡率与气象要素的关系及预测[J]. 气象与环境学报，2012，28（5）：46-48.
[63] 张美. 大气质量、气象因素与乌鲁木齐市儿科门急诊呼吸系统常见疾病就诊量的相关研究[D]. 乌鲁木齐：新疆医科大学，2017.
[64] 马雁军，齐丽丽，杨洪斌. 大气污染对呼吸系统疾病的影响分析研究[J]. 辽宁气象，2002（2）：33-34.
[65] 胡毅，莫清辉，朱克云. 成都风湿发病的气象分析[J]. 成都信息工程学院学报，2001，16（2）：83-90.
[66] Kalkstein L S，Valimont K M. Climate effects on human health//Potential effects of future climate changes on forests and vegetation，agriculture，water resources，and human health[C]. EPA Science and Advisory Committee Monograph，1987.
[67] Anderson T W，Rochard C. Coldsnaps，snowfall，and sudden death from ischemic heart disease[J]. Canadian Medical Association Journal，1979，121（12）：1580-1583.
[68] 朱乾根，林锦瑞，寿绍文，等. 天气学原理和方决[M]. 3版. 北京：气象出版社，2000.
[69] Scott D，Lemieux C. Weather and climate information for tourism[J]. Procedia Environmental Sciences，2010，1（1）：146-183.
[70] Gómez-Martín M B，Armesto-López X A，Martínez-Ibarra E. Tourists，weather and climate. official tourism promotion websites as a source of information[J]. Atmosphere，2017，8（12）：255.
[71] Aylen J，Albertson K，Cavan G. The impact of weather and climate on tourist demand：The case of Chester Zoo[J]. Climatic Change，2014，127（2）：183-197.
[72] Rutty M，Scott D .Will the mediterranean become "too hot" for tourism？A reassessment[J]. Tourism & Hospitality Planning & Development，2010，7（3）：267-281.
[73] Scott D，Gössling S，de Freitas C R . Preferred climates for tourism：Case studies from Canada，New Zealand and Sweden[J]. Climate Research，2008，45（1）：61-73.
[74] Hewitt C，Mason S，Wallend D. The global framework for climate services[J]. Nature Climate Change. 2012（2）：831-832.
[75] 高升，孙会荟. 气象保险研究进展与展望[J]. 江苏商论，2018（5）：68-70.
[76] UBIMET. Extreme weather-Increase competitiveness with UBIMET [EB/OL].（2023-06-14）[2023-06-14]. https://www.ubimet.com/en/industries/insurance-weather-forecasting-industry-solutions/.
[77] 牛娜. 基于大数据背景下气象保险及天气衍生品的定价与风险管理研究[D]. 延吉：延边大学，2019.
[78] 张胜茂，米卫红，吴祖立，等. 水产养殖中气象指数保险应用探讨[J]. 渔业信息与战略，2017，32（3）：180-184.
[79] 赵刚. 非极端天气对中国九个城市车辆出险的影响及气象预测模型[J]. 保险职业学院学报，2019，33（1）：5-11.
[80] 王宁. 东北地区玉米产地气象灾害及玉米种植保险研究[D]. 沈阳：沈阳航空航天大学，2019.